新编连续铸钢工艺及设备

（第2版）

王雅贞　张　岩　编著

北　京
冶金工业出版社
2014

内 容 简 介

本书介绍了钢铁生产工艺，弧形连铸机设备，钢的结晶与凝固结构，连铸操作工艺，中间包冶金，保护浇注与保护渣，结晶器冶金，连铸坯质量，钢的品种，连铸坯热送热装和直接轧制技术，质量管理、数据的处理与分析，连续铸钢的技术经济指标等内容。

本书可作为连铸工人的培训教材，也可供现场专业工程技术人员、大专院校和技工学校冶金专业学生参考。

图书在版编目(CIP)数据

新编连续铸钢工艺及设备/王雅贞等编著．—2版．—北京：冶金工业出版社，2007.1(2014.2重印)

ISBN 978-7-5024-4147-0

Ⅰ．新…　Ⅱ．王…　Ⅲ．①连续铸钢—生产工艺　②连续铸钢—熔炼设备　Ⅳ．TF777

中国版本图书馆CIP数据核字(2006)第165126号

出 版 人　谭学余
地　　址　北京北河沿大街嵩祝院北巷39号，邮编100009
电　　话　(010)64027926　电子信箱　yjcbs@cnmip.com.cn
责任编辑　李　雪　美术编辑　李　新
责任校对　侯　瑁　王永欣　李文彦　责任印制　李玉山
ISBN 978-7-5024-4147-0
冶金工业出版社出版发行；各地新华书店经销；北京百善印刷厂印刷
1999年9月第1版，2007年1月第2版，2014年2月第10次印刷
850mm×1168mm　1/32；16.125印张；429千字；496页
40.00元
冶金工业出版社投稿电话：(010)64027932　投稿信箱：tougao@cnmip.com.cn
冶金工业出版社发行部　电话：(010)64044283　传真：(010)64027893
冶金书店　地址：北京东四西大街46号(100010)　电话：(010)65289081(兼传真)

第2版前言

《新编连续铸钢工艺及设备》一书于1999年由冶金工业出版社出版，曾作为中专冶金专业课本，也用于连铸工人技术培训教材，并供专业工程技术人员参考，多次重印。受冶金工业出版社的委托，编者根据近年来连铸技术的发展现状，对该书进行了修订。

修订的重点是以质量为中心，补充了部分新知识、新技术，加强了基础知识、钢的品种质量及分析、连铸的专业知识、与连铸有关的计算等方面内容，以适应当前连铸技术工人提高技术素质，满足各级连铸技术工人、技师、高级技师的培训需要。本书也可供现场专业工程技术人员参考，还可作为大专院校和技工学校冶金专业学生的参考书。

本书由王雅贞（首钢高级技工学校）、张岩（北京交通大学，首钢高级技工学校）编写修订。第1、2、11、13章由张岩编写，绪论、第4～10、12章由王雅贞编写，第3章由王雅贞、张岩共同编写。

在编写工作中，编者得到首钢第二、三炼钢厂、首钢高级技工学校的大力支持；编者到一些钢厂座谈调研获得许多宝贵意见和建议；还参阅了有关资料、专著和杂志，在此一并向有关同志表示诚挚的感谢。

由于编者学识水平所限，书中不足之处，欢迎读者批评指正。

编　者

2006年6月3日

第1版前言

当今连续铸钢技术已成为现代钢铁生产的重要工艺之一，加速发展连续铸钢技术是实现我国钢铁工业结构优化的政策。我国已提出到2000年钢产量的连铸比力争达到80%的目标。为了适应连续铸钢技术发展的需要，受冶金工业出版社的委托，在北京钢铁学校具体组织下，根据冶金中等专业学校冶金专业教学大纲的要求，我们编写了《新编连续铸钢工艺及设备》一书。

本书主要内容包括：连续铸钢设备、连续铸钢基本理论、连续铸钢操作工艺、连铸坯质量、连续铸钢技术新进展及技术经济指标等。

本书的第1章由首都钢铁公司技工学校的张岩、第2章由北京钢铁学校的刘术国、第3～8章由北京钢铁学校的王雅贞提供原稿，全书由王雅贞汇总。

在编写过程中，编者曾到首钢炼钢厂、宝钢炼钢厂、上钢三厂炼钢分厂、上钢五厂炼钢分厂、武钢第二炼钢厂等单位调研学习，得到有关领导、工程技术人员和工人师傅的大力支持和帮助；此外还得到蔡开科教授、史宸兴高工、潘荫华高工和王为民总工的指导，在此表示衷心的感谢。编写本书时还参阅了有关连铸、炼钢方面的著作、杂志及其有关人员提供的资料与经验，在此也向有关作者和出版社致谢。

本书可作为冶金中等专业学校冶金专业基本教材，也可供冶金专业的大专和技校学生阅读参考，还可作为冶金企业从事连续铸钢生产的工作人员（包括管理人员、技术人员和工人）的技术培训教材。

由于编者水平所限，编写时间仓促，书中难免有错误和缺点，敬请广大读者批评指正。

编　者

1999年5月28日

目　录

绪　论

1　连续铸钢技术发展的概况

连续铸钢也称连铸。早在19世纪中期，一些学者如美国塞勒斯于1840年、赖尼在1843年、英国贝塞麦于1846年先后都曾提出了连续浇铸液体金属的初步设想，并应用于低熔点有色金属的连续浇铸。类似现代连铸设备的建议是1886年美国人亚瑟、1887年德国人戴伦提出来的。在他们的建议中包括有水冷的、上下敞口的结晶器，二次冷却段，引锭杆，夹辊和铸坯切割装置等设备，当时是用于铜和铝等有色金属的浇铸。此后又经过许多先驱者不懈地研究试验，于1933年德国人容汉斯建成1台结晶器可以上下振动的立式连铸机，并浇铸黄铜获得成功，后又用于铝合金的工业生产。

结晶器振动的出现，不仅可以提高浇注速度，而且使钢液的连铸生产成为可能，因此容汉斯成为现代连铸技术的奠基人。然而，在工业规模上实现钢的连续浇铸困难很多，与有色金属相比，钢存在熔点高、导热系数小、热容大、凝固速度慢等特点。要解决这些难题，关键是结晶器技术的研究。容汉斯的结晶器振动方式是结晶器下振时与拉坯速度同步，铸坯与结晶器壁间没有相对运动；而英国人哈里德则提出了“负滑脱”概念，即结晶器下振速度高于拉坯速度，铸坯与结晶器壁间有了相对运动，真正有效地解决了铸坯与结晶器壁的黏结问题，钢的连续浇铸关键性技术得到突破。因而在20世纪50年代连续铸钢步入了工业生产阶段。

世界上第1台工业生产连铸机于1951年在前苏联“红十月”冶金厂建成，是1台立式双流板坯半连续铸钢设备，用于浇铸不锈钢，其断面尺寸为180 mm×800 mm。1952年第1台立弯式连铸机在英国巴路厂投产，主要用于浇铸碳素钢和低合金钢，是50 mm

×50 mm～100 mm×100 mm 的小方坯。同年在奥地利卡芬堡钢厂建成 1 台双流连铸机，它是多钢种、多断面、特殊钢连铸机的典型代表。1954 年在加拿大阿特拉斯钢厂投产第 1 台方坯/板坯兼用型连铸机，可以双流浇铸 150 mm×150 mm 的方坯，也可以单流浇铸 168 mm×620 mm 的板坯，主要生产不锈钢。进入 20 世纪 60 年代，弧形连铸机的问世，使连续铸钢技术出现了一次飞跃。世界第 1 台弧形连铸机于 1964 年 4 月在奥地利百录厂诞生。同年 6 月由中国自行设计制造的第 1 台方坯/板坯兼用弧形连铸机在重钢三厂投入生产。此后不久，在前联邦德国又上马了 1 台宽板弧形连铸机，并开发应用了浸入式水口 + 保护渣技术。同年英国谢尔顿厂率先实现全连铸生产，共有 4 台连铸机 11 流，主要生产低合金钢和低碳钢，浇铸断面为 140 mm×140 mm 和 432 mm×632 mm 的铸坯，同时开发应用了浸入式水口 + 保护渣技术。1967 年由美国钢联工程咨询公司设计并在格里厂投产 1 台采用直结晶器、带液心弯曲的弧形连铸机。同一年在胡金根厂相继投产了 2 台超低头板坯连铸机，浇铸断面为（150～250）mm×（1800～2500）mm 的铸坯。

氧气顶吹转炉炼钢法的普及，更利于与连续铸钢相匹配，以适应快节奏生产，因而又一批弧形连铸机建成投入生产。到 20 世纪 60 年代末，世界连铸机总数已逾 200 多台，设备能力近 5000 万 t。20 世纪 70 年代，世界范围的两次能源危机促进了连续铸钢技术的大发展，提高了连铸机的生产能力，从而改善了铸坯的质量，扩大了品种。到 1980 年，连铸坯的产量已逾 2 亿 t，相当于 1970 年的 8 倍。

进入 20 世纪 80 年代以后，连铸技术日趋成熟，如开发了钢包精炼、钢液钙处理、电磁搅拌、小方坯多级结晶器、结晶器液面自动控制、漏钢预报、粒状保护渣的使用和自动加入、中间包冶金、结晶器冶金、结晶器在线调宽等一系列技术；连铸坯的热送、直接轧制及与其相伴的无缺陷铸坯生产技术；目前连铸机（尤其是大型板坯连铸机）已经发展成为一种大型精密的设备；近终形薄板、薄带连铸机的研发应用;异型坯连铸机建成投产等,都说明连铸技术的飞速发展和深入普及。自20世纪50年代连续铸钢开始步入工业生产到60年代末,世界钢产量的连铸比仅为5.6%;70年代末上升为25.8%,十年中连铸比每年平均增长2个百分点;80年代连铸比每年平均增长3.66个百分点;到1997年连铸比为80.5%;2000年连铸比为87.2%;2001年连铸比为87.6%;2004年连铸比为90.4%;世界钢产量、连铸坯产量与连铸比增长情况如图1所示。目前连续铸钢技术的开发与应用已成为衡量一个国家钢铁工业发展水平的一个标志。

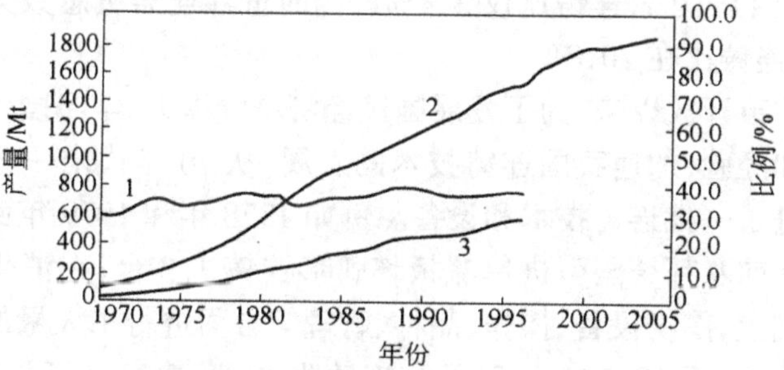

图1　世界钢产量、连铸坯产量及连铸比的增长

1—世界粗钢产量;2—世界钢产量连铸比;3—世界连铸坯产量

(钢产量到1998年,连铸比到2004年)

2　我国连铸技术发展概况

我国是连续铸钢技术发展较早的国家之一,早在20世纪50年代就已开始进行研究和工业试验工作。1957年原上海钢铁公司中心试验室的吴大柯先生主持设计并建成第1台立式工业试验连铸机,浇铸75 mm×180 mm的小断面铸坯。由徐宝升教授主持设计的第1台双流立式连铸机于1958年在重钢三厂建成投产,接着由黑色冶金设计院设计的1台单流立式小方坯连铸机于1960年在唐山钢厂建成投产,而后仍然是由徐宝升教授主持设计的第1台方坯/板坯兼用弧形连铸机于1964年6月24日在重钢三厂

问世投产，其圆弧半径为 6 m，浇铸板坯的最大宽度为 1700 mm，这是世界上最早的用于生产的弧形连铸机之一；鉴于这些成就，1994 年徐宝升教授在《世界连铸发展史》一书中被列为对世界连铸技术发展做出突出贡献的 13 位先驱者之一。此后，由上海钢研所吴大柯先生主持设计的 1 台 4 流弧形连铸机于 1965 年在上钢三厂投产；该连铸机的圆弧半径为 4.56 m，浇铸断面为 270 mm×145 mm，这也是世界最早的弧形连铸机之一，以后一批连铸机相继问世投产。70 年代我国成功地应用了浸入式水口 + 保护渣浇铸技术。到 1978 年我国自行设计制造的连铸机近 20 台，实际生产量约 112 万 t，连铸比仅 3.4%。当时世界连铸机总数为 400 台左右，连铸比在 20.8%。

改革开放以来，为了发展国民经济增强国力，学习国外先进的技术和经验，加速我国连铸技术的发展，从 70 年代末一些企业开始引进了一批连铸技术和设备。例如 1978 年和 1979 年武钢二炼钢厂从前联邦德国引进单流板坯弧形连铸机 3 台；在消化国外技术基础上，围绕设备、操作、品种、管理等方面进行了大量的开发与完善工作，于 1985 年实现了全连铸生产，产量突破了设计能力。首钢二炼钢厂在 1987 年和 1988 年相继从瑞士康卡斯特引进投产了两台 8 流小方坯弧形连铸机，1993 年产量已超过设计能力，并在消化引进技术的基础上，自行设计制造又投产了 7 台 8 流小方坯弧形连铸机，成为国内拥有连铸机台数和流数最多的企业。1988 年和 1989 年上钢三厂和太钢分别从奥地利引进浇铸不锈钢的板坯连铸机。1989 年和 1990 年宝钢和鞍钢分别从日本引进了双流大型板坯连铸机。1996 年 10 月武钢三炼钢厂投产了 1 台从西班牙引进的高度现代化双流板坯连铸机。这些连铸技术、设备的引进都促进了我国连铸技术的完善与发展。

从国外引进的近终形薄板坯连铸连轧生产线，已在珠江、邯郸、包头、鞍钢等多家公司建成投产，到 2004 年我国已有近终形薄板坯连铸连轧生产线 11 条投入使用。马钢 H 型钢连铸机和 H 型钢轧钢机也已投产。

2000年我国钢产量达到12849万t，连铸比为84.81%；进入21世纪又有很大发展，2001年钢产量为15163万t，连铸比89.68%；2002年钢产量为18225万t，连铸比92.41%；2003年钢产量为22234万t，连铸比95.35%；2004年钢产量为27245万t，连铸比96.03%，已进入世界先进水平。今后我国冶金企业将继续坚持不懈地推进以全连铸为方向、以连铸为中心、以炼钢为基础、以设备为保障的生产组织方针，淘汰落后的工艺设备，以质量求生存，以品种求发展，加大节能降耗的力度和环保技术的改造，一定能全面地进入世界钢铁强国的行列。图2为我国自1972年以来连铸坯产量连铸比增长情况。

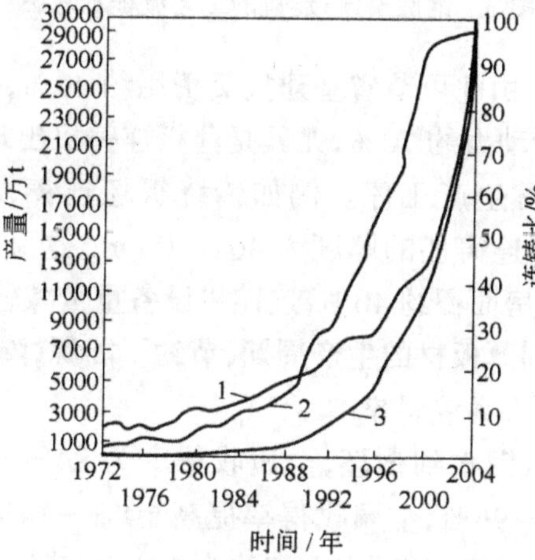

图2　1972年以来我国连铸坯产量和连铸比的增长
1—钢总产量；2—连铸比；3—连铸坯产量

3　连铸工艺的特点

模铸、连铸的工艺流程如图3所示。

与传统的模铸相比，连铸工艺有以下几方面的优越性。

A　简化了钢坯的生产工序，缩短了流程

从图3可以看出，铸坯的生产省去了脱模、整模、钢锭均热、初

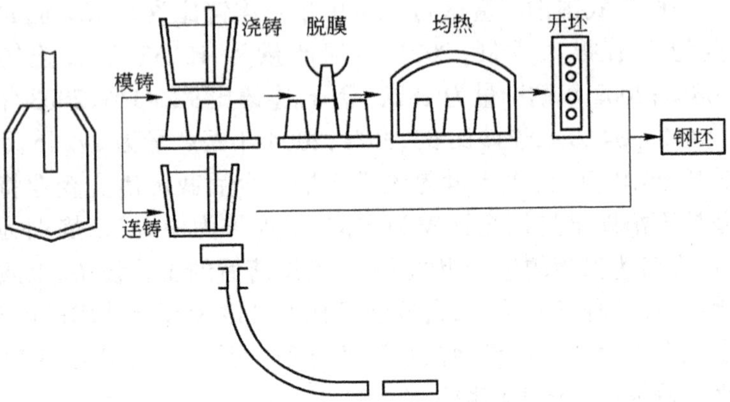

图 3　钢锭模铸、连铸的工艺流程示意图

轧开坯等工序。由此可节省基建投资费用约 40%，减少占地面积约 30%，节省劳动力约 70%，尤其是薄板连铸机出现以后，又进一步地简化了钢材生产工序。例如传统板坯连铸，坯厚在 150～300 mm，而薄板连铸坯的厚度为 40～70 mm，这又省去了粗轧机组，从而减少厂房面积约 40%，连铸机设备重量减轻约 50%，大大缩短了从钢水到薄板材的生产周期，节约了能源，降低了成本。

B　提高了金属收得率

模铸工艺从钢水到钢坯，金属收得率为 84%～88%，而连铸工艺则为 95%～96%，金属收得率提高 10%～14%，其中板坯在 10.5%，大方坯 13%左右，小方坯约为 14%。若以节省金属 10% 计算，对于年产 100 万 t 钢的炼钢厂来说，采用连铸工艺就等于增加约 10 万 t 钢的产量，其经济效益是相当可观的。对于成本昂贵的合金钢来说，应用连铸工艺的意义就更为重要了。

C　降低了能源消耗

在现代化的工业国家里，钢铁工业是能源消耗的大户，约占能源消耗总量的 10%，因此千方百计地降低能耗已是钢铁工业生存的关键。据有关资料介绍，连铸工艺比传统模铸工艺可节能 1/4～1/2。每生产 1 t 连铸坯，比用钢锭－开坯工艺可减少能耗

400～1200 MJ,相当节省 10～30 kg 重油燃料。连铸坯若采用热送热装或直接轧制工艺则开辟了进一步节能的途径。铸坯热送热装和直接轧制不仅节能,而且缩短了生产周期。

D 生产过程机械化、自动化程度高

模铸是炼钢生产中条件最落后、劳动条件最恶劣的工序;尤其对顶吹转炉炼钢来说,模铸成了提高生产率的限制性环节。由于连铸工艺设备和操作水平的提高,应用全过程的计算机管理,不仅从根本上改善了劳动环境,还大大提高了劳动生产率。例如:有些厂 1 台连铸机只有 7 名操作人员,除了浇钢操作外,其余工作均由计算机承担。据资料介绍,法国有的连铸机已实现连铸平台无操作人员,而是通过电视屏幕监视和遥控生产,连铸的自动化和智能化生产已成为现实。

E 提高质量,扩大品种

目前几乎所有的钢种均可以采用连铸工艺生产,像超纯净度钢、管线钢、硅钢、合金钢、工具钢等约 500 多个钢种都可以用连铸工艺生产,而且质量很好。

1 钢铁生产工艺简介

现代工业以材料为骨骼，以能源为血液，以信息为神经。

常见的工业材料有金属、陶瓷、塑料、木材、纤维等，用量最多的是金属材料，而金属材料中占95%的是钢铁材料，这是由于：

(1) 地壳中铁元素资源约占5%，是居第4位的丰富资源，且矿床品位也较高；

(2) 钢铁冶炼方便，价格便宜；

(3) 与其他材料相比，钢铁材料具有较高的强度、硬度、韧性等综合性能，经过热处理以及不同的加工方法还可以获得更宽广的性能。

普通钢铁材料有密度较大，容易生锈等缺点，可以通过开发高强度钢、不锈钢以及对钢材表面涂层、表面处理等加以克服。

钢和生铁都是铁碳合金，其界定是：$w_{[C]} < 2.11\%$为钢，$w_{[C]} \geqslant 2.11\%$为生铁。

自然界中铁主要以氧化物形式存在，而我们所用的是钢铁材料。

钢的短流程生产工艺是：废钢—电炉炼钢—炉外精炼—连铸—轧钢，而长流程钢铁联合企业包括采矿、选矿、烧结、焦化、炼铁、炼钢、轧钢等环节。

炼钢环节包括铁水预处理、炼钢（转炉或电炉）、炉外精炼、钢的浇铸等工序。“炼钢”是联合企业的中心环节，其前道工序是炼铁，后道工序是轧钢。钢铁生产工艺流程见图1-1。

1.1 炼铁生产

高炉炼铁是一个还原过程，原料为Fe_2O_3或Fe_3O_4含量高的铁矿石、烧结矿或球团矿；熔剂石灰石，用以调节炉渣的熔点和流动性；焦炭是燃料、热源，也是还原剂和料柱骨架；上述材料从高炉炉顶分批加入，由高炉下部风口鼓入热风，焦炭燃烧生成煤气；炉

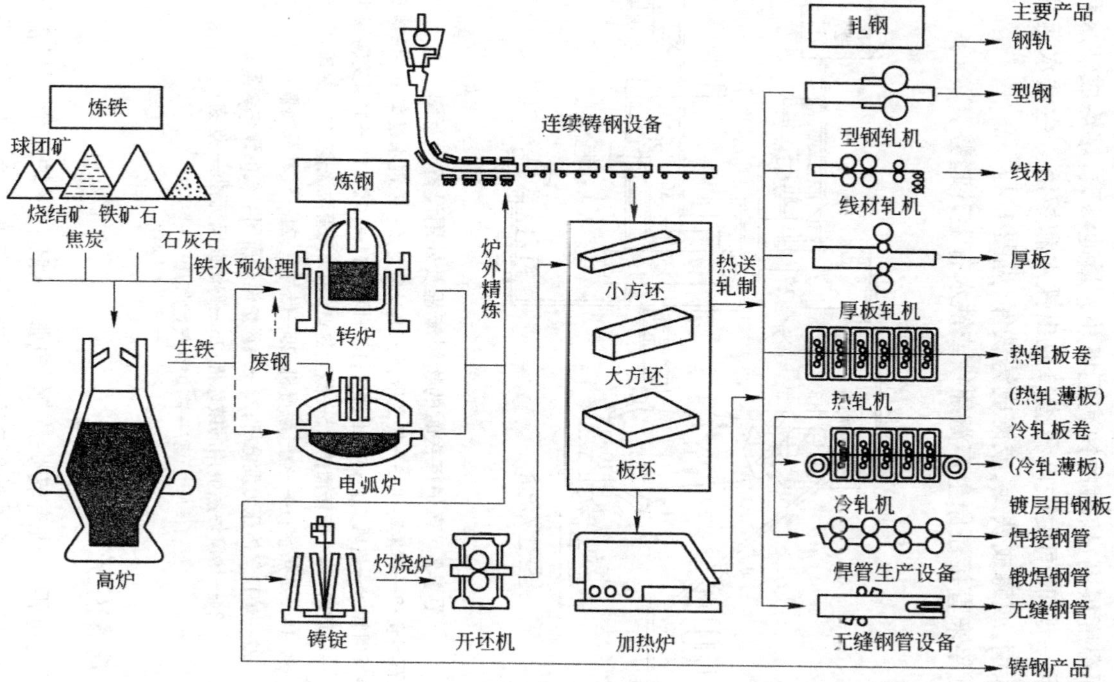

图1-1　钢铁生产工艺流程

内的炉料自上而下运行，与上升的高温煤气流相遇，氧化铁和其他氧化物被煤气逐步还原；此外，碳也可直接将氧化铁还原成铁。高炉下部温度很高，熔融的铁滴汇集并大量地渗碳，熔炼成铁水和熔渣，每隔一段时间由铁口和渣口放出铁水和熔渣。生铁水运往炼钢厂炼钢，或铸成铁锭，或铸成铸铁件，见图 1-2。

近年来直接还原生产海绵铁或铁水有上升趋势。

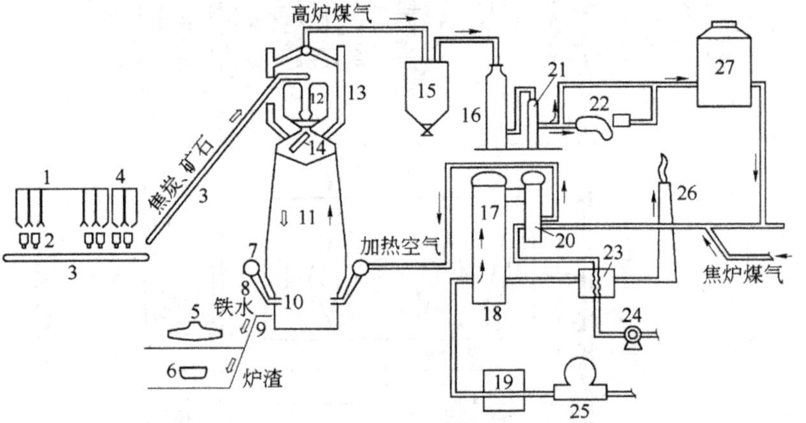

图 1-2　高炉炼铁时的物料流程及外围设备示意图

1—矿石料仓；2—称量料斗；3—传送带；4—焦炭料仓；5—铁混水罐车；6—渣罐车；7—热风围管；8—热风支管；9—出铁口；10—风口；11—高炉；12—炉顶受料漏斗；13—放散管；14—旋转溜槽；15—除尘器；16—文氏管洗涤器；17—热风炉；18—蓄热室；19—空气脱湿机；20—燃烧室；21—气雾分离器；22—炉顶气体压力发电机；23—热风炉燃烧所用空气的预热装置；24—热风炉燃烧用的鼓风机；25—高炉鼓风机；26—烟囱；27—高炉煤气贮气罐

1.2　炼钢生产

工业炼钢方法有转炉炼钢、电弧炉炼钢、平炉炼钢。目前平炉炼钢已被淘汰。各种炼钢方法的主要特点列于表 1-1。

生铁中除溶解了大量的碳，还有 Si、Mn、P、S 等杂质。

表 1-1　炼钢方法及特点

炼钢法	转　炉	电　弧　炉
原　料	主要是铁水，少量废钢	主要是废钢，少量铁锭或铁水
热　源	铁水的物理热和元素的氧化热	电能
氧化剂	工业纯氧	铁矿石、工业纯氧
造渣剂	石灰、萤石等	石灰、火砖块、铁矾土、萤石等
特　征	冶炼周期短，易与连铸相匹配	品种多，质量好，冶炼周期长

若以生铁为原料炼钢，要供氧脱碳；磷、硫一般为有害元素，磷含量过高会造成钢的“冷脆”性，硫含量高造成钢的“热脆”性，炼钢过程通过造渣脱除磷、硫；钢中的氧含量超过限度后会加剧钢的热脆性，并形成氧化物夹杂和气泡，因而冶炼终了要脱氧；钢中氢使钢产生氢脆，氮会导致钢的时效性，因此在冶炼过程中应降低钢中有害气体含量；夹杂物的存在会破坏钢基体的连续性，从而降低钢的力学性能，应该去除；炼钢过程还要提高温度达到出钢要求，同时加入一定种类和数量的合金调整成分，达到所炼钢种的规格。

综上所述，炼钢的基本任务是：脱碳、脱磷、脱硫、脱氧；去除有害气体和夹杂物；提高温度；调整成分。炼钢过程通过供氧、造渣、升温、加合金、搅拌等手段完成上述任务。

1.2.1　转炉炼钢

1.2.1.1　转炉炼钢流程

转炉炼钢流程如图 1-3 所示。

A　铁水预处理系统

为了提高炼铁、炼钢生产效率，降低成本；基于市场对钢种质量日益增长的要求，根据铁水的 S、P、Si 等含量及所炼的钢种，在铁水兑入转炉之前进行脱硫、脱磷、脱硅处理，即铁水预处理；当前采用预脱硫工艺者居多；用钝化金属镁为脱硫剂，在铁水包内通过喷射法脱硫；首先用扒渣机扒除铁水包内的高炉渣，通过喷枪喷入钝化金属镁脱硫，处理结束扒除高硫渣后再兑入转炉炼钢。为此

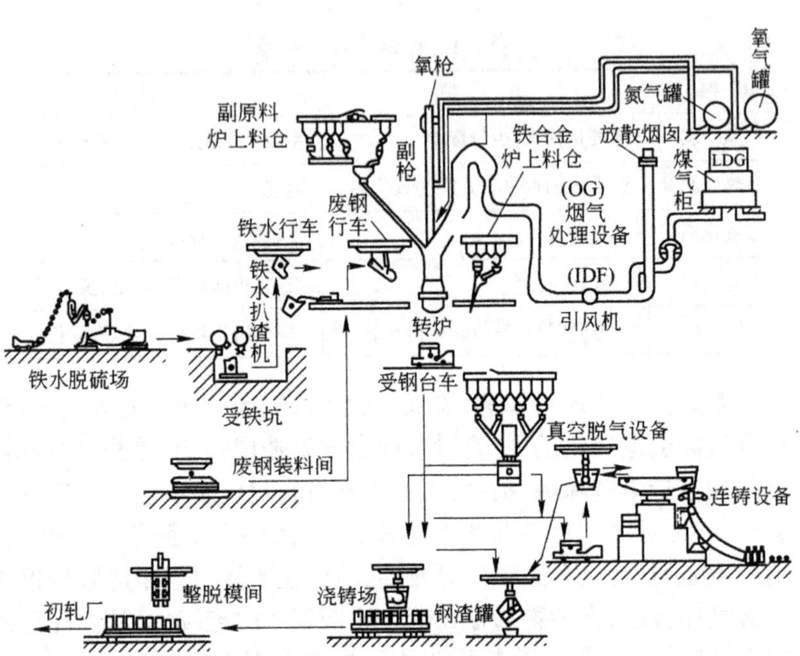

图 1-3　转炉炼钢的主要设备与工艺流程

要配备脱硫设备、扒渣机等。此外，铁水中若有 V、Ti、RE 等稀有贵重元素，也要先提取这些贵重元素之后再炼钢。

B　转炉系统

转炉系统设备包括转炉本体及附属设备，主要有：转炉炉体和倾动机构，氧枪、氧枪升降及供气设备，副枪测试装置，底部供气装置，兑铁和加废钢装料设备，辅原料上料和加料设备，铁合金上料与加料设备以及烟气净化与回收设备等。

转炉的公称吨位又称公称容量，是用炉役平均出钢量来量度。例如 120 t 转炉，即炉役平均出钢量为 120 t；实际上转炉的出钢量比装入量少约 10%；转炉装入的炉料所占空间约占整个容积的 1/7。

C　炉外精炼系统

根据钢品种质量的需要配备精炼设备，如 RH 真空脱气设备、VD 真空脱气设备、LF 钢包炉、CAS-OB 处理设备等。在提高质量的同时，调整钢水成分和温度达到目标值，精确控制成分和温度满足连铸的要求；精炼设备还起到缓冲、协调炼钢－连铸生产的作用。

D　钢的浇铸系统

我国的连铸比已超过95%，绝大部分钢厂已全连铸化，取消了模铸工艺。

1.2.1.2　转炉炼钢工艺

转炉炼钢工艺制度包括装入制度、供氧制度、造渣制度、温度制度、终点控制与脱氧合金化制度等。

装入制度：确定合理的装入量，装入量是铁水和废钢的数量；铁水约占70%～100%，废钢占0～30%；按照一定比例兑入铁水和加入废钢。

供氧制度：氧枪是供氧的关键性设备，高压低速的工业纯氧通过氧枪喷头转换成超音速氧射流。氧枪在炉液面以上一定高度进行吹炼。供氧制度就是确定合理的供氧流量、氧压和吹炼枪位。吹炼过程根据冶炼的需要不断调节氧枪的高度。氧枪高度关系到熔池的温升速度、冶炼速度、化渣速度等。

造渣制度：确定造渣材料的种类、数量、加入的批数和时间；快速形成一定碱度、一定成分、一定数量、良好流动性、正常泡沫化的炉渣。最大限度地脱除磷、硫。开氧的同时加入头批渣料，数量占渣料的2/3～1/2，其余渣料吹炼3～4 min时加入。

温度制度：控制炉内熔池均匀升温，并调整温度在出钢时达到钢种要求。主要热源是来自1200℃以上高温铁水带入的物理热，还有供氧后铁水中C、Si、Mn、P等元素的氧化和渣化放出的化学热，这些热量使熔池温度逐渐升高。

终点控制：经过14～16 min吹炼，熔池内钢水成分C、P、S含量和温度达到要求，炉渣化透，且碱度、MgO含量达到出钢要求，经测温、取样化验成分，合格即可出钢。

脱氧合金化：根据钢种确定合金加入量，称量备好合金料；出钢过程合金加到钢包中；出钢最后要挡渣；出钢完毕向钢包内添加钢包渣改质剂或覆盖剂。

溅渣护炉：钢水出净后检查炉衬损坏情况，根据情况实施溅渣护炉操作。

炉外精炼：根据钢种的需要选择钢水精炼方式。在精炼过程中可以精确地调整温度和成分，继续深脱硫、脱氧、脱气、提高钢液纯净度，改善夹杂物形态等。

根据一炉钢吹炼过程中金属成分、熔渣成分、熔池温度的变化规律，吹炼过程大致分为三个阶段。

A 吹炼前期

吹炼前期也称硅锰氧化期。加废钢、兑入铁水后，供氧的同时加入大部分造渣料。吹炼前期的任务是早化渣、多去磷、均匀升温。这样不仅对脱磷有利，同时还可以减少初期酸性熔渣对炉衬的侵蚀。为此，开吹必须有一个合适的枪位，能够加速第一批渣料的熔化，及早形成具有一定碱度、一定 TFe 和 MgO 含量并有适当流动性的初期渣。当硅、锰氧化基本结束，第一批渣料基本化好，碳焰初起时，加入第二批渣料。第二批渣料可以一次加入，也可以分小批多次加入。

吹炼前期主要是铁、硅、锰氧化和脱磷反应：

铁氧化：

$$[Fe]+\frac{1}{2}\{O_2\}=(FeO)$$

$$2(FeO)+\frac{1}{2}\{O_2\}=(Fe_2O_3)$$

硅氧化：

$$[Si]+\{O_2\}=(SiO_2)$$

$$[Si]+2(FeO)=\{SiO_2\}+2[Fe]$$

$$(SiO_2)+2(CaO)=(2CaO\cdot SiO_2)$$

锰氧化：

$$[Mn]+\frac{1}{2}\{O_2\}=(MnO)$$

$$[Mn]+(FeO)=(MnO)+[Fe]$$

$$[Mn]+[O]=(MnO)$$

$$(SiO_2)+(MnO)=(MnO\cdot SiO_2)$$

$$(SiO_2)+2(MnO)=(2MnO\cdot SiO_2)$$

脱磷反应：

$$2[P]+5(FeO)+3(CaO)=(3CaO\cdot P_2O_5)+5[Fe]$$

$$2[P]+5(FeO)+4(CaO)=(4CaO\cdot P_2O_5)+5[Fe]$$

B 吹炼中期

吹炼中期也称碳的氧化期。由于碳激烈氧化，渣中 TFe 含量降低，熔渣流动性变差，会出现“返干”现象，由此而引发喷溅。在这个阶段内主要是在保持炉渣良好流动性的前提下，均衡快速脱碳，脱碳的同时最大限度地继续脱除磷、硫。操作的关键仍然是合适的枪位。这样不仅保持渣中有一定的 TFe 含量，还可避免炉渣严重“返干”和喷溅，控制均衡的碳氧反应，又可使熔池得到良好的搅拌和均匀升温。

吹炼中期主要是脱碳、脱磷、脱硫反应，后期还会有回锰反应，控制不当还可能造成回磷。

脱碳反应：

$$[C]+\frac{1}{2}\{O_2\}=\{CO\}$$

$$[C]+(FeO)=\{CO\}+[Fe]$$

$$[C]+[O]=\{CO\}$$

脱硫反应：

$$[FeS]+(CaO)=(FeO)+(CaS)$$

$$[FeS]+(MnO)=(FeO)+(MnS)$$

$$(CaS)+3(Fe_2O_3)=\{SO_2\}+6(FeO)+(CaO)$$

$$(CaS)+\frac{3}{2}\{O_2\}=\{SO_2\}+(CaO)$$

回锰反应：

$$(MnO\cdot SiO_2)+2(CaO)=(2CaO\cdot SiO_2)+(MnO)$$

$$(MnO)+[C]=[Mn]+\{CO\}$$

C 吹炼终点

达到终点的条件是钢中碳、磷、硫含量合乎要求，钢水温度达到所炼钢种出钢要求，控制合适的氧化性，以保钢的质量。主要任务是提高终点控制的命中率。为此，确定一个合适的枪位同样是很重要的，虽然脱碳速度低于冶炼中期，只要控制得当可以继续脱硫，减少回磷。

拉碳后，测温、取样，成分和温度合格便可出钢。若其中一项不合格，还要后吹调整。

冶炼过程钢水中溶解了过剩的氧，根据碳氧平衡关系，终点碳含量越低，钢水溶解氧越高；后吹次数越多，钢中氧含量也越高。出钢过程加钙、铝、硅、锰等元素的铁合金进行脱氧合金化。脱氧元素与钢水中氧形成氧化物，若顺利上浮可以减少氧的危害，残留于钢中形成夹杂物，影响钢质量。出钢过程钢包吹氩及其后道工序的精炼处理，都可以起到上浮夹杂、纯净钢水、提高钢质量的作用。

1.2.2 电弧炉炼钢

电弧炉炼钢也称电炉炼钢，当前规模生产的电炉全为碱性电弧炉。电弧炉炼钢通过石墨电极向炉内输入电能，以电极端部与炉料之间形成的电弧为热源炼钢；电弧炉以电能为热源，炉内气氛可调，对含有易氧化元素较多钢种的熔炼极为有利。现在电弧炉不但用于生产合金钢，也用来生产普通碳素钢。

1.2.2.1 电弧炉炼钢设备

碱性电弧炉系统设备如图 1-4 所示，包括炉体及其机械设备、电气设备等。

1.2.2.2 电弧炉炼钢工艺

电弧炉炼钢工艺包括补炉、装料、炉料熔化和供电制度、氧化期、还原期、出钢等。

A 补炉

上炉的钢水和熔渣出净以后，立即快速补好被蚀损的炉衬，此

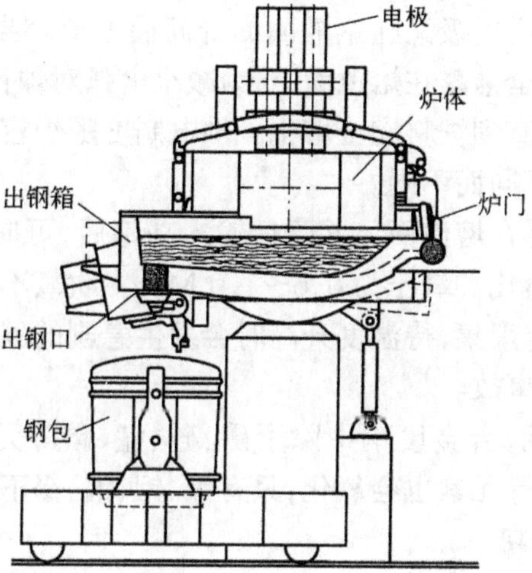

图 1-4　碱性电弧炉系统主要设备

时炉温高，利于补炉料的烧结。

B　装料

补炉完毕，移开炉盖或开出炉体，用料筐从炉体顶部装入炉料。炉料按照要求在料筐中布好，不易氧化和难熔的合金料如镍、钼等可与废钢同时装入。炉料的块度应适当搭配，堆密度以 1.6～2.0 t/m^3 为宜。

电炉炼钢以废钢为主要原料，或用海绵铁代替部分废钢，其加入量占 30%～70%。废钢中某些对钢质有害元素如铜等，冶炼过程不能去除而残留于钢中，经多次循环冶炼而富集。海绵铁比废钢纯净得多，可起“净化”作用。冶炼高合金钢也可用本钢种或成分相近的返回废钢为炉料，节约昂贵的铁合金。

C　炉料的熔化和供电制度

装好炉料，盖上炉盖后，下降电极接近炉料，接通主电路，电极调节系统的转换开关置于自动控制位置；为了避免电弧对炉衬的损坏，以次高级电压通电起弧。约 5～10 min，电弧伸入炉料熔成的“小井”后，改用最高电压，达到输入变压器的最大有效功率，加速炉料熔化。电极随炉料熔化在“小井”内逐渐下移，直到电弧快触到钢液，然后电极又随钢液面的升高而上提。当大部分炉料熔化，电弧就完全暴露在熔池面上，为减小电弧对炉衬的强烈辐射改用较低电压，直到炉料完全熔化。供电制度随炉容量、冶炼钢种和冶炼工艺的不同而不同。

电弧暴露在熔池面上并降低输入功率后，可向熔池吹入氧气加速废钢的熔化。氧压为0.6～1.0 MPa。吹氧不宜过早，否则生成的氧化铁将聚集，待温度升高时会发生急剧的碳氧反应，引起喷溅，导致恶性事故。

在熔化期，合金废钢中除了磷、硅、锰、碳等元素氧化外，铬、钒、钛、铝、硼等元素也会氧化，只有镍、钼、铜、锡不易氧化。

D　氧化期

氧化期的主要任务是脱碳、脱磷、去气、排除非金属夹杂物，钢水均匀地加热到高于出钢温度。

通过碳的氧化，熔池得到沸腾，起到强烈搅拌作用，利于非金属夹杂的上浮进入炉渣；增加钢-渣的接触界面，促进渣中的氧向钢液传输，利于提高熔池温度；钢液中的氢、氮等有害气体扩散到一氧化碳气泡中，一起逸入炉气中。

加入石灰等造渣材料造氧化渣脱除磷，如果磷含量仍较高，则扒掉部分炉渣，再造新渣继续脱磷。

氧化剂是加入的铁矿石和吹入的氧气。

熔池中磷、硅、锰等元素氧化；如果熔池有足够高的温度，又在吹氧，那么吹氧管附近也有碳的氧化。当炉料将近全部熔化被熔渣覆盖时，取样分析并根据分析结果调整钢和渣的成分。

E　还原期

氧化期结束扒除氧化渣后，按照冶炼钢种的要求造还原渣进行还原精炼。还原精炼，也可以移至精炼炉内进行。还原期的任务是脱氧、脱硫、调整成分。

扒除氧化渣后马上加入铝等脱氧合金进行预脱氧，同时加入石灰、火砖块、萤石等渣料造稀薄渣。

常用的还原渣有白渣和电石渣。我国电炉钢生产多用白渣精炼,也有用弱电石渣精炼的,强电石渣已很少使用。

a　白渣

白渣是碱性还原渣,冷却后呈白色,并自行碎裂成粉末。在稀薄渣基础上加硅铁粉、石灰、适量的炭粉造白渣。白渣的成分大致为:$w_{CaO}=60\%$, $w_{SiO_2}=20\%$, $w_{MgO}=8\%$, $w_{Al_2O_3}=5\%$, $w_{MnO}<1\%$, $w_{FeO}<0.5\%$。

白渣碱度高 $w_{(CaO)}/w_{(SiO_2)}=3\sim4$,氧化铁含量低,小于1%,还原性强,具有很强的脱氧、脱硫能力。还原期炉内保持还原性气氛,形成白渣时间较短,脱硫能力强。有时为了提高脱氧能力,在还原初始短时间造弱电石渣,随之再转为白渣。

b　电石渣

电石渣的大致成分为:$w_{CaO}=55\%\sim65\%$, $w_{SiO_2}=10\%\sim15\%$, $w_{MgO}=8\%\sim10\%$, $w_{Al_2O_3}=2\%\sim3\%$, $w_{MnO}<1\%$, $w_{CaC_2}=1\%\sim4\%$, $w_{FeO}<0.5\%$。电石渣 $w_{CaC_2}=2\%\sim4\%$ 为强电石渣,$w_{CaC_2}=1\%\sim2\%$ 属弱电石渣。

在稀薄渣基础上,加较多的碳粉、硅铁粉、石灰,在密封条件下碳与钙在高温下生成碳化钙。电石渣脱氧、脱硫能力强。

$$(CaO)+3C=(CaC_2)+\{CO\}$$

$$(CaC_2)+3(FeO)=3[Fe]+(CaO)+2\{CO\}$$

为保持渣中一定量的 CaC_2,还要多次补加炭粉和石灰。由于形成 CaC_2 所需的温度较高,所以造渣时间较长。电石渣易使钢液增碳,又不容易与钢液分离,还会形成钢中的夹杂物,所以出钢前必须破坏电石渣,转变成白渣,才能出钢。

如果使用清洁少锈、干燥的本钢种的返回料或近似成分的返回料、碳素钢以及海绵铁为原料炼钢,其原料中的磷含量比成品要求低,碳的含量也能达到成品钢的要求,可以用不氧化法冶炼。

1.2.3　炉外精炼

经过炼钢炉冶炼合格的钢水再进一步冶炼,称炉外精炼,也称二次炼钢。第一次的炼钢炉为初炼炉。

1.2.3.1 炉外精炼的目的和方式

炉外精炼的目的是:在真空或常压条件下对钢水进行深脱碳、脱硫、脱氧、去气、调整成分(微合金化)和温度并使其均匀化,去除夹杂物,改变夹杂物形态和组成等。

钢水炉外精炼是适应了钢品种的开发,质量的日益提高,生产过程合理化;精确控制钢水成分、温度,时间准确地提供给连铸,所以炉外精炼已成为现代炼钢－连铸生产中不可缺少的环节。

为了创造最佳冶金反应条件,到目前为止,炉外精炼有搅拌、渣洗、加热、真空、夹杂变性处理等要素。

生产中可以根据钢种质量的要求、连铸的需要、炼钢与连铸的协调,选用一种或几种要素组合的炉外精炼技术。

以下为几种主要的炉外精炼技术。

1.2.3.2 吹氩

通常在钢包底部装砌透气砖,出钢过程通过透气砖吹入氩气,由于气泡受热膨胀上浮抽引包内钢水流动而形成搅动,使乳化渣滴和钢中夹杂物上浮、均匀成分和温度。

吹氩搅拌分为强搅拌和弱搅拌,加合金、加造渣剂渣洗用强搅拌,利于加速反应,均匀成分、温度;弱搅拌利于夹杂上浮,减少二次氧化。

钢包也可以顶吹氩,通过吹氩枪从钢包上部伸到钢水液面以下深处吹氩,搅拌效果不如底吹氩。

A CAS 法

CAS 法由钢包底吹氩发展而来,如图 1-5*a* 所示。钢包运到 CAS 处理站,开到处理工位,接通钢包底部的吹氩快速接头,开始吹氩;当钢液面上的渣层吹开一定面积后下降浸渍罩,此时罩内无熔渣,并充满氩气,加入铁合金或冷却剂调整成分(C、Mn、Si、Al)和温度;主要适用于大型钢厂生产普通钢。

B CAS-OB 法

在 CAS 法的基础上增加氧枪设施成为 CAS-OB 法,可用于加铝吹氧升温，此工艺要注意以下几点：一是要确定合适的铝氧比；二是在加铝吹氧后要保持足够的弱吹氩时间，防止钢水铝含量超标而引发水口结瘤，或氧含量超标。

C　CAB法

CAB法是带包盖、加入合成渣的钢包吹氩搅拌法，可以脱硫、脱氧、去夹杂见图1-5*b*。由于钢包加合成渣精炼效果更好，加盖利于保温、减少氧化。CAB法主要适用于小型钢厂。

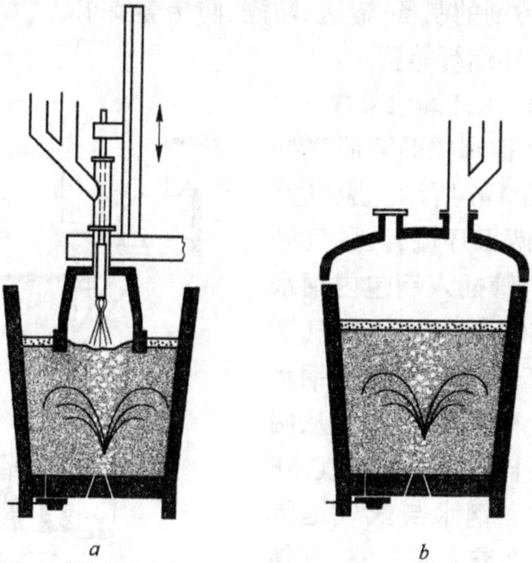

图1-5　CAS法与CAB法

a—CAS法；*b*—CAB法

1.2.3.3　喷粉与喂线

A　喷粉

喷粉是用粉剂通过载气经喷枪直接喷射到钢水内部进行精炼的方法，主要是脱硫、脱氧、改变夹杂物形态、改善钢水可浇性。喷粉有多种方法，如IRSID法(法国钢铁研究院的方法)、TN法(德国Thyssen-Niederrhein公司的方法)、SL法(瑞典Scandinavian LancersAB斯堪的纳维亚喷枪公司的方法)、KIP法(日本钢管公司君津厂的方法)等,其原理相同,只是设备布置、流程等稍有区别。

B 喂线

喂线也称喂丝。将 Ca-Si、Ca-Al、硼铁、钛铁、碳等合金或添加剂制成包芯线,或纯金属线(如铝线),通过喂线机械喂入钢水深处,可进行脱氧、脱硫,非金属夹杂物变性处理、合金化等以提高钢的纯净度,优化产品的使用性能,降低处理成本等。与喷粉相比,喂线取消了粉剂的制备、输送、防潮、防爆等要求,大大地降低了设备投资、维护和运行等费用。

1.2.3.4 RH 真空处理

RH 法又称真空循环脱气处理,流程如图 1-6 所示。脱气室的下部设有两根环流管;脱气处理时,将环流管插入钢包内钢水液面以下 150～300 mm,脱气室抽真空,由于形成的压差使钢水由环流管进入脱气室,同时从两根管之一的上升管吹入氩气,作为驱动气体。钢水与氩气泡混合物密度减小进入脱气室,气体逸出后密度增加,钢水从下降管回到钢包,这就是所谓的气泡泵原理。钢水从上升管—脱气室—下降管—钢包的循环运动,在脱气室内脱除钢中气体,降低气体的含量;周而复始循环数次之后,完成了钢水脱气的处理。

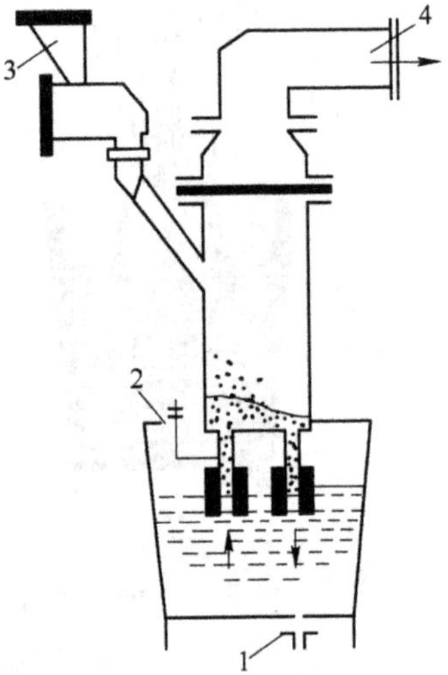

图 1-6 RH 真空脱气法

1—滑动水口;2—吹氩管;
3—合金加料装置;4—接真空泵

由 RH 真空处理技术扩展而成 RH-KTB 法(KTB 意为川崎钢铁公司顶吹氧)、RH-OB 法(带吹氧升温的循环真空脱气处理)、RH-PB 法(真空循环脱气－喷粉处理)等,精炼功能扩大到升温、脱硫等。

1.2.3.5 LF 炉精炼

LF 炉也称钢包炉,是 20 世纪 70 年代由日本开发与电弧炉相匹配的精炼设备,用以取代电炉的还原期,缩短电炉的冶炼周期,其设备简单,操作灵活,精炼效果好。目前也与转炉联合,生产优质钢、合金钢。

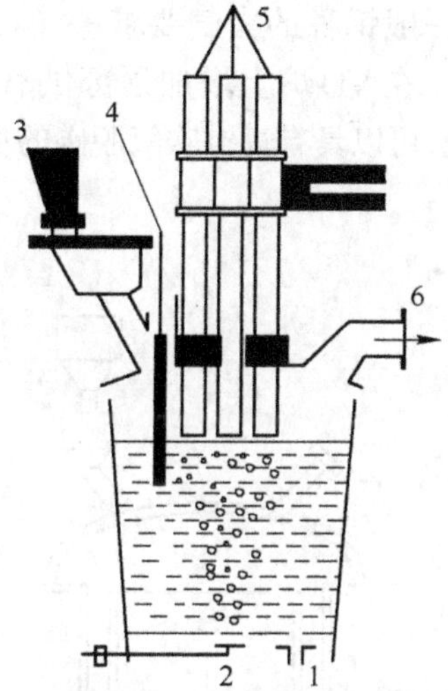

图 1-7 LF 钢包精炼炉

1—滑动水口;2—底吹氩装置;
3—合金加料装置;4—测温取样装置;
5—电极;6—除尘设备

LF 炉实际上就是承接钢水的钢包,可以通过电弧加热、炉内造白渣、吹氩搅拌、还原性气氛等手段,强化热力学和动力学条件,在短时间内钢水达到脱氧、脱硫、升温综合精炼效果,结构见图 1-7。经 LF 炉的处理,钢中的氧、硫含量大幅度降低,可达到 1×10^{-5};夹杂物按 ASTM 评级,能达到 0~0.1级。LF 炉适合处理中、高碳钢。

精炼过程:处理前将钢包运送到处理工位,加盖、降下电极加热,加入合成渣料造白渣,进行精炼,包底吹氩搅拌,包内在低氧的气氛中精炼。

LF 炉亦可置于真空条件下进行冶炼,即 LF-VD 法。

1.2.3.6 VD 精炼炉

VD(Vacuum Degassing)精炼法,又称钢包真空精炼法,是将转炉或电炉的初炼钢水置于密闭罐内,抽真空同时钢包底部吹氩搅拌的真空处理法,如图 1-8a 所示,可以脱碳、脱气、脱硫、去除夹杂、合金化,均匀钢水温度、成分等,其主要设备由抽真空系统、真空罐系统、真空罐盖及加料系统组成,适于生产各种合金结构钢、优质碳钢和低合金高强度钢。VD 精炼没有钢水加热设施,出站时要确保钢水温度需要一定的技术水平。VD 炉与 RH 相比,真空处理抽气泵较大，脱气效果不如 RH；耐火材料消耗少些；可满足一般钢种的去气要求。

在 VD 炉上增加顶部供氧系统，构成 VOD 炉，如图 1-8*b* 所示。此法可以具有真空吹氧脱碳的功能，适宜冶炼低碳钢和低碳不锈钢。

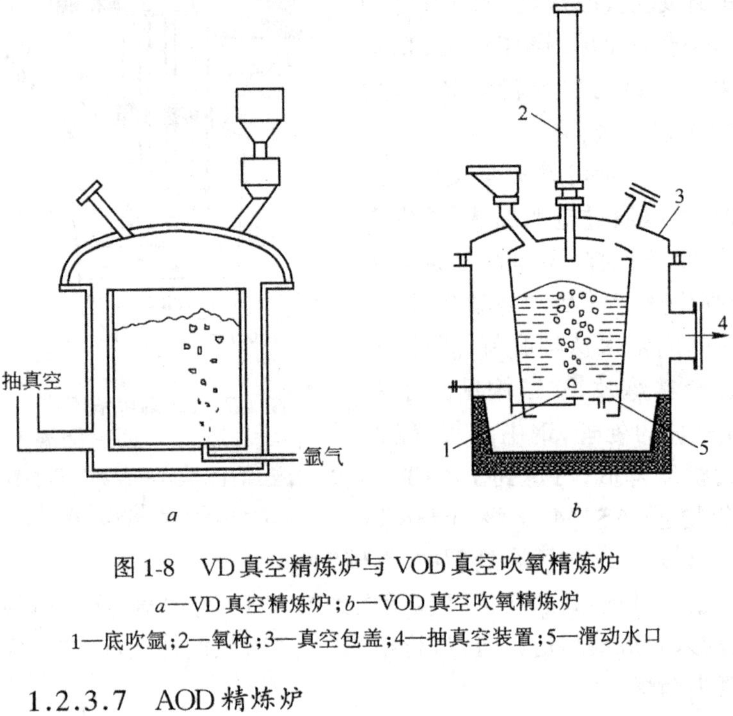

图 1-8　VD 真空精炼炉与 VOD 真空吹氧精炼炉

a—VD 真空精炼炉；*b*—VOD 真空吹氧精炼炉

1—底吹氩；2—氧枪；3—真空包盖；4—抽真空装置；5—滑动水口

1.2.3.7　AOD 精炼炉

AOD 炉也称氩氧炉，是在常压下向钢水吹氧的同时吹入氩，通过降低炉气中 p_{CO}，以实现脱碳保铬的目的，这种精炼方法用于生产低碳钢、超低碳钢和超低碳不锈钢等。其设备包括炉子本体、供气系统、供料系统和除尘系统等。

1.2.4　钢的浇铸

浇铸作业是将合格钢水铸成适合于轧制或锻压加工的一定形状、尺寸和单重的铸坯或钢锭。钢水的浇铸，一是模铸工艺，成品为钢锭；另一是连铸工艺，产品为连铸坯。

1.2.4.1 模铸工艺

A 上注法和下注法

根据钢水注入钢锭模的方式模铸工艺有上注法与下注法。上注法是钢水从钢锭模的上口注入；而下注法，钢水流经中注管、流钢砖(也称汤道砖)，从钢锭模的底部进入钢锭模，如图 1-9 所示。

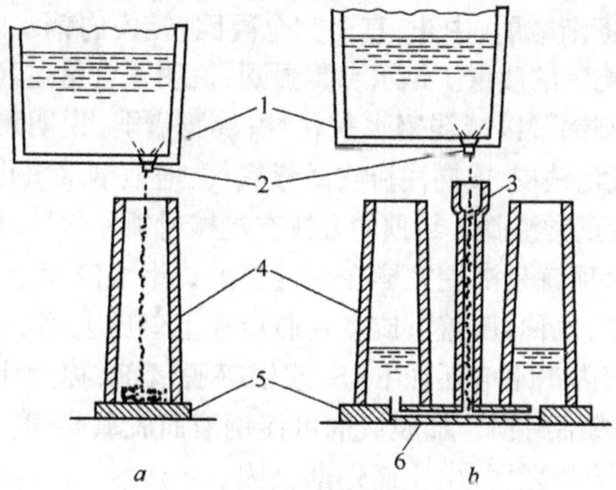

图 1-9 上注法与下注法示意图

a—上注；*b*—下注

1—钢包；2—水口；3—中注管；4—钢锭模；5—底板；6—流钢砖

下注法与上注法相比有如下特点：

(1) 可以同时浇铸多根钢锭，大大缩短了一炉钢的浇注时间，有利于浇铸设备周转及生产调度；

(2) 钢锭模内钢水液面上升平稳，钢水飞溅少，钢锭不易出现表面结疤等缺陷；

(3) 由于钢水是经过中注管和流钢砖，所以耐火材料消耗多；同时增加了钢中非金属夹杂物的来源；浇注前的生产准备工作费时、费力，工作量大，工作环境恶劣，劳动强度大。

根据所浇钢种、锭型、钢质量的要求、生产批量的多少以及车间设备条件等因素综合考虑确定选择上注还是下注。

B 沸腾钢和镇静钢

根据脱氧的程度，钢分为沸腾钢和镇静钢。

脱氧不完全的钢为沸腾钢;脱氧完全的钢是镇静钢。

沸腾钢使用上小下大的钢锭模,或者是瓶口式钢锭模浇注。

由于沸腾钢脱氧不完全,钢水中的氧含量高于平衡值,因此从浇注开始到终了模内钢水一直有C-O反应在沸腾,为此浇注完毕必须封顶。封顶的目的是使锭模内钢水液面冷却凝固,钢液与大气隔绝,沸腾逐渐减弱、中止,直至完全凝固。锭模内钢水沸腾激烈或微弱,均影响钢的质量。钢水沸腾强烈,说明氧含量过高,可加入适量铝也称"刺铝",以减弱钢水氧化性;沸腾微弱,说明氧化性弱,可加入适量氧化铁皮,或向注流吹微量氧气,增强钢水氧化性,以保锭模内钢水的正常沸腾。封顶的方法有机械封顶和化学封顶。

机械封顶就是浇注完毕在钢锭模上口钢水液面上加个一定重量的铸铁盖,也称"压盖",或者在瓶口模上口压上塞盖。

向锭模内钢水液面加Fe-Si或铝等脱氧剂,称为化学封顶,即Fe-Si封顶或铝封顶。加脱氧剂可使钢液面脱氧凝固,模内钢液与大气隔绝,沸腾减弱、中止而逐渐凝固。

大型沸腾钢钢锭在上注时,由于浇注速度快,钢液沸腾不充分,在浇注过程中可向每根锭模内加入适量的助沸剂。助沸剂是由氧化铁皮和萤石或NaF等材料组成。

镇静钢使用上大下小带保温帽的钢锭模,或者是上小下大挂绝热板的钢锭模。镇静钢可以上注,也可以下注。

镇静钢是脱氧完全的钢,浇注过程锭模内钢水液面平静,液面需覆盖保护渣;浇注结束之前还需加入发热剂,以使钢锭模帽内钢水较长时间保持液态,用以补充锭身部分的凝固收缩,使缩孔集中于保温帽中,提高收得率。

1.2.4.2 连续铸钢

A 连铸机的机型及其特点

连铸机的分类方式很多。按结晶器是否移动可以分为两类:一类是固定式结晶器,包括固定振动结晶器的各种连铸机,如立式连铸机、立弯式连铸机、弧形连铸机、椭圆形连铸机、水平式连铸机等。这些机型已成为现代化连铸机的基本机型,如图1-10所示。

另一类是同步运动式结晶器的各种连铸机，如图 1-11 所示；这种机型的结晶器与铸坯同步移动，铸坯与结晶器壁间无相对运动，因而也没有相对摩擦，能够达到较高的浇注速度，适合于生产接近成品钢材尺寸的小断面或薄断面的铸坯，如双辊式连铸机、双带式连铸机、单辊式连铸机、单带式连铸机、轮带式连铸机等，这些都是正在开发中的连铸机机型。

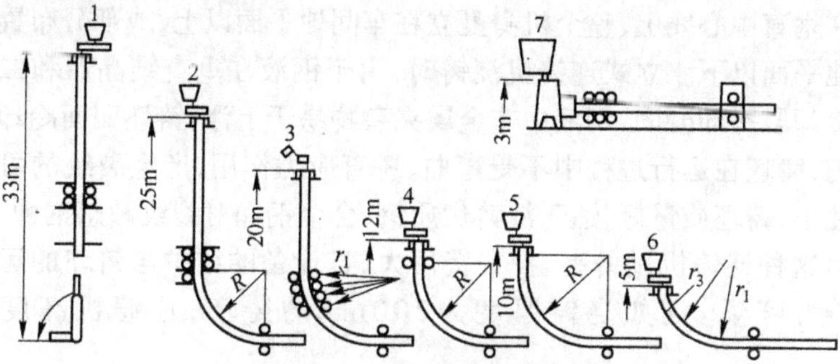

图 1-10　连铸机机型示意图

1—立式连铸机；2—立弯式连铸机；3—直结晶器多点弯曲连铸机；4—直结晶器弧形连铸机；5—弧形连铸机；6—多半径弧形(椭圆形)连铸机；7—水平式连铸机

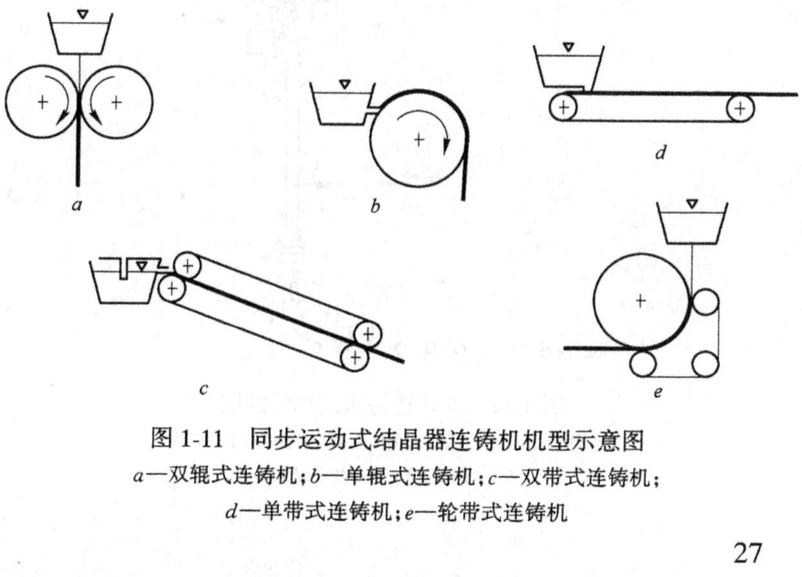

图 1-11　同步运动式结晶器连铸机机型示意图

a—双辊式连铸机；*b*—单辊式连铸机；*c*—双带式连铸机；*d*—单带式连铸机；*e*—轮带式连铸机

另外,还可以按铸坯断面形状分为方坯连铸机、圆坯连铸机、板坯连铸机、异型坯连铸机、方/板坯兼用型连铸机等;按钢水的静压头可分为高头型、低头型和超低头型连铸机等。

a　立式连铸机

立式连铸机是20世纪50年代至60年代初的主要机型,如图1-12所示。立式连铸机,从中间包到切割装置等主要设备均布置在垂直中心线上,整个机身矗立在车间地平面以上,或部分布置在地平面以下。立式连铸机浇铸时,由于钢液在垂直结晶器和二次冷却段冷却凝固,钢液中非金属夹杂物易于上浮,铸坯四面冷却均匀,铸坯在运行过程中不受弯曲、矫直应力作用,产生裂纹的可能性小,铸坯质量好,适于浇铸优质钢、合金钢和对裂纹敏感钢种等。但这种连铸机设备高、投资费用大,且设备的维护与铸坯的运输较为麻烦。例如浇铸厚度为200mm的铸坯,连铸机高度需

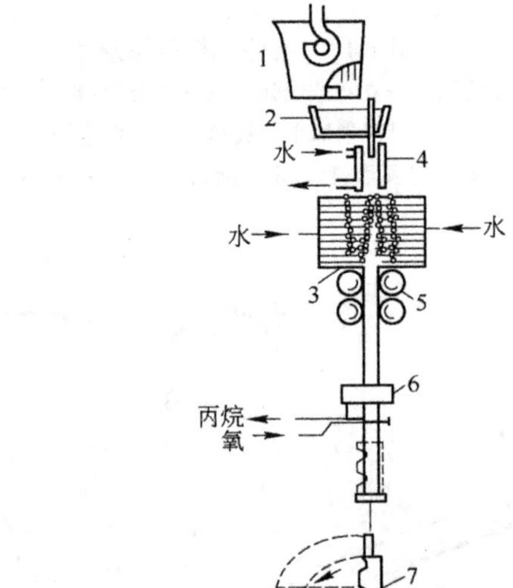

图1-12　立式连铸机结构示意图

1—钢包;2—中间包;3—导辊;4—结晶器;5—拉辊;
6—切割装置;7—出坯装置

25～35 m。由于连铸机高度增高，钢水静压力加大，尤其浇铸大断面铸坯的鼓肚变形较为突出，因而立式连铸机现已淘汰。

b　立弯式连铸机

立弯式连铸机是连铸技术发展过程的过渡机型，如图 1-10 中 2 所示。立弯式连铸机是在立式连铸机基础上发展而来，其上部与立式连铸机完全相同，待铸坯全部凝固后，用顶弯装置将铸坯顶弯 90°，在水平方向切割出坯，它只适于浇铸小断面铸坯。

c　弧形连铸机

弧形连铸机是世界各国应用最多的一种机型。弧形连铸机的结晶器、二次冷却段、拉坯矫直机等设备均布置在同一半径的 1/4 圆周弧线上；铸坯在 1/4 圆周弧线内完全凝固，经水平切线处一点矫直，而后切成定尺或倍尺，从水平方向出坯，其结构示意图见图 1-13*a*。弧形连铸机的机身高度基本上等于铸机的圆弧半径，所以弧形连铸机的高度比立弯式连铸机又降低了许多，仅为立式连铸机的 1/3，因而基建投资费减少了。铸坯凝固过程中承受钢水静压力小，有利于提高铸坯质量；铸坯经弯曲矫直，易产生裂纹；此外，铸坯的内弧侧存在着夹杂物聚集，铸坯内夹杂物分布不均匀，也影响质量。为减轻铸坯矫直时的变形应力，在弧形连铸机上采用多点矫直，如图 1-13*b* 所示。从图 1-14 可以看出，加大弧形连铸机的圆弧半径或增加铸坯的矫直点都会减小铸坯的变形应力。

为了改善铸坯的质量，在弧形连铸机上采用直结晶器，在结晶器下口设 2～3 m 垂直线段，带液心的铸坯经多点弯曲，或逐渐弯曲进入弧形段，然后再多点矫直。垂直段利于液相穴内夹杂物充分上浮，因而铸坯夹杂物的不均匀分布有所改善，偏析减轻。多点弯曲、多点矫直的弧形连铸机机型见图 1-15 所示。

d　椭圆形连铸机

椭圆形连铸机的结晶器、二次冷却段夹辊、拉坯矫直机均布置在 1/4 椭圆弧线上，如图 1-16 所示。椭圆形弧线是由多个半径的圆弧线所组成，其基本特点与全弧形连铸机相同。椭圆形连铸机又进一步降低了连铸机和厂房的高度。椭圆形连铸机又分为低头和超低头连铸机。

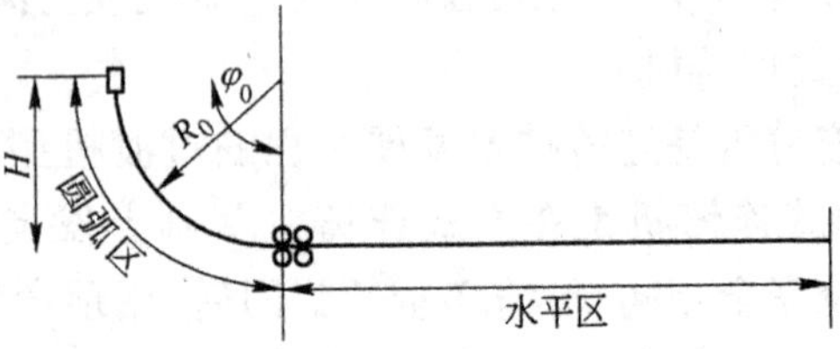

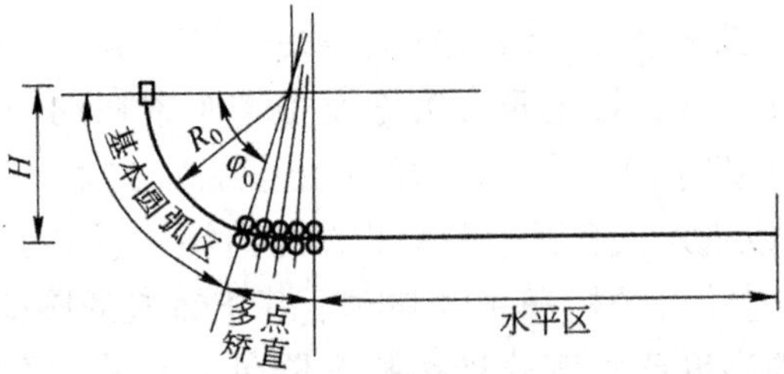

图 1-13 弧形连铸机机型示意图

a—全弧形连铸机；*b*—多点矫直的弧形连铸机

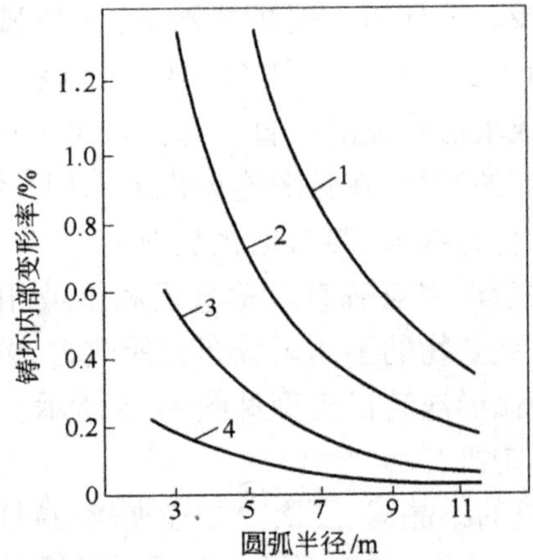

图 1-14 圆弧半径、连铸机矫直点数与铸坯内部变形的关系

1—1 点矫直；2—2 点矫直；3—5 点矫直；4—19 点矫直

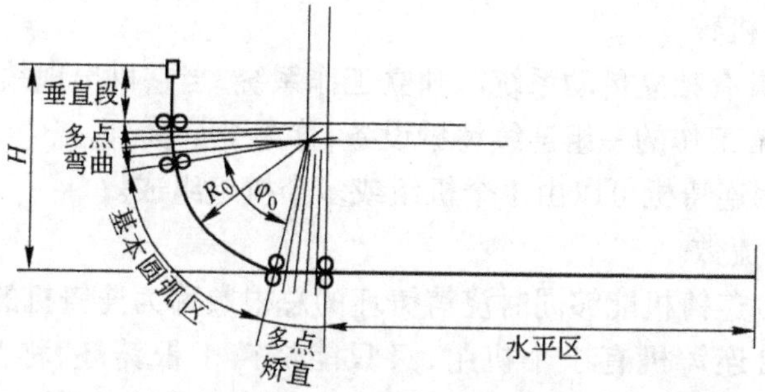

图 1-15　多点弯曲、多点矫直弧形连铸机机型示意图

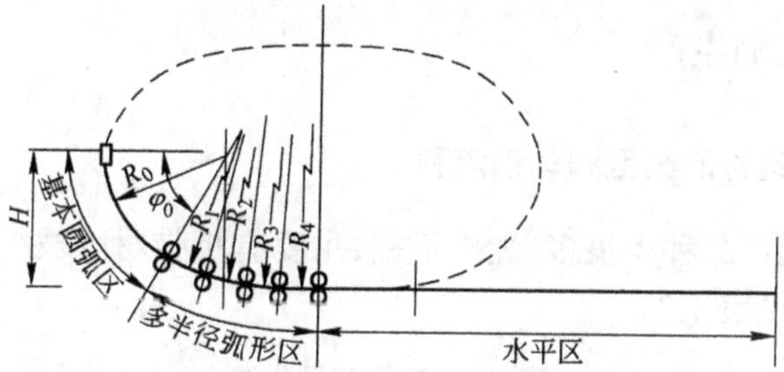

图 1-16　椭圆形连铸机机型示意图

低头或超低头连铸机的机型是根据连铸机高度(H)与铸坯厚度(D)之比确定的。连铸机高度是指从结晶器液面到出坯辊道表面的垂直高度。$H/D = 25 \sim 40$ 时，称为低头连铸机；$H/D < 25$ 时，则称为超低头连铸机。超低头连铸机最早是由曼内斯曼和康卡斯特连铸集团开发的，他们向世界各国推销了约百台各种规格的方、板坯超低头连铸机。

e　水平连铸机

水平连铸机当前已不用于生产。

B　连铸机的台数、机数、流数

a　台数

凡是共用一个钢包，浇铸 1 流或多流铸坯的 1 套连续铸钢设备称为 1 台连铸机。

b　机数

凡具有独立传动系统和独立工作系统，当它机出现故障，本机仍能照常工作的一组连续铸钢设备，称为 1 个机组。

1 台连铸机可以由 1 个机组或多个机组组成。

c　流数

1 台连铸机能够同时浇铸铸坯的总根数称为连铸机的流数。

1 台连铸机有 1 个机组，又只能浇铸 1 根铸坯，称为 1 机 1 流；若 1 台连铸机有多个机组，又能够同时浇铸多根铸坯，称其为多机多流；1 个机组能够同时浇铸 2 根铸坯的称为 1 机 2 流。

1.3　轧钢生产

1.3.1　钢材的类型和轧钢流程

轧钢产品种类很多，规格不一，主要有板带材、线材、管材、型材四类，见表 1-2。

表 1-2　轧钢产品分类

钢材类别	板　带　材	线　　材	管　　材	型　　材
类　型	热轧钢板(中厚板) 冷轧钢板(薄板) 带　钢	螺纹钢 钢　筋 钢　丝	无缝钢管 焊接钢管	角　钢 槽　钢 工字钢等

轧钢生产工艺流程可概括为原料准备、加热、轧制、精整等环节。图 1-17 是型材和板材生产流程。

当前薄板坯连铸连轧工艺可将钢水直接浇铸成薄钢板、带材卷。

钢材的轧制分热轧和冷轧。冷轧是在再结晶温度以下进行轧制。

1.3.2　轧钢生产工艺

1.3.2.1　钢坯加热

A　概述

轧钢的原料为钢锭、初轧坯和连铸坯三种。这些坯料在轧制

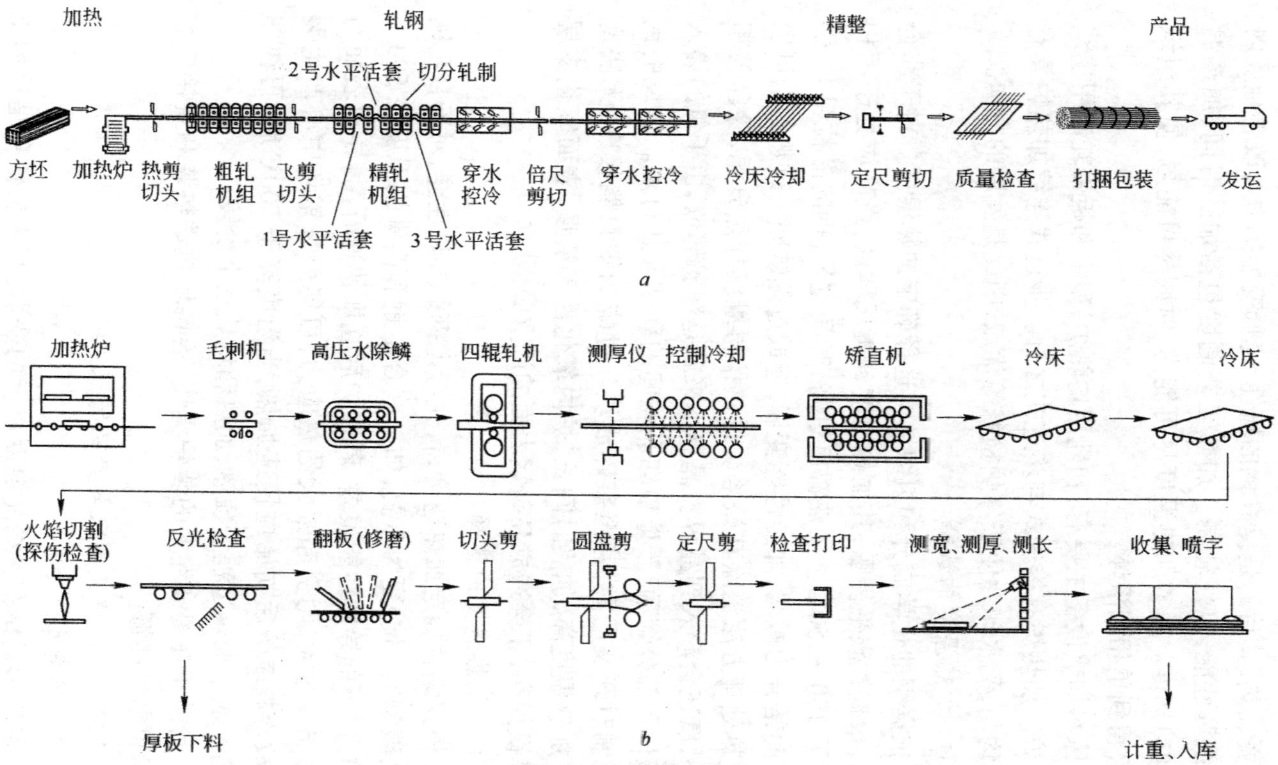

图1-17　轧钢生产流程

a—型材生产流程；*b*—板材生产流程

前都要加热,其目的是提高钢的塑性,降低变形抗力及改善金属内部组织和性能,以便轧制。加热工艺制度包括加热时间、加热温度、加热速度。通常加热温度尽可能高,时间尽可能短,使其组织均匀,得到单相固溶体。

原料加热设备主要有:初轧用均热炉、型钢和板带轧制用连续加热炉。加热炉有推进式与步进式之分。步进式连续加热炉具有加热均匀,无水印并便于停炉检修等优点,因此是发展的方向。

B 加热温度的选择

依据钢的化学成分和组织结构选择确定加热温度。对于非合金钢,根据铁碳平衡图,其加热温度到奥氏体区,最高应处于固相线以下100～150℃。加热温度过高,时间过长,钢的晶粒粗大,引起晶间结合力减弱,加工性能变坏,造成过热缺陷。过热的钢可以通过热处理方法消除其缺陷。过热钢再继续加热升温,除晶粒粗大外,氧还会渗入到晶界。晶界本来就是薄弱部位,由于氧的渗入而氧化和部分熔融,严重破坏晶粒间的联结导致过烧。过烧的钢在轧制时开裂严重,甚至破碎成块。过烧的钢只能报废,无法挽救。加热温度高,加热时间长,炉内氧化性气氛强,表面氧化皮层增厚铁损高,还会造成高碳钢表面的严重脱碳。

C 加热速度的选择

根据钢种确定加热速度,首先考虑钢的导热性能,对于合金钢和高碳钢坯(锭)更为重要,如一些合金钢和高碳钢温度在500～600℃以下的导热性能很差,若装炉后立即快速升温,导致表面与中心温差过大,则引起强大的热应力,可能引发钢坯中心产生裂纹,故冷料装炉后初始应慢速加热,当温度高于700℃后,再快速加热。通常加热过程为预热、加热和均热三个阶段。

目前正在提高坯料的装炉温度,连铸坯热送热装和直接轧制技术可节约能源。

1.3.2.2 热变形及其产品特点

A 热变形

热变形是钢在再结晶温度以上的变形,其主要任务是热加工成形并改善其性能。

加工后的产品形状正确规矩、尺寸精确、表面光洁，主要取决于轧辊孔型设计(包括辊型设计和压下规程)、轧机调整。变形温度、变形速度和轧辊的磨损等对钢材成形有重要的影响。轧制时的张力对金属成形也有较大的影响。

影响产品性能的因素十分复杂，一般有变形的力学条件和热力学条件，即变形程度(包含总变形量和每道次变形量)、变形温度和变形速度。

通常三向压应力越强，变形量越大，越有利于细化晶粒改善铸态组织；碳化物分布均匀，钢材组织致密，能提高其力学性能，如重轨钢的压缩比要数十倍，钢板压缩比要5～12倍，才能保证力学性能。实践证明在塑性允许条件下，要尽量采用大的变形。热轧时，前几道应大变形，精轧道次主要是控制产品质量。

碳钢加热温度一般在1200℃以上，终轧温度过高会降低钢材的力学性能，过低会产生加工硬化。高碳钢和轴承钢、工具钢等高碳钢种，为了破碎网状渗碳体，终轧温度应低于铁碳平衡中的ES线50～100℃。

轧制速度应结合轧制温度的影响来考虑。轧制速度较大时，会产生较大的变形热，影响轧制温度，要避免产生热脆“门槛”温度轧制。变形速度的快慢还要考虑再结晶速度与加工硬化速度。

B　热轧产品的特点

热轧过程是加工硬化和再结晶两个相互影响的过程。热轧过程由于再结晶充分且主要是在三向压应力状态下变形，因此产品具有以下特征：

(1) 铸态金属组织中的缩孔、疏松、空隙等缺陷得到压合，同时由于再结晶作用的结果组织是致密的；

(2) 热轧可使晶粒细化和夹杂物破碎、偏析减小，产品组织均匀；

(3) 出现热轧纤维组织，金属沿纵向(纤维方向)的塑性指标和强度指标高于横向(垂直纤维方向)的同类指标，其中塑性指标随变形程度的增加而增加，但增加的程度逐渐减弱；

(4) 金属在热变形过程中产生带状组织，这种带状组织可表现为晶粒带状和夹杂物带状两种，如低碳钢在热变形中，有时会出现铁素体和珠光体沿纤维状排列的杂质周围呈带状排列。

1.3.2.3 热轧产品的冷却与精整

热轧产品在不同的冷却条件下，会得到不同的组织结构和性能。生产中常用控制轧后的冷却来控制钢材得到需要的组织和性能。轧后冷却包括控制冷却速度或过冷度来控制奥氏体转化温度，以便得到细小的铁素体+渗碳体混合的细化组织，即得到细的珠光体、极细珠光体及贝氏体等组织结构，提高钢材的硬度和强度并改善冲击性能。

对于某些塑性和导热性较差的钢种，应注意防止轧后冷却过快，以免产生裂纹和白点。

根据产品技术要求和钢种特性，在热轧后采用的冷却方式有空冷、水冷、堆冷及缓冷等。

水冷方式：在冷床或辊道上喷水或喷水雾冷却，或将钢材浸入水中强制冷却。共析钢的快速冷却可获得细小的晶粒组织，提高力学性能。过共析钢则主要是消除网状碳化物；薄板浸入水中冷却是使氧化铁皮脱落。

空冷：空冷是钢材轧后最常用的冷却方式。凡是空冷，不产生热应力裂纹，最终马氏体或贝氏体组织的钢材不是都可以采用空冷。

对于要求具有较高强度、韧性和塑性的合金钢和高合金钢材，在冷床冷却到一定温度后，采用堆冷；易产生白点的钢种用缓冷。热轧产品的精整是指钢材轧后的切断、矫直、切头、切尾、包装等工序。

1.3.3 控制轧制、控制冷却

1.3.3.1 细晶粒钢与超细晶粒钢

为了保证我国经济的可持续发展，采用高强度钢、超高强度钢势在必行。

纯铁晶体颗粒粗大，其强度、硬度并不高，但是合金固溶体或空位原子形成的点缺陷、轧钢位错的线缺陷、晶界的面缺陷和纳米级别夹杂物的体缺陷造成晶格畸变，可大大提高强韧性。

从以上四种类型缺陷强化力学性能来看，面缺陷、体缺陷造成的细晶强化，不仅提高了强度和硬度，而且提高了塑性指标，因此细晶粒钢（晶粒直径 20～30 μm）、超细晶粒钢（晶粒直径小于 10 μm）是今后的发展方向。获得细晶粒组织的钢材，一靠在凝固过程中或凝固后形成的氮化物或脱氧产物（纳米级夹杂物）阻碍晶粒长大；二靠控制轧制、控制冷却。

1.3.3.2 控制轧制、控制冷却

所谓控制轧制就是适当控制钢的化学成分、加热温度、变形温度、变形条件（包括每个道次的变形量、总变形量、变形速度）及冷却速度等工艺参数，从而大幅度提高热轧钢材综合性能的一种轧制方法。

过去的热轧钢材强化手段是添加合金元素或轧后进行热处理，虽然提高了钢材的强度，但钢材塑性与韧性降低，焊接性能变差。控制轧制使传统热轧与热处理相结合，通过钢的高温变形和充分的细化钢材的晶粒、改善其组织，不仅得到规定形状和尺寸的钢材，还具有通常需要常化处理后才能达到的综合性能。

但是控制轧制工艺一般要求较低的终轧温度或较大的变形量，因而轧机的负荷增大，为此控制冷却工艺的研究应运而生。控制冷却即通过控制热轧过程中和轧后钢材的冷却速度，达到改善钢材的组织状态，提高钢材性能，缩短钢材的冷却时间，提高轧机生产能力的冷却工艺。

实践证明，应用控制轧制和控制冷却方法比用合金法、调质处理法、正火方法更易获得低的碳当量，良好的塑性和焊接性能以及高的强度，同时又具有良好的低温韧性的钢材，是一项节约合金、简化工序、节约能源的先进轧钢技术。

1.3.3.3 控制轧制、控制冷却在生产中的应用

控制轧制工艺分为三个阶段:(1)变形和奥氏体再结晶同时进行阶段,即钢坯加热后粗大化了的 γ 晶粒,经过在 γ 再结晶区域内的反复变形和再结晶而逐步得到细化的阶段;(2)低温奥氏体变形阶段,当轧制变形进入 γ 再结晶区域时,变形后的 γ 晶粒不再发生再结晶,而呈现加工硬化状态,这种加工硬化了的奥氏体具有促进铁素体相变的形核作用,使相变后的 α 晶粒细小;(3)$\gamma+\alpha$ 两相区变形阶段。当轧制温度继续降低到 A_3 温度以下时,不仅 γ 晶粒变形,部分相变后的 α 晶粒也要被轧制变形,从而在 α 晶粒内形成亚晶,促使 α 晶粒的进一步细化。与此对应,根据轧制过程中再结晶状态和相变机制的不同,控制轧制可分为三种类型,即奥氏体再结晶型、奥氏体未再结晶型和奥氏体与铁素体两相区控制轧制。

控制冷却工艺一般也分成三个阶段:(1)从终轧开始到变形奥氏体向铁素体开始相变的温度 A_3 阶段;(2)从 A_3 温度到相变完了的整个相变阶段;(3)从铁素体相变完了到室温阶段。

A 控制轧制、控制冷却在中厚板生产中的应用

在二辊+四辊中厚板生产工艺中,粗轧机(二辊)上采用再结晶型控制轧制,由于此时轧制温度高,可以采用较大的道次变形量。粗轧的终轧温度在1000℃以上。进入精轧机之前,用空冷或水冷快速降温到930～950℃左右,在精轧机上进行奥氏体未再结晶区控制轧制,终轧温度为800℃左右。

为了保持两架轧机的生产平衡,在精轧机上的前些道次仍为再结晶型控制轧制,甚至在部分再结晶的上限温度轧制,然后快冷到未再结晶区进行未再结晶型控制轧制。如果不具备中间快冷装置,则采用空冷。为了不降低轧机的生产能力,在精轧机上可以采用多块钢板交叉轧制,即解决了钢板待温又不降低轧机产量。

轧制后立即进入水冷区进行控制冷却。按不同钢种和板厚,确定控制冷却工艺制度。根据当前钢板热矫直温度要求,控制冷却到650～700℃左右。如果矫直机能力许可,终冷温度控制在500℃左右较为合适,然后空冷至室温。

B　控制轧制、控制冷却在型钢材生产中的应用

型钢产品种类很多，形状各不相同，轧制时变形条件也比较复杂。型钢轧制都是在规定的孔型中完成的，变形条件基本固定，不可能进行大范围的变形量调整。因此，型钢控制轧制主要是采用温度控制手段来改善变形奥氏体的组织状态，提高钢材性能。

以铁素体组织为主的钢材轧后组织状态的调整、铁素体晶粒尺寸的细化以及强韧性的提高，都是通过控制加热温度、开轧温度和终轧温度实现的。对于连续式轧机主要是控制开轧温度来调整终轧温度。

以珠光体组织为主的钢，通过控制轧制导致珠光体相变温度提高，使珠光体片层间距增大，造成钢的强度和韧性降低。但又由于控制轧制使变形奥氏体晶粒细化，相变后得到较小直径的珠光体球体，使钢的韧性得到提高。为了得到较小直径的珠光体球体，必须采用再结晶型控制轧制以得到细的再结晶奥氏体晶粒，如采用未结晶型控制轧制，奥氏体晶粒不能细化，导致珠光体球体直径增大，对韧性不利。为了降低珠光体片层间距，控制轧制后都采用控制冷却以降低温度，使片层间距减小，提高钢的韧性。

具有渗碳体组织的钢材采用控制轧制工艺，主要是控制渗碳体的析出过程、析出状态、珠光体尺寸大小和形貌。

钢筋的控制冷却又称轧后余热淬火或轧后余热处理，利用热轧钢筋轧后在奥氏体状态下很快冷却，钢筋表面淬成马氏体，随后其心部放出余热自回火，以提高强度与塑性，改善韧性，得到良好的综合力学性能。钢筋离开轧机后，在终轧温度下，尽快地进入高效冷却装置进行快速冷却。钢筋冷却速度必须大于使表面达到一定深度淬火马氏体的临界速度，表面温度低于马氏体开始转变温度（M_s），发生奥氏体向马氏体的转变。心部由于温度高，仍处于奥氏体状态。表面则为马氏体及残余奥氏体组织，表面马氏体层的厚度决定于轧后强制冷却的持续时间。

线材的品种很多，用途不同，要求的组织状态与性能也不同。对于高碳钢线材，最好的冷却组织应为细珠光体（索氏体），尽管这

种组织比粗大的或粒状的珠光体硬，但是具有较大的冷塑变形能力，对于今后的冷变形有利。因此，高碳钢线材轧后的一次冷却一般采用穿水冷却，将钢从1150～950℃的终轧温度快速冷却到800～650℃，得到细晶粒组织，并在线材表面形成均匀的氧化铁皮层。二次冷却又称相变冷却，一般在输送链上进行风冷，如标准型斯太尔摩法。

低、中碳钢线材的组织以铁素体为主，特别是在碳含量低于0.10%时，几乎不能形成珠光体组织。终轧后的急冷使碳过饱和地溶于铁素体中，并以间隙固溶、在位错面沉淀及在铁素体中弥散沉淀的形式存在。在很弱的冷变形中，由于碳在位错面上沉淀时产生的位错锚定作用，降低了拉拔效率，不利于拉拔，因此要使碳在300℃左右迅速地形成稳定的碳化物，得到片状渗碳体(Fe_3C)沉淀组织。在实际生产中，低碳钢线材在轧后快速冷却到700℃之后，空冷至400℃左右，在400～300℃之间，要保持一定的时间(慢冷)，以形成稳定而均匀的片状渗碳体，如低碳钢、中碳钢和一些焊接类低合金钢均采用慢冷斯太尔摩法。

2　弧形连铸机

连铸机是机械化程度高、连续性强的生产设备。弧形连铸机是连铸生产中使用比较多的机型。

弧形连铸机由主体设备和辅助设备两大部分组成,其主体设备由以下几部分组成:

- 弧形连铸机
  - 钢水浇注及承载设备——钢包、钢包回转台、中间包、中间包小车
  - 成形及冷却设备——结晶器及其振动装置、二次冷却区装置
  - 拉坯矫直设备——拉坯矫直机、引锭装置、脱引锭装置、引锭杆收集存放装置
  - 切割设备
    - 火焰切割
    - 机械剪切
      - 液压剪
      - 一般机械剪
  - 出坯设备——辊道、冷床、拉钢机、推钢机、翻钢机、缓冲器、火焰清理机、打号机等

2.1　弧形连铸机的重要参数

2.1.1　弧形连铸机规格的表示方法

弧形连铸机规格表示方法为:

$$aRb—C$$

式中　a——1 台连铸机的机组数,若机组数为 1 可省略;

R——机型为弧形或椭圆形连铸机;

b——连铸机的圆弧半径,m;若椭圆形铸机为多个半径之乘积,也标志可浇铸坯的最大厚度:坯厚 $=\dfrac{b}{30\sim36}$ mm;

C——铸机拉坯辊辊身长度, mm,标志可容纳铸坯的最大宽度:坯宽 $=C-(150\sim200)$ mm。

例如:

(1) $3R5.25$—240 表示此台连铸机为 3 机,弧形连铸机,其圆弧半径为 5.25 m,拉坯辊辊身长度为 240 mm。

(2) $R10$—2300 表示此连铸机为 1 机,弧形连铸机,其圆弧半

径为 10 m，拉坯辊辊身长度为 2300 mm，板坯浇铸的最大宽度为 2300 − (150～200) = (2150～2100) mm。

(3) $R3\times4\times6\times12$—350（也有写作 $R3/4/6/12$—350）表示该连铸机为 1 机椭圆形连铸机，四段弧半径分别为 3 m、4 m、6 m 和 12 m，拉坯辊辊身长度为 350 mm。

2.1.2 弧形连铸机的生产流程

由图 2-1 可见，钢水由钢包经中间包连续不断地注入一个或一组水冷铜制结晶器。结晶器底部由引锭头承托，引锭头与结晶器内壁四周严格密封。注入结晶器的钢水受到激冷后，迅速形成一定形状和坯壳厚度的铸坯。当结晶器内钢水浇注到规定高度时，启动拉矫机，结晶器同时振动，拉辊夹住引锭杆以一定速度将带液心成形的铸坯拉出结晶器，进入二冷区，继续喷水冷却，直至完全凝固。铸坯经矫直后，脱去引锭装置，再切割成定尺或倍尺长度，由输送辊道运走。这一生产过程是连续进行的。

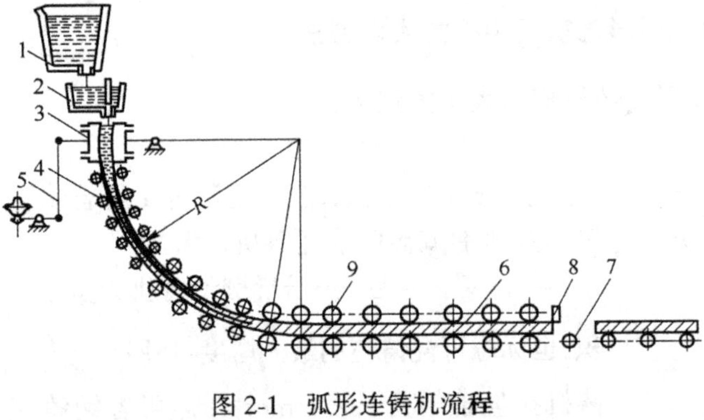

图 2-1 弧形连铸机流程

1—钢包；2—中间包；3—结晶器；4—二冷区；5—振动装置；
6—铸坯；7—运送辊道；8—切割设备；9—拉坯矫直机

2.1.3 弧形连铸机的几个重要参数

铸机参数包括铸坯断面、弧形半径、拉坯速度、液相深度、流数等。

2.1.3.1 铸坯断面规格

铸坯断面尺寸是确定连铸机的依据。由于成材的需要，铸坯断面形状和尺寸也不同。对于小、大方坯断面规格尺寸的界限是150 mm×150 mm；矩形坯与板坯的区别是板坯宽厚比在3以上；就板坯而言，厚度在40～70 mm为薄板坯；90～150 mm为中等厚度板坯；大于150 mm为常规板坯；当厚度为25 mm以下称为带坯；10 mm左右称为薄带坯，3 mm以下称为极薄带坯。

日前已生产的连铸坯形状和尺寸范围如下：

小方坯：≤150 mm×150 mm

大方坯：(151 mm×151 mm)～(450 mm×450 mm)

矩形坯：(150 mm×100 mm)～(400 mm×630 mm)

圆坯：ϕ80～450 mm

确定铸坯断面和尺寸的依据如下：

(1) 根据轧材需要的压缩比确定。压缩比是指铸坯断面积与所轧钢材断面积之比。一般钢材需要的最小压缩比为3，为了得到内部组织致密，并具有良好的物理性能，一些钢材的压缩比就要大些，如碳素钢和低合金钢最小压缩比一般为6，不锈钢和耐热钢等钢种的最小压缩比为8，高速钢和工具钢等钢种的最小压缩比则为10。

(2) 根据炼钢炉容量、铸机生产能力及轧机规格来考虑。一般大型炼钢炉与大型连铸机相匹配，这样可充分发挥设备生产能力，简化生产管理。

供给高速线材轧机，断面为(100 mm×100 mm)～(140 mm×140 mm)的小方坯；供给1700热连轧机断面为(200～250) mm×(700～1600) mm的板坯；供给2050热连轧机的板坯尺寸为(210～250) mm×(900～1930) mm。

(3) 要适合连铸工艺的要求。若用浸入式水口浇注工艺，铸坯的最小断面尺寸为：方坯在150 mm×150 mm以上，板坯厚度也应在120 mm以上；如浇注时间不长，可用薄壁浸入式水口，浇注的最小断面可以为 120 mm×120 mm。

2.1.3.2　拉坯速度(浇注速度)

A　拉坯速度和浇注速度

拉坯速度也称拉速 v_c,每分钟拉出铸坯的长度,单位是 m/min,浇注速度 G 是每分钟每流浇注的钢水量,单位是 t/(min·流),也称注速;两者之间的转换如下:

$$G=\rho BDv_c \tag{2-1}$$

式中　ρ——铸坯密度,非合金钢一般取 $\rho=7.8\ t/m^3$;

B——铸坯宽度,m;

D——铸坯厚度,m。

B　拉坯速度的确定

拉坯速度可用经验公式选取。

a　根据铸坯断面选取拉速

$$v_c=K\frac{l}{F} \tag{2-2}$$

式中　l——铸坯断面周长,mm;

F——铸坯断面面积,mm^2;

K——断面形状速度系数,m·mm/min。

这个经验公式适用于大、小方坯,矩形坯和圆坯。

K 的经验值是:

小方坯:$K=65\sim85$;

大方坯(矩形坯):$K=55\sim75$;

圆坯:$K=45\sim55$。

b　根据铸坯的宽厚比选取拉坯速度

铸坯的厚度对拉坯速度影响最大,由于板坯的宽厚比较大,所以可采用以下的经验公式确定拉速:

$$v_c=\frac{f}{D} \tag{2-3}$$

式中　D——铸坯厚度,mm;

f——系数,m·mm/min。

系数 f 的经验值见表 2-1。

表 2-1 铸坯断面形状、速度系数经验值

铸坯形状厚度/mm	宽厚比:方坯小于 2 矩形坯	八角坯	圆坯	板坯
系数 $f/\mathrm{m\cdot mm\cdot min^{-1}}$	300	280	260	150

c 最大拉坯速度

限制拉坯速度的主要因素是出结晶器下口铸坯坯壳的安全厚度。对于小断面铸坯坯壳安全厚度为 8～10 mm;大断面坯壳厚度应不小于 15 mm。

根据凝固定律:

$$\delta = K_{凝}\sqrt{t}$$

或
$$\delta = K_{凝}\sqrt{\frac{L}{v_c}} \tag{2-4}$$

式中 $K_{凝}$——凝固系数,mm/min$^{1/2}$;结晶器凝固系数可用经验公式 $K_{凝}=37.5/D^{0.11}$估算。

结晶器 $K_{凝}$ 的取值为 20～26 mm/min$^{1/2}$,铸坯综合 $K_{凝}$ 的取值为 28～32 mm/min$^{1/2}$。为保险起见,板坯 $K_{凝}$ 取值较小,碳素钢取 28 mm/min$^{1/2}$,弱冷却钢种取 24～25 mm/min$^{1/2}$。

可以推出,最大拉坯速度:

$$v_{max} = \frac{K_m^2}{\delta^2}L_{有效} \tag{2-5}$$

式中 v_{max}——最大拉坯速度,m/min;

$L_{有效}$——结晶器有效长度=结晶器长度-(50～100),mm;

K_m——结晶器内钢水凝固系数,mm/min$^{1/2}$;

δ——坯壳厚度,mm。

计算得出的拉速为理论最大拉速,而实际生产的最大拉速是理论拉速的 90%～95%,即:

$$v_c = (0.90\sim0.95)v_{max} \tag{2-6}$$

单点矫直的铸机最大拉速可用公式 2-6 确定,而多点矫直铸机的拉速可以看作是最大工作拉速。

2.1.3.3 圆弧半径

铸机的圆弧半径 R 是指铸坯外弧曲率半径,单位是米。它是确定弧形连铸机总高度的重要参数。

由图 2-1 可以看出铸坯大约经过 1/4 圆周弧长进入矫直机。如果圆弧半径选得过小,铸坯在矫直时内弧面变形太大容易开裂。生产实践表明,碳素结构钢和低合金钢,铸坯表面允许伸长率在 1.5%～2.0%;铸坯凝固前沿固－液相界面所允许的伸长率在 0.1%～0.5%。一点矫直铸坯伸长率不超过 0.2%,多点矫直铸坯伸长率取 0.10%～0.15%。适当增大圆弧半径,有利于提高铸机的拉速,改善铸坯的质量,但过大的圆弧半径会增加铸机的投资费用。

考虑上述因素,可用经验公式确定基本圆弧半径,也是连铸机最小圆弧半径:

$$R \geqslant cD \tag{2-7}$$

式中 R——连铸机圆弧半径;

D——铸坯厚度;

c——系数,一般中、小型铸坯取 30～40;大型板坯及合金钢,取 40 以上。国外,普通钢取 33～35,优质钢取 42～45。

世界上最大铸机的圆弧半径为 12 m。

2.1.3.4 液相深度

A 液相深度

液相深度 $L_{液}$ 是指从结晶器液面到铸坯中心液相凝固终了的长度,也称为液心长度(见图 2-2)。

液相深度是确定连铸机二冷区长度的重要参数。对于弧形连铸机来说,液相深度也是确定圆弧半径的主要参数,它直接影响铸机的总长度和总高度。

$$L_{液} = v_c t_{全} \tag{2-8}$$

式中 $L_{液}$——连铸坯液相深度,m;

v_c——拉坯速度,m/min;

$t_全$——铸坯完全凝固所需要的时间,min。

铸坯厚度 D 与完全凝固时间 $t_全$ 之间的关系由下式表示:

$$D = 2K_凝\sqrt{t_全} \qquad (2\text{-}9)$$

$$t_全 = \frac{D^2}{4K_凝^2} \qquad (2\text{-}10)$$

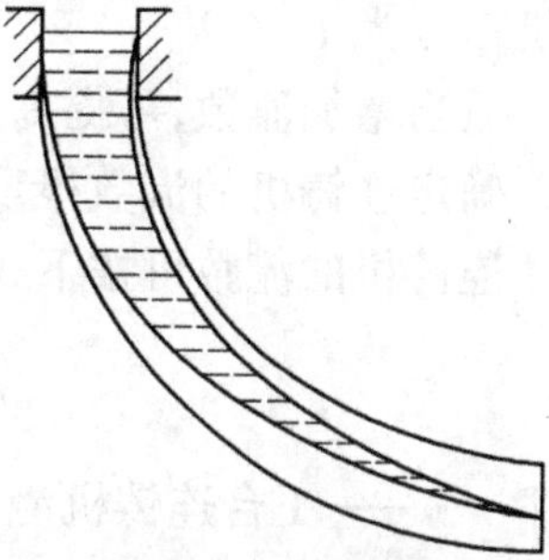

图 2-2 连铸坯液相深度示意图

这样,得出液相深度与拉坯速度的关系式:

$$L_液 = \left(\frac{D}{2K_凝}\right)^2 v_c \qquad (2\text{-}11)$$

液相深度与铸坯厚度、拉坯速度和冷却强度有关。铸坯越厚,拉速越快,液相深度就越长,连铸机也越长。在一定范围内,增加冷却强度,有助于缩短液相深度。但对一些合金钢来说,过分增加冷却强度是不允许的。

B 冶金长度

最大拉速的液相深度为冶金长度 $L_冶$。冶金长度是连铸机的重要结构参数,决定着连铸机的生产能力,也决定了铸机曲率半径、高度,从而对二冷区及矫直区结构乃至铸坯的质量都会产生重要的影响。

即

$$L_冶 = \left(\frac{D}{2K_凝}\right)^2 v_{max} \qquad (2\text{-}12)$$

C 铸机长度

铸机长度 $L_机$ 是从结晶器液面到最后一对拉矫辊之间的实际长度,这个长度应该是冶金长度的 1.1~1.2 倍。

$$L_机 = (1.1 \sim 1.2)L_冶 \qquad (2\text{-}13)$$

2.1.3.5 连铸机流数

连铸机有 1 机 1 流和多机多流。近年来,小方坯连铸机最多浇铸 8 流,大方坯最多浇铸 4~6 流,多数为 1~4 流。大型板坯连铸机多数为 1～2 流。

适当增加流数，可提高连铸机的生产能力。

确定连铸机的流数很重要，对多流小方坯连铸机更重要。

连铸机的流数可按下式确定：

$$n=\frac{G_{钢}}{\rho BDv_c t_{允}} \tag{2-14}$$

式中 n——1 台连铸机浇铸的流数；

$G_{钢}$——钢包容量，t；

$t_{允}$——允许浇注时间，min。

钢包允许浇注的最长时间可用下式计算：

$$t_{max}=\frac{\lg G_{钢}-0.2}{0.3}f \tag{2-15}$$

式中 t_{max}——允许最长浇注时间，min；

f——质量系数；取决于钢包所允许的温度损失，一般钢种取 10，要求不高的钢种取 16。

连铸机的流数除了用公式计算外，还可以由图 2-3 查出。

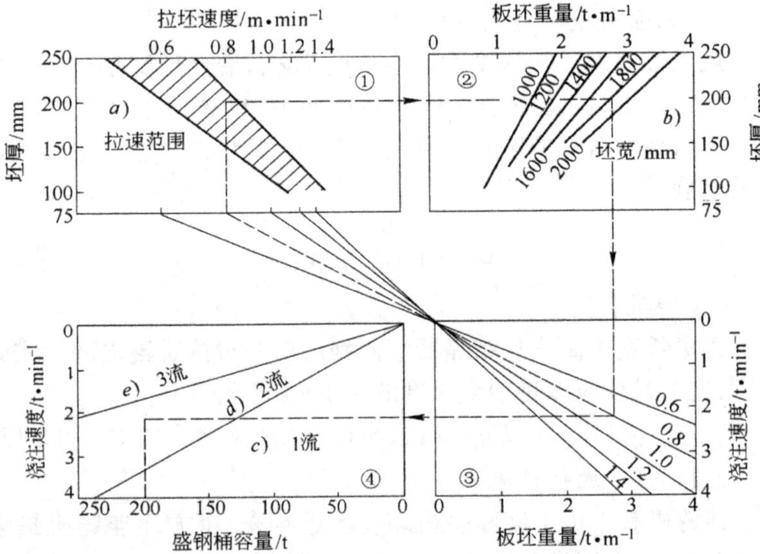

a

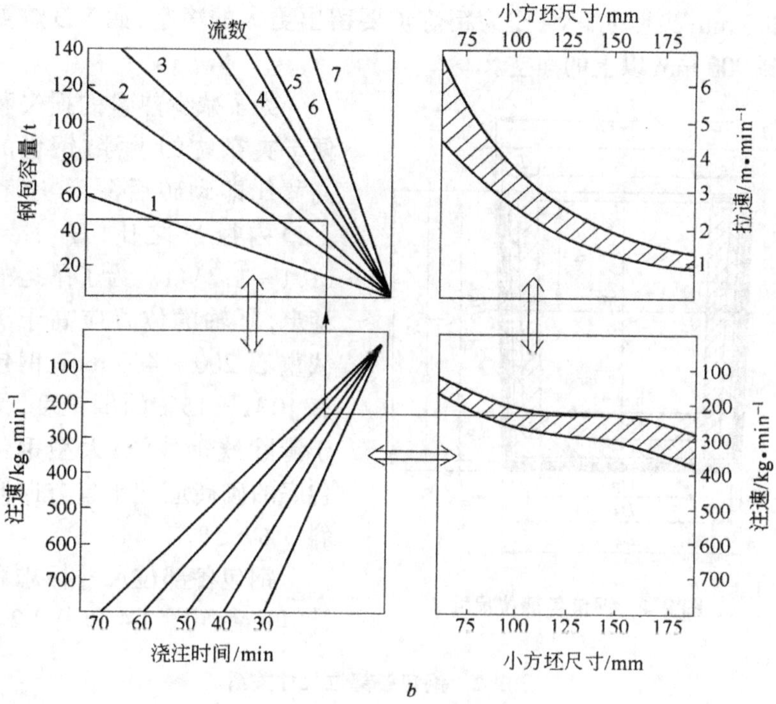

图 2-3 连铸机流数的诺模图

a—估算板坯连铸机流数诺模图；*b*—估算方坯连铸机流数诺模图

例如：已知钢包容量为 200 t，铸坯断面为 200 mm×1800 mm，拉速为 0.8 m/min，由诺模图查得流数 $n=2$。

2.2 钢包及钢包回转台

2.2.1 钢包

钢包又称盛钢桶、钢水包、大包等，它是用于盛接钢水并进行浇注的设备，也是钢水的炉外精炼炉。

2.2.1.1 钢包尺寸的确定

钢包的容量应与炼钢炉的最大出钢量相匹配；考虑到出钢量的波动，留有 10% 的余量和一定的炉渣量；钢包上口还应留有

200 mm以上的净空；作为精炼炉要留出更大的净空，如 VD 炉需要 900 mm 以上的净空。

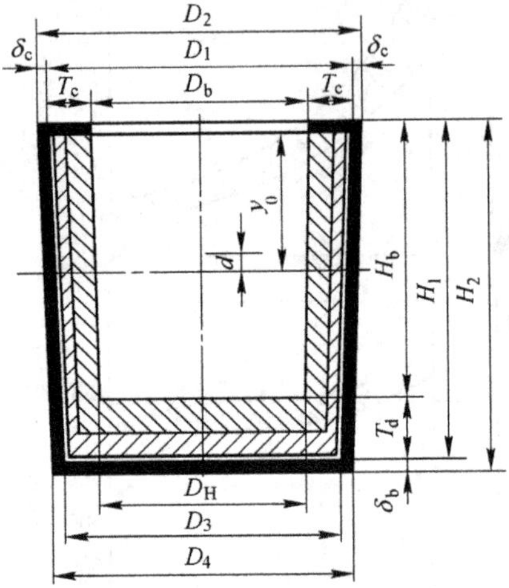

图 2-4　钢包各部位尺寸

为了减少热量的损失和便于夹杂物的上浮，钢包的高宽比即砌砖后深度 H 和上口内径 D 之比，$H:D=(1.1\sim1.2):1$。为了吊运的稳定，耳轴的位置应高于满载重心 200～400 mm；钢包有 10%～15% 的倒锥度，便于清除残钢残渣；大型钢包包底的砌砖应向水口方向倾斜 3%～5%。

钢包各部位尺寸标志和计算可参照图 2-4 和表 2-2。

表 2-2　钢包各部位尺寸关系

$D_b=H_b=0.667\sqrt[3]{P}$	$D_H=0.567\sqrt[3]{P}$	$V=0.672D_b^3$
$D_b=1.14D_b$	$H_1=1.1D_b$	$\delta_c=0.01D_b$
$D_2=1.16D_b$	$H_2=1.112D_b$	$\delta_b=0.012D_b$
$D_3=0.99D_b$	$T_c=0.07D_b$	$W_1=0.533D_b$
$D_4=1.01D_b$	$T_d=0.1D_b$	$W_2=0.376D_b$
$Q=0.27P+W+W'$	$Q'=1.535P+W+W'$	$y_0=0.539D_b$
$h=100\sim200$	$d=200\sim400$	

注：1. 表中符号：P—正常出钢量；V—总体积；Q—钢包重；Q'—超载 10%时的总重；W_1—衬重；W_2—壳重；W—注流控制机械重；W'—腰箍及耳轴重；符号与图 2-4 相对应。

2. 表中单位：物质质量为千克，尺寸为毫米。

3. 本表为简易计算。

2.2.1.2 钢包的结构

钢包由外壳、内衬和注流控制机构、底部供气装置等部分组成，如图 2-5 所示。

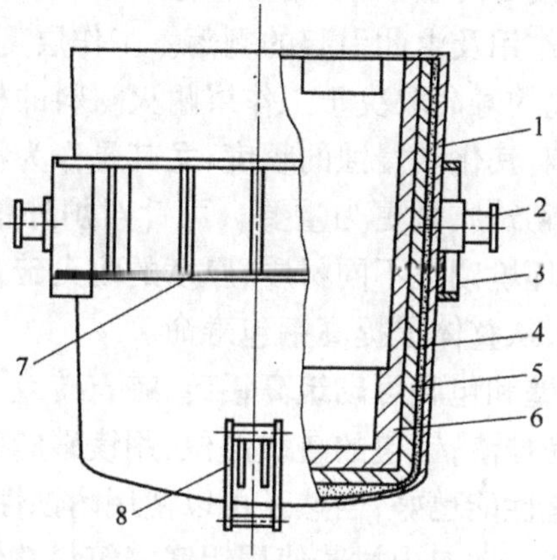

图 2-5 钢包结构

1—包壳；2—耳轴；3—支撑座；4—保温层；5—永久层；6—工作层；7—腰箍；8—倾翻吊环

钢包的外壳由锅炉钢板焊接而成，包壁和包底钢板厚度分别为 14～40 mm 和 24～60 mm；烘烤时为了水分顺利排出，在钢包外壳上钻有一些直径为 8～10 mm 的小孔。大型钢包还安有底座。钢包外壳腰部焊有加强箍和加强筋，耳轴对称地安装在加强箍上。

钢包内衬与高温钢水、熔渣长时间接触，受到注流冲刷和熔渣侵蚀，尤其是作为精炼炉受到的损坏更严重；内衬的损坏不仅降低了钢包的寿命，还增加了钢水中的夹杂物含量。因此钢包的内衬选用合适的耐火材料对改善钢的质量、稳定操作、提高生产效率有着重要的意义。

钢包内衬由保温层、永久层和工作层组成。

保温层紧贴钢板外壳，厚约 10～20 mm，主要是减少热损失，防止钢包外壳变形，常用多晶耐火纤维板或石棉板砌筑。

永久层厚约 30～60 mm，以防钢包烧穿事故，用黏土砖或高铝砖砌筑，也有用浇筑料整体打结的。

工作层直接与高温钢水、熔渣接触，受到化学侵蚀、机械冲刷和温度急变的作用及由此引起的剥落。工作层是钢包内衬中最重要的砌层，钢包的寿命取决于工作层耐火材料的材质、砌筑质量以及钢水与熔渣对其化学侵蚀的程度，尤其是作为精炼炉的工作层，其材质选择和砌筑质量更为重要。可针对炉外精炼的不同方式，根据钢包工作环境砌筑不同材质、厚度的耐火砖，以使内衬各部位蚀损程度同步，从整体上提高钢包寿命。

钢包的包壁和包底可砌筑高铝砖、蜡石砖或铝碳砖，其耐蚀性能良好，还不易挂渣；钢包的渣线部位，用镁碳砖砌筑，不仅耐熔渣侵蚀，其耐剥落性能也好；当然还可以使用耐蚀性能更好的锆英石砖，但价格贵些。钢包内衬若使用铝镁浇筑料整体浇灌，在高温作用下 MgO 与 Al_2O_3 反应形成铝镁尖晶石结构，改善了内衬抗渣性能和耐急冷急热性，提高了钢包使用寿命。目前钢包内壁还有用镁铝不烧砖砌筑，使用效果也不错。

如果钢包作为 LF 精炼炉，其上缘可砌高铝砖、镁碳砖，渣线部位砌优质镁碳砖，包壁用铝镁尖晶石浇筑料或铝镁碳砖，包底用高铝砖或铝镁尖晶石浇筑料，出钢钢流冲击区砌高铝砖、铝镁碳砖或加厚砌层。用于真空精炼炉的钢包渣线部位砌镁铬砖或专用镁碳砖，包底用高铝砖或铝镁碳砖，或铝镁尖晶石浇筑料，其余部分用镁碳砖和铝镁碳砖。钢包常用耐火材料成分见表 2-3。

钢包使用前必须按升温曲线经过充分烘烤。

表 2-3　常见钢包耐火材料成分

耐材类别	耐火材料成分（质量分数）/%			
	MgO	Al_2O_3	C	Cr_2O_3
镁碳砖	75～86		9～20	
铝镁碳砖	30	50～60	5～10	

续表 2-3

耐材类别	耐火材料成分(质量分数)/%			
	MgO	Al_2O_3	C	Cr_2O_3
高铝砖		>80	3~5	
镁铬砖	50~60			10~14

2.2.1.3 滑动水口

钢包通过滑动水口开启、关闭来调节钢水注流。

滑动水口由上水口、上滑板、下滑板、下水口组成,上水口和上滑板固定在机构里,下滑板和下水口安装在拖板里,可以水平方向移动,如图 2-6 所示。通过下滑板带动下水口移动调节上、下注孔间的重合程度控制注流大小;下滑板与上滑板由机构的弹簧压紧,使移动过程中滑板间不产生间隙,以免发生滑板漏钢。可液压或人工驱动,也可以遥控。

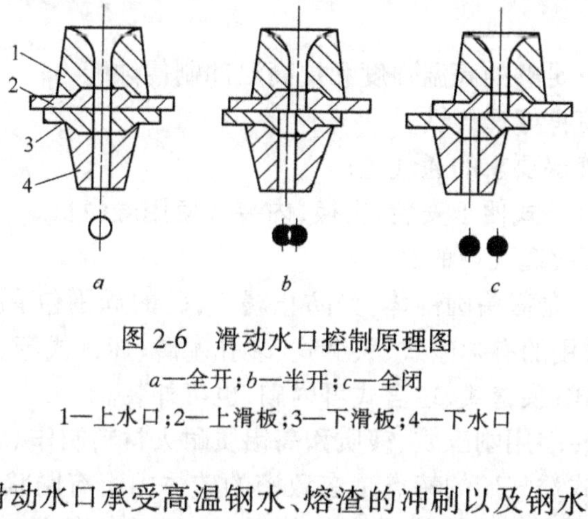

图 2-6 滑动水口控制原理图

a—全开;*b*—半开;*c*—全闭

1—上水口;2—上滑板;3—下滑板;4—下水口

由于滑动水口承受高温钢水、熔渣的冲刷以及钢水静压力和温度急变的作用,耐火材料要耐高温、耐冲刷、耐急冷急热、抗渣性能好,并具有足够的高温强度;滑板外形必须平整光滑,平整度要不大于 0.05 mm。目前用于制作滑动水口的耐火材料种类较多,如高铝质、铝碳质、镁尖晶石质、锆碳质、铝锆碳质、铝镁复合滑板等，还有用其他新型耐火材料制作的。

滑动水口在钢包外安装，改善了劳动条件，安装速度快，可实现“红包”周转。滑动水口可连续使用3～5次，这可以节省耐火材料，降低夹杂物含量，也有利于炉外精炼。滑动水口有时也发生水口结瘤、缩径、断流等故障。

为了预防注流在上水口和上滑板注孔中冻结，提高钢包水口自开率，一是在下滑板上安装透气砖，通过吹氩搅动钢水防止冻结，这种方法效果较好，并具有促进夹杂物上浮的作用；二是在上水口和上滑板注孔中预先填充镁砂、硅钙合金粉等材料或专门的引流砂以防冻结不能自开，填料还会造成钢水的污染。

2.2.1.4 底吹透气砖

A 底吹透气砖的作用和要求

氩气是通过钢包底吹透气砖进入钢水起搅拌作用，以均匀钢水温度、成分，促进非金属夹杂物上浮排除。因此，对透气砖有以下要求：

(1) 有足够的高温强度和抗高温冲刷侵蚀能力；

(2) 有良好透气性；

(3) 确保要求的通气量；

(4) 外装式便于安装、更换，内装式使用寿命长。

B 底吹透气砖的类型

透气砖是截头圆锥体，为防止漏气，砖的周围包有金属外壳。目前，最常用的有弥散式、狭缝式、多孔塞砖、迷宫式等。弥散式多为外装方式；狭缝式、迷宫式可内砌，也可外装。

透气砖多用刚玉质、镁质和高铝质耐火材料制作。

迷宫式透气砖的特点是在致密的砖体内留有网状供气通道，一个通道被堵塞，其他通道仍然透气，比其他各类砖透气效果都好。

透气砖安装有两种方式：一是内装式，在砌筑钢包包底的同时安装透气砖；二是外装方式，也是热装；包底砌有固定的座砖，透气砖周边抹好泥料从钢包外将其装入座砖内并固定，它最大的优点是透气砖可随时更换。

无论内装还是外装,透气砖使用要点基本一致,内装透气砖使用寿命最好与钢包内衬同步。另外,接受钢水前应检查透气砖的透气量达到工艺要求。

2.2.1.5 长水口

长水口又称保护套管,用于钢包与中间包之间注流保护,避免钢水二次氧化和注流的飞溅、保温,还可消除敞开浇注的卷渣。

目前长水口的材质有熔融石英质和铝碳质两种。

熔融石英质长水口主要成分是 SiO_2。这种水口导热系数小,有较高的机械强度和化学稳定性,耐酸性渣的侵蚀,不会造成钢水增碳,Al_2O_3 夹杂不易沉积堵塞水口;热稳定性好,可以不烘烤使用;但 SiO_2 容易与钢水中的 Al、Mn、Ti 等元素反应,只能用于浇注一般钢种,含锰高的钢种不宜使用。

铝碳质长水口是用刚玉和石墨为主要原料制作的,主要成分是 Al_2O_3 和碳。这种水口耐侵蚀性能好,对钢水污染小,钢种的适应性较强;但导热快,水口容易结瘤堵塞,用于低碳钢容易增碳,适合浇注特殊钢种。渣线部位复合锆碳质或锆-碳-碳化硅质耐火材料,需烘烤后使用。目前在铝碳质长水口表面复合防氧化涂层,加热到 700～900℃可形成釉层,防止了碳的氧化,提高了使用寿命。

现在还有一种铝碳质长水口,它控制合适的鳞片石墨含量,使用超细小的 Al_2O_3 粉末,添加无定形碳等措施,不经烘烤就可以使用。

长水口的安装主要是用杠杆固定装置,见图 2-7。先将长水口放入杠杆机构的托圈内,与中间包同步烘烤。开浇前旋转长水口与钢包下水口连接,接缝垫以耐火毡垫,接通氩气密封管氩封;预防接缝吸入空气造成二次氧化。若在接缝处再抹上耐火泥,密封效果更好。

2.2.2 钢包回转台

2.2.2.1 钢包回转台的作用

目前承托钢包的方式主要是钢包回转台。

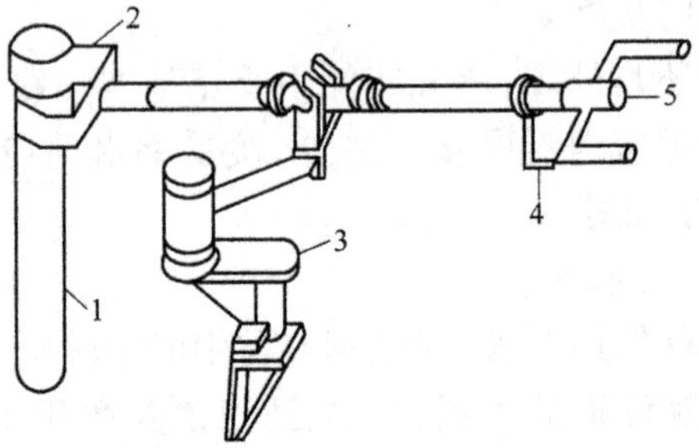

图 2-7　长水口的安装示意图

1—长水口；2—托圈；3—支座；4—配重；5—操作杆

钢包回转台能够在转臂上同时承托两个钢包，一个用于浇注，另一个处于待浇状态，同时完成钢水的异跨运输；回转台缩短了换包时间，有利于实现多炉连浇；转台本身对连铸生产进程的干扰小，占地面积也少。

2.2.2.2　钢包回转台的工作特点

钢包回转台的工作特点是：

(1) 重载。钢包回转台承托几十吨到几百吨的载荷，当转臂同时承托着两个满包时，承受最大载荷。

(2) 偏载。回转台转臂承载的工况在一满一空，一满一无，一空一无时会出现偏载，最大偏载是在一满一无的工况下，此时回转台承受着最大的倾翻力矩。

(3) 冲击。钢包的安放、吊起都是由天车完成的，由此产生冲击力，这种冲击使回转台的零部件承受动载荷。

(4) 高温。高温钢水对回转台的热辐射，使回转台承受附加的热应力，同时，由于浇注飞溅的钢水也给回转台带来火警隐患。

2.2.2.3　钢包回转台的主要参数

钢包回转台的主要参数如下：

(1) 承载能力。回转台的承载能力是以转臂同时承载两个满包的工况确定的，还要考虑承接满包的一侧，垂直冲击引起的动载荷系数。

(2) 回转速度。回转台的回转速度不宜过快，一般为1 r/min。速度过快会引起钢包内钢水液面晃动，严重时钢水晃出包外而引发事故。

(3) 回转半径。回转台的回转半径是指回转台中心到钢包中心之间的距离。回转半径一般根据钢包的起吊条件确定。

(4) 钢包升降行程。钢包在转臂上的升降行程，是为钢包装卸长水口、浇注操作所需空间确定的，通常钢包升降行程为600～800 mm。钢包处于升降行程的低位进行浇注，处于高位进行旋转或受包、吊包。钢包在低位浇注不得与中间包装置相撞。

(5) 钢包升降速度。回转台转臂的升降速度一般为1.2～1.8 m/min。

2.2.2.4 钢包回转台的类型

钢包回转台有直臂式和双臂式两种，其中双臂式有双臂各自单独回转和升降，也称蝶形回转台，可广泛应用于大型连铸机。图2-8*a*是直臂式回转台。两个钢包坐落在同一直臂的两端，同时做回转和升降运动；图2-8*b*、*c*是双臂式回转台，双臂可以单独回转90°，单独升降。

钢包转台均设有独立的称量系统。为了适应连铸工艺的需要，目前钢包回转台趋于多功能化，增加了吹氩、调温、倾翻倒渣、加盖保温等功能，见图2-8*c*。

2.2.2.5 钢包回转台的结构

钢包回转台由底座、回转臂、驱动装置、事故驱动装置、回转支撑、润滑系统和锁定机构组成。

钢包回转台的驱动装置是由电动机构和事故驱动机构组成。正常生产由电力驱动；发生事故时，启动气动马达或由蓄电池供电的直流电机工作，以保证生产安全。转臂的升降可用机械或液压驱动。

驱动装置设有制动和锁定机构，以保回转台定位准确工作完全。

还有一种可承放多个钢包的支撑架，也称为钢包移动车。

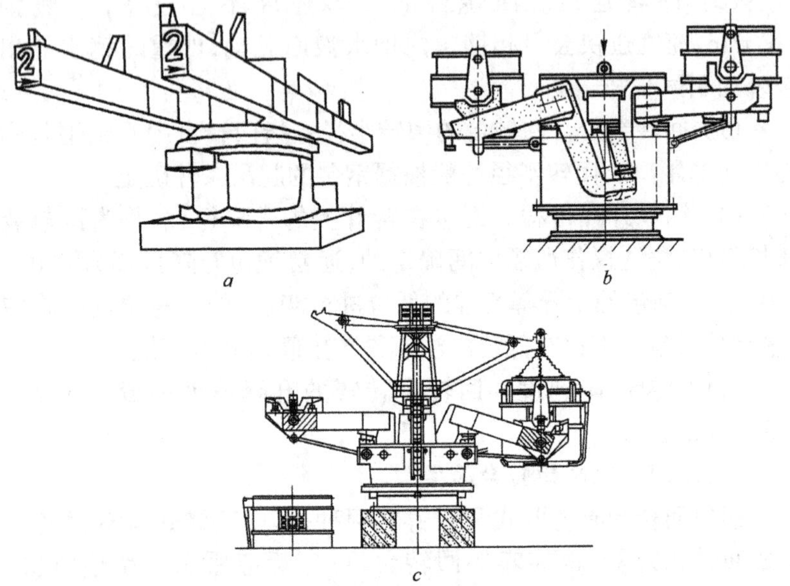

图 2-8　钢包回转台

a—直臂式；*b*—双臂单独升降式；*c*—带钢水包加盖功能

2.3　中间包及中间包车

2.3.1　中间包

2.3.1.1　中间包的作用

中间包也叫做中间罐或中包。中间包是位于钢包与结晶器之间用于钢水浇注的设备，其主要作用有：

(1) 可减小钢水静压力，使注流稳定；

(2) 中间包利于夹杂物上浮，净化钢水；

(3)在多炉连浇时，中间包贮存一定量的钢水，在更换钢包期间不会停浇；

(4) 在多流连铸机上，中间包将钢水分配到每个结晶器；

(5) 根据连铸对钢质量要求，也可将部分炉外精炼手段移到中间包内实施，即中间包冶金。

可见，中间包有减压、稳流、去夹杂、贮钢、分流和中间包冶金等重要作用。

2.3.1.2 中间包容量及主要尺寸的确定

中间包的容量是钢包容量的20%～40%。在通常浇铸条件下，钢水在中间包内应停留8～10 min才能起到上浮夹杂物和稳定注流的作用，为此中间包有向大容量和深熔池方向发展的趋势，容量可达60～80 t，熔池深为1000～1200 mm。

中间包容量应与贮存钢水量相匹配，计算如下：

$$G_{中} = \rho BD(t_1 + t_2 + t_3)v_c \qquad (2\text{-}16)$$

式中 $G_{中}$——中间包钢水量，t；

ρ——铸坯密度，t/m³；

B——铸坯宽度，m；

D——铸坯厚度，m；

t_1——关闭水口等空钢包撤离所需的时间，min；

t_2——满载钢包回转到浇钢位置所需时间，min；

t_3——开浇器接滑动水口液压管，打开水口所需时间，min；

$t_1 + t_2 + t_3$——更换钢包所需总时间，min；

v_c——拉坯速度，m/min。

根据钢水存贮数量，可以计算出中间包的容积，以此确定其他各部位尺寸。

中间包内型尺寸主要有以下几个。

A 中间包高度

钢水在中间包内最佳停留时间是8～10 min；板坯连铸用中间包的可浇液面深度应不小于400 mm，浇注终了液面深度应不小于600 mm，即标准液面深度不小于600 + 400 = 1000 mm。一般在确定深度时，再加100 mm。即最大液面深度不小于1100 mm。

小方坯用中间包可浇液面深度不小于200 mm，浇注终了深度不小于 400 mm，因此最大液面深度不小于 400 + 200 + 100 = 700 mm。

当中间包液面低于可浇液面高度时，钢水在水口上方会形成涡流，可能卷渣进入结晶器，影响钢坯质量。

中间包高度应在液面以上留有约 200 mm 的净空。

B 中间包长度

中间包长度是以结晶器的中心距为基准确定的，水口距包壁端部 200 mm 以上。当水口各部位尺寸确定以后，中间包的长度也就定了。

C 中间包角度

中间包端墙有倾角，其内壁是上大下小。倾角的大小应考虑如下因素：耐火材料砌筑的稳定性；便于清除残钢、残渣；便于操作人员观察结晶器液面。倾角在 9°～13°为宜。

D 中间包宽度

中间包的宽度需考虑下列因素：(1)钢包注流落点与水口的间距应有利于钢水分配，钢水在中间包内不致形成死角；(2)注流的落点到最近水口中心距离应大于 500 mm；(3)水口中心距端墙应在 400～600 mm，以免卷渣和对端墙过分的冲蚀；然后根据中间包容量、高度和长度确定宽度。中间包过宽会增加散热，降低保温性能，还会影响中间包小车的轨距等。

浇注方坯、圆坯和矩形坯时，每个结晶器只用 1 个水口；而浇注特宽板坯或 H 形坯时，为了流场的均匀，每个结晶器可用两个水口。

2.3.1.3 中间包的构造

A 包体结构

中间包的结构、形状应保持最小的散热面积，良好的保温性能。一般常用的中间包断面形状如图 2-9 所示，有圆形、椭圆形、三角形、矩形、T 形等，其目的主要考虑钢水注入时尽量不产生涡流，同时使砌包、清渣、吊挂等操作方便。多流连铸机通常采用长条形中间包，矩形中间包仅适用于单流连铸机。

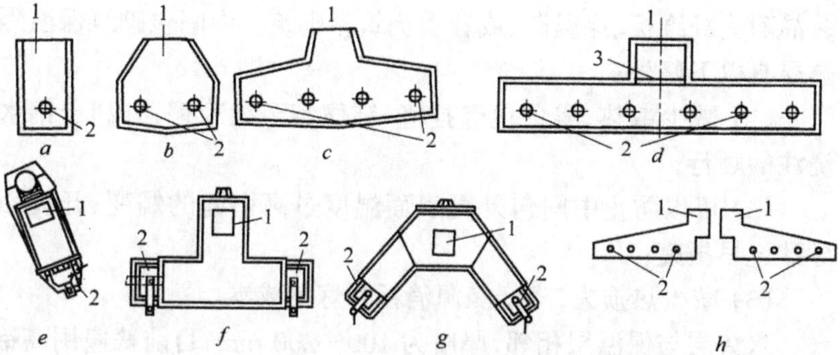

图 2-9 中间包断面的各种形状示意图

a、*e*—单流；*b*、*f*、*g*—双流；*c*—四流；*d*—六流；*h*—八流

1—钢包注流位置；2—中间包水口位置；3—挡渣墙

中间包的结构如图 2-10 所示。外壳用 12～20 mm 的钢板焊成，要求具有足够的刚性，在长期高温环境下浇注、运输、清渣、翻包等确保结构不变形，为此壳体外部都焊有加固筋板，且形状要便于工作衬砖的拆除。中间包内衬砌有耐火材料，根据需要还砌有挡墙、坝、导流板等。包的两侧有吊钢和耳轴，便于吊运；耳轴下面还有坐垫，以便稳定地坐在中间包小车上。

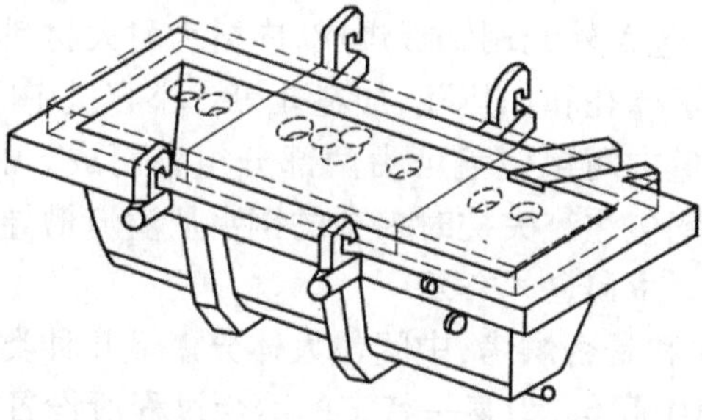

图 2-10 中间包的结构示意图

B 中间包内衬

中间包内衬也是由保温层、永久层和工作层组成。

保温层紧贴钢板外壳，以减少散热，厚度为 10～15 mm，可用多晶耐火纤维板、保温砖、或轻质浇筑料砌筑。中间包砌筑保温隔热层有以下好处：

(1) 减少散热，避免包壁挂渣、结瘤甚至结冷钢，有利于钢水浇注的顺行；

(2) 可以防止中间包外壳表面温度过高引起的蠕变、开裂而导致过早报废；

(3) 减少热损失，降低能源消耗和炼钢成本。

永久层与保温层相邻，厚度为 100～200 mm，目前普遍用高铝质料整体浇筑，也可砌黏土砖。永久层的主要作用是支撑工作衬，减少热损失，预防包壳温度过高，当工作衬局部损毁时，又能保证安全。

工作层与钢水直接接触，可以用绝热板、砌砖＋喷涂料、砌砖或干式料整体成形等。

中间包包底工作层的材质与包壁相同，并镶嵌有高铝质座砖，用于装砌水口；在钢包注流落点处砌筑耐钢水冲击的耐火砖或加厚砌层。

C　中间包包盖

中间包加盖，一是为了保温，二是可以保护钢包包底不致过分受烤而变形。包盖外壳用钢板焊成，内衬为耐火材料，包盖上开有钢水注入孔、塞棒孔和加热孔、加料孔等。小容量中间包包盖为一个整体，大容量中间包包盖可由两部分组合而成。中间包上还设有溢流槽，当钢包注流失控时多余的钢水从溢流槽导出流进渣罐。

2.3.1.4　中间包工作层

根据需要和是否烘烤，中间包大体分以下几种类型：

(1) 高温中间包，为某一特定的冶金过程所设置，内衬砌镁质材料并预热至 1500℃左右。

(2) 热中间包，是通常所用的中间包，内衬为砌砖＋喷涂料、烧成砖或不烧砖，或干式料整体成形等，浇注前预热至 800～1100℃。

(3) 冷中间包，不烘烤即可使用，如绝热板内衬。

A 绝热板内衬

工作层用绝热板组合砌筑，在绝热板与永久层之间填充河砂，其目的是缓冲中间包内衬受热的膨胀力，同时起到一定的绝热作用，也便于拆卸内衬。绝热板有硅质绝热板、镁质绝热板和镁橄榄石质绝热板。绝热板内衬可以冷包使用，具有保温性能好，便于清理和砌筑等优点。目前使用者逐渐减少。

B 喷涂料内衬

在工作层砌砖表面敷以耐火泥浆喷涂层，厚度为10～30 mm。涂层的材料可用高铝质、镁质、钙镁质或镁铬质等；钙镁质涂层有利于吸附钢水中的夹杂物，提高钢水质量，并且对铝镇静钢污染更少，优于镁质材料。涂层可以人工涂抹或机械喷涂。它的优点是：

(1) 涂层耐钢水和熔渣的蚀损，使用寿命长；

(2) 施工方便，更换迅速；

(3) 便于清理残留涂层和残渣，且不损坏砌砖层，相对降低了耐火材料的消耗。

涂层完工养生干燥后，使用前需分阶段按照升温曲线烘烤，避免因水蒸气蒸发而引起涂层塌落。

C 干式料整体内衬

干式料整体内衬实际上是根据工作层的厚度在包内装一个模板，向模板内添加耐火干式料；安装好水口座砖后，添加干式料同时开启振动电机振动，捣实干式料成形；内衬完成，停止振动；中间包专用烘烤器放入中间包内，开启抽风机，点火器点燃，烘烤3 h左右，温度达到300℃，停止加热；待干式料硬化后脱模，再分阶段用大火烘烤至高温。耐火干式料是冶金镁砂，主要成分为MgO，其含量大于80%，并应有合适的粒度配比。

它的优点是：

(1) 中间包包龄得到大幅度提高，减少中间包周转数量；

(2) 降低了中间包耐材的消耗；

(3) 减少了换包次数，缩短了换包时间，从而提高了铸机作业率；

(4) 缩短了浇铸周期；

(5) 减少了中间包浇余及换包重接造成的废品,可提高金属收得率;

(6) 有利于中间包控制较高液位,且液面稳定,可促进夹杂物的上浮,有利于改善铸坯质量;

(7) 由于提高了中间包使用时间,减少了中间包内衬修砌量及事故槽的修砌量,减轻了工人的劳动强度,改善了操作环境。

与涂层内衬相比,砌筑工艺简单且不加水,烘烤时间短,有明显的节能优势。

D 砌砖内衬

对要求极高的钢种,工作层可选用砌砖,可用半硅质、蜡石质、高铝质、碱性耐材或锆英石等耐火砖砌筑。砌砖内衬在使用前必须烘烤到1200℃以上。

2.3.1.5 水口与塞棒

中间包注流控制装置有:定径水口、塞棒系统、滑板系统、塞棒+滑板组合系统。采用塞棒或滑动水口的注流可实施自动控制,结晶器内钢水液面保持稳定。

A 定径水口直径的确定

定径水口直径应满足连铸机在最大拉速时的钢水流量。水口直径可由下式计算确定:

$$d^2 = \frac{375G}{\sqrt{H}} \tag{2-17}$$

式中 G——一个水口全开时的钢水流量,t/h;

H——中间包内钢水深度,mm;

d——水口直径,mm。

用塞棒控制注流时,其水口流量应稍大于计算值,也可用图2-11确定水口直径。

水口间距即是结晶器之间的中心距。为了便于操作,水口间距至少应为600~800 mm。

浇注小方坯用定径水口,其直径可根据断面尺寸、拉坯速度及中间包液面深度用图2-12确定。

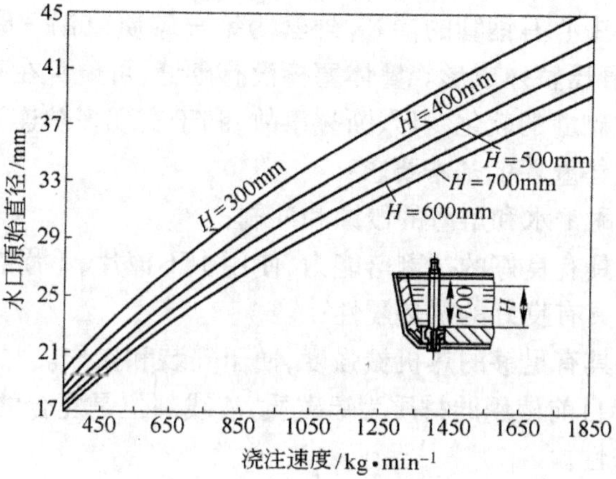

图 2-11　液面深度和拉速关系图

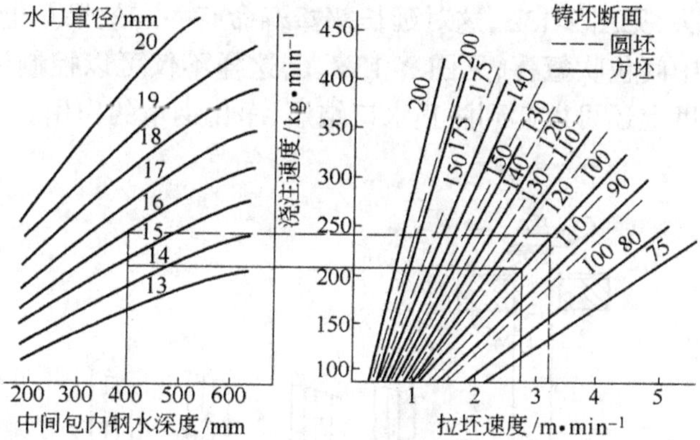

图 2-12　中间包水口直径与液面深度、拉坯速度关系图

例如：浇注 100 mm×100 mm 的小方坯，拉速 2.7 m/min，中间包液面深度 400 mm，则水口直径为 14.5 mm；经验表明，浇注后期水口直径扩大到 15.8 mm，加大了 1.3 mm，需要相应提高拉速 0.5 m/min。

B　塞棒

塞棒是控制钢水注流的装置，与滑动水口相比，建立自控模型难度大些，且有断棒又不能及时切断钢流的危险。

塞棒中心有钢管的棒芯,外套为锆－碳质或铝－碳质耐火材料,经等静压整体成形。整体塞棒没有砌缝,可避免在高温钢水中浸泡造成砌缝的软化变形、断裂事故,利于实现多炉连浇。

对整体塞棒的基本要求:

(1) 耐钢水和熔渣的侵蚀和冲刷;

(2) 具有良好的抗剥落能力,使用中不掉片、不崩裂;

(3) 具有良好的抗热震性;

(4) 具有足够的热机械强度,便于安装和操作。

塞棒目前使用的材质为铝碳质,渣线部位是复合的氧化锆,提高了抗渣性。

塞头与水口相配合控制注流。为提高塞棒使用寿命,棒芯用厚壁钢管;浇注过程在芯管内插入直径稍小的钢管,引入压缩空气冷却塞头,见图 2-13*a*,这对延长塞棒寿命有一定效果。也可将塞棒作为中间包吹氩棒,见图 2-13*d*、*e*,这样不仅可以控制注流,在一定程度上还可以起到防止水口结瘤、净化钢水的作用。

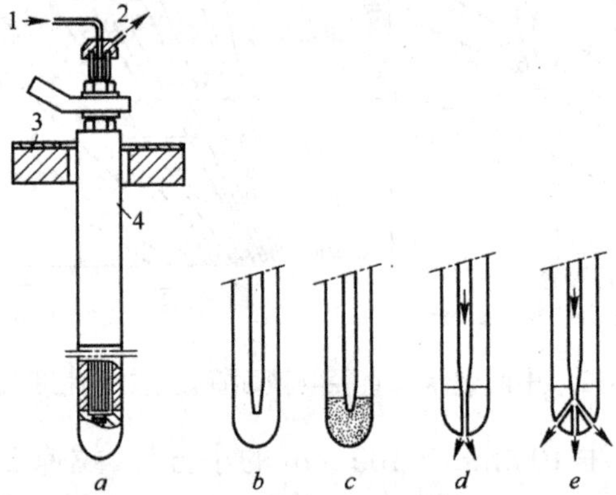

图 2-13　空冷塞棒

a—塞棒空气冷却图;*b*—普通型;*c*—复合型;*d*—单孔型;*e*—多孔型

1—空气入口;2—空气出口;3—包盖;4—塞棒

C　滑动水口

中间包采用滑动水口机构比较复杂,尤其在装有浸入式水口的情况下,加大了中间包与结晶器之间的距离,增大了中间包升降行程。

浸入式滑动水口的下水口太长,不便于移动,也存在难以对中的问题,故中间包的滑动水口通常做成三层滑板,见图 2-14。上、下滑板固定不动,通过中间活动滑板移动控制注流。中间包用滑动水口控流工作安全可靠,寿命较长,能精确控制钢流,有利于实现自动化,也利于更换浸入式水口及停浇操作。

还有采用双重控制的,开浇用塞棒利于稳定,浇注过程用滑动水口,便于自控。

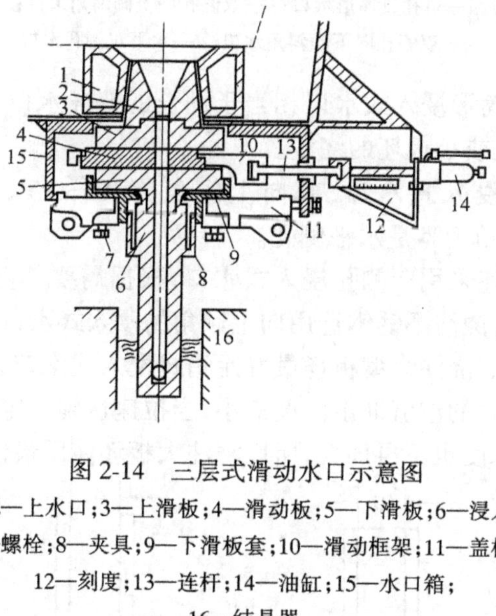

图 2-14 三层式滑动水口示意图

1—座砖;2—上水口;3—上滑板;4—滑动板;5—下滑板;6—浸入式水口;
7—螺栓;8—夹具;9—下滑板套;10—滑动框架;11—盖板;
12—刻度;13—连杆;14—油缸;15—水口箱;
16—结晶器

D 浸入式水口

除了部分小方坯连铸机外,都采用浸入式水口 + 保护渣的保护浇注。浸入式水口的形状和尺寸直接影响结晶器内钢水流动的状况,因而也直接关系到铸坯的表面和内部质量。

目前使用最多的浸入式水口有单孔直筒形和双侧孔式两种。

双侧孔浸入式水口其侧孔有向上倾角、向下倾角和水平状3类，如图2-15所示。

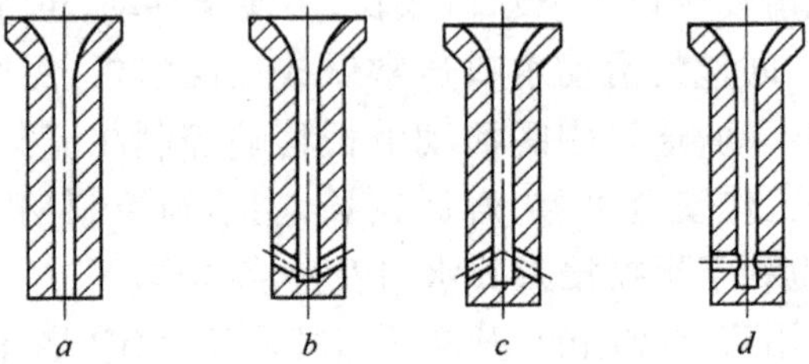

图2-15　浸入式水口基本类型

a—单孔直筒形水口；*b*—双侧孔向上倾斜角水口；
c—双侧孔向下倾斜角水口；*d*—水平双侧孔水口

单孔直筒形浸入式水口相当于加长的普通水口，一般仅用于方坯、矩形坯或小板坯的浇注。

双侧孔浸入式水口，其向上倾角为10°～15°、向下倾角为15°～35°；倾角为零是水平侧孔。

浇注板坯采用双侧孔浸入式水口，根据需要其侧孔可向下倾角或水平；若浇注不锈钢选用向上倾角的浸入式水口，可避免结晶器液面凝壳。浇注大型板坯最好用箱式浸入式水口，如图2-16所示。箱形水口的注流冲击深度最小，当拉速达到一定值后，再提高拉速，冲击深度也不再加大，所以浇注大板坯使用最佳。

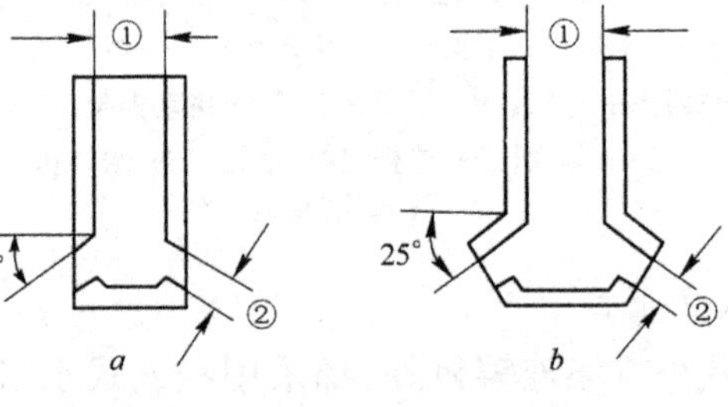

图2-16　两种箱式浸入式水口示意图

E　水口材质

定径水口是用锆质 ZrO_2 耐火材料，或者内镶锆质外套高铝质复合材料制作;浇注前水口必须充分烘烤,否则在浇注过程中有炸裂的危险。

浸入式水口材质有铝碳质与熔融石英质两种。

铝碳质水口渣线部位一般采用复合锆碳(ZrO_2-C)质耐火材料,表面用等离子体喷涂,有保护层。

在铝碳质水口内衬镶套耐蚀性好的氧化锆或锆莫来石复合CaO材质;或采用气洗水口,对解决水口熔损、降低钢中夹杂物和减少水口结瘤具有显著效果。

防止水口结瘤,除了控制钢中残铝量,避免钢水二次氧化外,可用气洗水口,结构见图2-17。用锆英石水口要适当提高钢水过热度。

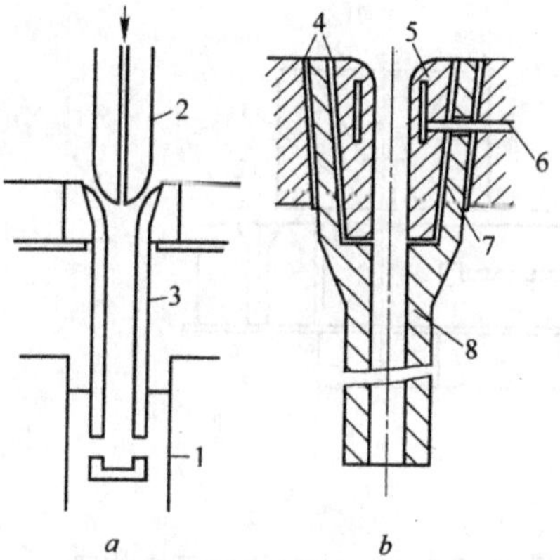

图 2-17 气洗水口

a—塞棒吹氩气洗水口;*b*—水口吹氩气洗水口

1—结晶器;2—塞棒;3—浸入式水口;4—高铝灰泥;5—中间包水口(锆英石);6—送气管座砖;7—莫来石多孔环形砖;8—浸入式水口(铝碳质)

浇注碳素结构钢或低碳硅铝镇静钢用熔融石英水口,锰含量大于1%的钢种用铝碳质水口,以免碱性氧化锰对SiO_2耐材的侵蚀。

浸入式水口与中间包水口接缝,与钢包的长水口接口一样必须密封。用铝碳质、镁碳质、锆碳质等材料制作的密封环密封、吹氩加抹耐火泥密封效果最好。

F 快速更换水口装置

为了提高连浇炉数，应用中间包水口快速更换技术。中间包上水口砌筑于包底，下水口是装在包体外的滑道内，更换水口只更换下水口；浇注用水口及备用水口均定位在滑道上，其结构如图2-18*a* 所示。在浇注状态下，上、下水口内孔中心线重合，保持钢水的流通量。需要更换时，启动液压驱动装置，通过水口运行滑道，备用水口由备用位移到工作位，不需 1 s 钢水就可通过新水口注入结晶器，快速完成更换，拉坯速度可以达到规程要求。在线快速更换水口技术精确度高，更换后上、下水口的中心线偏差小于 0.1 mm。

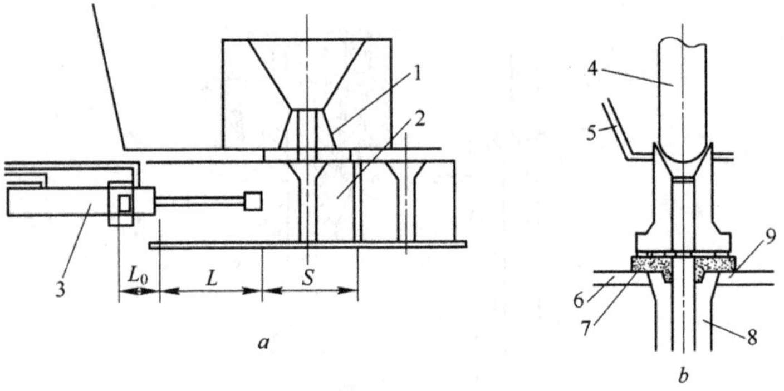

图 2-18 水口快速更换装置

a—定径水口快速更换装置；*b*—浸入式水口更换装置

1—上水口；2—下水口；3—液压缸；4—整体塞棒；5—中间包；

6—上滑道；7—水平导轨；8—快速更换水口；9—下滑道

浸入式水口快速更换与定径水口基本相似，如图 2-18*b* 所示，可在不更换中间包的情况下，于 1～2 s 时间内安全、稳定地完成浸入式水口的更换，保持正常浇铸。快速更换技术，不仅可以提高铸机作业率、连浇率，还能大大节约耐火材料，降低烘包燃气等动力消耗，提高铸坯收得率。

在实施水口快速更换技术后，要考虑中间包包衬与上水口、塞棒等耐材使用寿命的同步。

2.3.2 中间包车

2.3.2.1 中间包车的作用

中间包车是用来支承、运输、更换中间包的设备，其结构要有利于浇注、捞渣和烧氧等操作，同时还应具有横移和升降调节装置。

2.3.2.2 中间包车的类型

中间包车有悬臂型、悬挂型、门型、半门型等。

A 悬臂型中间包车

中间包水口伸出车体外，浇注时中间包车位于结晶器的外弧侧，其内弧侧轨道在高架梁上，外弧侧轨道铺设在浇铸平台上，见图 2-19。中间包车运行迅速，结晶器上方供操作的空间大，便于观察结晶器液面，操作方便。为保持中间包车的稳定性，在车上应设平衡装置，或在外侧车轮处增设护轨。

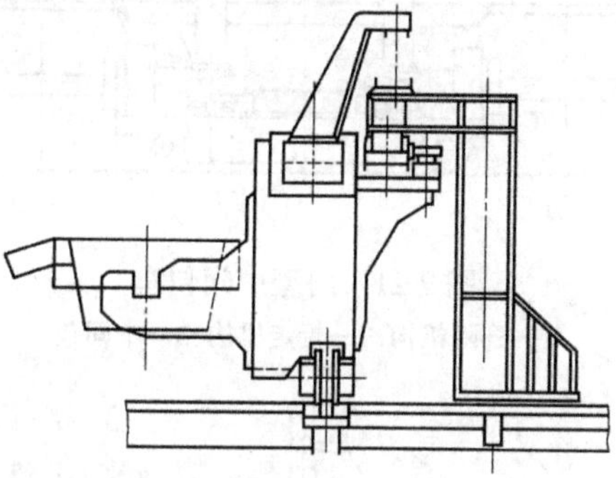

图 2-19 悬臂型中间包车

B 悬挂型中间包车

悬挂型中间包车的特点是两根轨道都在内弧侧高架梁上，见图 2-20，对浇铸平台的影响最小，操作方便。

由于运行轨道容易变形，悬臂型和悬挂型中间包车只适用于小断面连铸机。

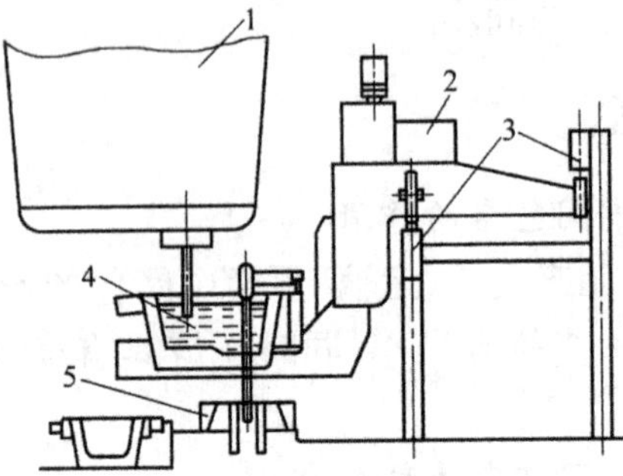

图 2-20 悬挂型中间包车

1—钢包;2—悬挂型中间包车;3—轨道梁及支架;
4—中间包;5—结晶器

C 门型中间包车

门型中间包车两侧轨道均布置在浇铸平台上,见图 2-21,重心处于车框中,安全可靠。门型中间包车适用于大型连铸机。

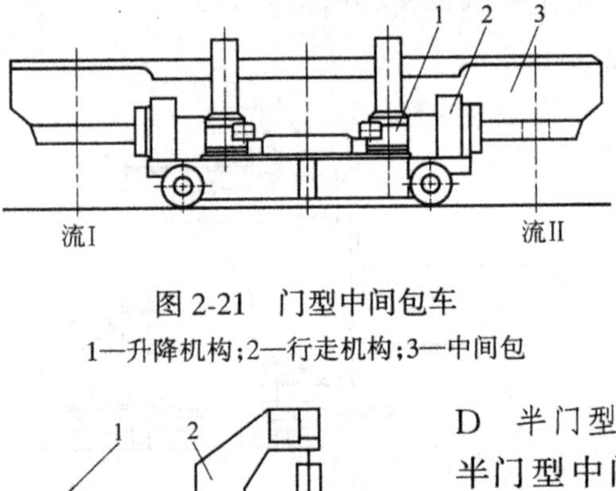

图 2-21 门型中间包车

1—升降机构;2—行走机构;3—中间包

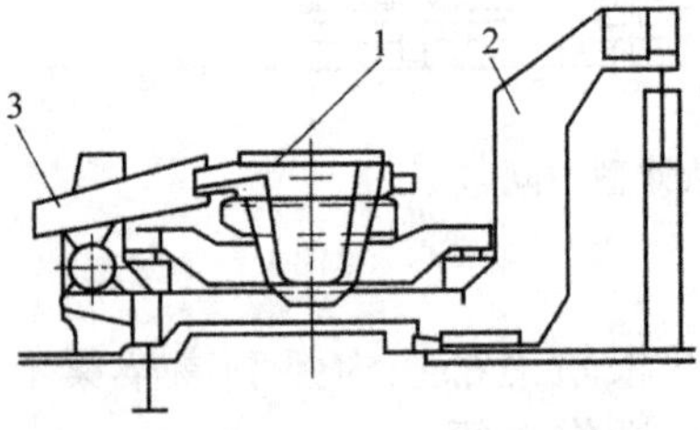

图 2-22 半门型中间包车

1—中间包;2—中间包车;3—溢流槽

D 半门型中间包车

半门型中间包车结构如图 2-22 所示。它与门型中间包车的区别是结晶器内弧侧轨道布置在浇铸平台上方的高架梁上。

中间包车行走机构一般是两侧单独驱动,并有自动停车定位装置。小型铸机由于中间包车行程短，可单侧驱动。一般设两挡行走速度，快速 10～20 m/min，用于移动中间包；慢速 1～2 m/min，用于水口对中。

中间包的升降机构可电力驱动，也可液压驱动，升降速度在 2 m/min，两侧升降一定要同步，应有自锁定位功能，特别是在钢包转台处于“下降”位置时，中间包升降操作与其应有连锁保护。中间包横向微调机构大多数采用丝杆来完成。

中间包车还设有电子称量系统和保护渣自动给料装置。

用于定径水口的中间包车还设有摆动槽，如图 2-23 所示。

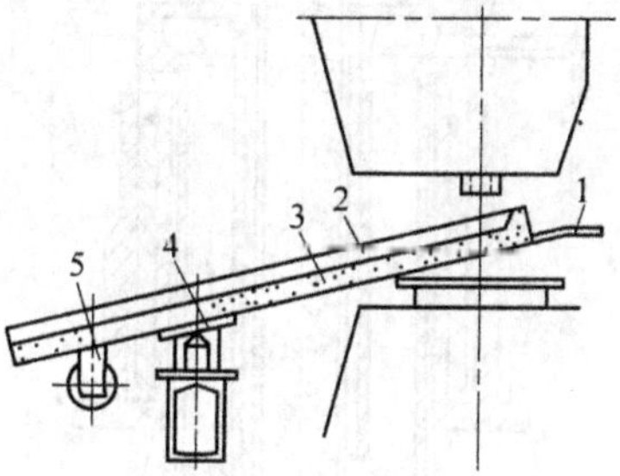

图 2-23　中间包摆动槽

1—手柄；2—流槽；3—耐火材料；4—转轴；5—滚轮

2.4　结晶器

结晶器是一个水冷的铜模，是连铸机非常重要的部件，被称为连铸机的“心脏”。钢水在结晶器内冷却，初步凝固成形，并具有一定厚度的坯壳，这一过程是在坯壳与结晶器壁连续、相对运动下完成的。因此结晶器应具有良好的导热性和刚性，不易变形，重量要轻，以减小振动时的惯性力；内表面耐磨性要好，以提高使用寿命。结晶器结构要简单，便于制造和维护。

2.4.1　结晶器的构造

按结晶器的外形，结晶器可分为直结晶器和弧形结晶器。直结晶器用于立式、立弯式及直弧形连铸机，而弧形结晶器用在全弧形和椭圆形连铸机上。从其结构来看，有管式结晶器和组合式结晶器。小方坯、圆坯、矩形坯浇铸多用管式结晶器，而大型方坯、矩形坯和板坯浇铸多用组合式结晶器；H 形坯既有用组合式结晶器，也有用管式结晶器的。

2.4.1.1　管式结晶器

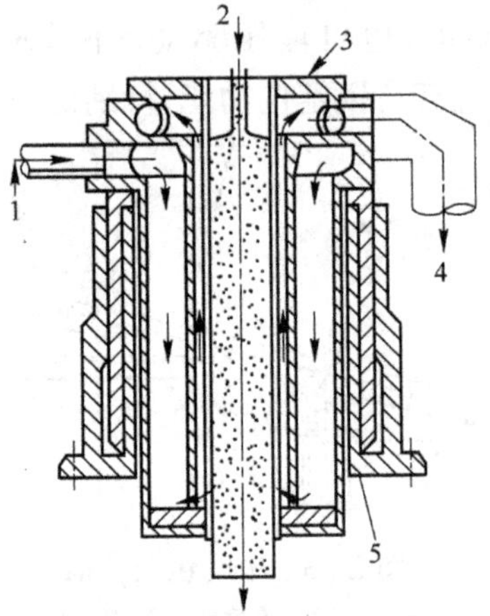

图 2-24　管式结晶器

1—冷却水入口;2—钢水;3—上口法兰;
4—冷却水出口;5—油压缸

管式结晶器的结构如图 2-24 所示,其内管为冷拔异形无缝铜管,外面套有钢质外壳,铜管与钢套之间留有小于 7 mm 的水缝隙,用以通冷却水。铜管和钢套可以制成弧形或直形。铜管的上口通过法兰用螺钉固定在钢质的外壳上,铜管的下口一般为自由端,允许热胀冷缩,但上、下口都必须密封,不能漏水。结晶器外套是圆筒形的。外套中部有底脚板,将结晶器固定在振动框架上。

带锥度弧形结晶器的铜管可用仿弧形刨床加工成形,也可在带内芯的外模中压力成形或爆炸成形。

管式结晶器结构简单,易于制造、维修。

另外,还有的管式结晶器取消了钢质外套,冷却水直接喷射到铜管上冷却,结构见图 2-25。

结晶器铜管壁厚为 10～15 mm,磨损后可加工修复,但最薄不能小于 5～6 mm。考虑铸坯的均匀冷却,在铜管的四角都应圆角过渡。

2.4.1.2　组合式结晶器

组合式结晶器是由 4 块复合壁板组合而成。每块复合壁板都是由铜质内壁和钢质外壳组成。在与钢质外壳接触的铜板面上铣出许多沟槽形成中间水缝。每块复合壁板用双头螺栓连接固定,见图 2-26。4 块壁板的组合是由两宽面夹住窄面,用螺栓固定,见

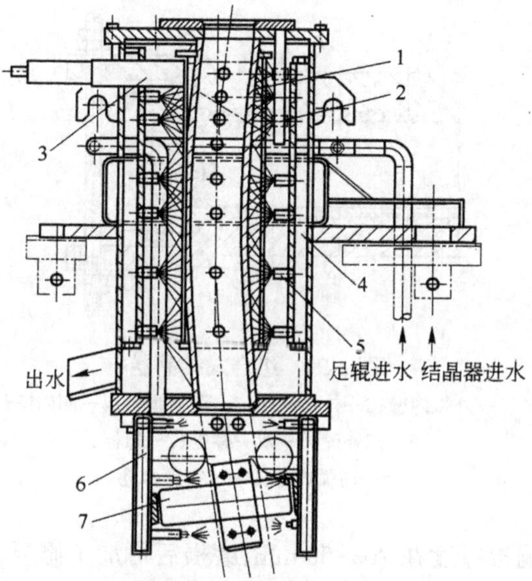

图 2-25 喷淋式结晶器

1—结晶器铜管；2—放射源；3—闪烁计数器；4—结晶器外壳；
5—喷嘴；6—足辊架；7—足辊

图 2-27。冷却水从下部进入，流经水缝后从上部排出。4 块壁板有各自独立的冷却水系统。

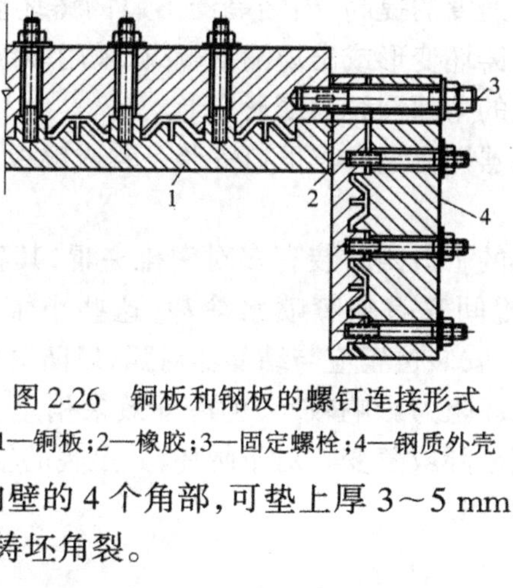

图 2-26 铜板和钢板的螺钉连接形式

1—铜板；2—橡胶；3—固定螺栓；4—钢质外壳

在结晶器内壁的 4 个角部，可垫上厚 3～5 mm，并带 45°倒角的铜片，以防止铸坯角裂。

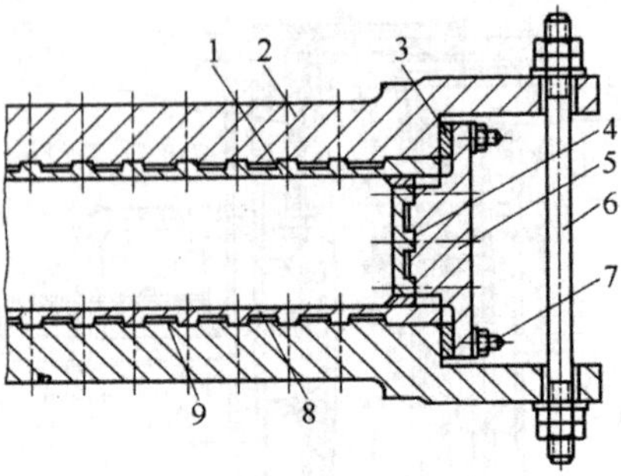

图 2-27 组合式结晶器

1—外弧内壁；2—外弧外壁；3—调节垫块；4—侧内壁；
5—侧外壁；6—双头螺栓；7—螺栓；
8—内弧内壁；9——字形水缝

内壁铜板厚度在 20～50 mm，磨损后可加工修复，但最薄不能小于 10 mm。

对弧形结晶器来说，两块侧面复合板是平的，内、外弧复合板做成弧形。而直形结晶器 4 面壁板都是平面状。当前板坯结晶器已广泛应用了在线调宽技术。

2.4.1.3 多级结晶器

随着拉坯速度的提高，出结晶器下口的铸坯坯壳厚度越来越薄。为了避免铸坯变形或出现漏钢事故，采用多级结晶器，它还可以减少小方坯的角部裂纹和菱形变形。

多级结晶器即在结晶器下口安装足辊或铜板。

A 足辊

在结晶器的下口四面装有多对密排夹辊，其直径较小且具有足够的刚度，辊间安有喷嘴喷水冷却，这些小辊称为足辊，见图 2-28*a*。足辊的安装位置应与结晶器对弧，以防对铸坯形成横向应力。足辊对拉坯阻力影响较小，但冷却效果稍差。足辊若发生变形会诱发铸坯鼓肚或菱变。对于圆坯，其足辊的辊面为弧形，与圆坯外径圆弧相一致。

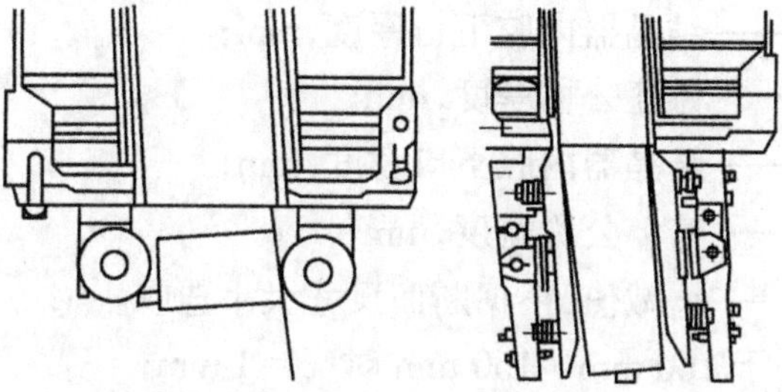

图 2-28　多级结晶器结构示意图
a—足辊；b—冷却板

B　冷却板

在结晶器下口四面各装一块铜板，并在铸坯角部喷水冷却，铜板靠弹簧支撑紧贴在铸坯表面，确保冷却均匀，见图 2-28b。这种装置拉坯阻力稍大些，但冷却、支撑效果较好，主要用在小方坯连铸机管式结晶器上。有的结晶器在冷却板下还安装 1～2 对足辊。

2.4.2　结晶器的重要参数

2.4.2.1　结晶器断面尺寸

冷态铸坯的断面尺寸为公称尺寸，结晶器断面尺寸应根据铸坯的公称尺寸确定，所以结晶器的内腔断面尺寸应略大于铸坯公称尺寸。

结晶器断面尺寸可根据以下经验公式确定。

A　圆坯结晶器

$$D_{下}=(1+2.5\%)D_0 \qquad (2\text{-}18)$$

式中　$D_{下}$——结晶器内腔下口直径，mm；

D_0——铸坯公称直径，mm。

B　方坯和矩形坯结晶器

考虑到铸坯可能压缩与宽展：

$$D_{下}=(1+2.5\%)D_0+c \qquad (2\text{-}19)$$

$$B_{下}=(1+1.9\%)B_0-c \qquad (2\text{-}20)$$

式中　$D_下$——结晶器内腔下口厚度，mm；

D_0——铸坯公称厚度，mm；

$B_下$——结晶器内腔下口宽度，mm；

B_0——铸坯公称宽度，mm；

c——增减值，根据断面尺寸大小选取。

断面小于 160 mm×160 mm 时，$c = 1$ mm；

断面大于 161 mm×161 mm 时，$c = 1.5$ mm；

方坯结晶器内腔厚度与宽度尺寸相同时，可用下式确定：

$$D_下 = (1 + 2.5\%)D_0$$

$$B_下 = (1 + 2.5\%)B_0 \tag{2-21}$$

管式结晶器内腔应有合适的圆角半径。铸坯断面大于 100 mm×100 mm，圆角半径为 6 mm；铸坯断面在 141 mm×141 mm～200 mm×200 mm 之间，圆角半径为 8～10 mm；在铸坯断面大于 201 mm×201 mm，圆角半径大于等于 15 mm。

C　板坯结晶器

结晶器宽边：

$$B_上 = [1 + (1.5\% \sim 2.5\%)]B_0 \tag{2-22}$$

$$B_下 = [1 + (1.5\% \sim 2.5\%) - \varepsilon_宽]B_0 \tag{2-23}$$

式中　$B_上$——结晶器上口宽度，mm；

$B_下$——结晶器下口宽度，mm；

B_0——铸坯公称宽度，mm；

$\varepsilon_宽$——结晶器宽面锥度绝对值，%。

结晶器窄边：

$$D_上 = (1 + 1.5\%)D_0 + 2 \tag{2-24}$$

$$D_下 = (1 + 1.5\% - \varepsilon_窄)D_0 + 2 \tag{2-25}$$

式中　$D_上$——结晶器上口厚度，mm；

$D_下$——结晶器下口厚度，mm；

D_0——铸坯公称厚度，mm；

$\varepsilon_窄$——结晶器窄面锥度绝对值，%。

2.4.2.2 结晶器长度

确定结晶器长度的主要依据是铸坯出结晶器下口坯壳最小厚度。对于大断面铸坯，要求坯壳厚度大于15 mm；小断面坯壳厚度为8～10 mm；但是坯壳厚度还受拉坯速度与结晶器冷却强度的影响，结晶器长度一般为700～900 mm。高效铸机的结晶器长度为900 mm比较合适，也有取1200 mm的。理论计算表明，结晶器50％以上的热量是从上部导出的，结晶器下部只起到支持作用，因而过长的结晶器无益于坯壳的增厚，是没有必要的。

2.4.2.3 倒锥度

钢水在结晶器内冷却凝固生成坯壳，进而收缩脱离结晶器壁，产生气隙，同时，导热系数大大降低，造成铸坯冷却的不均匀。为了适应铸坯的收缩，坯壳得以均匀生长，结晶器的断面下口略小于上口，称此为结晶器倒锥度，可用下式表示：

$$\varepsilon_1 = \frac{B_{上} - B_{下}}{B_{上} l_m} \times 100\% \qquad (2\text{-}26)$$

式中 ε_1——结晶器每米长度的倒锥度，％/m；

$B_{下}$——结晶器下口宽度，mm；

$B_{上}$——结晶器上口宽度，mm；

l_m——结晶器的长度，m。

结晶器倒锥度 $\varepsilon_1 > 0$。方坯结晶器计算 ε_1 时，应按结晶器宽、厚边尺寸分别考虑。

倒锥度过小，则气隙较大，可能导致铸坯变形、纵裂等缺陷；倒锥度太大又会增加拉坯阻力，引起横裂甚至坯壳断裂。倒锥度主要取决于铸坯断面、拉速和钢的高温收缩率。

方坯结晶器的倒锥度推荐数值见表2-4。

表2-4 方坯结晶器的倒锥度

断面边长/mm	倒锥度绝对值/$\% \cdot m^{-1}$
80～100	0.4
110～140	0.6
140～200	0.9

浇铸 $w_{[C]}<0.08\%$的小方坯,其结晶器倒锥度为 0.5%/m;对于 $w_{[C]}>0.40\%$的高碳钢,倒锥度在(0.8~0.9)%/m。

板坯的宽厚比悬殊很大,厚度方向的凝固收缩比宽度方向的收缩要小得多。有些板坯结晶器宽边设计成平行的。倒锥度仍按式 2-26 计算。

板坯结晶器宽面倒锥度在 0.9~1.1%/m,窄面则为 0~0.6%/m。

采用保护渣浇注的圆坯结晶器,倒锥度通常是 1.2%/m。

有的结晶器做成双倒锥度或连续锥度结构,更符合钢液凝固体积的变化规律,即结晶器上部倒锥度大于下部(图 2-29)。

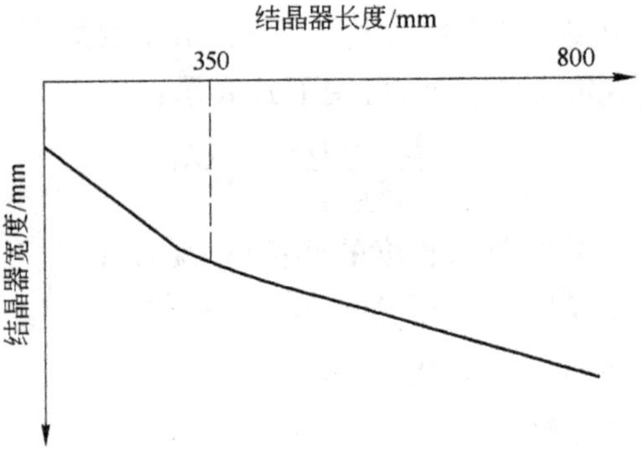

图 2-29　双倒锥度结晶器锥度的变化

也有将结晶器内壁做成抛物线形,其倒锥度是不断变化的,但加工较困难。

为了减少气隙的热阻,目前方坯连铸机有康卡斯特的凸模(CONVEX)结晶器,见图 2-30;达涅利公司的自适应结晶器,通过水压调节结晶器锥度;奥钢联的钻石结晶器,见图 2-31 等。我国很多厂家已经在方坯铸机上应用钻石形结晶器。

凸模结晶器和钻石结晶器的倒锥度都是从上到下逐渐变化的,上锥度大,下锥度小。凸模结晶器的上口增大角部散热面积,如图 2-30*b* 所示,下口与普通结晶器相同。钻石结晶器上口与普通结晶器一样，下口内壁向内突出，如图 2-31$B—B$ 剖视图所示。

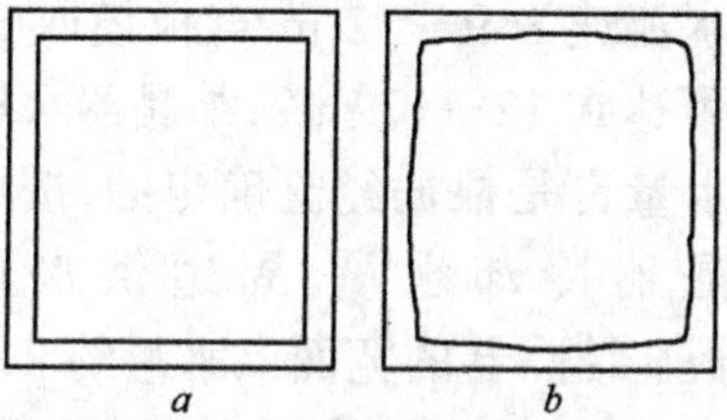

图 2-30　凸模结晶器示意图

a—普通结晶器内型；b—凸模结晶器内型

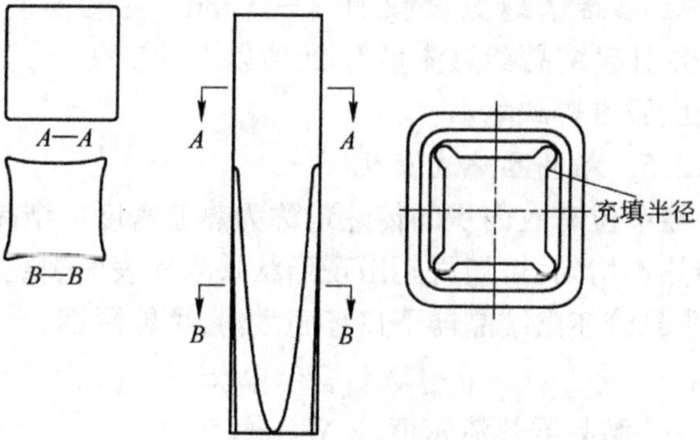

图 2-31　钻石结晶器示意图

压力水膜自适应结晶器是用薄壁铜管，通过增大冷却水的水压，挤压铜壁紧贴坯壳保持冷却。

2.4.2.4　结晶器的水缝面积

结晶器水缝总面积通常根据下式计算：

$$Q_{结}=\frac{3Fv}{10000} \tag{2-27}$$

则：

$$F=\frac{10000Q_{结}}{36v} \tag{2-28}$$

式中　$Q_{结}$——结晶器的耗水量，m^3/h；

F——水缝总面积，mm^2；

v——水缝内冷却水的流速,m/s。

方坯结晶器水流速为 9～12 m/s,板坯取 3.5～5 m/s。窄水缝结晶器水流速可达到 12～17 m/s,结晶器水压在 1 MPa 左右。

结晶器冷却水量也是根据经验确定的,按结晶器周边长度计算。小方坯结晶器冷却水量,周边供水量约为 2.0～3.0 L/min·mm,对于板坯结晶器的宽面供水量约 2.0 L/min·mm,窄面约为 1.25 L/min·mm。对于裂纹敏感的低碳钢种采用弱冷却,结晶器冷却水量取下限;对于中、高碳钢可用强冷却,冷却水量取上限。冷却水进水水压为 0.39～0.9 MPa;结晶器进出水温度差为 8～9℃。

由于结晶器水缝宽度仅有 3～5 mm,装配偏差哪怕只是 1 mm,也会引起结晶器热流量有 20%以上的变化,诱发铸坯形成裂纹、鼓肚、脱方等缺陷。

2.4.2.5 结晶器热流密度

结晶器单位有效面积的传热量称为热流密度。结晶器热流密度过大传热不均匀,铸坯可能出现形状缺陷和表面裂纹;热流密度太小,会造成铸坯出结晶器下口坯壳太薄,可能漏钢。

$$q = Qc(t_2 - t_1)/S \tag{2-29}$$

式中 q——结晶器热流密度,MW/m^2;

S——结晶器有效受热面积,m^2;

Q——结晶器水流量,m^3/s;

c——水的质量热容,MJ/(t·℃);

t_2——出水温度,℃;

t_1——进水温度,℃。

结晶器热流密度与坯壳－结晶器壁之间的传热系数有关,坯壳－结晶器壁之间传热系数又受钢种、拉速、结晶器－坯壳之间气隙的影响,如图 2-32 所示。

2.4.2.6 结晶器的热阻

结晶器的热阻及变化见图 2-33。

从结晶器冷却水到钢水之间存在六个热阻,即冷却水与铜板、铜板、气隙、保护渣膜、坯壳、坯壳与钢水。这六个热阻中气隙的热阻最大，坯壳的热阻次之，铜板热阻很小。

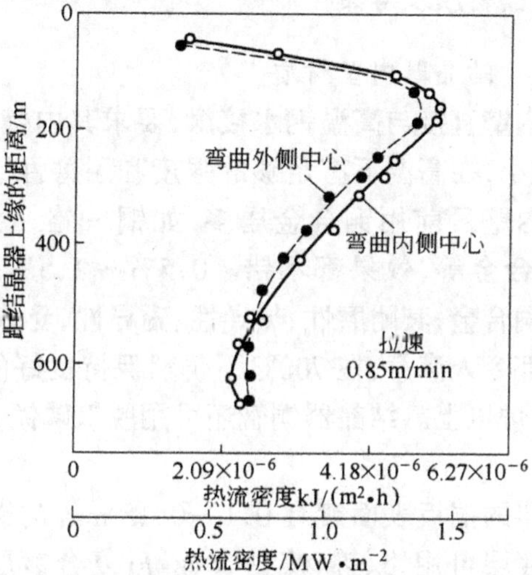

图 2-32　结晶器热流密度分布

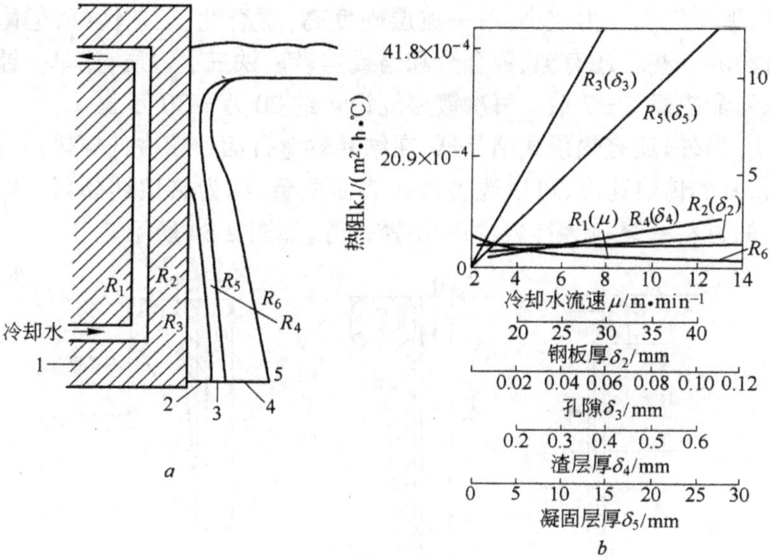

图 2-33　结晶器热阻及变化

a—钢水凝固时热阻的变化；*b*—热阻与各工艺参数的关系

1—结晶器铜壁；2—气隙；3—保护渣膜；4—坯壳；5—钢液

2.4.3 结晶器材质及寿命

2.4.3.1 结晶器内壁材质

结晶器内壁直接与高温钢水接触,要求其内壁材质导热系数高,膨胀系数小,在高温下有足够的强度和耐磨性,塑性好易于加工。结晶器内壁目前用铜合金居多,如铜－铬－锆－砷合金或铜－锆－镁合金等,效果都不错。0.5%～1.5%铬+0.10%～0.28%锆的铜合金,其耐磨性、热导性、磁导性、受热变形、黏性、抗氧化等性能都令人满意,在700℃下仍然保持良好的力学性能,寿命可达2000炉以上。结晶器铜管还可用脱氧磷铜,高拉速铸机用铬锆铜合金。

在结晶器的铜板表面镀有0.1～0.15 mm的镀层,能提高耐磨性。单一镀层可用铬、镍、镍钴合金等;复合镀层用镍－镍铁、镍－铬、镍－镍钴合金等,复合镀层比单一镀层与母材的附着性好;镀层内部应力较小;单一镀层硬度高,耐磨性、工艺性好,但附着力弱一些。还有镍、镍合金和铬或镍、钨、铁三层镀层,比单一镀镍寿命提高5～7倍。每次镀层浇钢量约20万～30万t。

另外,还有热顶式结晶器,在结晶器弯月面处镶嵌低导热性材料,减少传热速度,可以改善铸坯表面质量,称为热顶结晶器。镶嵌的材料有镍、碳铬化合物和不锈钢等,如图2-34所示。

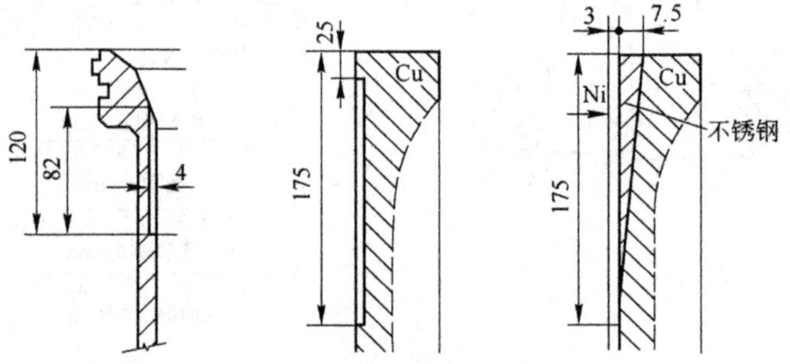

图2-34 板坯热顶式结晶器的镶嵌件

a—镶嵌镍;*b*—碳铬化合物;*c*—不锈钢

2.4.3.2　结晶器寿命

结晶器内腔保持原设计参数时间的长短为结晶器使用寿命。只有保持原设计参数才能确保铸坯质量。

结晶器的寿命可用结晶器所浇铸坯的长度来量度。在一般操作条件下，一个结晶器可浇注板坯 10000～15000 m。也可用结晶器从开始使用到第一次维修前所浇铸的炉数或钢的吨数来量度，约为 100～150 炉。板坯一次维修通钢量可达 20 万 t。

提高结晶器寿命的措施有：(1)提高结晶器冷却水水质；(2)确保结晶器足辊、二冷区的对弧精度；(3)定期检修结晶器；(4)合理选择结晶器内壁材质及设计参数等。

2.4.4　板坯结晶器在线调宽装置

结晶器可离线调宽或在线调宽。为了适应多种规格板坯生产的需要，缩短更换结晶器的时间，提高铸机作业率，应用了结晶器在线调宽技术。

离线调宽是将结晶器吊离生产线调节结晶器的断面尺寸。

结晶器在线调宽就是在浇注过程中完成对结晶器宽度的调整，即结晶器的两个窄边多次分小步向外或向内移动，直到预定的宽度要求，其移动顺序如图 2-35 所示。调节宽度时铸坯宽度方向呈现 Y 形，故称为 Y 形在线调宽。这种调宽装置不仅能调节结晶器宽度，还能调节宽面倒锥度。每次调节量为初始锥度的 1/4，调节速度是 20～50 mm/min。通过计算机控制，液压或电力驱动，每个侧边的上、下两套同步机构实现调节，它可在不停机的条件下改变铸坯宽度。在线调宽设备比较复杂，调整过程中要预防发生漏钢事故。

2.4.5　结晶器的润滑

为了避免铸坯坯壳与结晶器内壁粘结，减轻对结晶器内壁的磨损，减小拉坯阻力和改善铸坯表面质量，结晶器必须进行润滑。目前有油润滑和保护渣润滑两种方式。

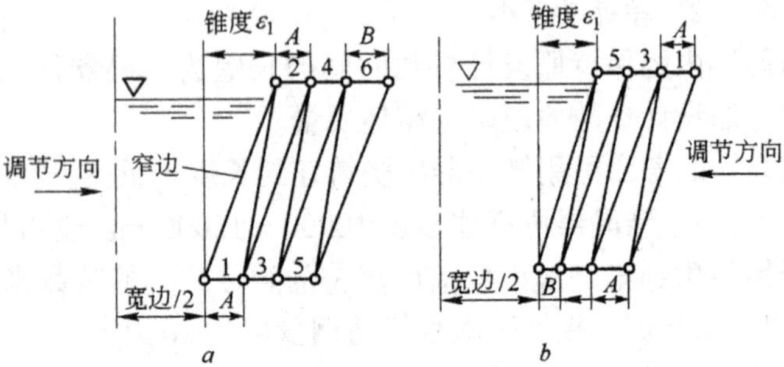

图 2-35　结晶器 Y 形在线调宽原理图

a—由窄调宽；*b*—由宽调窄

2.4.5.1　油润滑

油润滑可以用植物油或矿物油，植物油中的菜子油润滑效果最好。结晶器给油装置如图 2-36 所示，通过送油压板内的管道，润滑油流到锯齿形的给油铜垫片上，润滑油通过铜垫片的锯齿端面均匀地流向铜壁表面，在坯壳与结晶器内壁之间形成一层 0.025～0.05 mm 厚度的油膜和油气膜，达到润滑的目的。这种装置主要应用于敞开式浇注的结晶器上。

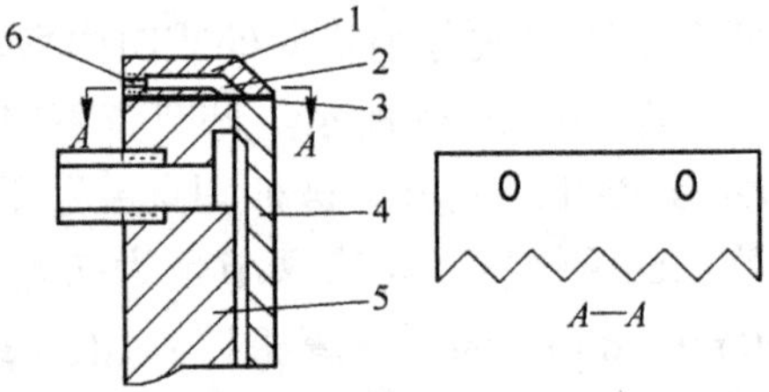

图 2-36　结晶器给油装置

1—送油压板；2—油道；3—给油垫片；4—结晶器铜壁；5—结晶器钢壳；6—润滑油管

2.4.5.2　保护渣润滑

保护渣同样可以达到润滑的目的。保护渣可人工加入，也可用振动给料器加入。给料装置如图 2-37 所示，这改善了劳动条件，且加入量控制准确。

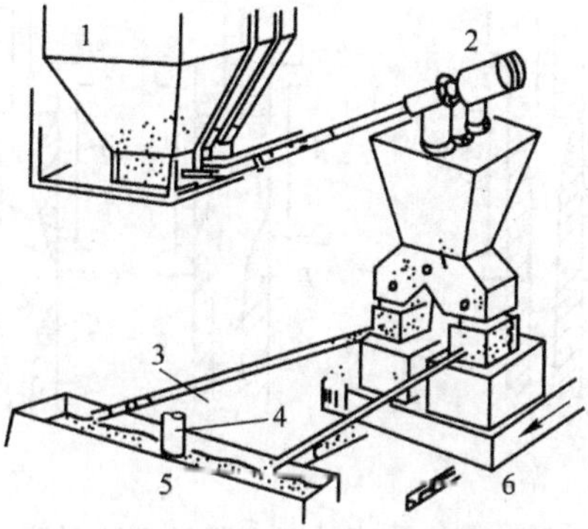

图 2-37　结晶器保护渣自动加入装置

1—保护渣罐;2—振动管式输送机;3—给料管;
4—浸入式水口;5—结晶器;6—料仓车

2.5　结晶器的振动装置

2.5.1　结晶器振动的目的

在浇注过程中如果结晶器是固定的,就可能出现坯壳粘结被拉断造成漏钢。图 2-38*a* 是结晶器内坯壳的正常形成过程,如果不发生意外,铸坯就被连续拉出结晶器。倘若由于润滑不良,坯壳的 *A* 段与结晶器内壁粘连,而且 *C* 处坯壳的抗拉强度又低于 *A* 段的粘结力和摩擦力,在拉坯力的作用下,*C* 处的坯壳被拉裂;*A* 段粘在结晶器内壁上不动,*B* 段被拉继续下行,此时未凝钢水流出填充在 *A*、*B* 段之间将 *A*、*B* 两段连接起来形成新的坯壳,如图 2-38*b* 所示;若连接的新坯壳强度足以克服 *A* 段的粘结力和摩擦力,坯壳断裂处便可愈合,*A* 段随铸坯一起下行;但是在新坯壳的生长过程中,*B* 段仍在不断下行,新生坯壳比较薄弱,强度又低,这就无法使 *A*、*B* 两段牢固地连接起来;当铸坯 *B* 段被拉出结晶器时,可能会裂开发生漏钢事故,如图 2-38*c* 所示。

当铸坯与结晶器壁已发生粘结时,如果结晶器上振,则粘结部分和结晶器一起上升,坯壳被拉裂,未凝固的钢水立即填充到断裂

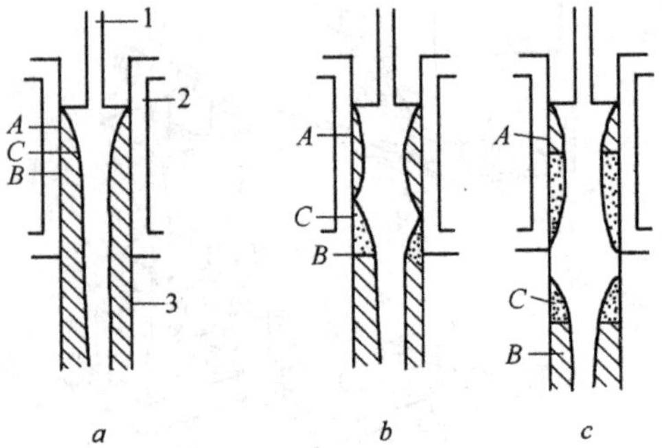

图 2-38　坯壳拉断和粘结消除过程

1—钢水注流;2—结晶器;3—坯壳

处,开始形成新的凝固层;等到结晶器下振,且下振速度大于拉坯速度时,坯壳处于受压状态,裂纹被挤压愈合重新连接起来,同时铸坯被强制消除粘结,得到"脱模"。由于结晶器上下振动,周期性地改变着液面与结晶器壁的相对位置,有利于润滑油和保护渣向结晶器壁与坯壳间渗漏,因而改善了润滑条件,减少了拉坯摩擦阻力和粘结的可能,所以连铸得以顺行。通过以上分析,结晶器振动的目的是:

(1) 铸坯得以强制脱模;

(2) 利于铸坯的润滑,消除粘连;

(3) 万一坯壳发生粘连拉裂,由于结晶器的振动可以得到愈合;

(4) 能够改善铸坯表面质量。

2.5.2　结晶器的振动方式

目前结晶器的振动有正弦波式振动和非正弦波式振动两种方式:

(1) 正弦波式振动。振动的速度与时间的关系为一条正弦曲线或余弦曲线,如图 2-39*b* 中点划线。正弦振动方式的上、下振动时间相等,上、下振动的最大速度也相同。在整个振动周期中,铸坯与结晶器之间始终存在着相对运动，在结晶器下振过程中，有一小段下振速度大于拉坯速度，因此可以防止和消除坯壳与结晶器内壁间的粘结，并对被拉裂的坯壳起到愈合作用。另外，由于结晶器的运动速度是按正弦规律变化的，其加速度必然按余弦规律变化，所以过渡比较平稳，冲击较小。

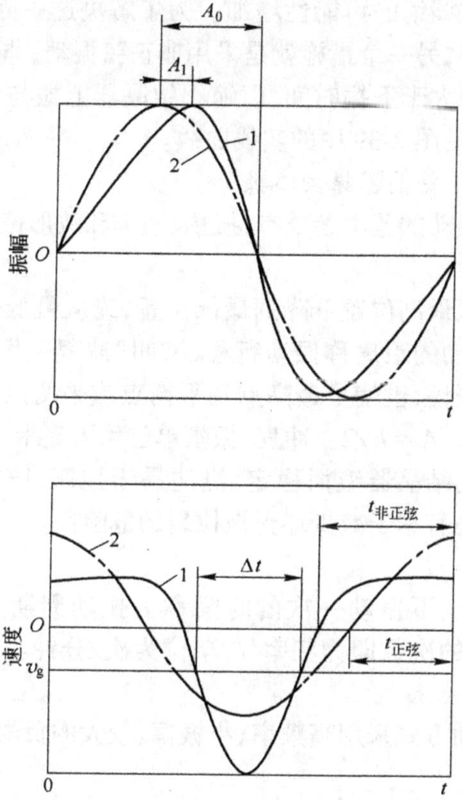

图 2-39 正弦振动和非正弦振动曲线

1—非正弦振动；2—正弦振动

正弦振动通过偏心轮－连杆机构就能实现。它可以提高振动频率、减小铸坯表面振痕，改善铸坯质量。正弦振动方式应用广泛。

(2) 非正弦振动。结晶器振动速度随时间变化的规律不是正弦曲线的都称为非正弦振动。

随着高速铸机的开发,拉坯速度越来越快,结晶器上振时与铸坯间的相对运动速度加大,特别是高频振动后此速度更大。由于拉速提高后结晶器保护渣用量相对减少,坯壳与结晶器壁之间发生粘结而导致漏钢的可能性增加。为了解决这一问题,除了使用新型保护渣外,另一个措施就是采用非正弦振动;非正弦振动是结晶器上振时间大于下振时间,以缩小结晶器上振与铸坯之间的相对运动速度,见图 2-39 中的实线曲线。

2.5.2.1 结晶器振动参数

结晶器振动的基本参数有:振幅、频率和波形偏斜率。

A 振幅

结晶器从最高位置下降到最低位置,或从最低位置上升到最高位置,所移动的距离称振动行程,又叫“冲程”,用 h 表示;冲程的一半称为振幅,也就是最高点到平衡点或平衡点到最低点的距离,用 A 表示,$A=h/2$。冲程、振幅单位均为毫米。

振幅小则结晶器液面稳定,浇注易于控制,铸坯表面也较平滑。振幅小还有利于减少坯壳被拉裂的危险性。

B 频率

结晶器上、下振动一次的时间称为振动周期 T,单位为秒;1 min内振动的次数即为频率 f,单位为次/分钟。根据定义 $T=60/f$。

正弦振动方式采用高频率、小振幅、较大的负滑脱量的振动较为有利。

C 波形偏斜率

非正弦振动的一个参数是波形偏斜率,即图 2-39a 中 A_1 与 A_0($T/4$)的比值,用 α 表示。

$$\alpha=\frac{A_1}{A_0}\times 100\% \tag{2-30}$$

显然,正弦振动时 $\alpha=0$。

D　结晶器下振最大速度

结晶器下振速度 v_m 大于拉坯速度 v_c，才能起到脱模作用，称为负滑脱。

$$v_m = K_1 \frac{fA}{1-\alpha} \tag{2-31}$$

式中　v_m——结晶器下振的最大速度；

A——振幅；

f——频率；

α——波形偏斜率；

K_1——常数，与振动波形曲线形状有关，正弦振动时 $K_1 = 2$，$v_m = 2fA$。

E　负滑脱时间

在一个振动周期里，结晶器下振速度大于拉坯速度的时间是负滑脱时间，用 t_N 表示。振痕深度受 t_N 的影响，显然，$t_N > 0$，一般情况下，$t_N = 0.10 \sim 0.25$ s。

$$t_N = \frac{60(1-\alpha)}{\pi f} \arccos\left[\frac{(1-\alpha)v_c}{2\pi fA}\right] \tag{2-32}$$

在负滑脱时间里，结晶器下振行程超过拉坯行程的差值称为结晶器超前量，超前量取 3～4 mm 比较合适。超前量小，容易发生粘连；超前量大，容易形成沟状振痕。

F　负滑脱率

在结晶器下振速度大于拉坯速度时，速度负滑脱率 NS 的定义为：

$$NS = \frac{v_m - v_c}{v_c} \times 100\% \tag{2-33}$$

$$NS = \frac{fA}{(1-\alpha)v_c} - 1 \tag{2-34}$$

式中　$v_m - v_c$——负滑脱量，可用 N_S 表示；

NS——速度负滑脱率，%；

v_m——结晶器下振时的最大速度，m/min；

v_c——拉坯速度，m/min。

负滑脱时间 t_N 与半周期 $T/2$ 之比称为时间负滑脱率 NSR：

$$NSR = \frac{2(1-\alpha)}{\pi}\arccos\frac{2}{\pi(1-NS)} \tag{2-35}$$

负滑脱能帮助“脱模”，有利于坯壳拉裂部位的愈合。正弦振动的 NS 选 30%～40%效果较好。

G 正滑脱时间

在一个振动周期里，结晶器下振速度小于拉坯速度时的时间是正滑脱时间，用 t_p 表示。正滑脱时间 t_p 是影响保护渣消耗量的主要因素，显然 $t_p = T - t_N$。

$$t_p = \frac{60}{f}\left\{1 - \frac{1-\alpha}{\pi}\arccos\left[\frac{(1-\alpha)v_c}{2\pi fA}\right]\right\} \tag{2-36}$$

H 结晶器上振最大速度

结晶器摩擦阻力除受保护渣消耗量的影响外，还与 $v_m - v_c$（结晶器上振速度－拉坯速度）的差值有关；控制结晶器上振的最大速度 v'_m 有利于减少坯壳粘结的概率。

$$v'_m = K_2\frac{fA}{1+\alpha} \tag{2-37}$$

式中 v'_m——结晶器上振的最大速度；

K_2——常数，与振动波形曲线形状有关，正弦振动时 $K_2 = 2$，$v'_m = 2fA$。

I 振痕间距

振痕间距 p 仅取决于拉坯速度 v_c 和振动频率 f。

$$p = \frac{v_c}{f} \tag{2-38}$$

J 保护渣消耗量

保护渣的消耗量应足以满足坯壳与结晶器之间的润滑，用 Q 表示。在负滑脱运动期间，保护渣被带入结晶器和坯壳之间；在正滑脱期间，被带入的保护渣又有一部分返回到弯月面，从而完成一个填充周期，所以，影响保护渣消耗量的因素是结晶器振动的负滑

脱量和正滑脱时间 t_p。在目前的振动范围内保护渣消耗量，高频振动是由正滑脱时间 t_p 控制，低频振动是由负滑脱量控制。

$$Q = K_4 \frac{N_S}{p} \tag{2-39}$$

式中 Q——保护渣消耗量；

N_S——负滑脱量；

K_4——比例常数。

2.5.2.2 结晶器振动参数的选择

A 正弦振动

正弦振动时，$\alpha = 0$，$t_N = \frac{60}{\pi f}\arccos\left[\frac{v_c}{2\pi fA}\right]$，$t_p = \frac{60}{f} \times \left\{1 - \frac{1}{\pi}\arccos\left[\frac{v_c}{2\pi fA}\right]\right\}$，$p = \frac{v_c}{f}$，$v'_m = 2fA$，可见 v_c 一定时，f 增加，t_N、t_p、p 均减小；v'_m 增加；反之，f 减小，t_N、t_p、p 均增加，v'_m 减小。由此，正弦振动，随着 f 的增加，振痕深度及间距均减小；同时，保护渣消耗量下降，v'_m 上升，其工艺效果表现为振痕变浅而密集，结晶器摩擦阻力增加，坯壳粘结概率增大；反之坯壳粘结概率下降但振痕加剧。所以正弦振动，通过选择 f 来控制振痕深度与坯壳粘结是相互矛盾的，因此振动参数的选择受到很大限制，这也是正弦振动难以适应高速连铸的主要原因。

B 非正弦振动

非正弦振动增加了波形偏斜率 α 这一基本参数，其工艺效果是在相同的拉速 v_c 要求下可降低 f，或在相同的 f 条件下实现更高的 v_c。这就增加了对振动基本参数选择的自由度。

首先，固定 A 和 f，在一定 v_c 时增加 α，由定义公式可知，t_N 减少、t_p 增加、p 不变、v'_m 下降，其工艺效果表现为振痕间距不变、振痕深度减小、保护渣消耗量增加、结晶器摩擦阻力降低。这样既有利于控制振痕深度，又有利于控制坯壳的粘结，从而取得统一的工艺效果。在这种振动参数的选择方式下，α 越大，结晶器振动工艺效果越好；但是 α 增加，结晶器下振的最大加速度提高，振动装置所受冲击力增加,使其稳定性及使用寿命受到影响。

其次,在一定 v_c 时,固定 A,增加 α 的同时,减少 f,取 $\frac{f}{1-\alpha}=K_3$,即保持结晶器下振速度曲线不变,仅改变结晶器上振速度曲线。在此条件下,α 增加,f 相应减少,此时 t_N 不变、t_p 和 p 增加、v'_m 下降(见图 2-40),其工艺效果表现为保护渣消耗量增加、结晶器摩擦阻力降低、坯壳粘结概率下降,振痕深度不变,但振痕间距增大,还避免了结晶器振动最大加速度增加的问题。

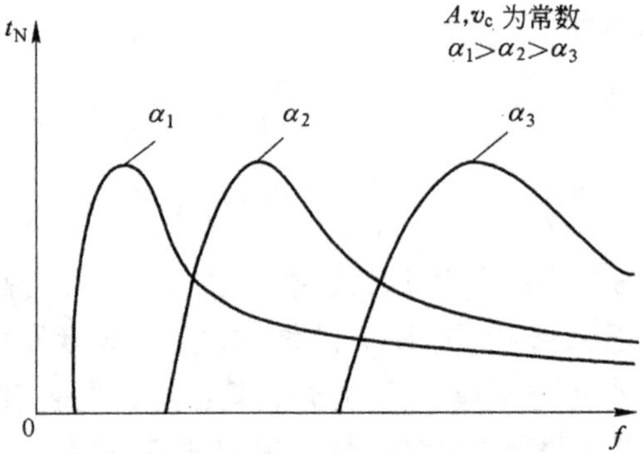

图 2-40　α 对 t_N 的影响

结晶器振动的工艺效果反映在对铸坯振痕和坯壳粘结的有效控制上,正弦振动使两者的控制相互矛盾,为此开发了结晶器非正弦振动形式,解决了上述矛盾,使振动参数的调节范围更宽,但有限。非正弦振动可以有限地降低振动频率。振动频率是振动结晶器的一个特殊的基本参数,它总有一个取值的限度。

2.5.3　振动机构

结晶器按一定的运动轨迹振动。弧形结晶器需按弧线运动,而直结晶器按直线运动。轨迹不正确,不仅会降低结晶器使用寿命,还会增加铸坯表面缺陷甚至引起漏钢事故。

连铸机振动机构有短臂四连杆振动机构、四偏心轮振动机构和液压振动机构。

2.5.3.1 短臂四连杆振动机构

短臂四连杆振动机构广泛应用于小方坯和大板坯连铸机上，只是小方坯连铸机振动机构多装在内弧侧，见图 2-41；而大板坯连铸机振动机构安装在外弧侧，如图 2-42 所示。

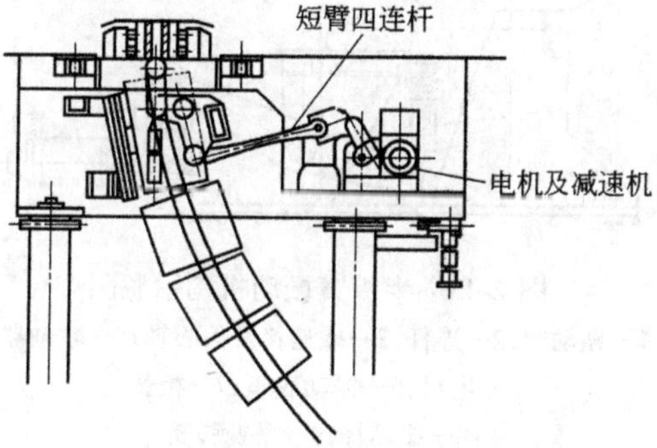

图 2-41 短臂四连杆振动机构(内弧侧)

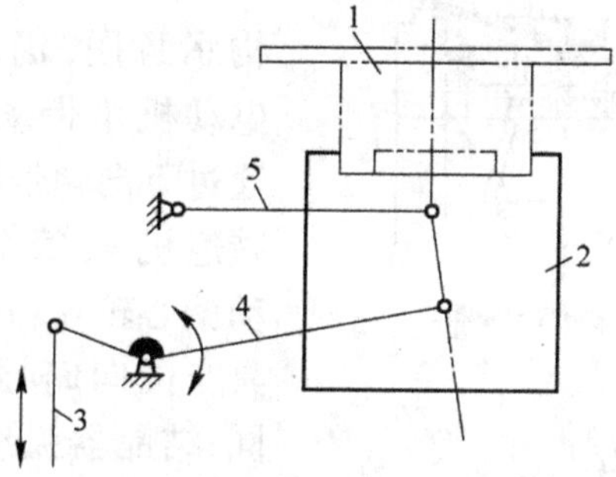

图 2-42 短臂四连杆式振动机构(外弧侧)
1—结晶器；2—振动架；3—拉杆；4、5—连杆

短臂四连杆振动机构结构简单，便于维修，能够较准确地实现结晶器的弧线运动，有利于铸坯质量的改善。

四连杆机构工作原理可参看图 2-42，由电机通过减速机经偏心轮的传动，拉杆 3 做往复运动，带动连杆 4 摆动，连杆 5 也随之摆动，使振动架 2 能按弧线轨迹振动。

将四连杆机构中的部分或全部连杆由刚性杆改为弹簧钢板，见图 2-43，消除了振动过程结晶器的水平摆动，结构简单，维修方便，这种半板簧、板簧式振动机构广泛应用于现代铸机上。

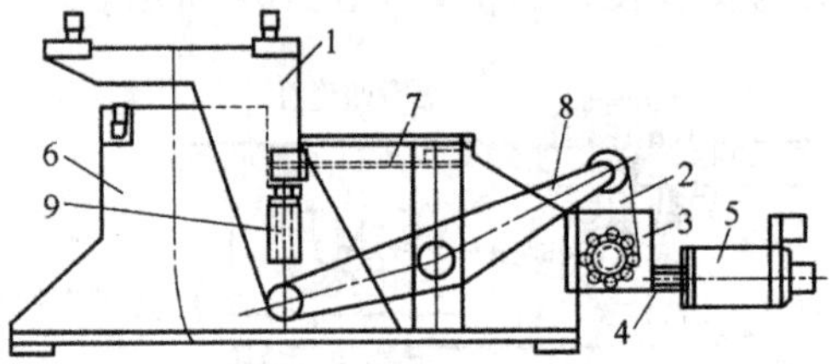

图 2-43　半板簧振动机构示意图

1—振动台；2—连杆；3—减速箱及偏心轴；4—联轴器；5—电机；6—振动底座；7—板簧；8—振动杆；9—平衡弹簧

2.5.3.2　四偏心振动机构

图 2-44 为四偏心振动机构示意图，仍属于正弦振动。电动机 1 带动中心减速机 3，通过万向轴带动左右两侧的分减速机 4，每个减速机各自带动偏心轮 6 和 7；偏心轮 6 和 7 具有同向偏心点，但偏心距不同；结晶器弧线运行是利用两条板式弹簧 8，一头连接在振动台框架 9 上，另一头连接在振动头恰当位置实现弧形振动。这种板式弹簧使得振动台只能做弧线摆动，不会前后移动，由于结晶器振幅不大，两根偏心轴的水平安装，不会引起明显的误差。以往四偏心振动

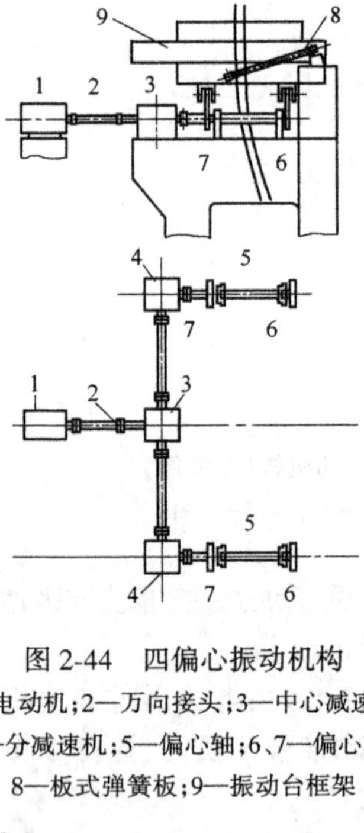

图 2-44　四偏心振动机构

1—电动机；2—万向接头；3—中心减速机；4—分减速机；5—偏心轴；6、7—偏心轮；8—板式弹簧板；9—振动台框架

装置不能在线调节振幅，目前国外有在偏心轮上安装蜗轮蜗杆装置达到在线调节的功能。

四偏心振动机构的优点是：结晶器振动平稳，无摆动和卡阻现象，适合于高频小振幅，但结构较复杂。

2.5.3.3 液压振动机构

图 2-45 是一种液压振动机构，结晶器安装在振动台上，两根板簧 6 和操作平台相连，板簧对结晶器 1 起导向定位和蓄能作用。振动杆和振动台架相连，由铰链和平衡弹簧 3 支撑。液压油缸 4 不承受弯扭力矩，仅承受轴向载荷。振动信号通过比例伺服阀 5 控制油缸的动作，带动振动台架上的结晶器进行振动，结晶器振动时

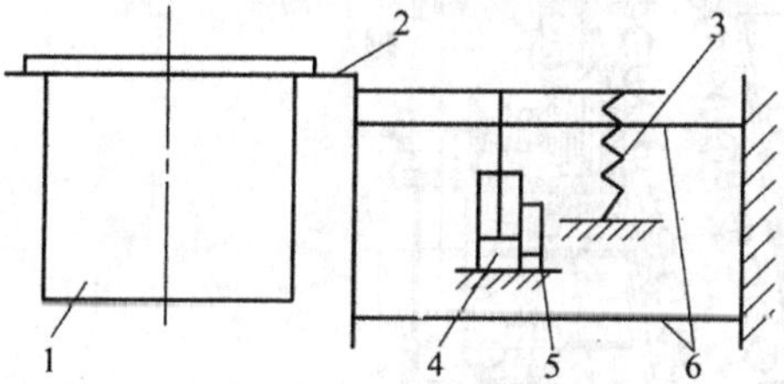

图 2-45 结晶器液压振动机构示意图

1—结晶器；2—振动台架；3—平衡弹簧；4—液压油缸；5—比例伺服阀；6—板簧

的平衡点可以微调。由于工作时油缸的实际振幅较小（±10 mm），振动中平衡点的位置对系统固有频率影响较小，因此可以认为油缸的振动特性直接反映结晶器的振动特性。液压振动机构有单液压缸和双液压缸，布置有偏心布置和中心布置（见表 2-5）。

表 2-5 液压振动液压缸布置

用于小方坯和较小断面大方坯的单液压缸传动		用于大断面方坯的双液压缸传动
中心布置	偏心布置	中心双传动布置
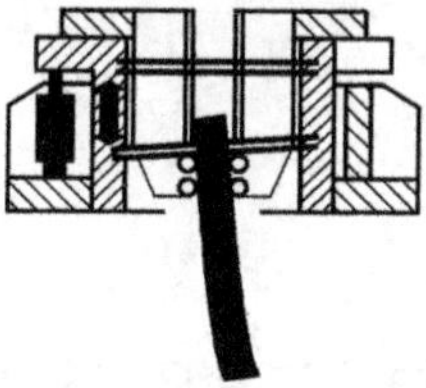	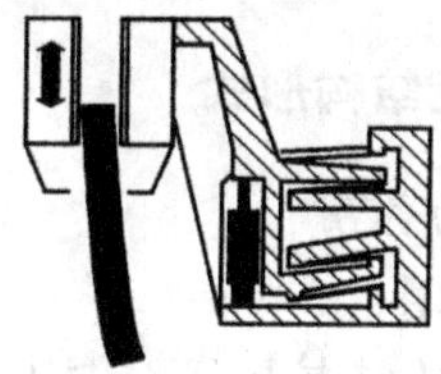	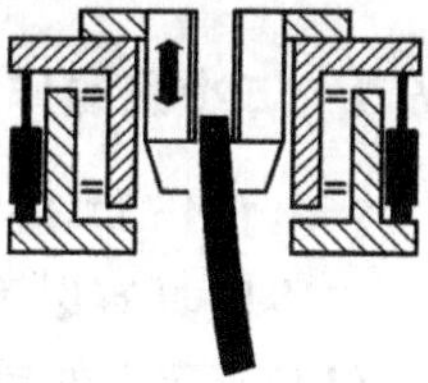
沿弯曲方向的串接式板簧		垂直于弯曲方向的对称板簧

2.5.4 结晶器快速更换台架

结晶器、结晶器振动装置及二冷区零段三部分设备安装在一个台架上，这个台架称为结晶器快速更换台架，见图2-46。这种快速更换台架，设备可整体更换，保证了结晶器、二冷区零段的对弧精度。实现离线检修，可大大提高铸机的生产率。

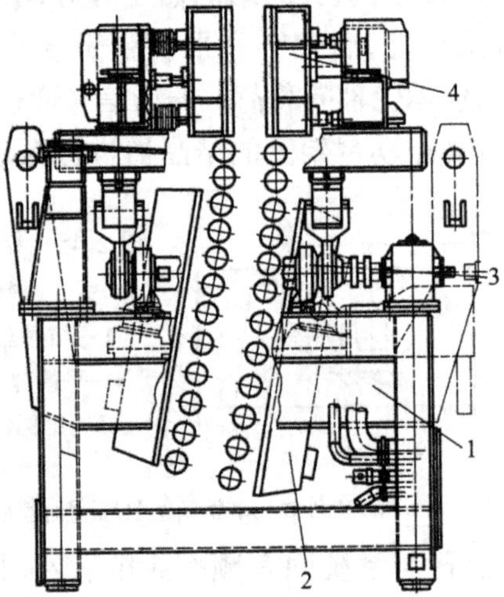

图2-46 结晶器快速更换台

1—框架；2—零段；3—四偏心振动机构；4—结晶器

2.6 二冷系统装置

二冷系统装置又称为二次冷却区或二冷区。

2.6.1 二冷区的作用及结构形式

2.6.1.1 二冷区的作用

二冷区具有以下作用：

(1) 带液心的铸坯从结晶器下口拉出后进入二冷区，继续喷水雾或汽水雾直接冷却，使铸坯快速完全凝固；

（2）对未完全凝固的铸坯起支撑、导向作用，防止铸坯的变形；

（3）在上引锭杆时对引锭杆起支撑、导向作用；

（4）倘若是直结晶器的弧形连铸机，二冷区的第一段还要完成直铸坯弯曲成弧形坯；

（5）对多辊拉矫机而言，二冷区的部分夹辊本身又是驱动辊，起到拉坯作用；

（6）对于椭圆形连铸机，二冷区本身又是分段矫直区。

弧形连铸机的二冷装置也直接影响铸坯的质量、设备的运行和铸机作业率。

2.6.1.2 二冷装置的结构形式

二冷装置的结构有箱式及房式，目前广泛应用房式结构。

房式结构的夹辊全部布置在敞开的牌坊结构的支架上，整个二冷区是由一段或若干段开式机架组成。在二冷区的四周用钢板围成封闭的房室，故称为房式结构。房式结构具有结构简单、观察设备和铸坯方便等一系列优点，但风机容量和占地面积较大。

由于二冷装置底座长期处于高温和很大拉坯力的作用下，因此二冷支导装置通过刚性很强的共同底座安装在基础上，见图2-47；图中5为固定支点，4为活动支点，允许沿圆弧线方向滑动，以免由于抗变形能力差而导致的错弧。

2.6.2 方坯铸机二冷装置

2.6.2.1 小方坯铸机二冷装置

小方坯断面小，在出结晶器下口时已形成足够厚度的坯壳，一般情况下，不会发生变形现象。因此很多小方坯连铸机的二冷装置非常简单，如图2-48所示，通常只在弧形段的上半部沿结晶器弧线长度，装有排列密度不同的喷嘴喷水冷却铸坯，下半段不喷水。在整个弧形段少设或不设夹辊，其支撑导向装置是用来上引锭杆的，所以，有的小方坯连铸机的二冷区只有4对夹辊、5对侧导辊、2块导板和14个喷水环。用垫块调节辊距以适应不同断面的浇铸。

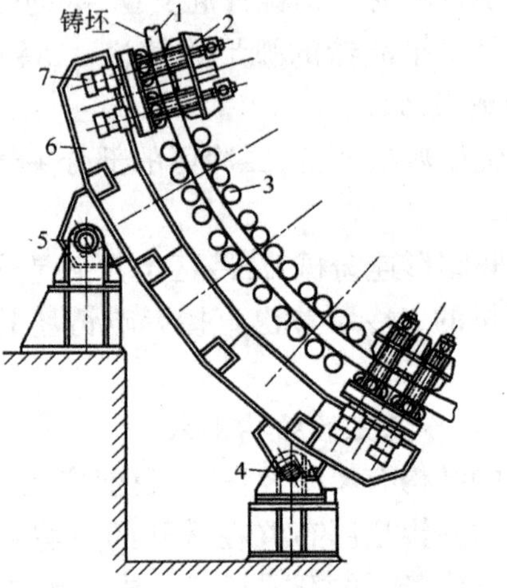

图 2-47　二冷区支导装置的底座

1—铸坯；2—扇形段；3—夹辊；4—活动支点；5—固定支点；6—底座；7—液压缸

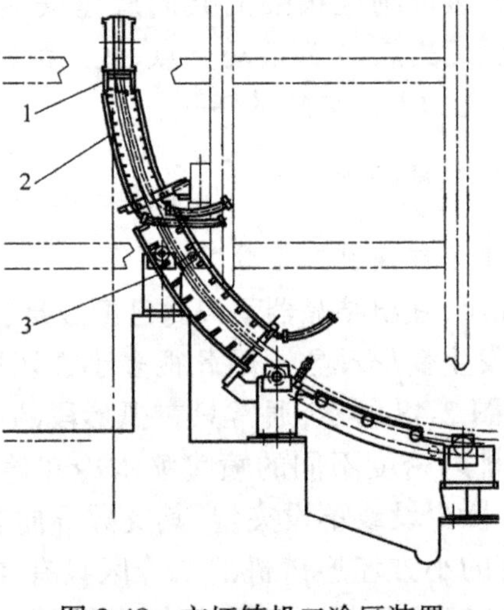

图 2-48　方坯铸机二冷区装置

1—足辊段；2—可移动喷淋段；3—固定喷淋段

康卡斯特小方坯连铸机在结晶器的出口处安装了一个能够移动的托板。在装引锭杆和开浇阶段,托板起支撑作用;当铸坯通过托板后,托板可以后移一段距离,以免漏钢烧坏,也便于处理事故。再如罗可普小方坯连铸机,采用刚性引锭杆,二冷的装置就更为简化。

2.6.2.2 大方坯铸机二冷装置

大方坯铸坯较厚,出结晶器下口后铸坯有可能发生鼓肚变形,其二冷装置分为两部分。

上部四周均采用密排夹辊支撑,喷水冷却;二冷区的下部铸坯凝固壳增厚,坯壳强度足够,此处可像小方坯连铸机下部那样不设夹辊。

2.6.3 板坯铸机二冷装置

2.6.3.1 二冷零段

板坯连铸机由于铸坯断面大,出结晶器下口坯壳较薄,尤其是高速连铸机,冶金长度较长,直到矫直区铸坯中心仍处于液态,容易发生鼓肚变形,严重时有可能造成漏钢,所以结晶器下口一般安有密排足辊。铸坯出结晶器首先进入二冷区支撑导向段。支撑导向段一般与结晶器及其振动装置安装在同一框架上,能够同时整体更换。结晶器以下的辊子组称为二冷零段,见图 2-46,一般是10～12 对密排夹辊,可以用长夹辊,也可以用多节夹辊,见图 2-49。

2.6.3.2 扇形段

从零段以后的各扇形段的结构、段数、夹辊的辊径和辊距,根据铸机的类型,所浇钢种和铸坯断面的不同有很大差别。扇形段见图 2-50,由夹辊及其轴承座、上下框架、辊缝调节装置、夹辊的压下装置、冷却水配管、给油脂配管等部分组成。

扇形段可以有动力装置,起拉坯、弯曲和矫直作用。现在一般由交流变频电机驱动。

扇形段的辊缝调节装置是液压机构。结晶器、二冷零段、各扇形段必须严格对中。

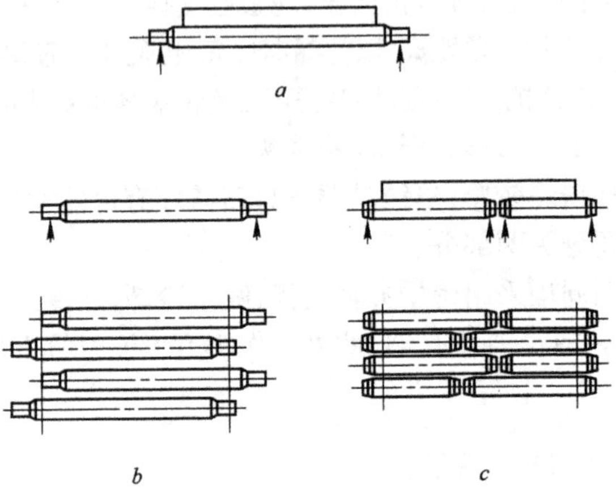

图 2-49　各类夹辊

a—全长夹辊；*b*—短夹辊；*c*—多节夹辊

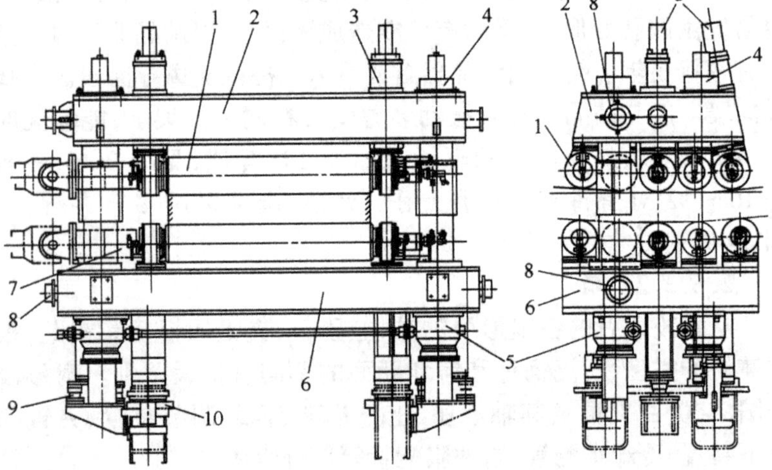

图 2-50　扇形段

1—辊子及轴承支座；2—上辊架；3—压下装置；4—缓冲装置；5—辊间隔调整装置；6—下框架；7—中间法兰；8—拔出用导轮；9—管离合装置；10—扇形段固定装置

2.6.4 二冷喷嘴

在结晶器内钢水的热量只散出了20%，铸坯仅仅形成厚度为8～15 mm 的坯壳，带液心的铸坯在二冷区内边运行边凝固。控制铸坯表面温度沿下行方向均匀降低，使之逐渐完全凝固，保证铸坯的质量。

二冷可用水雾冷却、气－水雾化冷却，也可用干式冷却，主要根据钢种铸坯断面和形状，冷却部位的不同要求，选择喷嘴类型。

2.6.4.1 喷嘴类型

好的喷嘴冷却水可以得到充分雾化，水滴细小又具有一定的喷射速度，能够穿透沿铸坯表面上升的水蒸气而均匀分布于铸坯表面；同时喷嘴结构简单、不易堵塞、耗铜量少。

A 压力喷嘴

压力喷嘴又叫水雾喷嘴，是利用冷却水本身的压力作为能量将水雾化成水滴。

常用的压力喷嘴喷雾形状有圆锥形喷嘴，扁平喷嘴和矩形喷嘴等，如图2-51所示。

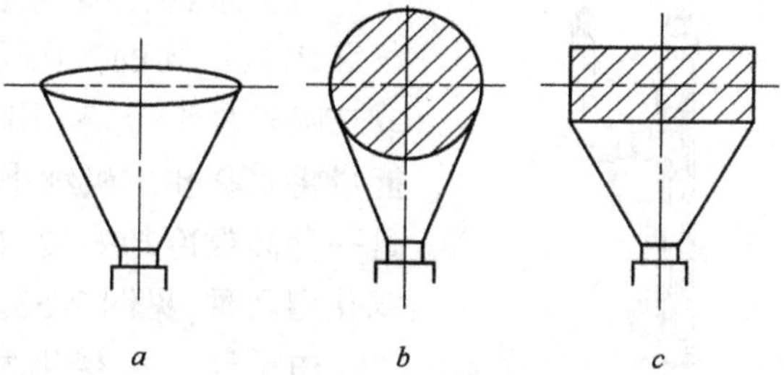

图2-51 几种雾化喷嘴的喷雾形状图

a—扇平形；*b*—圆锥形(实心)；*c*—矩形

从喷嘴喷出的水滴以一定速度射到铸坯表面，靠水滴与铸坯表面之间的热交换，将铸坯热量带走。研究表明：当铸坯表面温度低于300℃时，水滴与铸坯表面润湿，冷却效率高达80%左右；生产中，二冷区铸坯表面的实际温度远高于300℃；虽然提高冷却水压力，增加供水量，但冷却效率与供水量不成正比；同时雾化水滴粒径较大，平均在200～600 μm，因而水的分配不均匀，导致铸坯表面温度回升较高，为150～200℃/m；虽然压力喷嘴存在这些问题，由于它的流量特性和结构简单，运行费用低，仍被使用。为了铸坯冷却的均匀性，还可采用压力广角喷嘴，如图2-52*a*所示。

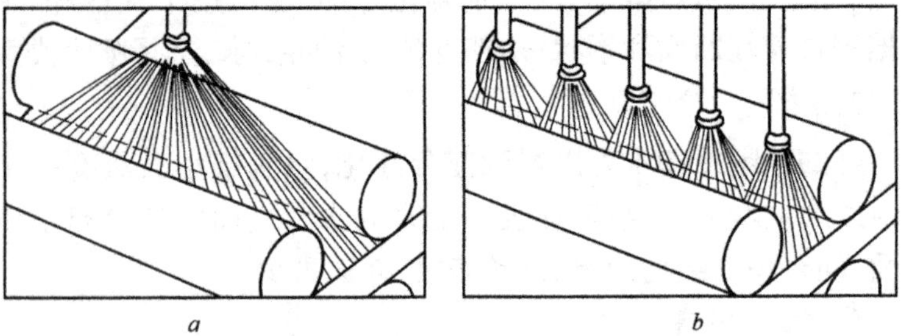

图2-52　压力广角喷嘴

a—二冷区单喷嘴系统；*b*—二冷区多喷嘴系统

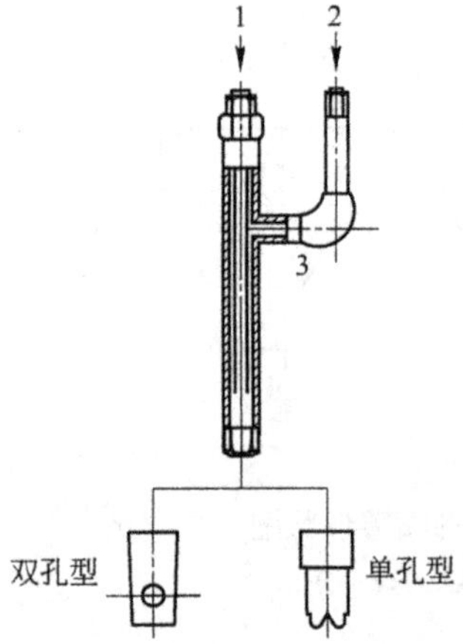

图2-53　气－水雾化喷嘴结构示意图

1—水；2—压缩空气；3—混合管

B　气－水雾化喷嘴

气－水雾化喷嘴是用高压空气和水从不同的方向进入喷嘴内或在喷嘴外汇合，利用高压空气的能量将水雾化成极细小的水滴，这是一种高效冷却喷嘴，有单孔型和双孔型两种，见图2-53。

由于气－水雾化喷嘴喷孔口径较大，不易堵塞，可以通过调节水压、气压和气水比在较大范围内调节水流量。气化水滴粒径小于50 μm，水雾覆盖面积大，因而冷却效率高，冷却均匀，铸坯表面温度回升较小，为50～80℃/m，比压力喷嘴节水近一半。当前在板坯、大方坯连铸机上都在应用气-水雾化喷嘴。

气-水雾化喷嘴正常工作时应遵循先开水、后开气，停止供水时应先停气、后停水的顺序。

2.6.4.2 喷嘴的布置

二冷区的铸坯坯壳厚度是随时间的平方根而增加，冷却强度则随坯壳厚度的增加而降低。

当拉坯速度一定时，各冷却段的给水量应与各段距钢水面平均距离成反比，也就是离结晶器液面越远，给水量越少。生产中还应根据机型、浇铸断面、钢种、拉速、凝固末端强制冷却等因素加以调整。

喷嘴的布置应以铸坯得到均匀冷却为原则，喷嘴的数量沿铸坯长度方向由多到少。

喷嘴的布置如下：

(1) 小方坯连铸机普遍用压力喷嘴，其足辊部位多用扁平喷嘴。喷淋段用实心圆锥形喷嘴；二冷区后段可空冷，其喷嘴布置见图2-54。

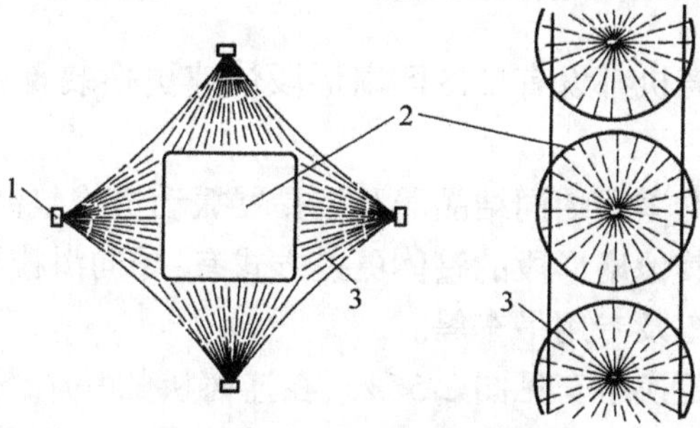

图2-54 小方坯喷嘴布置图

1—喷嘴；2—方坯；3—充满圆锥的喷雾形式

(2) 大方坯连铸机可用单孔气-水雾化喷嘴冷却，但必须用多喷嘴喷淋。

(3) 大板坯连铸机多用双孔气-水雾化喷嘴，喷嘴布置见图2-55。

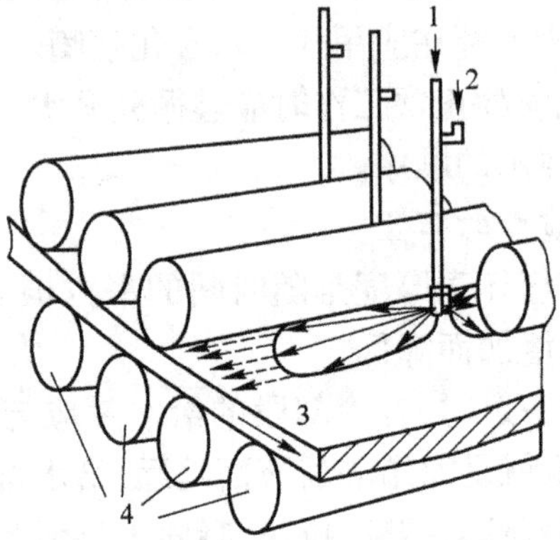

图 2-55　双孔气－水雾化喷嘴单喷嘴布置

1—水；2—空气；3—板坯；4—夹辊

对于某些裂纹敏感的合金钢种或者热送、直接轧制铸坯，还可采用干式冷却，即二冷区不喷水，仅靠支撑辊及空气冷却铸坯。夹辊为空心辊，内通水冷却，采用小辊径密排列以防铸坯鼓肚变形。

2.6.5　二冷区扇形段更换装置

大型连铸机都设有二冷区扇形段快速更换装置，以利于检修和处理事故。

二冷区的零段随同结晶器及结晶器振动机构整体更换。

二冷区其他扇形段的整体更换方式有：导向滑槽更换装置、扇形段更换小车及专用吊车等。

扇形段更换小车见图 2-56*a*。在连铸机的一个侧面设置弧形轨道和小车，小车沿轨道上下滑动，小车上装有液压装置以便拉出要更换的扇形段，然后将小车开至平台上，用吊车将旧扇形段吊走，再将新扇形段吊入小车，仍用小车移至相应位置将扇形段压入。大型板坯连铸机采用专用吊车吊运扇形段或导向滑槽更换扇形段，见图 2-56*b*。

为保证铸机作业率，在确保铸坯质量的基础上，二冷设备应具备工作的可靠性,尽量减少维修时间。目前有的厂家二冷区每次维修浇钢量:上部 100 万 t,下部可达 300 万~400 万 t。

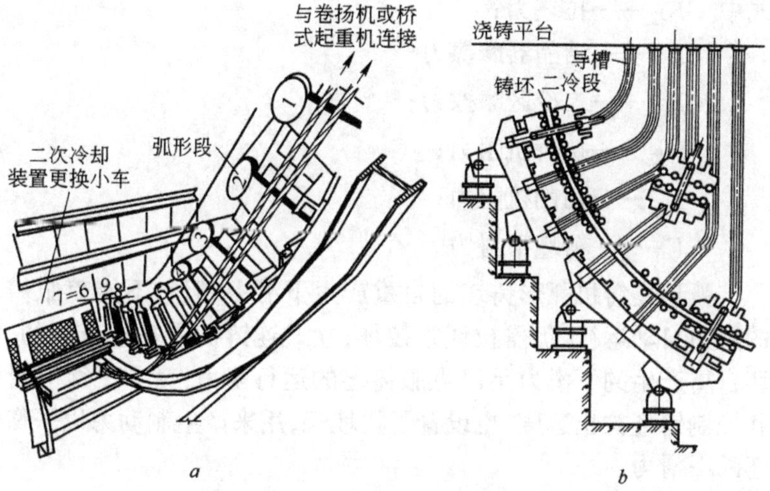

图 2-56 扇形段更换装置
a—更换小车;*b*—导向滑槽更换装置

2.7 拉坯矫直装置

所有的连铸机都装有拉坯机,因为铸坯的运行需要动力的拉动。拉坯机实际上是具有驱动力的辊子,也叫拉坯辊。弧形连铸机的铸坯需矫直后水平拉出,因而早期连铸机的拉坯辊与矫直辊装在一起,称为拉坯矫直机或拉矫机。

现代化板坯连铸机采用多辊拉矫机,辊列布置"扇形段化",驱动辊已伸向弧形区和水平段,实际上拉坯传动已分散到多组辊上,所以拉矫机已不是原来的含义了,由一对拉辊变成了驱动辊列系统。

2.7.1 对拉坯矫直装置的要求

对拉坯矫直装置有以下要求:

(1) 应具有足够的拉坯力,以在浇铸过程中能够克服结晶器、二冷区、矫直辊、切割小车等一系列阻力，将铸坯顺利拉出。

$$F_{拉} \geqslant F_{结} + F_{二} + F'_{拉} + F_{切} - F_{下} \tag{2-40}$$

式中 $F_{拉}$——拉坯力；

$F_{结}$——结晶器摩擦力；

$F_{二}$——二冷区摩擦力；

$F'_{拉}$——拉矫机阻力；

$F_{切}$——切割机阻力；

$F_{下}$——铸坯下滑力。

弧形连铸机弧形铸坯的自重产生下滑力，但它不能克服铸坯的阻力自动运行，仍需拉坯辊拉坯；立式连铸机是垂直布置的，铸坯自重产生的下滑力足以克服铸坯的运行阻力；为了平衡下滑力和控制铸坯拉出速度，也设置了拉坯辊，用来产生制动力以平衡铸坯的下滑力。

(2) 能够在较大范围内调节拉速，适应改变断面和钢种的工艺要求和快速送引锭杆的要求。拉坯系统应与结晶器振动、液面自动控制、二冷区配水实现计算机闭环控制。

(3) 采用交流变频调速电机，能够适应拉矫机调节拉速、正反方向转动的要求，造价低、维护方便、能耗小，用在连铸机上取得了好的效果。

(4) 具有足够矫直力，以适应可浇铸的最大断面和最低温度铸坯的矫直，并确保在矫直过程中铸坯质量。

(5) 在结构上除了适应铸坯断面变化和输送引锭杆的要求外，还要考虑使未矫直的冷铸坯通过。

(6) 能够达到多流连铸机布置的特殊要求，结构简单，安装调整方便。

小方坯和小矩形坯的厚度较薄，凝固较快，液相深度也较短，当铸坯进入矫直区已完全凝固。而大方坯、大板坯较厚，等铸坯完全凝固后再矫直，就会增加连铸机的高度和长度，因而采用带液心多点矫直。

2.7.2 矫直方式

2.7.2.1 一点矫直

对弧形连铸机，从二冷段出来的铸坯是弯曲的，必须矫直；若铸坯通过一次矫直，称一点矫直；经过两次以上的矫直，称多点矫直。

小断面铸坯是在完全凝固后一点矫直。图 2-57 是五辊拉矫机，用于多流小方坯连铸机上。它由 1 台拉坯机、1 台矫直机和 1 个独立的中下辊组成。它的特点是拉矫机布置在水平段上，拉坯辊的下辊辊面与连铸机圆弧相切，通过上辊来调节上、下辊间的距离，以适应铸坯断面的变化。因而上、下拉辊辊径大小一样，便于拉矫机的全部辊子通用。传动系统放在拉矫机上方，拉矫机布置紧凑，可缩小多流连铸机流间距离；此外，拉矫机是整体快速更换机构，缩短了检修时间，提高了连铸机生产率。

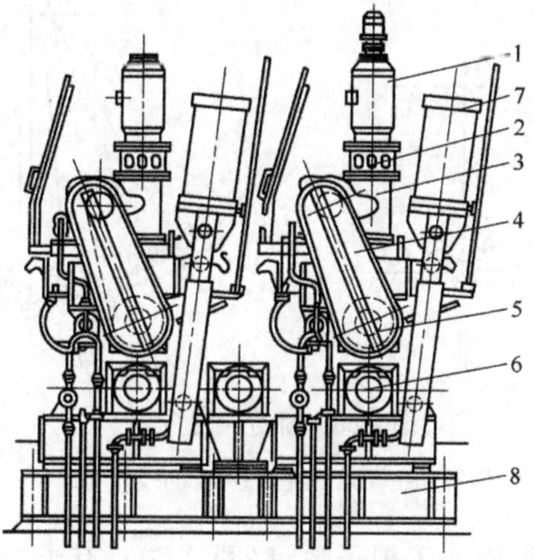

图 2-57 五辊拉矫机

1—电机；2—制动器；3—齿轮箱；4—传动链；5—上辊；6—下辊；7—压下气缸；8—底座

在多炉连浇时，拉矫机长时间处于高温状态下工作，各部件需要冷却，其冷却系统共有4路，分别冷却机架的立柱和横梁、上辊轴承、下辊的轴套和减速机油箱。

拉矫机上辊的摆动是由气缸完成，常用气压为0.4～0.6 MPa；用压缩空气系统造价低、易维护，免去了漏油带来的麻烦和危险。

2.7.2.2 多点矫直

大断面铸坯采用多点矫直，如图2-58*b*所示(其中只画出矫直辊、支撑辊未画)。内弧2个辊，外弧1个辊，每3个辊完成1点矫直，以此类推；一般3至5个矫直点，多的可达19个矫直点。多点矫直可以把集中于1点的应变量分散到多个点完成，从而消除铸坯产生内裂的可能性，有利于实现铸坯带液心矫直。

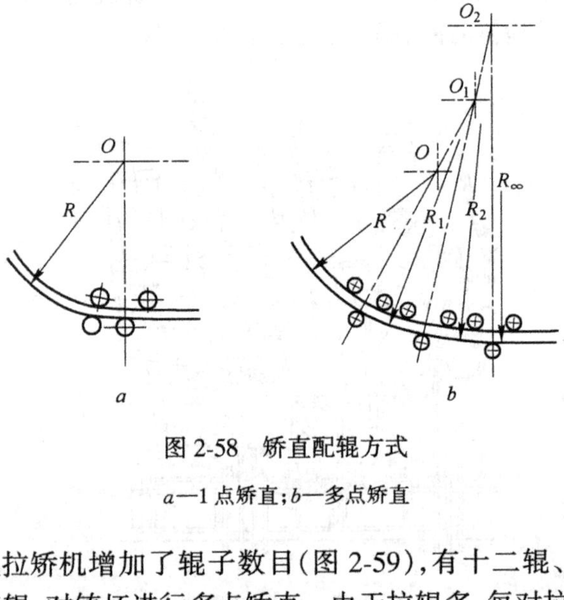

图2-58 矫直配辊方式

a—1点矫直；*b*—多点矫直

多辊拉矫机增加了辊子数目(图2-59)，有十二辊、三十二辊甚至更多辊，对铸坯进行多点矫直。由于拉辊多，每对拉辊上的压应力小，因而拉矫辊的辊径也可减小，这有利于实现小辊距密辊排列，即使铸坯带液心进行矫直，也不致产生内裂，从而能够提高拉坯速度和铸机的生产率。

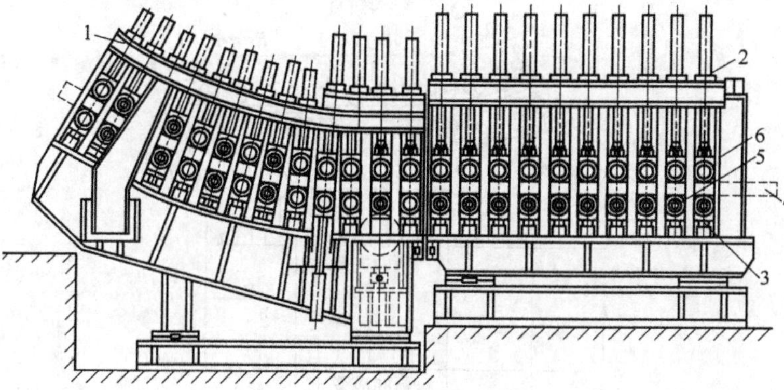

图 2-59　多辊拉矫机

1—牌坊式机架；2—压下装置；3—拉矫辊及升降装置；
4—铸坯；5—驱动辊；6—从动辊

2.7.3　连续矫直

多点矫直虽然能使铸坯的矫直应力分散到多个点上，降低了铸坯每个矫直点的变形量，但是铸坯的每次矫直变形都是在矫直辊瞬间、断续完成的，每个矫直点应变率仍然较高，对某些钢种还是有影响的。

连续矫直技术是在多点矫直基础上发展起来的。基本原理是铸坯在矫直区内应变连续进行，应变率是一个常量，这对改善铸坯质量非常有利。连续矫直辊的配置及铸坯应变见图 2-60。图中 A、B、C、D 是 4 个固定矫直辊，其余辊由一组液压缸支撑，铸坯从 B 点到 C 点之间承受恒定的弯曲力矩，在近 2 m 的矫直区内铸坯两相区界面的应变值是均匀的，不致产生内裂纹。这种受力状态对进一步改善铸坯质量极为有利，非常适用于铸坯带液心矫直。

2.7.4　压缩浇铸

压缩浇铸又叫压缩矫直，其基本原理是：在矫直点前设一组驱动 辊，给铸坯一定推力；在矫直点后面布置一组制动辊，给铸坯一

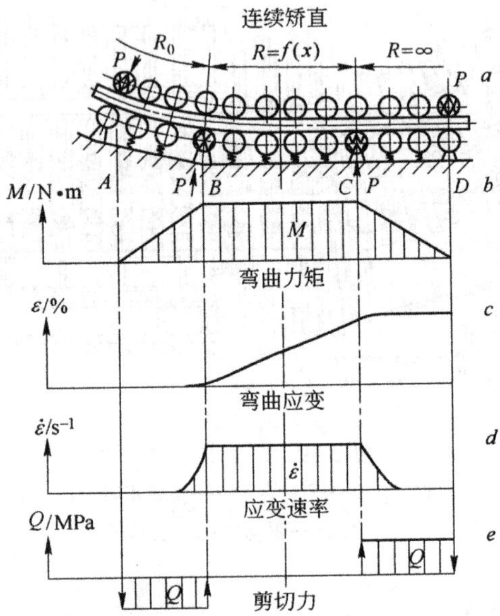

图 2-60　连续矫直

a—辊列布置；*b*—矫直力矩；*c*—矫直应变；

d—应变速率；*e*—剪应力分布

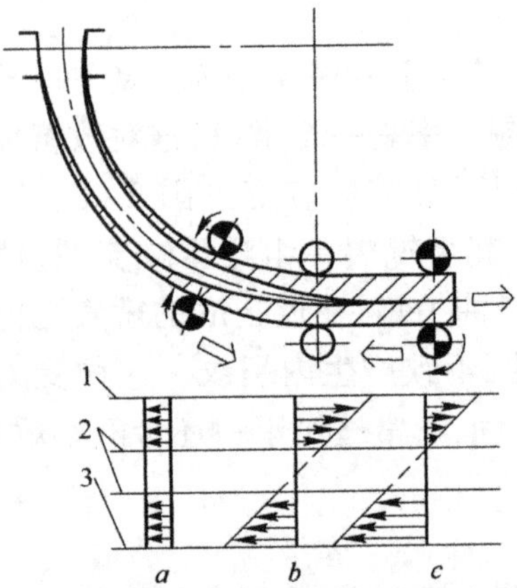

图 2-61　压缩浇铸及坯壳应力图

1—内弧表面；2—两相界面；3—外弧表面

定的反推力，见图 2-61；铸坯在受压状态下矫直。图 2-61 中 *a* 是驱动辊列与制动辊在铸坯中产生的压应力，*b* 是矫直应力，*c* 是合成应力。从图 2-61 可以看出铸坯内弧的拉应力减小。

通过控制可使铸坯内弧侧的拉应力减小甚至为零。从而能够实现带液心铸坯的矫直，达到铸机的高拉速、提高铸机生产能力的目的。压缩浇铸无论在多辊拉矫机还是五辊拉矫机上都可应用。

2.7.5 轻压下技术

铸坯在凝固末期，即由二冷区进入矫直区之前，坯壳的鼓肚或收缩都会引起富集P、S的未凝固钢水的流动，由此会加剧铸坯中心偏析，严重影响铸坯的内部质量。

为了减小铸坯中心偏析和疏松实施在线轻压下技术，就是在液相穴的末端即将完全凝固之处，对铸坯进行轻微的压下；其压下量为铸坯既不产生内部裂纹又会抑制由于凝固收缩而引起的钢水流动，这样可以大大减轻铸坯的中心偏析。

轻压下有机械应力轻压下和热应力轻压下。机械应力轻压下通过减小二冷辊的间距来完成，或使用夹板轻压下，如图2-62*a*、*b*所示。热应力轻压下是在凝固末端加大喷水量，增加铸坯冷却体积收缩，达到轻压下效果，见图2-62*c*，轻压下量约6～7 mm。轻压下可以减小中心偏析（见图2-63）、中心疏松、中心裂纹。各种轻压下的特点和应用见表2-6。

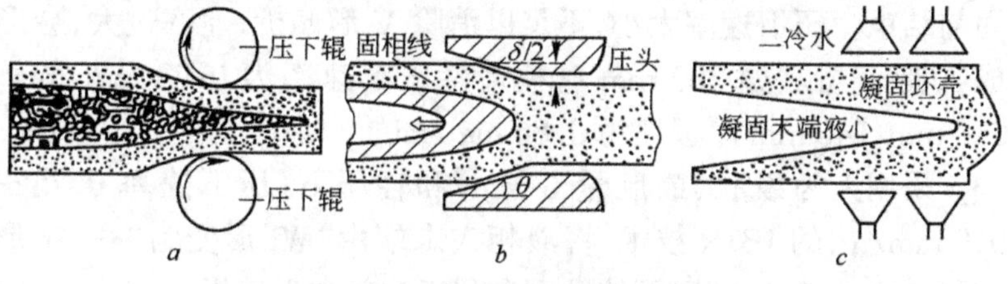

图2-62　轻压下技术分类示意图

a—辊式轻压下；*b*—夹板轻压下；*c*—凝固末端强制冷却

表2-6　轻压下方式分类

名称	方式	应用	特点
机械应力轻压下	辊式轻压下	板、方坯及圆坯	消除中心缺陷效果良好，投资省
	夹板轻压下	大方坯	消除中心缺陷效果好，设备庞大，投资和维护成本高

续表 2-6

名称	方式	应用	特点
热应力轻压下	凝固末端强制冷却技术	小方坯	消除中心缺陷效果良好，投资少，占地面积小，易出现裂纹，应用范围窄，反应不及时

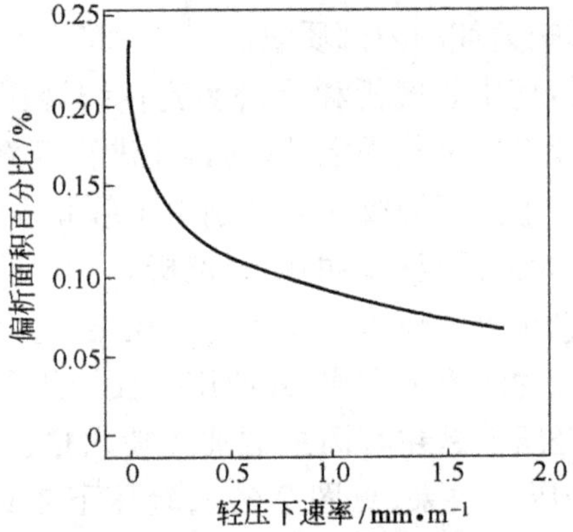

图 2-63　轻压下对中心偏析的影响

轻压下在钢水液相穴终点前约 2 m 处开始，在液相穴完全凝固前结束。压下速率太小，不足以消除 V 形偏析；速率过大，会形成 A 形偏析。如 300 mm 厚板坯轻压下速率为 0.78 mm/min；210 mm、240 mm 厚板坯为 0.86 mm/min。

采用人为鼓肚（鼓肚量 6 mm）和轻压下（压下速率 0.75～0.9 mm/m）的 IBSR 技术，将液相穴末端由“W”形变为“一”字形（图2-64），较普通轻压下技术更有利于改善中心偏析。

2.7.6　弯曲、矫直对铸坯质量的影响

铸坯矫直时其内弧面受到拉伸，外弧面受到压缩；而带直线段弧形铸机的铸坯顶弯时则与矫直相反，内弧面受压缩，外弧面受到拉伸。固相矫直时变形量 A 可以用下式计算，A 不大于 1.5%。

内弧面：

$$A = 50 \times \frac{D}{R-D} \times 100\% \tag{2-41}$$

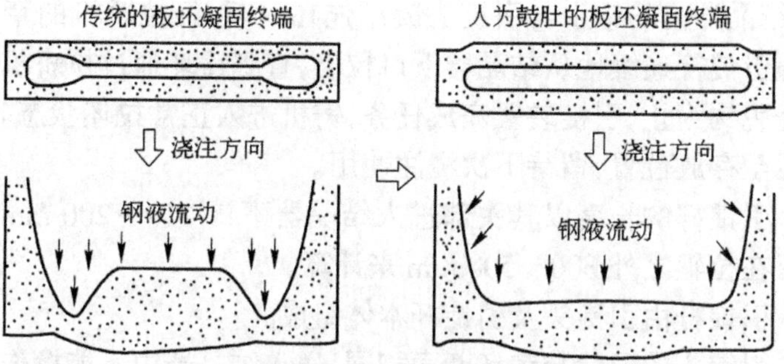

图 2-64　板坯凝固末端形状

外弧面：

$$A = 50 \times \frac{D}{R} \times 100\% \tag{2-42}$$

为了防止弯曲、矫直产生裂纹，凝固前沿的变形量 I 应控制小于 0.5%，计算见下式。

铸坯矫直时：

$$I = 50 \times \frac{D - 2\delta}{R - \delta} \times 100\% \tag{2-43}$$

铸坯弯曲时：

$$I = 50 \times \frac{D - 2\delta}{R - \frac{D}{2}} \times 100\% \tag{2-44}$$

式 2-41～式 2-44 中：

I——矫直时内弧面凝固前沿变形量，或弯曲时外弧面凝固前沿变形量；

D——铸坯厚度；

δ——坯壳厚度；

R——弧形半径。

2.8　引锭装置

2.8.1　引锭装置的作用及组成

引锭杆是结晶器的"活底"，开浇前用它堵住结晶器下口，开浇后，结晶器内的钢水与引锭头凝结连在一起，经拉矫机的牵引，铸坯随引锭杆连续地从结晶器下口拉出，直到铸坯通过拉矫机，与引锭杆脱钩为止，引锭装置完成任务，铸机进入正常拉坯状态。引锭杆运至存放位置，留待下次浇注使用。

引锭杆的长度以其头部进入结晶器下口 150～200 mm，尾部尚留在拉辊之外 300～500 mm 来计算。

引锭杆由引锭头及引锭杆本体组成。

引锭头的形状与铸坯断面相同，送入结晶器内不能擦伤内壁，所以引锭头端面尺寸要稍小于结晶器下口每边约 2～5 mm。

引锭杆有挠性和刚性两种结构。挠性引锭杆一般制成链式结构。链式引锭杆又有长节距和短节距之分。

长节距引锭杆由若干节弧形链板铰接而成，如图 2-65 所示。引锭头和弧形链板的外弧半径等于连铸机的曲率半径。节距长度大于辊距长度，一般为 800～1200 mm。引锭头做成钩状，在五辊拉矫机上能自动脱钩与铸坯分离。

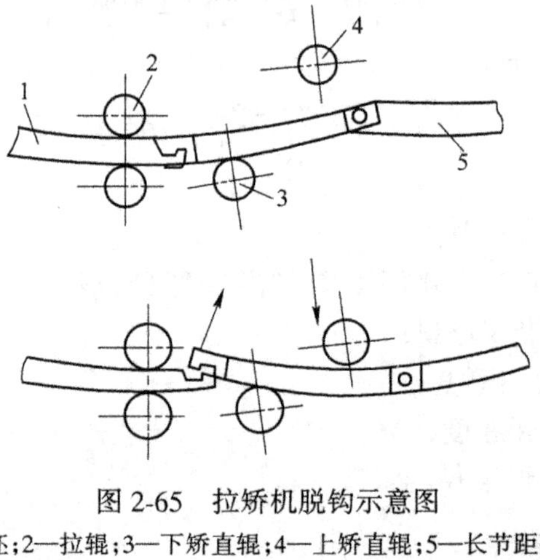

图 2-65　拉矫机脱钩示意图

1—铸坯；2—拉辊；3—下矫直辊；4—上矫直辊；5—长节距引锭杆

短节距链式引锭杆的节距长度小于辊距长度，约 200 mm，如图 2-66 所示，适用于多辊拉矫机。短节距链式引锭杆节距短，加工方便，使用不易变形。

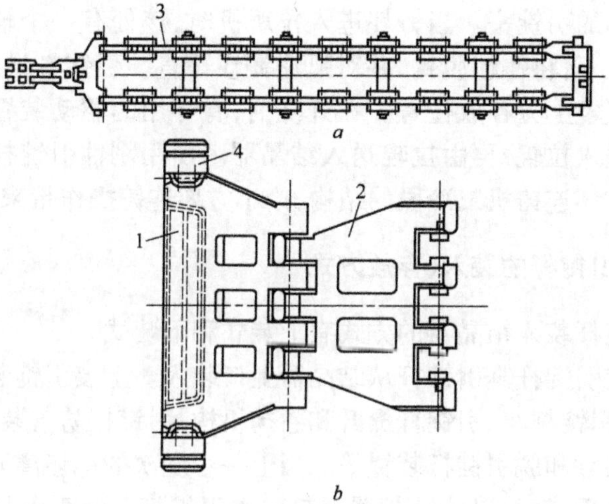

图 2-66 短节距链式引锭杆

a—引锭链；*b*—钩式引锭头

1—引锭头；2—接头链环；3—短节距链环；4—调宽块

刚性引锭杆实际上是一根带钩头的实心弧形钢棒，适用于小方坯连铸机。图 2-67 是罗可普小方坯连铸机使用的刚性引锭杆，

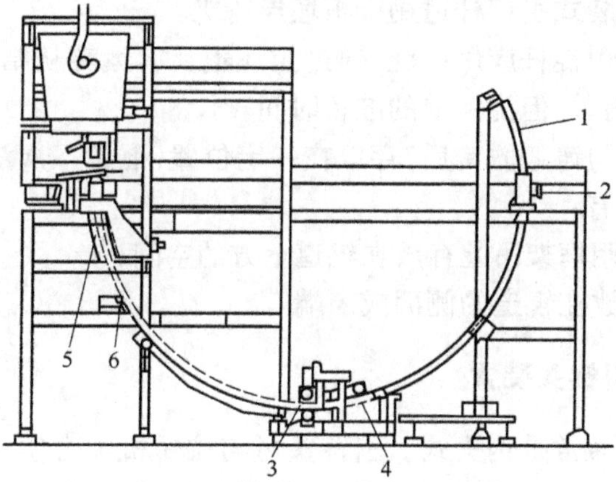

图 2-67 刚性引锭杆示意图

1—引锭杆；2—驱动装置；3—拉辊；4—矫直辊；

5—二冷区；6—托坯辊

有可拆卸的引锭头。当铸坯进入拉矫机时,该处有一个辅助上辊会自动压下,将铸坯脱钩,并对弧形铸坯矫直。引锭杆继续上移,到达出坯辊上方存放位置。在开浇前,有专用的驱动装置通过轨道将其送入拉辊,再由拉辊送入结晶器。使用刚性引锭杆可大大简化小方坯连铸机二冷段的结构,给小方坯连铸操作带来方便。

2.8.2 引锭杆的装入、存放方式

引锭杆装入结晶器的方式有上装式和下装式。

上装引锭杆是引锭杆从结晶器上口装入。上装引锭装置包括引锭杆、引锭杆车、引锭杆提升和卷扬机构、引锭杆防落装置、引锭杆导向装置和脱引锭杆装置等。当上一个浇次的尾坯离开结晶器一定距离后,就可以从结晶器上口送入引锭杆。装引锭杆与拉尾坯可以同时进行,大大缩短了生产准备时间,提高了连铸机作业率,并且上装式引锭杆送入时不易跑偏。上装引锭杆装置如图2-68所示。

引锭杆车布置在浇铸平台上,用来运送引锭杆到结晶器上口。引锭杆与铸坯脱钩后通过卷扬机构提升到浇铸平台,存入引锭杆车待用。上装式引锭杆适用于板坯连铸机。

下装式引锭杆应用广泛,通过拉坯辊反向运转从结晶器下口送入,设备简单,但浇钢前的准备时间较长。

引锭杆与铸坯脱钩后,存放在一定位置,准备下次浇铸使用,其存放方式有:

(1) 利用框架吊起存放在辊道上方的空间;

(2) 存放在辊道的侧面或末端。

2.8.3 脱引锭头装置

引锭头通常是钩头式。引锭头可与拉矫机配合实现脱钩,见图2-65。当引锭头通过拉辊后,用上矫直辊压一下第一节引锭杆的尾部,便可使引锭头与铸坯脱开。

很多连铸机在拉矫机的矫直辊前面,铸坯的下方安装一根液

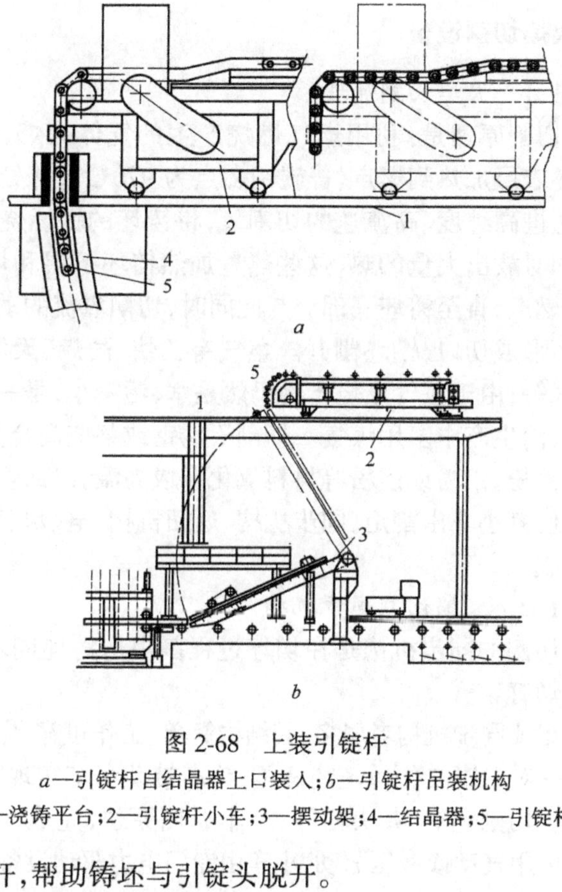

图 2-68　上装引锭杆

a—引锭杆自结晶器上口装入；*b*—引锭杆吊装机构

1—浇铸平台；2—引锭杆小车；3—摆动架；4—结晶器；5—引锭杆

压驱动顶杆，帮助铸坯与引锭头脱开。

有的小方坯连铸机在引锭杆头部拧上一个螺栓，然后在螺栓上放小块废钢及钉屑，或者将螺栓、小块废钢、钉屑等做成箱形引锭头；拉出铸坯后与坯头一起切断，将坯头连同螺栓一起丢弃，结构简单、使用方便、成本低廉。丢弃的坯头集中后可以作为废钢回收。

2.9　铸坯切割装置

根据轧钢机的要求将连铸坯切割成定尺或倍尺长度。铸坯是在连续运行中完成切割的，因此切割装置必须与铸坯同步运行。

目前连铸机多用火焰切割装置，有的也曾用过机械剪切。

2.9.1 火焰切割设备

2.9.1.1 火焰切割原理

火焰切割原理是：利用燃气燃烧产生的气体火焰，也称预热焰，将铸坯表层加热到燃点（普碳钢燃点为970℃），并处于活化状态，然后送进高纯度、高流速的切割氧，将铸坯的铁燃烧生成氧化铁熔渣，同时放出大量的热，这些热量加热铸坯下层和切口前沿，使之达到燃点，直至铸坯底部。与此同时，切割氧流的动量把熔渣吹掉，从而形成切口，钢坯割开。燃气有乙炔、丙烷、天然气、焦炉煤气、氢气等，由于氢气燃烧产物仍然是水，污染小，是一种有前途的燃气，目前生产中多用煤气。切割不锈钢或某些高合金的铸坯，还需喷入铁粉、铝粉或镁粉等材料氧化形成高温，以助切割。

火焰切割小车由割炬，同步机构，返回机构，电、水、燃气、氧气等管线组成。

2.9.1.2 火焰切割同步机构

火焰切割的同步机构是在切坯过程割炬与铸坯同步运行，以保持铸坯切缝整齐。

用夹钳式同步机构者居多，其结构简单、工作可靠，它是由切割小车上的一对夹钳夹住铸坯的两侧，铸坯带动小车实现同步运行，见图2-69。切割完毕，夹头松开，小车返回原位，完成一个切割周期。夹钳可用气动或液压驱动，小车由专门电力驱动设备返回。

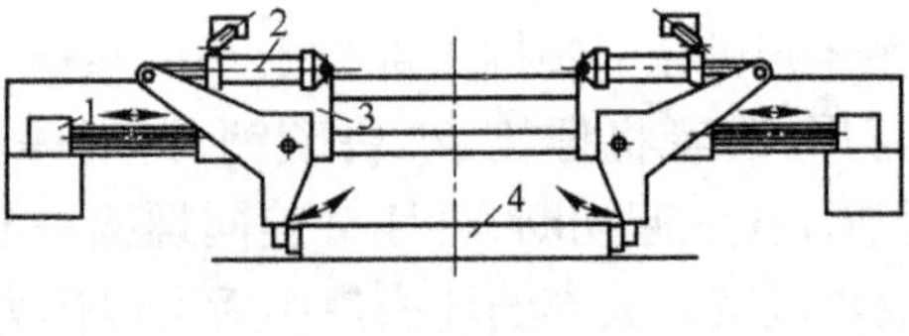

图2-69 夹钳式同步机构

1—螺杆传动装置；2—气缸；3—夹钳架；4—铸坯

2.9.1.3 割炬

割炬又称切割枪，是火焰切割的重要部件。切割枪是由枪体和切割嘴组成，而切割嘴是它的核心部件。按燃气和低压氧混合的位置，割嘴分为内混式和外混式。

图 2-70*b* 为外混式切割嘴。它形成的火焰焰心为白色长线状，切割嘴可距铸坯 50～100 mm 内切割；外混式切割枪具有铸坯热清理效率高、切缝小、切割枪寿命长等优点。

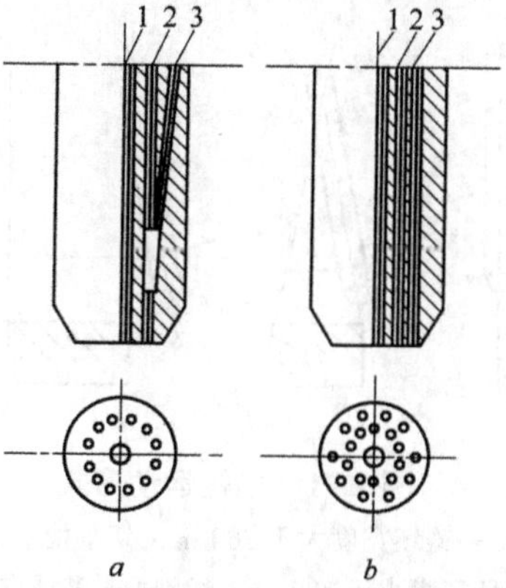

图 2-70　切割嘴的形式

a—内混式；*b*—外混式

1—切割氧；2—预热氧；3—燃料气体

切割枪是用铜合金制造，并通水冷却。

铸坯宽度小于 600 mm 时，用单枪切割；宽度大于 600 mm 的铸坯，用双枪切割，但要求两支切割枪在同一条直线上移动，以防切缝错位。切割时割枪应能横向运动和升降。当铸坯宽度大于 300 mm 时，切割枪可以平移，见图 2-71*a*；坯宽小于 300 mm 时，割枪可做平移或扇形运动，见图 2-71*b*。割枪扇形运动的一个优点是先从铸坯角部开始切割，角部得到预热有利于缩短切割时间，同时在板坯切割时先做约 5°的扇形运动，割枪转到垂直位置后，再做快速平移运动，如图 2-71*c* 所示。

2.9.1.4　火焰切割的优点

火焰切割装置的优点是：设备轻，加工制造容易；切缝质量好，且不受铸坯温度和断面大小的限制；设备的外形尺寸较小，对多流连铸机尤为适合。目前，所有的铸坯几乎都采用火焰切割。缺点是：(1)金属损失量大，约为铸坯重的 1%～1.5%；(2)切割速度较慢；(3)切割产生氧化铁、废气和热量，需设置必要的运渣设备和除尘设施；(4)当切割短定尺时需要增加二次切割；(5)消耗大量的氧气和燃气。

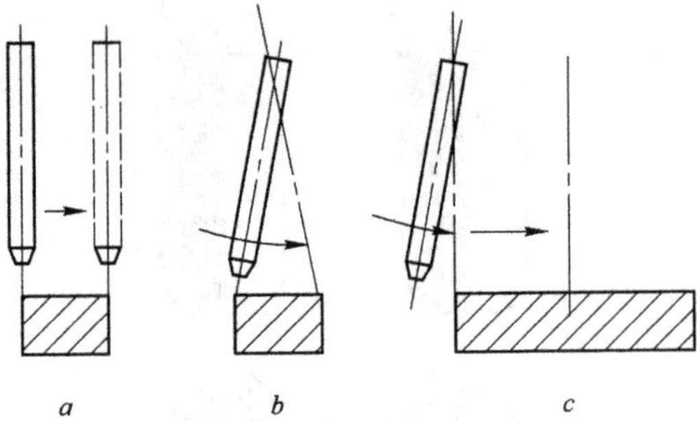

图 2-71 割枪运动形式

a—铸坯宽度大于 300 mm，切割枪平移；

b—铸坯宽度小于 300 mm，切割枪平移或扇形运动；

c—切割枪扇形运动时的运动状态

2.9.2 火焰切割对铸坯质量的影响

铸坯的火焰切割端面附近极薄的一层成分有变化，由于选择性氧化，发生 C、Ni、Mo 和 Cu 等元素含量增加，而 Mn、Cr、Si 等含量降低。一般来说，与氧亲和力大的元素降低，而与氧亲和力小的元素增加。由于切口附近热影响区内显微组织改变引起钢中元素对切口质量的影响，具体影响如下：

(1) $w_{[C]}<0.45\%$，无影响；$w_{[C]}>0.50\%$，为防止出现切割面硬化和裂纹需要预热；$w_{[Mn]}<14\%$，无明显影响。

(2) 一般钢种硅含量对切割无影响，但硅含量增多，会形成高熔点的 SiO_2 熔渣，恶化气割性，影响切口质量。

(3) 一般钢种磷含量低，无影响。

(4) 一般钢种硫含量低，无影响。硫含量较高会降低切割速度，产生亚硫酸烟尘污染。

切割中常见缺陷及预防措施见表 2-7。

表 2-7 切割缺陷的产生原因和消除方法

缺陷		产生原因	预防及消除方法
切口不直		风线不正	检查割炬是否垂直于铸坯并固紧，切割氧道是否通畅
		抱夹抱不住	检查抱夹
		两枪错位	调整两割嘴位置
切口断面形状不良	切口过宽	氧压过高	按工艺参数规定调整氧压
		切割速度过慢	调整切割速度
		切割氧流过粗	用通针清除孔内脏物或更换喷嘴
		割嘴号码大	换成小号割嘴
	上缘棱角被熔化	预热火焰功率过大	把火焰调小
		切割氧压过高	按工艺参数调整
		切割速度过慢	适当加快切割速度
		切嘴高度过高或过低	调整割嘴高度至合适值
	切口中部凹陷大	切割氧压过高	调氧压至合适值
		切割速度过快	放慢切割速度
切割面不良	切纹深度大	氧压过高	适当降低氧压
		切割速度过快	降低切割速度
		预热火焰过大或过小	调整预热火焰功率
		切割机精度差	及时检查调整切割机是否稳定
	切割面倾斜	割炬与坯面不垂直	检查调整割炬使其与坯面垂直
		风线歪	用通针修正切割氧孔或更换割嘴
		切割氧压低	调整切割氧压
	切割面出现缺口	回火或灭火后重新起割不当，衔接不好	注意操作，减少回火或灭火。重新起割时，切割氧流要稍偏向停割处，做好衔接
		切割机出现振动	清除振动因素
熔渣粘结	切口下缘粘渣不易清除	氧压过低或过高	调节氧压至合适值
		切割速度过快或过慢	调整切割速度
		预热火焰过强	减小火焰功率，采用中性焰

2.10 辊道及后步工序其他设备

连铸机的后步工序是指铸坯热切后的热送、冷却、精整、出坯等工序。后步工序的设备与铸坯切割后的工艺流程、车间布置、所浇钢种、铸坯断面及对其质量要求等有关。

例如小断面连铸机，生产批量少，铸坯切断后，由输出辊道直接送往冷床，或由集料装置吊运精整工段堆冷，并进行人工精整。在这种情况下，后步工序设备有输送辊道、铸坯横移设备、冷床或集料装置等。若铸坯需要切成短定尺时，还应设二次切割设备。

对于现代化大型板坯生产来说，后道工序设备比小连铸机要复杂些。除了输送辊道、铸坯横移设备和各种专用吊具外，还应有板坯冷却、自动清理装置、翻板机、垛板机、打号机、去毛刺机、自动称量装置等设备。

2.10.1 辊道

在连铸生产中，辊道是输送铸坯、连接各工序的主要设备。

2.10.1.1 切割辊道

火焰切割辊道起着支承高温铸坯的作用，为了切坯不致烧坏辊道，最简单的办法是加大辊道的辊距，也可设置升降辊道或移动辊道，如图 2-72 和图 2-73 所示。升降辊道每个辊子都具有独立的升降装置。当割枪距升降辊 100 mm 时，通过行程开关升降辊自动下移，下移的距离相当铸坯厚度的两倍，并喷水冷却，以免粘渣；割枪通过后，升降辊自动上升返回原位，见图 2-72。切割辊道的线速度一般为 13～25m/min。移动辊道的原理与升降辊道基本相似，只是将辊道的升降改为平移。

2.10.1.2 输出辊道

输出辊道是用于迅速输送切割后的铸坯，辊子结构见图 2-74。输出辊道一般分为数段，每段由一套传动机构驱动。用链条传动居多。

如果是通过辊道热送铸坯，在输送辊道上和铸坯侧面加保温罩和加热装置，见图 2-75 和图 2-76。

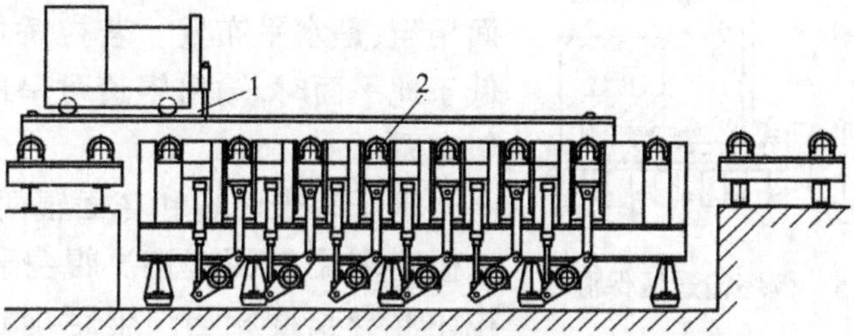

图 2-72　升降辊道

1—切割小车；2—升降辊道

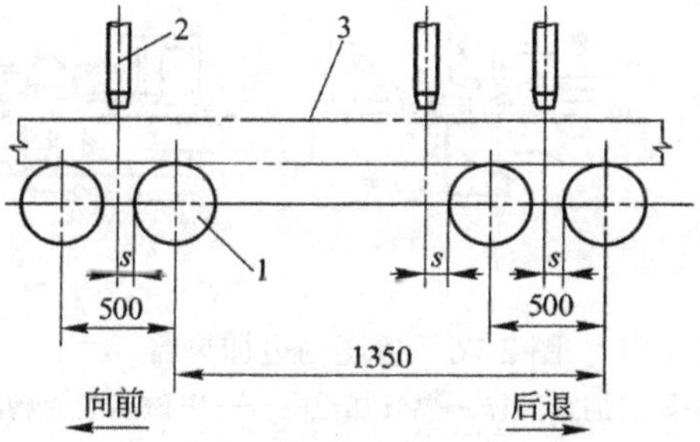

图 2-73　移动辊道

1—移动辊；2—割枪；3—铸坯

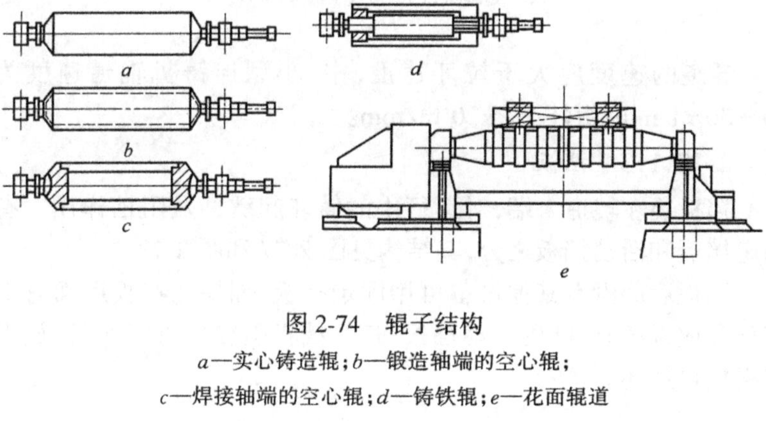

图 2-74　辊子结构

a—实心铸造辊；*b*—锻造轴端的空心辊；

c—焊接轴端的空心辊；*d*—铸铁辊；*e*—花面辊道

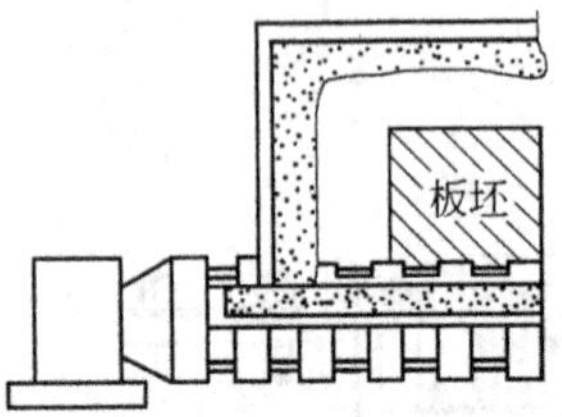

图 2-75　板坯输送区保温罩

输出辊道的辊面应与拉矫机辊面相当，是水平布置。若拉矫机出口低于地平面时，输出辊道可呈向上倾斜布置。

辊子有光面辊和花面辊两种，输送板坯多用花面辊道。辊身长度与拉坯辊身长度相当。辊距确定的原则是，切后铸坯的最短长度能同时支承在两个辊子上，即辊距应不大于最小坯长的一半。

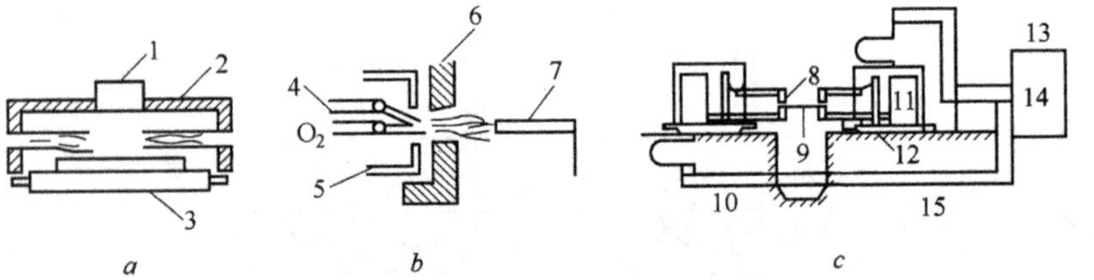

图 2-76　板坯侧边加热器

a—罩式加热器；*b*—燃气加热器；*c*—电磁感应加热器

1—排烟管；2—绝热罩；3—辊道；4—液化石油气；5—冷却水；

6—陶瓷纤维导板；7、9—铸坯；8—感应器；10—电缆；

11—电容器；12—小车；13—供电室；

14—变流机；15—电缆和冷却水管

辊道的速度应大于拉坯速度，中、小型连铸机辊道速度为 20～30 m/min，板坯 10～20 m/min。

2.10.1.3　挡板

挡板装在辊道末端，对运行中的铸坯起缓冲及阻挡作用。有固定挡板和活动挡板之分，其结构见图 2-77 和图 2-78。

挡板后面没有其他设备可用固定挡板；如果在挡板后面有引锭杆存放辊道时，则用活动挡板；打开挡板引锭杆可以通行，放下挡板挡住铸坯。

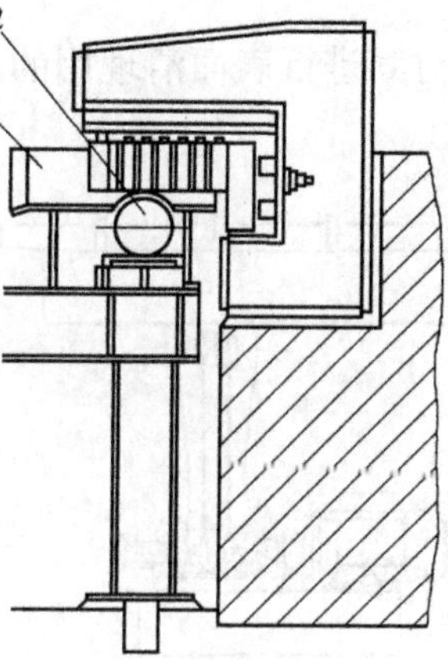

图 2-77　固定挡板

1—支架；2—平辊

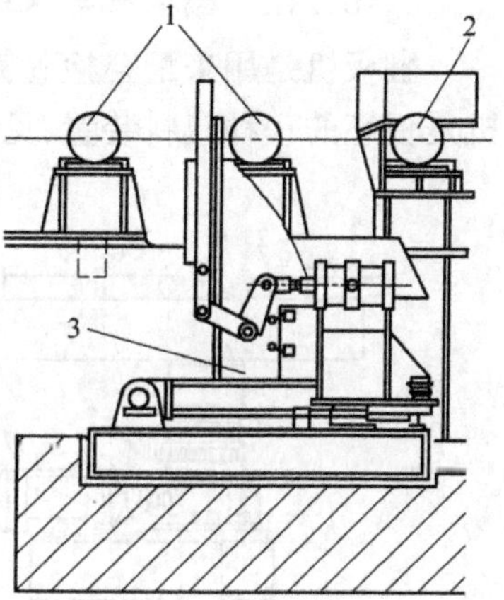

图 2-78　升降挡板

1—盘形辊道；2—平辊道；3—升降挡板

2.10.2　后步工序其他设备

2.10.2.1　拉钢机或推钢机

拉钢机或推钢机主要用于横向移动铸坯，结构见图 2-79。

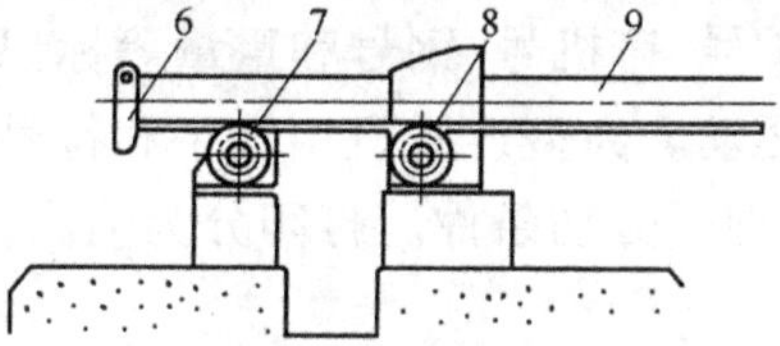

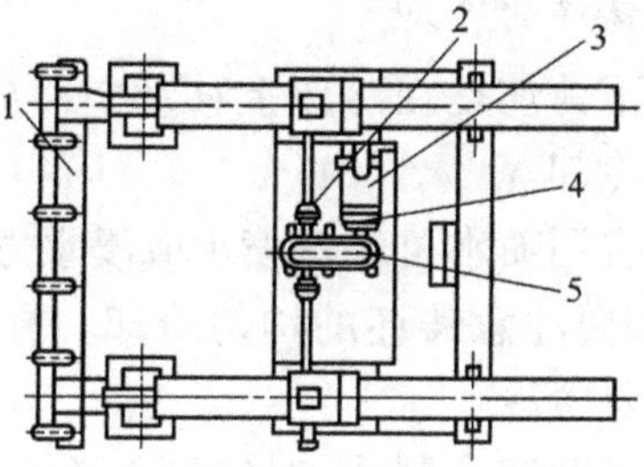

图 2-79　推钢机

1—推头体；2—联轴器；3—电动机；4—底座；5—减速机；
6—推钩；7—拖轮；8—齿轮；9—齿条

2.10.2.2 翻板机与垛板机

翻板机是用来配合检验铸坯和对其进行表面清理用的。垛板机是板坯的一种集料装置,见图 2-80。

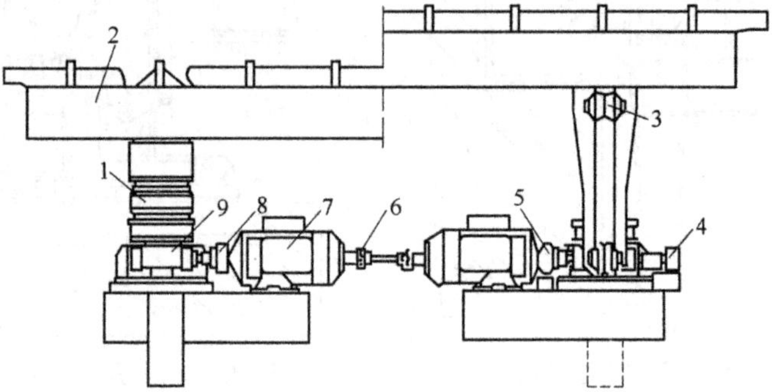

图 2-80 垛板机

1—升降丝杆及保护罩;2—升降横梁;3—导轮;4—极限装置;5—电液闸;6—同步联轴器;7—电动机;8—联轴器;9—减速机

2.10.2.3 打印机

对铸坯打上炉号、铸机号、钢号和重量等标记以供鉴别,一般采用气动或液压驱动。大型连铸机用数字和符号打印机,自动对铸坯进行打印,改善了劳动条件。打印分为喷涂打印和焊丝喷号两类。

2.10.2.4 铸坯的冷却

在多数情况下铸坯是在冷床上移动空冷或喷水冷却,或者直接送精整跨堆放冷却。

大型板坯还有用喷水机快速喷水或浸水方式冷却铸坯。不管哪种冷却方式,都要注意铸坯的均匀冷却。有些钢种如高合金钢和硅钢等铸坯需要缓冷。

冷床由钢轨或型钢来制作,对铸坯起冷却和收集作用。当冷床上铸坯存放到一定数量后,用吊车或其他专用吊具运走铸坯。图 2-81 是用于小方坯的步进式冷床,每移动一步铸坯翻动 90°,冷却均匀。

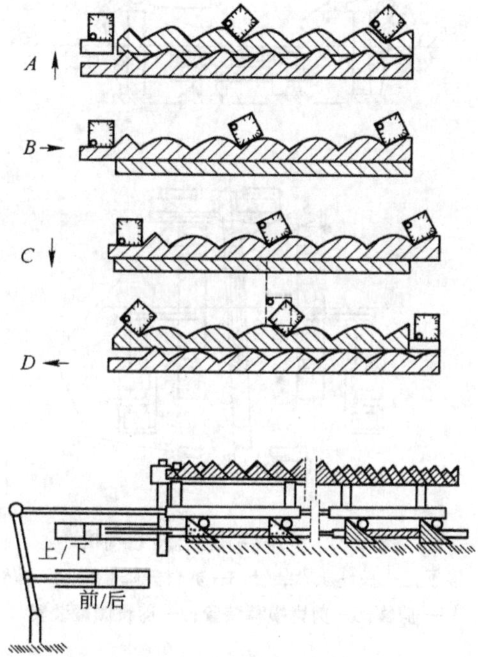

图 2-81　翻转式步进冷床

2.10.2.5　铸坯表面精整

对铸坯表面的各种缺陷进行清理。对于一般用途的中小断面铸坯，都是人工用火焰烧割或砂轮打磨，对铸坯表面进行局部清理。

切割后铸坯切缝边缘的毛刺，经去毛刺机清除。有专用刀具刮除或锤刀旋转去除，设备见图 2-82 和图 2-83。大型铸坯和某些质量要求高的铸坯，则需用自动火焰清理装置或喷水处理装置对铸坯整个表面进行清理除鳞。

2.10.2.6　称量装置

清理后的铸坯要进行称量，目前多用电子秤称量。

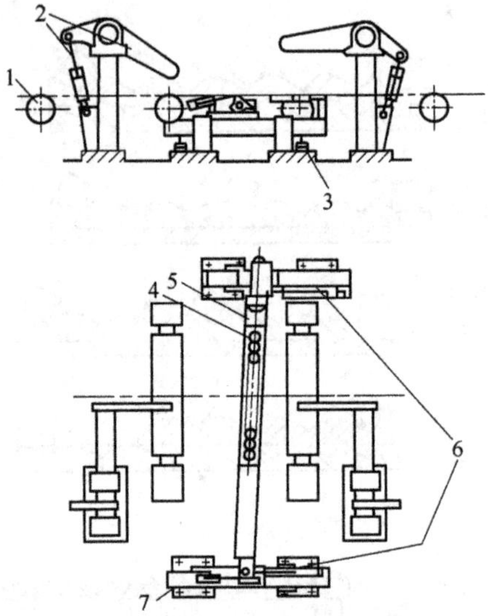

图 2-82　刀具刮除式去毛刺机

1—辊子;2—板坯压紧装置;3—剪臂升降装置;4—剪臂;
5—剪帽;6—剪臂横移装置;7—剪臂倾翻装置

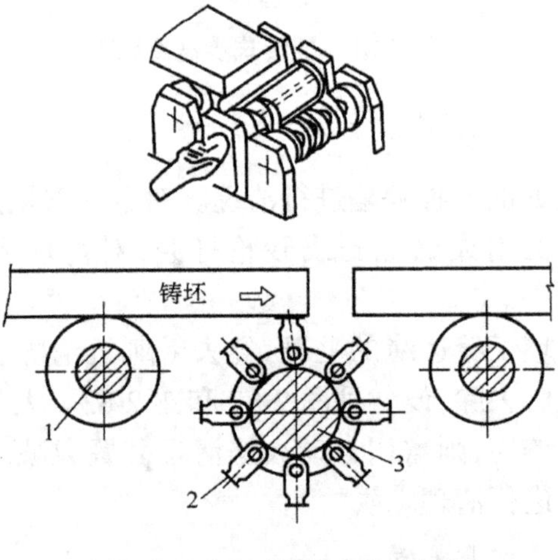

图 2-83　锤刀旋转式去毛刺机

1—出坯辊;2—锤刀;3—去刺辊

2.11 电磁搅拌技术与电磁制动技术

电磁冶金包括电磁力控制钢水流动和电磁加热。控制钢水流动又分为电磁搅拌和电磁制动。

2.11.1 电磁搅拌

电磁搅拌技术简称 EMS,它有助于纯净钢水、改善铸坯凝固结构、提高铸坯的表面质量和内部质量,扩大品种。

2.11.1.1 电磁搅拌的原理

当磁场以一定速度相对钢水运动时,钢水中产生感应电流,载流钢水与磁场相互作用产生电磁力,从而驱动钢水运动。

2.11.1.2 电磁搅拌的分类

电磁搅拌装置有两种。一是旋转搅拌,基于异步电机的原理,见图 2-84*a*;另一是直线搅拌,基于同步电机的原理,见图 2-84*b*;两类搅拌方式叠加而得到螺旋搅拌,见图 2 84*c*。螺旋搅拌既能使钢水做水平方向的旋转,也可做上下垂直运动,无疑搅拌效果最好,但机构复杂。目前生产中小方坯多用旋转搅拌,板坯生产中直线搅拌和螺旋搅拌都用。

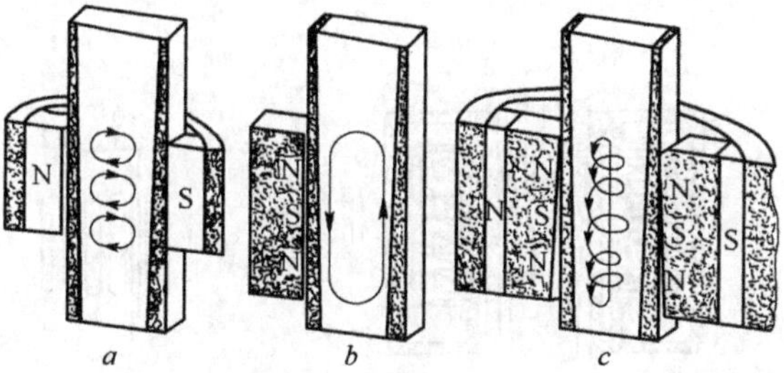

图 2-84 电磁搅拌的形式

a—旋转搅拌;*b*—直线搅拌;*c*—螺旋搅拌

电磁搅拌器在连铸机上安装的位置一般有三处:即结晶器电磁搅拌(M-EMS)、二冷区电磁搅拌(S-EMS)和凝固末端电磁搅拌(F-EMS),如图 2-85 所示。

2.11.1.3 结晶器电磁搅拌

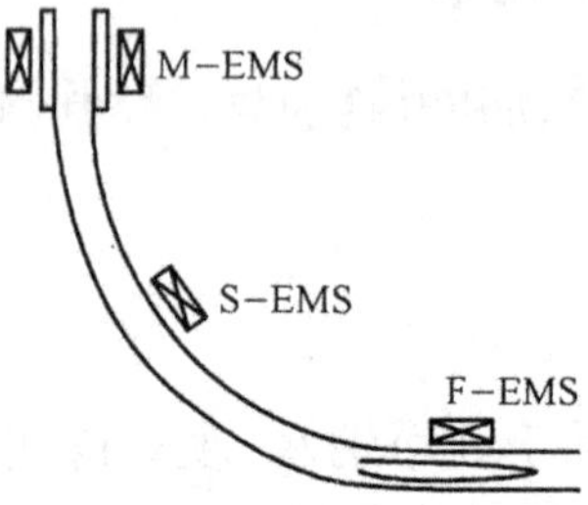

图 2-85 电磁搅拌线圈安装位置

M-EMS 电磁搅拌线圈安装在结晶器铜管与水套之间，或者安装在冷却水套外，如图 2-86 所示。为了防止旋转钢流将结晶器表面浮渣卷入钢中，线圈安装位置应适当偏低些。还有一种安装于结晶器的电磁制动器 E-MBR，抑制钢水流动方向。

为了有足够的电磁力穿透结晶器壁，使用低频电流，以不锈钢或铝等非铁磁性材质做结晶器水套；结晶器一般选用旋转搅拌的方式。M-EMS 能够均匀钢水温度，减少钢水过热，促进气体和夹杂物的上浮，增加等轴晶晶核。

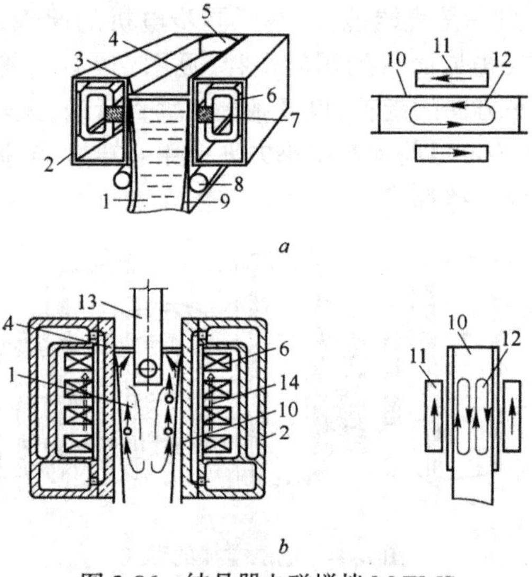

图 2-86 结晶器电磁搅拌 M-EMS

a—水平旋转搅拌；*b*—上下直线搅拌

1—钢水；2—冷却水套；3—铜板(宽面)；4—保护渣；5—铜板(窄面)；6—绕组；7—铁芯；8—支撑辊；9—坯壳；10—结晶器；11—搅拌器；12—流动方向；13—水口；14—直线磁场方向

2.11.1.4　二冷区电磁搅拌

S-EMS搅拌器装在二冷区铸坯柱状晶“搭桥”之前，当坯壳厚度相当铸坯厚的1/4～1/3液心长度区域，其搅拌效果最好。可以扩大中心等轴晶带，细化晶粒，也有利于减小中心疏松和中心偏析，夹杂物在横断面上分布均匀，从而改善铸坯内部质量。

小方坯搅拌器一般安放在结晶器下口1.3～4 m处，用旋转搅拌方式较多，大方坯和厚板坯均可选用直线搅拌或旋转搅拌方式。为了防止铸坯产生负偏析白亮带，可选择正转—停止—反转间歇式旋转搅拌模式。S－EMS装置如图2-87所示。

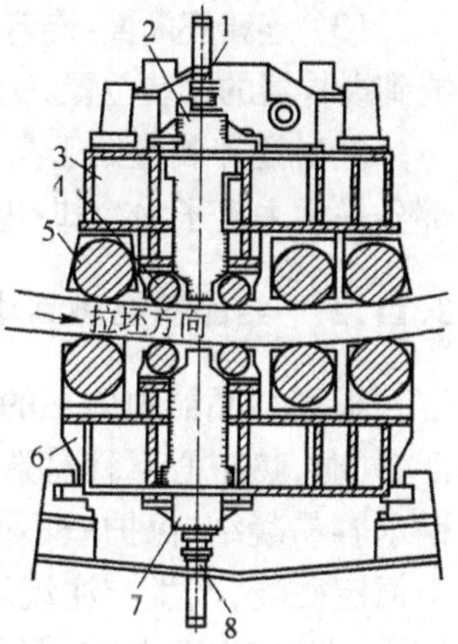

图2-87　二冷区电磁搅拌S-EMS安装示意图

1—配线接头；2—内弧侧搅拌器；3—上框架；4—不锈钢小辊；5—连铸机夹辊；6—下框架；7—外弧侧搅拌器；8—配线接头

2.11.1.5　凝固末端电磁搅拌

F-EMS安装在连铸坯凝固末端3/4液心长度区域，可根据液心长度计算出具体的安装位置。F-EMS可使铸坯获得中心宽大的等轴晶带，消除或减少中心疏松和中心偏析，对于高碳钢效果尤为明显。

2.11.1.6　电磁搅拌的应用

在实际生产中，根据产品质量要求，选择应用单一搅拌方式或组合搅拌方式。常见的组合搅拌方式有(S_1+S_2)－EMS、(M＋F)－EMS、(S＋F)－EMS、(M＋S＋F)－EMS等，既能得到良好的表面质量，也能确保优良的内部质量。根据以下方面选择电磁搅拌的类型：

(1) 钢种：对于$w_{[C]}<0.25\%$的非合金钢或低合金钢，可不用电磁搅拌技术；对于$w_{[C]}<0.55\%$的钢种，只用结晶器电磁搅拌就能满足铸坯质量要求；而对于$w_{[C]}>0.55\%$的高碳钢及中、高合金钢，要采用二段甚至三段组合搅拌技术，铸坯中心才能不出现明显偏析。合金钢、轴承钢特别是不锈钢需要较大的搅拌强度，最好是三段组合电磁搅拌，也可选择(M+F)-EMS或(S+F)-EMS，这样更经济些。

(2) 产品质量：中厚板坯主要针对中心疏松和偏析，可用F-EMS；薄板主要针对皮下气泡和夹杂物，可用M-EMS或EMB。

(3) 连铸坯断面：连铸坯断面影响拉坯速度和液相穴长度，也影响到搅拌器的安装位置。小方坯连铸选择S-EMS或(M+F)-EMS。

电磁搅拌装置处于高温环境下工作，设有独立的水冷系统，大部分是用去离子水冷却；也有用油冷却线圈，再通水对油进行冷却。

2.11.2 结晶器电磁制动

板坯结晶器内向下的流股会将夹杂物带入液相穴深处难以上浮，同时，热中心下移易造成坯壳重熔和发生角裂，水口外壁附近钢水容易凝结，保护渣不能均匀流动等。为此在结晶器宽面加两个恒定磁场，产生与注流运动方向相反的电磁力，对流股起到制动作用，即E-MBR技术，见图2-88*a*、*b*。

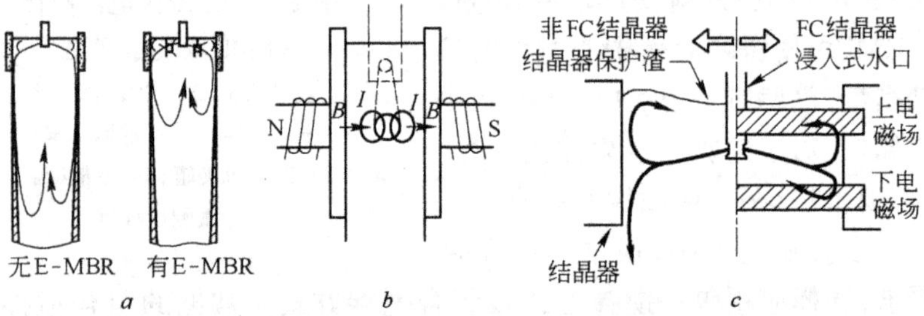

图2-88 E-MBR电磁制动和FC电磁流动结晶器的效果
a—E-MBR电磁制动的冶金效果；*b*—电磁制动的磁场分布；
c—电磁流动结晶器的冶金效果

还有一种电磁制动装置在铸坯的纵向产生磁场加快或减缓钢流的运动。在结晶器液面的上磁场可抑制液面波动防止卷渣；在结晶器下部的磁场降低注流的冲击，气泡、夹杂得以上浮排除，称为电磁流动结晶器(图2-88*c*)，缩写是FC。还有控制结晶器弯月面，改善结晶器纵向传热均匀性的功能。

2.12 液压与润滑知识

由于液压系统具有体积小、质量轻，容易实现大功率传动、效率高、设备紧凑，安装、检修方便，控制精度高、安全，易实现自控等优点，因此大量应用于连铸设备中。

液压传动系统一般都由工作介质(液压油)、动力元件(液压油泵)、控制元件(压力控制阀、流量控制阀、方向控制阀等)、执行元件(液压油缸、液压马达)和辅助元件(液压油箱、过滤器、蓄能器、冷却器、加热器、油箱附件、传感元件)组成。

2.12.1 液压元件

2.12.1.1 液压泵

液压泵是能量转换装置，将电动机(或其他发动机)输出的机械能转换为液体压力能。图 2-89 是液压泵简单的工作原理图，杠杆 1 受机械力抬起，带动活塞 3 上升，通过单向阀将油箱 6 中的液压油抽入泵体 2，当杠杆 1 受机械力压下时，单向阀 5 关闭，单向阀 7 开启，液压油被压入输送管路，驱动连铸设备。

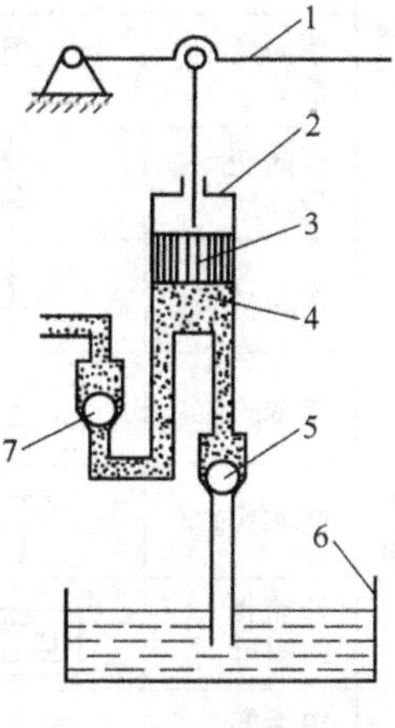

图 2-89 一种液压泵的工作原理
1—杠杆；2—泵体；3—活塞；
4—油腔；5、7—单向阀；
6—油箱

液压泵的种类很多，按其结构不同可分柱塞泵、齿轮泵、叶片泵、螺杆泵及凸轮转子泵等，按其输油方向能否改变可分为单向泵和双向泵；按输出的流量能否调节可分为定量泵和变量泵；按额定压力的高低可分为低压泵、中压泵和高压泵。液压泵的图形符号见表 2-8。

表 2-8　常见液压缸的图形符号

类　别	名　称	符　　号	类　别	名　称	符　　号
液压泵	单向定量液压泵		液压双作用缸	可调双向缓冲缸	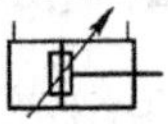
	双向定量液压泵			双活塞杆缸	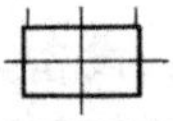
	单向变量液压泵			差动式缸	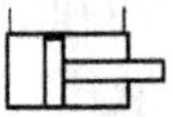
	双向变量液压泵			相同介质增压缸	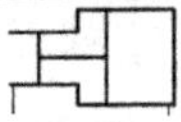
	并联单向定量液压泵	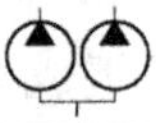	液压控制阀	手柄人工控制阀	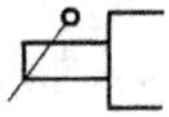
液压马达	单向定量马达			转动式人工控制阀	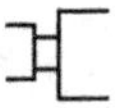
	双向定量马达			弹簧式机械控制阀	
	单向变量马达			液压直控阀	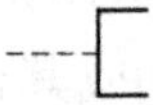
	双向变量马达			液压压力位移比例阀	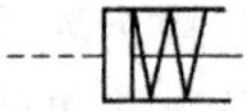
	摆动马达			液压先导加压控制阀	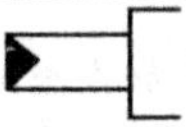
液压单作用缸	柱塞式缸	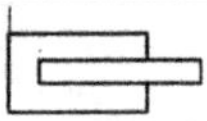		液压先导泄压控制阀	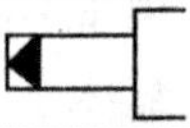
	活塞式缸	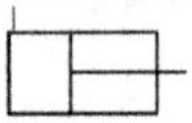		单线圈电磁控制阀	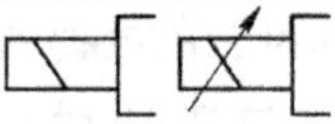
	伸缩式套筒缸	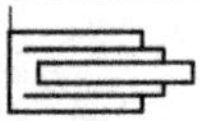		定位机构	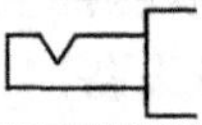
液压双作用缸	单活塞杆缸	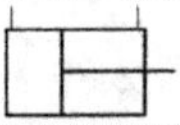		溢流阀	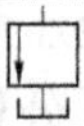
	不可调单向缓冲缸	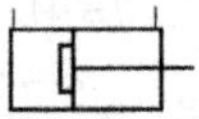		节流阀	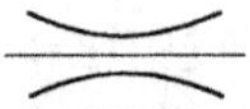
	不可调双向缓冲缸	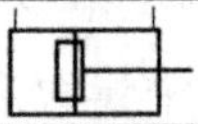		二通阀	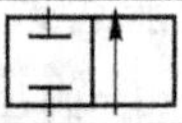
	可调单向缓冲缸	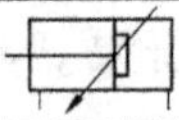		三通阀	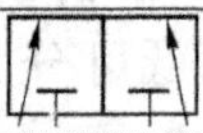

2.12.1.2 液压缸

液压缸是液压传动系统中的一种执行元件,与液压泵相反,它是将液压能转换为机械能的装置,一般用于实现直线往复运动或摆动。根据液压缸的结构可分为三种类型:活塞式、柱塞式、摆动式,其中活塞式液压缸又有双出杆和单出杆之分,摆动式液压缸又分为摆动式和齿条式。

图 2-90 是单出杆液压缸的工作原理图,由于活塞左右 A_1、A_2 侧的面积不同,从而活塞往返运动速度也不同。常见液压缸的图形符号见表 2-8。

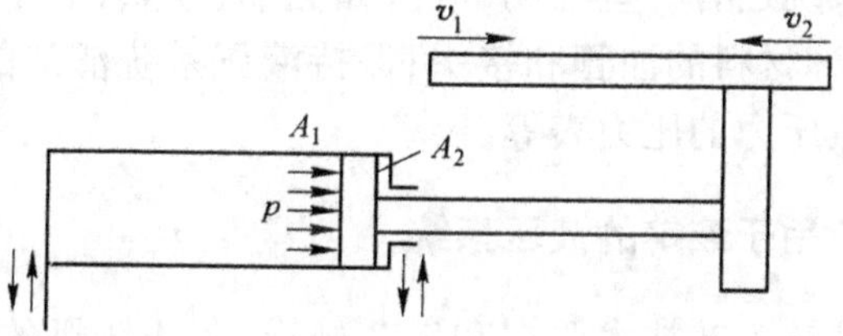

图 2-90 单出杆液压缸工作原理图

除了液压缸外,液压马达也是将液压能转变为机械能的装置,一般用于实现旋转运动,类别见表 2-8。

2.12.1.3 液压控制阀

液压控制阀是液压系统的控制元件,用来控制和调节液流方向、压力和流量,从而控制执行元件的运动方向、输出的力或力矩、运动速度、动作顺序,以及限制和调节液压系统的工作压力,防止过载等。根据用途和工作特点的不同,控制阀可分为三大类:

(1) 方向控制阀,包括单向阀和换向阀。单向阀的作用是只许油液按一个方向流动,不能反向流动。换向阀的作用是通过阀芯和阀体间相对位置的改变,来控制油液流动方向,或油路接通或关闭,从而改变液压系统的工作状态。

典型的换向阀有二通阀和三通阀,见表 2-8;图中箭头表示油液运动方向,⊥和⊤表示通路被阀芯堵塞。

(2) 压力控制阀，也称压力阀。是用于控制工作液体压力的阀门，它们是利用油液压力和弹簧力相平衡的原理来工作的。常用的压力阀有溢流阀、减压阀、顺序阀等。

(3) 流量控制阀，也称流量阀。是靠改变工作开口度（节流口）来调节通过阀口油液的流量，以改变执行机构的（液压缸或液压马达）运动速度的液压元件。常用的流量控制阀有节流阀、调速阀、温度补偿调速阀及其与单向阀、行程阀的各种组合阀，其中节流阀是最基本的流量控制阀，见表2-8。

2.12.1.4 液压辅件

液压系统还有一些辅助部件，如储油、散热、上浮气体和杂质的油箱；各种材料的油管和接头；保持液压系统清洁的滤油器；测量各工作点压力的压力表等。

2.12.2 应用于连铸的液压系统

根据连铸工艺技术要求和生产规模，各连铸机的液压传动系统也各不相同。通常连铸机应用液压传动技术的装置主要有以下几个方面：

(1) 钢包回转台：回转臂的升降、钢包盖的升降和旋转可以采用液压传动。

(2) 中间包小车：中间包的升降可以采用液压传动。

(3) 扇形段：板坯连铸机是通过液压油缸与定距块相结合调整二冷辊距以适应铸坯断面改变。通过液压油缸与驱动电机相结合拉动铸坯和传送引锭杆。图2-91是一台板坯连铸机扇形段控制原理图。

(4) 脱引锭装置：脱除引锭头由液压传动，其结构简单、操作方便。

(5) 切割辊道：火焰切割铸坯，活动辊道是液压油缸驱动，防止切割火焰损坏辊道。

(6) 滑动水口及结晶器液面自动控制装置：通过液压机构调节滑动水口的开度，实现连铸机浇铸的自动控制。

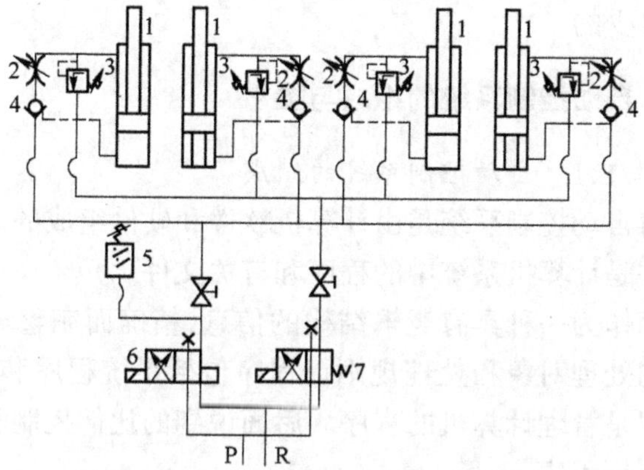

图 2-91 板坯连铸机扇形段控制原理图
1—油缸；2—节流阀；3—安全阀；4—液控单向阀；
5—压力继电器；6、7—换向阀

（7）结晶器在线调宽装置，也是通过液压传动。

（8）板坯称重装置。

（9）其他设备：除上述设备外，水口快速更换、去毛刺机等均可采用液压传动。

2.12.3 连铸系统的润滑

设备事故中有 50% 以上是由润滑不良引起的，因此设备润滑管理是搞好设备维护工作的关键。

目前连铸基本都采用集中润滑，分站设置系统；润滑部位包括钢包转台回转轴承座、减速箱齿轮；中间包小车轴承、减速箱齿轮；结晶器振动偏心轴轴承、减速箱齿轮、连杆处轴承；拉矫机拉矫辊轴承、万向连接轴、关节轴承、分减速箱、蜗轮箱；辊道轴承、链条、减速箱齿轮；推钢机横移小车轴承、齿条、减速箱齿轮等。二冷区还采用“油气润滑”提高润滑效果。

连铸润滑关键要定时、定量、定人加润滑剂。

2.13 连铸系统的自动控制

连铸的自动控制是现代化连铸生产的主要特征，也是关键的和必不可少的。

2.13.1 自动控制系统的组成与要求

2.13.1.1 自动控制系统的组成

连铸自动控制系统是由计算机软件和硬件组成的。

软件是计算机系统中的程序和有关文件。

程序作为一种具有逻辑结构的信息，精确而完整地描述计算任务中的处理对象和处理规则。程序包括系统程序和应用程序。系统程序是管理计算机的程序。后面说到的比例控制和参数控制等属于应用程序。

文件是了解程序所需的资料说明，如使用手册等。程序必须装入机器内部才能工作，文件一般是用于阅读，不一定装入机器。

计算机硬件是计算机及外部设备。

钢铁生产自动控制系统按层次一般从上到下分为五级：公司经营管理级、分厂管理级、生产计划与调度级、过程控制级和基础自动化级，见图2-92；显然，炼钢生产自动控制对应整个钢铁生产系统的最后三级，即：调度管理级、过程级和基础自动化级。

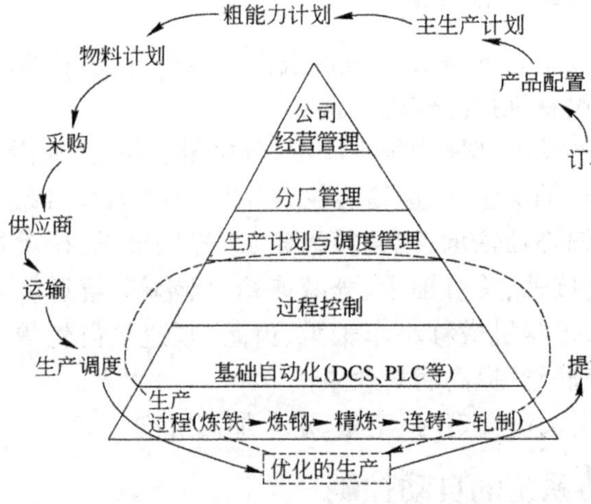

图 2-92 钢铁生产过程系统的控制结构

基础自动化系统由若干 PLC 和 PC 组成集散控制系统，很容易在网络上增减设备，使得生产工序在基础级和过程级具有良好的扩展性。基础自动化控制系统的功能是：完成对各种设备的监测、控制和调节。

调度管理级是由计算机担负管理信息传达、收集生产过程数据及其前后道工序的衔接等功能组成。在确保设备工作最优条件下，缩短运行时间，达到最佳效果。具体功能是：编制作业计划、质量控制、质量跟踪、生产管理、财务管理、人事管理、信息查询等。

过程级计算机又称过程自动化控制系统，它担负对生产过程进行中心控制、监督和指导，使生产设备实现过程最优化。

炼钢系统内其工序为铁水预处理过程计算机、冶炼过程计算机、炉外精炼过程计算机、连铸过程计算机。这些计算机通过网络相连接。连铸过程计算机的功能包括以下五个部分。

A 生产过程监控

生产过程监控主要有以下几个方面：

(1) 根据钢种、铸坯断面、钢水温度及铸坯质量要求，确定结晶器钢水液面高度设定值；(2)根据上述条件计算拉坯速度设定值；(3)用二冷配水模型计算冷却水量；(4)最佳铸坯切割长度计算；(5)根据上位管理计算机的要求和中间包内钢水量、铸坯尺寸及浇注速度，计算结晶器在线调宽起始时间；(6)若用压缩浇铸或多点矫直技术，则要计算坯壳内外侧的应力，并设定有关辊子的压力；(7) 计算和设定电磁搅拌的频率、功率。

B 生产工序协调和操作指导

铸机自身各环节的相互协调以及与炼钢和轧钢工序的良好配合，可实现连铸机高效化生产。计算机应具有如下功能：(1)引锭杆跟踪和自动存放；(2)连铸机的自动开浇和停机；(3)与炼钢、炉外处理、轧钢工序及铸坯堆放的通讯和协调；(4)火焰清理操作指导；(5)中间包烘烤操作指导；(6)中间包或钢包浇毕预报。

C 生产/工艺参数的收集、处理、显示和打印报表

(1)生产过程各参数的收集及处理，历史数据的查询；(2)根据

用户要求显示各种动态画面;(3)打印生产报表;(4)超限报警打印;(5)显示画面打印;(6)连铸坯钢号与铸坯号的设定(送打号机执行)。

D 质量控制

连铸坯的质量控制要求从冶炼开始,将生产过程中收集的大量数据,按照产品质量的要求、影响质量控制的各工艺参数,进行归纳整理,得到不同钢种、不同质量要求、各种产品的多组工艺数据,确定合理的控制范围。在实际生产中,与之对照并适时调整,以确保铸坯质量。

E 设备故障检查

通过诊断系统软件来评价设备运行状况,识别影响连铸机正常运行的各种情况,并及时发出报警。

2.13.1.2 自动控制要求的条件

用计算机控制连铸,不仅需要计算机硬件和软件,而且还必须具备以下条件:

(1) 设备无故障或故障率很低。计算机控制要求连铸生产连续稳定,设备准确地执行基础自动化发出的工作指令,基础自动化准确控制设备运行,保证生产能连续正常地按顺序进行,因此连铸系统设备要无故障或故障率很低。

(2) 过程检测数据准确可靠。连铸各种控制都是建立在对钢水温度、成分和重量,以及冷却水温度、流量、压强的测量准确基础上,所以要求各种传感器必须稳定可靠,以保连铸过程参数测量的准确可信。

(3) 人员素质。计算机控制连铸生产是一个复杂的系统工程,它对原材料管理、工艺过程控制、设备运行等有很高的要求,因此企业的管理人员、技术人员、操作人员和设备维修人员要具有高的管理、技术水平,才能确保整个系统的正常运转。

无论是基础自动化级、过程自动化级还是管理自动化级自动控制系统,都涉及生产工艺参数的检测、传送和记录,而工艺参数的检测必须依靠传感器。

2.13.2 基础自动化级检测原理

图 2-93 标出了连铸过程工艺参数的检测和仪表配置。这里主要介绍重量、温度、下渣、液面、漏钢、结晶器热流量、结晶器倒锥度、铸坯表面温度、辊缝测量装置、坯长等检测原理。

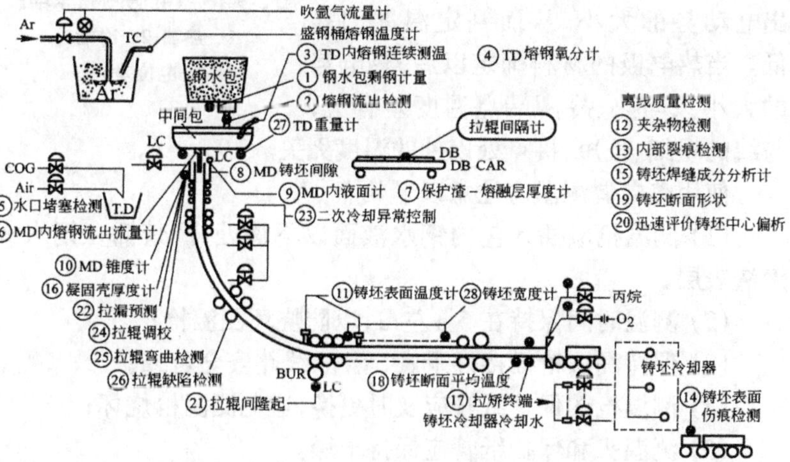

图 2-93 连铸过程工艺参数的检测和仪表配置

2.13.2.1 重量检测

钢水的重量是用压变式测压头作为检测传感器，测量钢包、中间包的钢水重量，它应有数字清零器，以便显示总重量和钢水重量；也可以将中间包钢水重量转换为液位。由于处于高温环境下工作，传热器需要热屏蔽或冷却装置。

2.13.2.2 温度检测

钢水温度用热电偶快速测量，并与带微机的数字温度仪表显示钢水包和中间包的钢水温度，所测数据送 DCS 或 PLC 进行处理和自动控制。

热电偶测量原理如图 2-94 所示。两种不同导体或半导体 A 和 B，称为热电极，将两热电极一端 1 连接在一起，形成热端；另一端2为冷端,通过导线与电位差计相连,形成通路。热端插入钢水后,由于不同金属中的自由电子数目不等,受热后随温度升高自由电子运动速度增大,在两热电极冷端2产生一个电动势,温度越高,电动势越大;电位差计便显示出电动势的大小,从而判定温度的高低。当热电极的材料确定以后,热电势的大小只与热、冷两端点温度差有关,与线的粗细、长短、接点处以外的温度无关。

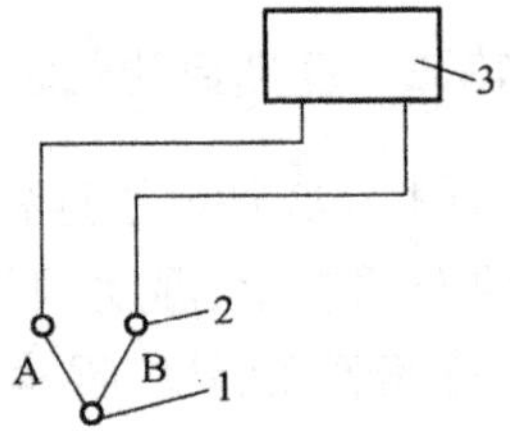

图 2-94 热电偶测温原理图
1—热端;2—冷端;
3—电位差计

使用热电偶测温应注意以下几点:

(1) 测温枪应插入包内钢水液面以下深处,严禁插在钢水或熔渣表层;

(2) 测温时间保持在5 s左右,以防烧坏测温枪;

(3) 保持测温枪插接件干燥、干净、线路安全可靠;

(4) 测温枪的保护纸管应及时更换,避免测温枪烧坏;

(5) 测温头和保护纸管应保持干燥。

近年来中间包应用了连续测温技术。测温枪是埋砌于中间包内衬中,其为双层套管结构,外壳是金属陶瓷套管,为 $Mo + MoO_2$ 材料,壁厚为5 mm;内衬是氧化铝管,双铂铑热电极置于保护套管之中,套管可使热电极免受中间包内衬高温排出气体的损害。安装双铂铑热电偶时,保护管端头要伸出中间包内壁50 mm,否则测温不准确。由于这种热电偶有两层套管,热容量较大,测温响应时间长些,约30 s。$Mo + MoO_2$ 金属陶瓷管具有坚韧、耐高温、抗侵蚀、抗热震等优点。目前这种套管用于连续测温时间约为15 h,我国也已成功地应用于生产。若用特殊的铝碳质耐火材料做套管,使用寿命可达25 h,响应时间为90 s,测温误差±2℃。

保护套管内、外壁喷有 ZrB_2 的涂层,装到中间包连续测量钢水温度,在浇注非合金钢时,平均可用40 h,最长为100 h,测温响应时间为2 min,误差为±0.4℃。

2.13.2.3 钢流下渣检测

为了预防钢包渣进入中间包和中间包渣进入结晶器，可在钢包、中间包安装钢流下渣检测器，当出现熔渣立即发出警报。报警方法通常用电磁法和光学法。

电磁法的检测原理是在钢流外围安装一个一次线圈，一次线圈中通入电流形成磁场，钢流作为导体其流动切割磁力线，在钢水中必然产生感应电流（涡流）；熔渣不是导体，当下渣时感应电流会急剧变小，通过另一个二次线圈测量出感应电流的大小，发现下渣即发出信号，迅速切断钢流。

光学法是根据钢水、熔渣的温度与光谱的不同判断下渣与否。与电磁法相比具有不接触钢水、安全可靠的优点，但一次投资费用高。

2.13.2.4 中间包钢水液位检测

中间包钢水液位测量有两种方法，称重法和电磁感应法。前者是将中间包钢水重量转换成液位信号，但由于中间包重量包括渣量，有一定误差。后者在中间包的一侧安装发送磁力线的线圈，另一侧装上接收磁力线的线圈。磁力线通过钢水导体，并随钢水液位的降低而衰减，从而测出液位的高度；渣层对磁力线衰减基本没有影响；电磁感应法测量精度可达±3 mm，使用寿命可达 1 年，能够连续测量中间包液面高度。

2.13.2.5 结晶器钢水液位检测

结晶器液面控制是连铸设备实现自动化的关键性环节。目前有红外线法、热电偶法、磁感应法、涡流法、雷达法、激光法和同位素法等来监测并控制液面。

A 红外线法

对结晶器液面进行红外摄像，再经计算机对图像处理和分析，确定结晶器液面，它配有直观的图像显示。但由于液面有油雾遮挡、保护渣影响和捞渣的干扰，此法还需进一步完善。

B 热电偶法

在结晶器壁从上到下以一定间隔安装若干热电偶，通过所测温度梯度判断、控制结晶器液面；其精确性较强，但测量值的滞后时间较长，测量行程受热电偶安装的影响，使用较少。热电偶法还用于结晶器漏钢预报(见 2.13.2.6 节)。

C 磁感应法

磁感应法监测结晶器液面的原理与中间包液面监测原理基本相同。

D 同位素法

同位素法的装置是由放射源、探测器、信号处理及输出显示等部分组成。该法用^{137}Cs或^{60}Co作放射源；放射源与探测器分别装在结晶器的两侧，放射源放出的 γ 射线穿过水冷结晶器被对面的闪烁计数器所接收；若钢水面低于 γ 射线区，闪烁计数器接收的射线强度为最大；当结晶器内液面上升，部分或全部遮挡射线区，这时被闪烁计数器接收的射线强度随液面的增高按比例减弱，这样就测得液面高度，根据液面的高度来调节拉速。同位素法是精度高、稳定性强的方法。我国的许多厂家都选用了^{137}Cs同位素法测定液面，其结构见图 2-95。在装有放射源的结晶器壁上，加一块活动保护板；放射源的贮存和运送必须在专门屏蔽盒内，须进一步提高安全性。

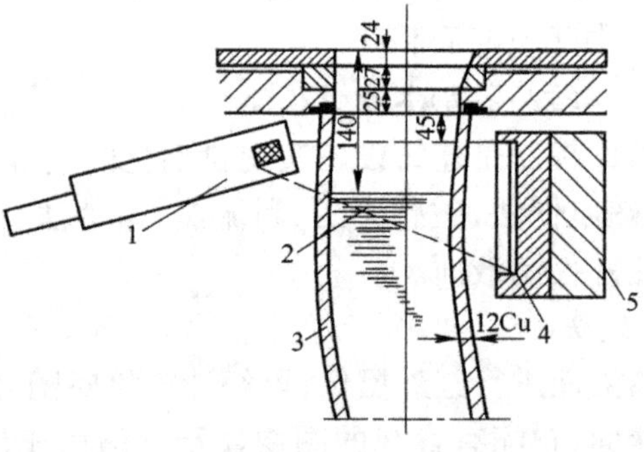

图 2-95 结晶器液面自动控制原理图

1—闪烁计数器；2—液面理想控制高度；3—结晶器铜管；4—放射源；5—铅筒

结晶器钢水液面检测各种方法的比较见表 2-9。

表 2-9　常见结晶器液面检测方法的特点

方　法	同位素法		磁感应法	红外线法	涡　流　法	激　光　法	雷　达　法
	^{60}Co	^{137}Cs					
量程/mm	50～200	50～153	20～600	按安装	0～100	0～300	200～20000
精度/mm	±3	±3	±3	±3～5	<±10	±3～5	±1
响应时间/s	1	1	<0.3	<0.3	<0.5	0.02～1.00	
安全性	恐惧心理		高	高	高	高	高
液位检测	渣面	渣面	钢水面	半渣面	钢水面	渣面	渣面+钢水面
可靠性	较易维护	较易维护	较易维护	易维护	易维护	易维护	易维护
维护方式	停产	停产	停产	可在线	可在线	可在线	可在线
应用范围	方圆坯	方圆坯	大方坯	均可	均可	均可	均可
安装位置	结晶器内	结晶器内	结晶器上	结晶器外	结晶器外	结晶器外	结晶器外
安装难易	较难	较难	较易	易	易	易	易
操作要求	简单	简单	较难	简单	简单	较难	简单
投　资	较低	较低	高	中	中	较高	较高
运行成本	高	高	高	较低	中	中	中

2.13.2.6 结晶器漏钢预报

在结晶器铜板四面外壁通过均布的螺栓埋入一排或者多排康铜热电偶；热电偶测到的温度数据输入计算机或在仪表上显示；若某一点附近的温度突然升高，说明这一点附近出现了漏钢；为了避免误判，还可以通过下排温升比上排温升的延迟来确认，以便准确判断是否漏钢，见图 2-96。热电偶的套数越多，检测也越精确，热电偶安装位置及装置如图 2-97 所示 。

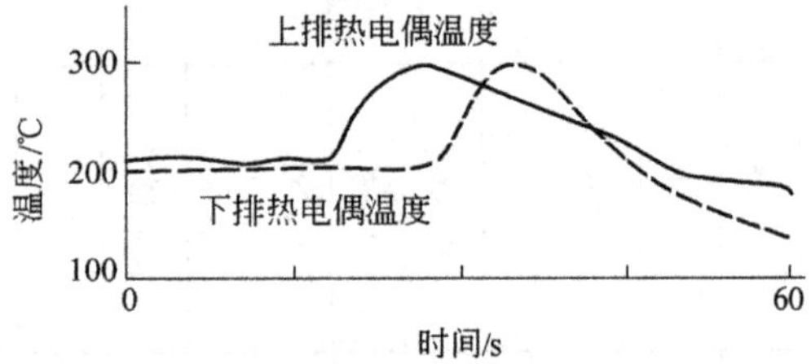

图 2-96 结晶器漏钢热电偶温度变化规律

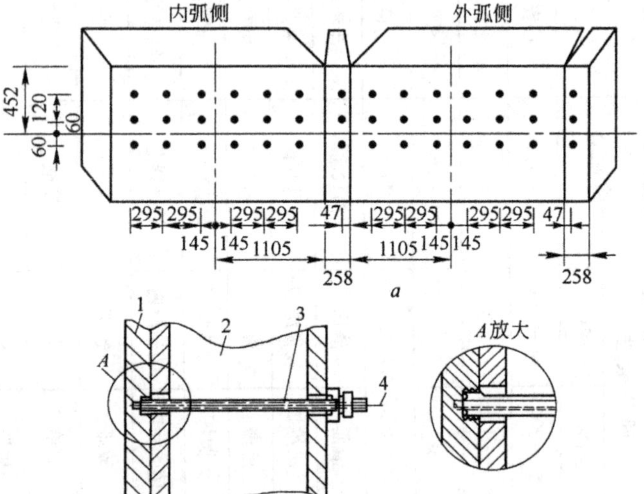

图 2-97 结晶器热电偶检测漏钢装置

a—结晶器热电偶安装位置（单位毫米）；*b*—热电偶安装图

1—铜板；2—冷却水；3—螺栓；4—热电偶

还可以通过测定结晶器内壁与铸坯坯壳间摩擦力的变化来判断是否漏钢。

2.13.2.7 结晶器热交换检测

结晶器的热交换决定了是否发生漏钢，也关系到铸坯的质量，并能推算出坯壳厚度。结晶器热交换监测与结晶器漏钢预报类似，它通过流量计和电阻温度计分别测出结晶器冷却水量、进出水温差，由此计算机算出热功率，进而得出换热量。

2.13.2.8 二冷区铸坯表面温度测量

二冷区对铸坯内部质量有很大影响，但无法直接测量及控制铸坯内部的温度及组织，只能通过铸坯表面温度测量来间接推断内部凝固情况。由于铸坯表面附有氧化铁皮、水膜，空间有水蒸气很难准确测量。国内外大都选择红外高温计，见图 2-98；或用比色高温计测量，以避免水蒸气影响；用峰值检测器测量最高温度，以避免氧化铁皮等影响，也有用机械装置刮去氧化铁皮后测量。近来更多使用带吹扫的水冷光导纤维，穿过二冷区，尽量靠近铸坯，以避免水蒸气干扰。此外，采用测量夹辊温度间接判断铸坯表面温度的方法也有应用。

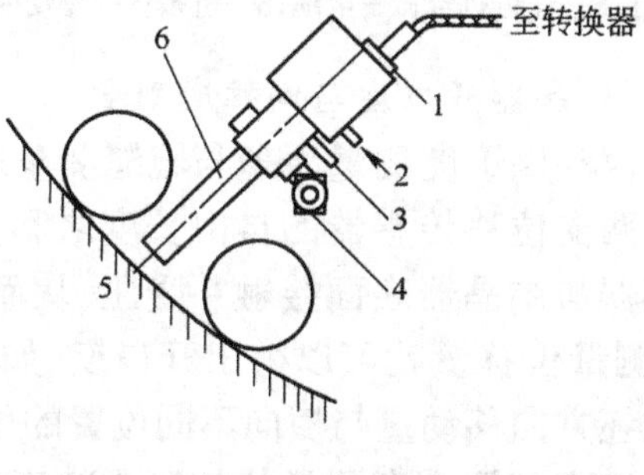

图 2-98 二冷区红外高温计安装示意图

1—防水螺母；2—冷却水（>2L/min）；3—仪表吹扫用空气或氮气（30L/min）；4—红外测温装置；5—铸坯；6—空气吹扫装置

2.13.2.9 辊缝测量装置

辊缝测量装置是用于测量、调整板坯连铸机辊缝，以适应浇铸断面的变化，可保持铸坯尺寸的精确、减少铸坯发生鼓肚变形。

人工测量辊缝精度较低，工作条件恶劣。专用的辊缝测量装置结构见图 2-99*a*；也可以在引锭杆上安装两个位移传感器，见图 2-99*b*，分别与上、下辊接触，两个位移传感器的输出信号迭加得出两个辊间的距离。

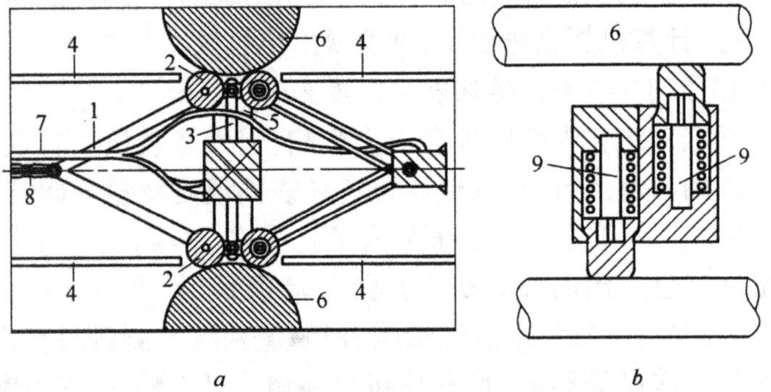

图 2-99　两种辊缝测量装置

a—剪形牵引辊缝测量装置；*b*—引锭头辊缝测量装置

1—气动可调整剪形牵引装置；2—压紧辊；3—带变速器的传感器；4—皮带；5—气缸；6—连铸机辊；7—电缆；8—链条；9—差动变压器

2.13.2.10　结晶器开口度与倒锥度测量

结晶器开口度和倒锥度测量原理与辊缝测量基本相同；安装在同一轴线上的两支位移传感器的自由长度之和为定值，在测量时两支位移传感器与结晶器表面接触并受压，从而使位移传感器产生位移，通过测量位移量就可以得出开口度，如图 2-100 所示；通过测量头沿拉坯方向移动量与横向不同位置的位移量就可以计算出倒锥度。开口度与倒锥度测量仪的测量精度为：横向位移测量误差不大于 ±0.05 mm；纵向距离测量误差不大于 ±1 mm。

2.13.2.11　坯长检测

用自动定尺装置测定铸坯长度，其原理见图 2-101。辊子 2 通过气缸 4 与铸坯接触，铸坯带动辊子转动并发出脉冲信号，由计数器按定尺发出信号开始切割。

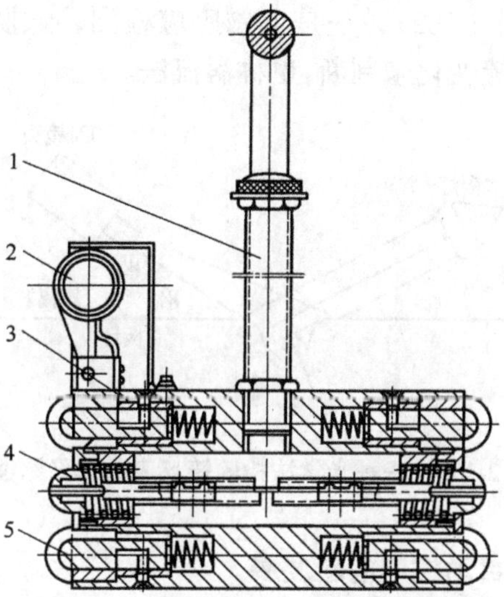

图 2-100　结晶器开口度与倒锥度测量头

1—手柄；2—纵向位置测量装置；3—检测装置主体结构；4—位移传感器装置；5—张紧导向机构

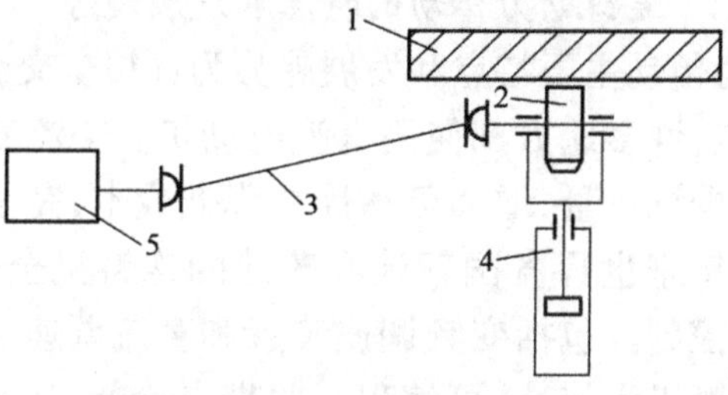

图 2-101　自动定尺装置原理示意图

1—铸坯；2—辊子；3—万向接轴；4—气缸；5—脉冲发生器

2.13.2.12　铸坯表面缺陷检测

铸坯表面缺陷直接影响轧制成品的质量，铸坯热装热送和直接轧制必须在线检查铸坯表面质量。

铸坯表面缺陷检测方法一是光学法，检测铸坯表面缺陷造成的阴影区,见图 2-102;另一是电磁感应检测,通过铸坯表面缺陷引起的感应电流变化来判断,也称涡流法。

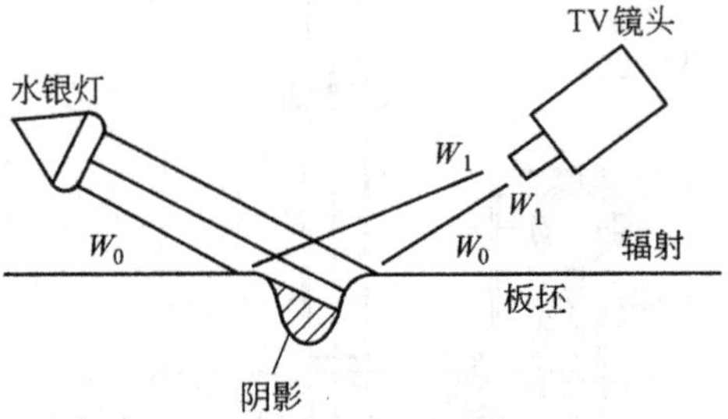

图 2-102 一种光学法检验铸坯表面缺陷原理图

2.13.3 连铸自动控制的新发展

2.13.3.1 连铸自动化的三电系统

连铸自动化中的三电系统是:计算机控制系统、电气传动系统、仪表控制系统,简称"三电"系统。

2.13.3.2 连铸电力传动的特点和发展趋势

连铸电力传动主要特点和发展趋势为:(1)全交流化。由于连铸过程的特点,许多地方都使用直流电动机。交流变频调速具有节能降耗、减少维护量、增加可靠性并降低成本,完全能满足连铸生产要求,近年来世界各国新建和改建的连铸机全采用交流化。(2)全数字化控制。包括变频调速装置和直流调速装置都是数字化控制的(以微机为核心,可编程),并带自诊断,从而大大提高了可靠性,减少了寻找故障时间。(3)多级控制。基础自动化级、过程自动化级、调度管理级构成三级控制,加上分厂管理层和公司管理层构成五级系统(见 2.13.1 节)。(4)全 CRT 显示,代替过去的模拟盘。(5)高度自动化。除局部顺序控制外,趋向更大范围的或全线顺序控制,甚至实行全自动浇铸的无人化或准无人化。

2.13.3.3 现场总线系统

现场总线是连接智能现场设备和自动化系统的数字式、双向传输、多分支结构的通信网络，这不单是一种通信技术，也不仅是用数字仪表代替模拟仪表，而是用可随时增减仪表和参数的现场总线系统代替传统的分散控制系统。主要体现在：现场通信网络、互操作性、分散功能模块、通信线对仪表供电和开放式互联网络五个方面。

2.13.3.4　人工智能技术

人工智能是由计算机去做只有人才能做到的智能工作，它包括专家系统、模糊控制、人工神经网络等。

模糊控制与一般的自动控制的根本区别是，不需要建立精确的数学模型，而是运用模糊理论将专家知识或操作人员经验形成的语言规则直接转化为自动控制策略。

专家系统是一种智能的计算机程序，它运用根据现场技术人员、操作人员经验总结的知识和推理步骤来解决只有专家才能解决的复杂专门问题。模糊控制是专家系统在自控中的应用。

人工神经网络是模仿生物思考的机理，用一系列简单单元构成网络，每个单元有一个或多个输入数据，根据输入、输出，经过一系列运算调节各参数权值，最终产生一个实数值输出。

在连铸自控中，人工智能技术体现在：

(1) 应用人工智能技术实现结晶器液面自动控制，如模糊控制、神经网络控制等。

(2) 应用神经网络预报漏钢，自学习功能调节各个参数权值(如结晶器温度、冷却水、振动、二冷水等)，国内的热流量检测预报漏钢系统预报率接近 80%，报出率达到 100%的水平。

(3) 采用模糊理论、人工神经网络控制板坯二冷配水，实现表面温度控制。

(4) 铸坯质量专家系统，用于铸坯缺陷的诊断和质量预测。

由产品质量专家系统预报铸坯质量发展为计算机辅助质量控制系统 CAQC，用质量预报代替质量检测，质量控制由离线到在线，关键是建立正确的规则。

(5) 采用神经网络、遗传算法等对连铸工艺进行智能优化，如炼钢－连铸生产调度专家系统。

2.14 连铸车间工艺布置

连铸是炼钢与轧钢之间取代铸锭与初轧的工艺环节，连铸在炼钢与轧钢之间起到承上启下的作用。因此连铸生产必须与炼钢生产相匹配，其产品必须满足轧钢的要求。为此连铸车间布置应考虑：

(1) 连铸机与炼钢炉的匹配。连铸机的浇注时间与炼钢炉的生产周期必须协调，确保钢水供应的最佳输送路线，实现多炉连浇；同时连铸机的生产能力应大于炼钢炉生产能力10%～20%。

(2) 连铸机与轧钢机的配合。根据轧钢生产的规模、产品规格、质量要求等选择铸机的机型，确定生产品种、规格及钢水的精炼处理方式等。

(3) 必要的设备维修区和铸坯检查精整区。连铸生产中钢包及中间包的拆除、修砌、烘烤；结晶器、二冷扇形段等设备的整体更换、离线检修等都需要一定的专用设备和工作面积；还应留出冷坯的检查与精整区。

(4) 铸坯的运输。对检查精整后的铸坯应及时顺利运出车间，同时对热送热装的铸坯应选择合理运输路线，同时还要考虑辅助系统配套，如水的处理等。

总之在考虑连铸机的布置时应从炼钢→钢水精炼处理→连铸→铸坯送出→(检查精整)→热送轧钢整个工艺出发，考虑好物料的流向、时间的控制，避免相互干扰，影响工作效率。

2.14.1 连铸机的布置方式

现代连铸机在厂房内的立体布置均为高架式；其平面布置有纵向布置、横向布置和靠近轧钢机布置等。

2.14.1.1 纵向布置

连铸机的中心线与厂房柱列相平行为纵向布置，见图2-103。纵向布置的炼钢炉跨和连铸机跨之间是钢包运输跨，钢水供应比较方便，但是若增加新连铸机就困难了。对于炼钢生产规模小、产量低的车间，这种方式还可以维持生产。

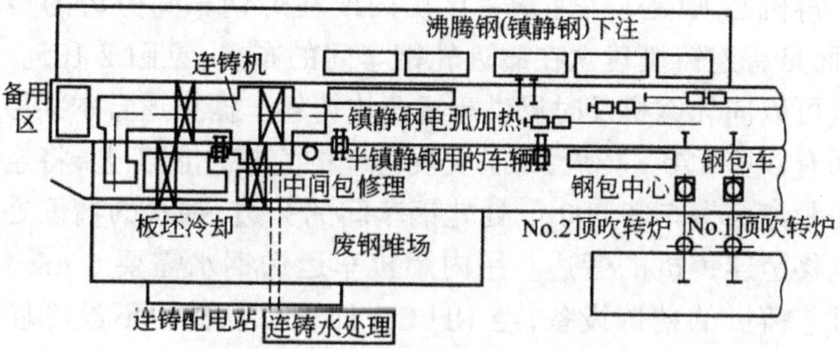

图 2-103　连铸机纵向布置平面图

2.14.1.2　横向布置

连铸机中心线与厂房柱列相垂直的布置为横向布置，如图2-104所示。这种布置方式钢包运输距离短，物料流程合理，便于增建和扩大连铸生产能力；把不同作业分散到各个跨间内，操作的干扰少，可以根据各跨间操作需要，确定跨间尺寸，配备设备等。横向布置适用于现代化的多台连铸机的全连铸车间。

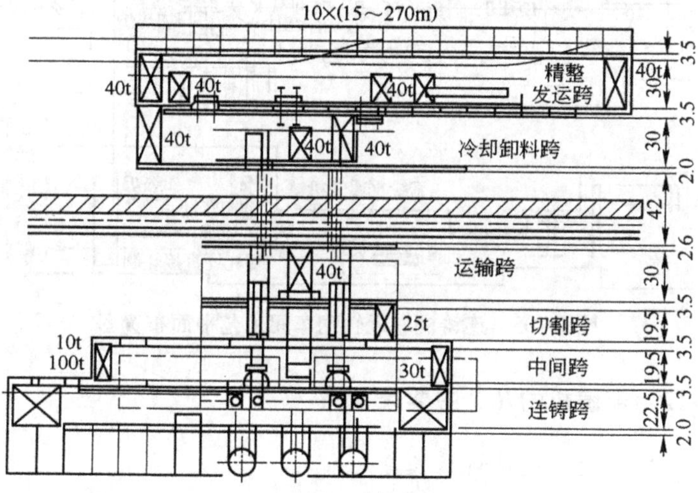

图 2-104　连铸机横向布置平面图

2.14.1.3 连铸机布置在轧钢车间旁边

当前已开发实现了铸坯热送、直接轧制和连铸连轧工艺，打破了连铸机必须建立在炼钢主厂房内或在炼钢车间旁边的传统模式，而是将连铸机建立在靠近轧钢车间的布置，见图 2-105。这样布置可以向轧钢机及时提供高温合格铸坯。据报道日本某厂炼钢车间有 3 座 170 t 转炉，为了实现铸坯的直接轧制工艺，将连铸机建在距离炼钢车间 600 m 处轧钢车间的旁边，钢水的精炼处理设备也移至连铸机的旁边。用内燃机车运送钢水需要 6 min，送到靠近连铸机的精炼设备，经 RH-OB 处理后浇铸。不设冷坯堆放场地，生产出的铸坯直接热送到轧钢厂轧制或热装入炉。铸坯入炉温度在 1000℃ 以上。

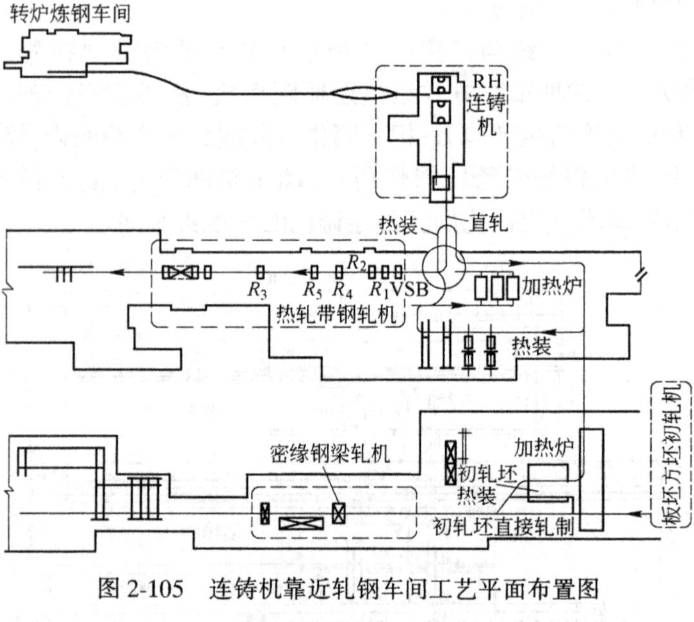

图 2-105　连铸机靠近轧钢车间工艺平面布置图

2.14.2 连铸机的几个主要尺寸

2.14.2.1 连铸机总长度

弧形连铸机的长度是指从结晶器中心至出坯挡板之间的总长

度，实际也是铸机弧形段与水平段之和的水平距离，见图 2-106。

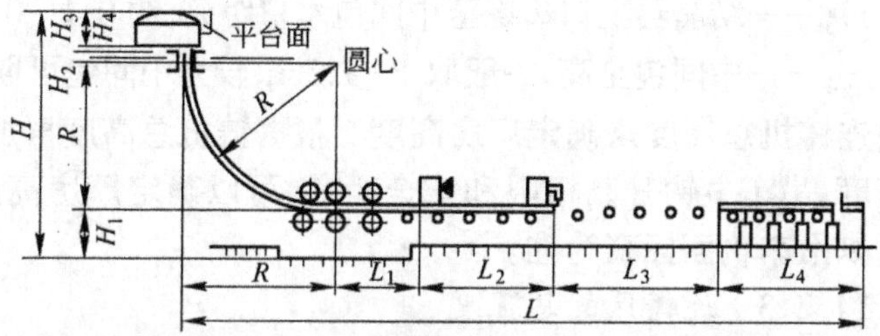

图 2-106　弧形连铸机总体尺寸示意图

连铸机总长度计算公式如下：

$$L = R + L_1 + L_2 + L_3 + L_4 \tag{2-45}$$

式中　R——连铸机圆弧半径，m；

L_1——拉矫机长度，取 1.5～1.8 m；

L_2——拉矫机至切割区距离，火焰切割区为 3～5 m；若机械剪切为 0 m；

L_3——输出辊道长度，m，从切割区终点到冷床入口辊道的长度，应大于最大定尺长度的 1.5 倍，同时还要大于引锭杆长度；

L_4——出坯冷床的长度，m。

连铸机总长度较长，各段设备的维修要求也不同。一般是将连铸机圆弧半径 R 以前部分设在连铸跨，其余部分布置在切割跨和出坯跨。

2.14.2.2　连铸机高度

图 2-106 中 H 是铸机的总高度，是从拉矫机底座基础面至中间包顶面的距离，单位为米，计算公式如下：

$$H = R + H_1 + H_2 + H_3 + H_4 \tag{2-46}$$

式中　H_1——拉矫机底座基础至铸坯底面距离，一般为 0.5～1.0 m；

H_2——弧形中心至结晶器顶面（上口边缘）的距离，常取结晶器长度的一半，约 0.35～0.45 m，直结晶器弧形连铸机是直线段长；

H_3——结晶器上口边缘至中间包水口距离，约 0.1～0.2 m；

H_4——中间包全高，一般取 1～1.5 m，较大中间包可取 2 m。

由连铸机总高度来确定厂房高度。根据铸机总高度再加上钢包的高度、吊车主钩升高极限和安全距离，可以确定厂房高度，厂房高度以吊车轨面标高为准。

2.14.2.3 连铸区的总宽度

连铸区的总宽度取决于浇铸平台的长度，而浇铸平台的长度又由连铸机的台数及台间距来确定。1 台连铸机的宽度是根据铸机的流数和流间距来确定。连铸机流数与流间距决定了中间包车的长度；中间包在浇铸位置距烘烤位置约 3 m，而中间包烘烤位置距浇铸平台边缘约 2 m，另外还应考虑多炉连浇和快速更换中间包，所以每台铸机配备两台中间包车和两个中间包烘烤位。连铸机流间距尺寸见表 2-10。

表 2-10 连铸机的流间距

连铸机类型	流数/流	流间距/mm
小方坯	2～4	900～1300
	6～8	中央 1500～2600
		边上 900～1300
圆　坯	2～4	1000～1300
	6～8	同小方坯
大方坯	2～4	1300～1600

若多台连铸机共用 1 个浇铸平台时，则两台铸机中心距约 12～14 m，小型铸机可取 10 m。

连铸区总长度由以上数据综合确定。

2.15 连铸车间内环境保护

2.15.1 环保政策

2.15.1.1 环境、环境质量和环境质量参数

我们所说的环境，是以人类为主体的外部世界，即人类赖以生

存和发展的物质条件综合体。在《中华人民共和国环境保护法》中也明确指出:影响人类生存和发展的各种天然的、经过人工改造的自然因素的总和称为环境。它包括大气、水、海洋、土地、矿藏、森林、草原、野生生物、自然遗迹、人文遗迹、自然保护区、风景名胜区、城市和乡村等。

环境质量是指环境的整体质量,也称综合质量,包括大气环境质量、水环境质量、土壤环境质量、生态环境质量等。表征环境质量的优劣或变化趋势所常用的一组参数称为环境质量参数,是对环境质量要素中各种物质的测定值或评定值,如大气中 SO_2、NO_2、NO_x(氮氧化物)、CO、可吸入颗粒物(PM_{10})、总悬浮颗粒物(ISP)、臭氧(O_3)、铅、氟化物等含量数值是表征大气环境质量的参数;再如 pH 值、化学需氧值、溶解氧浓度、有害化学元素含量、农药含量、细菌群数等数值是表征水环境质量的参数。

2.15.1.2 环境污染和环境保护

在自然界中有害物质或因子进入环境,并在环境中扩散、迁移、转化,使环境系统结构与功能发生变化,对人类和其他生物的正常生存和发展产生了不利影响,这种现象就是环境污染。引起环境污染的物质、因子称为污染物,如生产过程中排放出的有害气体、污水、尘埃及发出的噪声、放射物质等,生活中散发出的各种病原体,火山爆发排出的尘埃等。造成环境污染可以是人类活动的结果,也可以是自然活动的结果,或者是两种活动共同作用的结果。在通常情况下,环境污染主要是指由于人类活动所引起的环境质量下降,有害于人类和其他生物正常生存与发展的现象,所以环境污染的对象主要是人类自身。有人统计,近年我国社会总产值每增长 1 倍,不加治理的污染量就要增加 6~7 倍。

环境保护是采用行政的、法律的、经济的、科学技术等多方面措施,合理利用资源,防止污染,保持生态平衡,保持环境质量。对在生产建设或者其他活动中产生的废气、废水、废渣、粉尘、恶臭气体、放射物质以及噪声、振动、电磁波辐射等进行预防、治理、再利用,保障人类社会健康地发展,使环境更好地适应人类的劳动和生活，以及自然生物的生存与延续。提倡绿色环境，环境保护与经济发展协调统一，是实现可持续发展战略的重要前提条件。

2.15.1.3 钢铁工业绿色化

钢铁工业绿色化可以这样理解：钢铁工业作为基础工业在继续发展的同时，实现功能的转变。从单纯提供钢铁产品功能向充分发挥生产流程的能源转换功能转变；从废弃物排放大户向废弃物排放最小化转变，并向兼有处理社会废弃物功能转变。

钢铁工业的绿色化，不仅仅是清洁生产，还应体现生态工业的思想和3R循环经济的思想，即“减量化、再利用、再循环”。具体体现为：

(1) 资源、能源的消耗量最小，实用高效化。尽量多用再生性资源，少用天然铁矿石及其他天然矿物资源，多用废钢和转炉烟尘等；少用不再生性资源(如煤、石油、天然气等)；开发新的能源，如太阳能；少用新水、淡水资源，发展节水技术，强化水循环，减少废水排放。

(2) 在清洁化生产过程中应充分利用资源和能源，少排放废弃物、污染物、含毒物等。

2005年2月16日京都议定书正式生效，为了控制全球温室效应，对各国温室气体 CO_2 和 CH_4 的排放量提出限制。我国目前 CO_2 排放量仅次于美国，占全世界第二位，2025年 CO_2 排放量可能达到全世界第一。1990～2001年，我国 CO_2 排放量净增8.23亿t，占世界同期增加量的27%；预计到2020年，排放量要在2000年的基础上增加1.32倍，这个增量要比全世界在1990～2001年的总排放增量还要大。我国属于发展中国家，在2012年以前 CO_2 排放量不作限制，我国承诺到2020年 CO_2 排放量控制在13～20亿t，钢铁工业作为能耗大户和 CO_2 排放大户，从环保角度对钢铁工业的节能提出了明确要求。

(3) 提高钢铁产品的绿色度，即产品的生产过程中要少污染或不污染环境；产品的使用寿命长，使用效率高；产品及其制品对环境的污染负荷低；产品报废后易于回收、再循环。

(4) 与相关行业、社会的关系密切,可向社会提供余热和副产品,如向社会提供高炉渣、煤气、钢渣等;也可消纳社会的垃圾、废弃物,如废钢和合金返回料,并与相关工业形成生态链。

2.15.1.4 实施钢铁工业绿色化的途径

(1) 普及、推广一批成熟的环保节能技术,如干熄焦 CDQ、高炉炉顶余压发电、转炉煤气回收、蓄热式清洁燃烧、连铸坯的热送热装、高效连铸与近终形连铸、高炉的长寿、转炉的溅渣护炉、钢渣的再资源化等技术。

(2) 投资开发一批有效的绿色化技术,如高炉喷吹废塑料、焦炉处理废塑料、烧结烟气脱硫、煤基链算机回转窑、尾矿处理等技术。

(3) 探索开发一批未来的绿色化技术,如熔融还原炼铁技术、新能源开发、新型焦炉技术、处理废旧轮胎、垃圾焚烧炉与社会的废弃物处理技术等。

2.15.2 连铸机排水要求

连铸机耗水量较大,连铸机的给排水是保证正常生产的重要条件。连铸机用水应采取循环供水、污水处理的措施。严禁污水直接外排,造成农田和江河的污染。

结晶器、设备冷却供水为闭路供水系统。供水水质除要求为软水外,尚有含盐量、悬浮物、pH 值等要求。结晶器及设备冷却回水均采用"换热器"冷却,并设有冷却塔,以保持结晶器及设备冷却的闭路循环系统。

二次喷淋冷却供水系统为开路系统。由于冷却水与铸坯直接接触,水中含有大量氧化铁皮和少量浮油,水质受到污染,水温也随之升高。因此二冷排水需加入聚丙烯酰胺等絮凝剂,经沉淀、过滤、冷却处理,方能满足二冷的循环供水要求。必要时可采用离子静电水处理器生成 H^+、OH^- 离子与 Ca^{2+}、Mg^{2+} 离子发生反应,生成溶于水的 $Ca(OH)_2$、$Mg(OH)_2$ 和 CO_2,对水垢的形成起抑制作用。沉淀池中的铁皮及漂油应经常清除。

每个循环供水系统中，一般均设有旁通过滤器，也有采用两组串联的过滤器，以确保水质，还采取了投加水质稳定剂的措施。根据循环水供水要求及补充水水质情况，分别选择有效的缓蚀剂、分散阻垢剂和杀菌药剂。

连铸机少量污水达到国家规定排放标准后外排。

2.15.3 连铸其他环保治理措施

2.15.3.1 二冷区蒸汽治理

铸坯在二冷区直接喷水或喷雾冷却，必然产生大量的蒸汽。这不仅造成车间环境污染，也对车间设备维护和铸坯质量带来不利的影响。设抽风设备将蒸汽排到车间之外，达到环保要求。

2.15.3.2 车间内通风降温

在连铸车间的浇铸操作平台、钢包浇铸平台、出坯辊道、推钢机及冷床、中间包修砌区等高温作业区，用移动风机进行局部通风降温。

连铸主操作室、拉坯剪切操作室、出坯操作室、吹氩操作室等在设计时应考虑其位置不宜离热辐射中心太近，室内均设置空调器调温。

连铸电气室、低压配电室和液压站，必须采用空调器保持冬夏恒温。

对无特殊要求的连铸变电所，采用自然通风降温。

连铸净环水和浊环水的供、排水设施，泵房，药品库等设置机械通风系统。各操作室、电气室、仪表室等，视其环境温度的高低，采用冷风机或空调器。

2.15.3.3 噪声控制

风机、煤气、蒸汽放散，高压调节阀和水泵房都是产生噪声的地方，应采取消音和隔音措施，以保护听力。噪声控制标准应低于75 dB，极大值为90 dB。在正常情况下，噪声理想值控制标准应低于45 dB，极大值为60 dB。

在噪声源部位设置消音器。目前以吸音型分离式消音器使用效果较好，该种消音器内流速一般为 8.16 m/s，使消音器出口的噪声控制在 80 dB 以下，因而被广泛采用。

吸音材料选用玻璃棉。吸音材料厚度通常为 50～100 mm，夹在 1 mm 厚的冲孔板中间，板的开孔率约为 30%，孔径约 3 mm，孔距约 5 mm，吸音材料密度为 24 kg/m^3。

为了减少风机周围的噪声，从进风除尘器到风机的管道和风机外壳均采用隔音措施；隔音材料为玻璃棉，厚度为 110 mm，外包钢板作防湿层。

2.15.3.4 氧化铁皮的处理

氧化铁皮冲渣沟一般与连铸机作业线成垂直布置。主冲渣沟中心线一般设在第一对拉辊下面。主冲渣沟的结构为地下通廊形式，一侧设有人行走道，另一侧是冲铁皮通廊的通风地下通道。二冷区的氧化铁皮经二冷水冲入主铁皮沟。用沿辊道及冷床区地面倾斜的冲铁皮沟，将出坯辊道区的氧化铁皮汇入辊道区的铁皮沟，再用水冲入主铁皮沟，进入位于车间外部的开路循环水系统的旋流池中。氧化铁皮在旋流池中沉淀后，用抓斗吊抓出氧化铁皮，运往烧结车间；被氧化铁皮污染的二冷水和冲铁皮水经过处理后，再循环使用。

2.15.3.5 局部除尘和厂房除尘

车间内中间包倾翻，结晶器加保护渣，一、二次火焰切割区，尤其在不锈钢切割时，必然产生烟气和粉尘，安装局部排烟除尘设备，以确保车间的卫生环境和操作人员身体健康。

3 钢的结晶与凝固结构

3.1 基础知识

3.1.1 物质形态

物质由分子、原子或离子组成，它们存在着固态、液态和气态三种聚集状态。物质的聚集状态与温度密切相关，如常压下水在0℃以下为固态，100℃以上呈气态，0～100℃之间为液态，但也有气态水蒸气存在。

物质的原子有规则排列是晶体，如食盐、水晶等；反之，称作非晶体，如松香、玻璃等。

为了分析晶体中原子排列的规律及几何形状，用假想的线在三个方向上将原子相互连接起来，形成的空间网格称为晶格。在空间晶格中取出代表晶格特征的最小单元称作晶胞。由此推知，晶格就是由许多大小相等、形状相同的晶胞有次序地重复堆砌而成，见图 3-1*a*、*b*。在晶格中原子所处的平衡位置称为结点，原子在结点上不是固定不动而是围绕结点在振动。

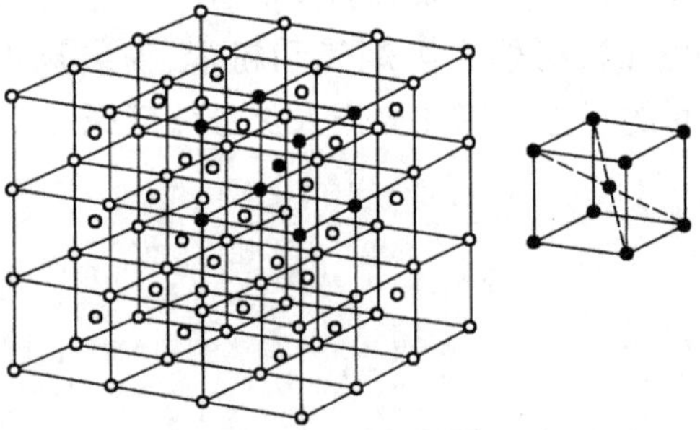

a　　*b*

图 3-1　晶格与晶胞

a—晶格；*b*—晶胞

金属与合金均属晶体。晶格不同,其性能有显著区别。譬如同一种金属,当晶格结构发生改变将会引起金属的物理、力学性能巨大变化,如强度、塑性、韧性、导电性、磁导率等。

金属常见的晶格有三种类型即体心立方晶格、面心立方晶格和密排六方晶格。金属 Zn、Be、α-Co、Mg、Ti 等属于密排六方晶格类型。

体心立方晶格的晶胞由 8 个原子构成正方体,并在正方体的中心有一个原子,如金属 Cr、V、W、Mo、α-Fe、Nb、900℃以上的β-Ti 等属于体心立方晶格类型。

面心立方晶格的晶胞由 8 个原子构成正方体,在正方体的 6 个侧面的中心各有一个原子,金属 Al、Cu、Ni、912～1394℃ γ-Fe 等属于面心立方晶格类型。

铁在固态可呈体心立方晶格和面心立方晶格两种类型存在。

大部分金属凝固时,由于有许多晶体同时生长,相互影响、抑制,形成很多外形不规则的晶粒,见图 3-2。晶粒与晶粒的界面称为晶界,晶粒内部原子排列方向是一致的,见图 3-3。晶粒是金属组织的基本单元。

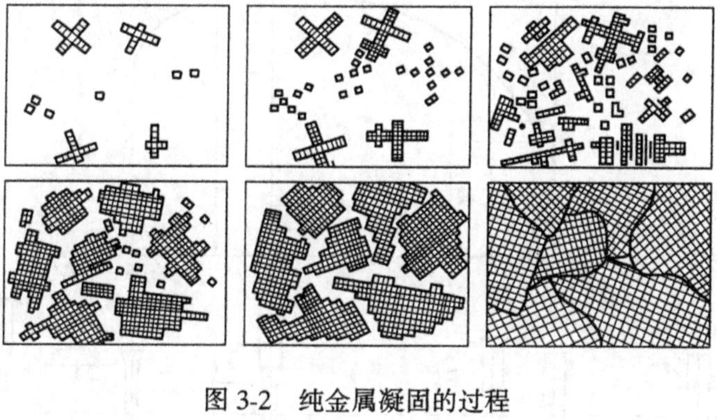

图 3-2　纯金属凝固的过程

3.1.2　力学性能

金属的力学性能是金属材料抵抗外力作用的能力。钢的力学性能通过钢的试样检验测定。

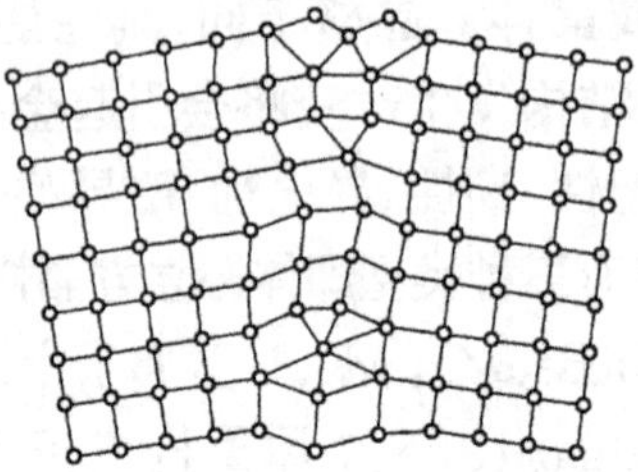

图 3-3　晶界示意图

(1) 屈服强度。在拉伸机的拉力作用下试样(图 3-4)被拉长，开始试样的伸长和拉力成正比，当拉力解除后试样仍恢复到原来尺寸，这种变形叫做弹性变形。不断加大拉力试样继续变形伸长，但外力解除后试样却不再恢复到原来长度，成为不可复原的永久性变形，这种变形叫做塑形变形。由弹性变形点转变为塑性变形时的应力，叫做屈服强度，也叫屈服点，其代表符号是 σ_s，单位是帕，图 3-4 是钢的试样受力后变化过程。

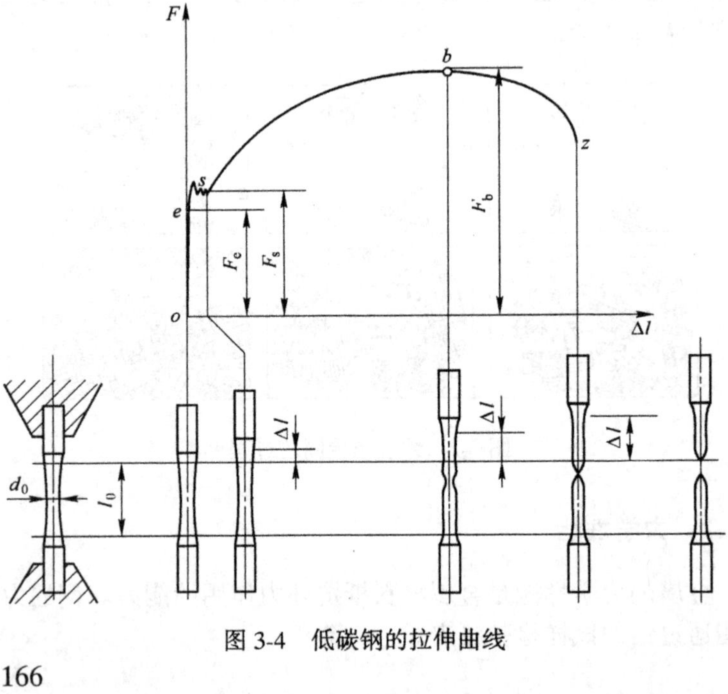

图 3-4　低碳钢的拉伸曲线

(2) 抗拉强度。在上述拉伸试验中试样产生塑性变形后，继续增大拉力，最后试样被拉断，拉断前的最大应力就是抗拉强度，其代表符号是 σ_b，单位是帕。

(3) 伸长率。金属试样被拉长，拉断后(图 3-5)伸长部分的长度与原标距长度的比值，为伸长率，其代表符号是 δ，以%表示。试棒标距等于 5 倍直径为短试棒，所求得的伸长率用 δ_5 表示；试棒标距等于 10 倍直径为长试棒，所求得的伸长率用 δ_{10} 表示。

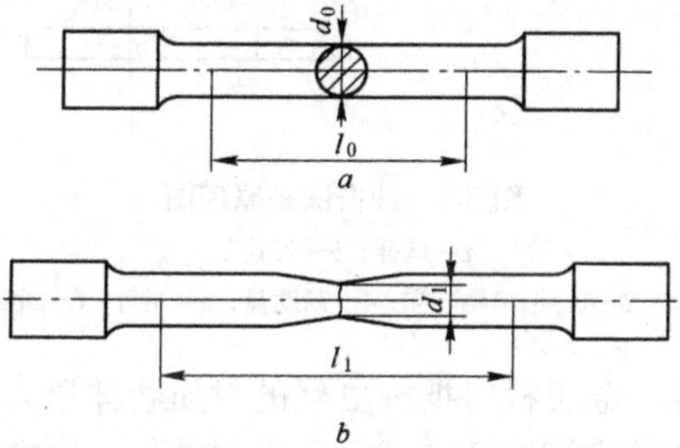

图 3-5 圆形拉伸试样

a—拉伸前；*b*—拉断后

(4) 断面收缩率。如图 3-5 所示，试样被拉断后，断口截面面积减少的百分比，其代表符号为 Ψ，用%表示。

(5) 弯曲试验。试样处于热态或冷态下进行弯曲，折弯到 90°或 120°，测定钢材承受弯曲的能力，不同钢材对试样的直径和弯曲的角度有不同要求。

(6) 冲击值也称冲击韧性值，即在规定温度下，一定尺寸带有刻槽的试样，在试验机上受一次冲击负荷而折断时，试样刻槽处单位面积上所消耗的功，见图 3-6。代表符号为 a_K，单位为焦耳/厘米^2(J/cm^2)。其中 U 形缺口试样称为梅氏试样，V 形缺口试样称为夏氏试样，测定温度可以在室温或在 15～－192℃，如 0℃、－20℃、－40℃等。

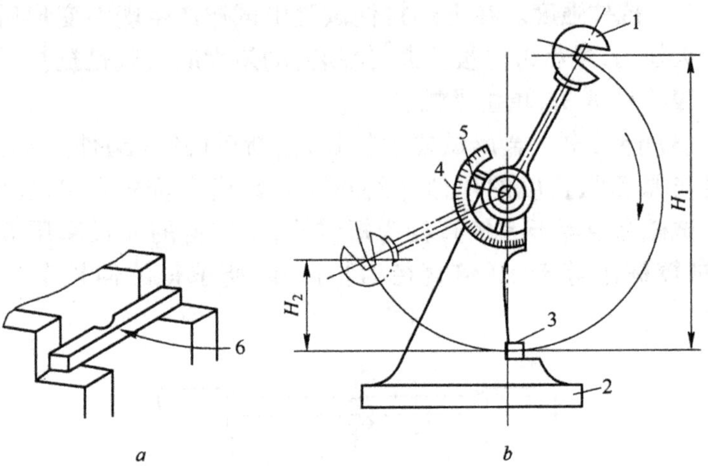

图 3-6　冲击试验原理图

a—试样；*b*—冲击机

1—摆锤；2—机架；3—试样；4—刻度盘；5—指针；6—冲击方向

(7) 硬度。金属材料抵抗更硬的材质物体压入其表面的能力。更硬的物体有淬硬钢球、金刚石圆锥体等。检验方法有：布氏硬度(HB)、洛氏硬度(HR)、维氏硬度(HV)、肖氏硬度(HS)。对同一种材料，检验方法不同，其硬度数值也不一样。常用的为布氏硬度、洛氏硬度。

3.1.3　铁的同素异晶(构)转变

纯铁在 912℃ 以下以体心立方晶格形式存在，标作 α-Fe；912～1394℃之间转化为面心立方晶格，标作 γ-Fe；1394～1538℃之间又是以体心立方晶格存在，标作 δ-Fe；1538℃以上为液态铁。固态纯铁不同晶体结构之间的转变过程叫同素异晶转变，也是相变的一种类型，如图 3-7 所示。

同素异晶转变是晶格原子重新规则排列的过程，因此同素异晶转变是遵循形核、核长大的规律，称其为二次结晶，也称再结晶。

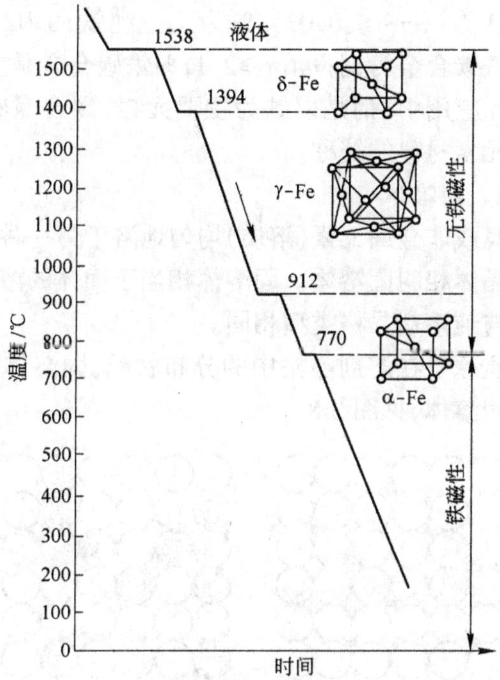

图 3-7 纯铁的凝固和异晶转变过程

3.1.4 合金的结构

3.1.4.1 合金

两种或两种以上的金属元素或金属与非金属元素组成的，并具有金属性质的材料叫合金，也称金属熔体，如黄铜是铜锌合金，青铜是铜锡合金，钢和生铁是铁碳合金。

由一种金属元素组成的物质或材料为纯金属。实际上没有绝对纯的金属，这只是相对合金而言。根据其纯度分为工业纯金属和化学纯金属，二者之间没有严格界限。工业上生产与使用的大多为工业纯金属，化学纯金属的应用范围很有限，提炼也很困难。

工业纯铁、钢、生铁都是铁碳合金，只是碳含量不同。

金属学认为：$w_{[C]} \leqslant 0.0218\%$为工业纯铁；$0.0218\% < w_{[C]} < 2.11\%$的铁碳合金为钢；$w_{[C]} \geqslant 2.11\%$铁碳合金是生铁。

但在实际应用中，钢是以铁为主要元素，碳含量在2%以下，并含有其他元素材料的统称。

3.1.4.2　固溶体

一种金属或非金属元素（溶质）均匀地溶于另一种金属（溶剂）中所形成的晶体相叫固溶体。固溶体相当于固体的溶液。固溶体的晶格类型与纯溶剂晶格类型相同。

根据溶质原子在溶剂晶格中的分布状况，固溶体分为置换固溶体和间隙固溶体，见图3-8。

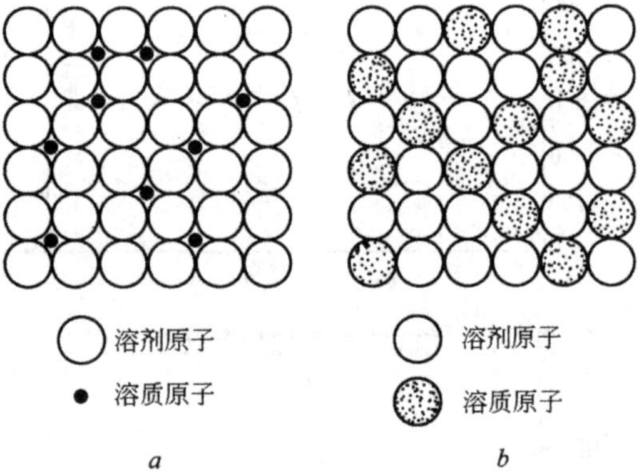

图3-8　间隙固溶体和置换固溶体示意图

a—间隙固溶体；*b*—置换固溶体

A　置换固溶体

溶质原子分布在溶剂晶格结点上，代替溶剂原子位置而形成的固溶体是置换固溶体，见图3-8*b*，如Cr28不锈钢就是α-Fe类型结构，铬以置换方式占据了铁原子的位置；0Cr18Ni9不锈钢是γ-Fe类型的固溶体。

只有当溶质原子与溶剂原子的晶格类型相同，化学性质相似，原子直径之差小于15%，溶质和溶剂就可以无限互溶，方能形成无限置换固溶体。否则只能形成有限置换固溶体。

B　间隙固溶体

溶质原子分布在溶剂晶格空隙处所形成的固溶体为间隙固溶体，见图3-8*a*。溶质原子远小于溶剂原子才能形成间隙固溶体。通常溶于铁中的直径较小的非金属元素如C、N、B、H、O等成为间隙固溶体。间隙固溶体的溶解度是有限的，又称为有限固溶体。

碳溶于α-Fe中的间隙固溶体是铁素体。碳在铁素体的溶解度为$0.008\% < w_{[C]} < 0.0218\%$，铁素体用“F”表示，是钢的主要组织；奥氏体是碳溶于γ-Fe中的间隙固溶体，用“A”表示，奥氏体是钢进行轧制以及热处理的晶体相，部分高合金钢在室温下也能以奥氏体形式存在。

由于溶质原子和溶剂原子的大小不同，当溶质溶于溶剂时，必然引起固溶体的晶格扭曲变形，这对材料的性能有很大影响。

3.1.4.3　金属化合物

金属与金属、金属与非金属，两组元在固态下按一定比例相互化合，且能用化学分子式表达成分的新相称为金属化合物，如钨与碳组成化合物WC，铁与碳化合为Fe_3C，也叫渗碳体，其$w_{[C]} = 6.69\%$。

金属化合物具有独特的复杂晶格，且硬度较高、质脆、塑性差，如碳素工具钢T10A就是铁与碳的固溶体＋化合物Fe_3C构成的两相组织；高速工具钢W18Cr4V是铁和碳固溶体与化合物WC、Cr_7C_3、VC所构成的多相组织。

在固溶体的基体上添加适量的金属化合物，可形成多种晶体混合物，能够大大强化合金的性能。合金材料的性质，在很大程度上取决于金属化合物类型、数量、形态、分布状况等。金属化合物最常见的分布形式有三种：

（1）化合物在晶粒边界呈不连续的质点或连续的网状分布。这种形式的分布最坏，使合金性能变得硬而脆，高碳钢网状碳化物就是沿晶界连续分布的。

（2）化合物在晶粒中呈片层状分布。这种分布可提高合金的强度，降低塑性，如高碳钢在热轧后空冷得到的组织，就是渗碳体

Fe_3C在晶粒中呈片层状分布，这种化合物使合金硬度不均匀，影响机械加工性能。

(3) 化合物在晶粒中呈分散的质点分布。合金的强度、硬度均有提高，塑性和韧性降低不多，通过这种分布形式改善合金性能，称其为弥散强化，例如钢中加入合金元素 Ti、V、W、Mo、Nb 等可形成这种弥散金属化合物，从而提高钢的强度。

3.1.4.4 机械混合物

当液态合金结晶后，既不能形成单一的固溶体相，也不能形成单一的金属化合物相，合金是由两种不同晶格的固相混合而成，称为机械混合物。例如在 727℃～室温的情况下，铁素体与渗碳体 Fe_3C 既不互溶成为固溶体，也不化合形成化合物，而是形成保持各自状态的片层状机械混合物；按片层间距从大到小，这些混合物分别称为珠光体、曲氏体、索氏体。珠光体中铁素体与渗碳体相对量之比约为 7∶1。

当奥氏体迅速冷却到 200℃以下的温度时，铁、碳原子来不及扩散，碳被迫过量溶解于 α-Fe 中。碳在 α-Fe 中形成的过饱和固溶体叫做马氏体。马氏体是一种针状或板条状组织，其硬度比珠光体高，塑性、韧性差，脆性高，是非平衡、不稳定组织。

可见，钢的基本组织有以固溶体形式存在的铁素体、奥氏体和以化合物形式存在的渗碳体 Fe_3C；其他组织珠光体、屈氏体、索氏体都是铁素体与渗碳体组成的机械混合物，而马氏体是碳过饱和溶解在铁素体中。

3.1.5 铁碳合金状态图

图 3-9 是铁碳合金状态图，又称铁碳相图，它是处于平衡状态下，不同成分的铁碳合金在不同温度下的状态与组织关系图。只有纯铁及 $w_{[C]}=6.69\%$ 的 Fe-C 组成的合金才有实际应用价值，所以常见铁碳合金状态图是 Fe-Fe_3C 状态图。

3.1.5.1 铁碳合金状态图上特性

铁碳合金状态图上各个点的成分、温度、含义列于表 3-1。

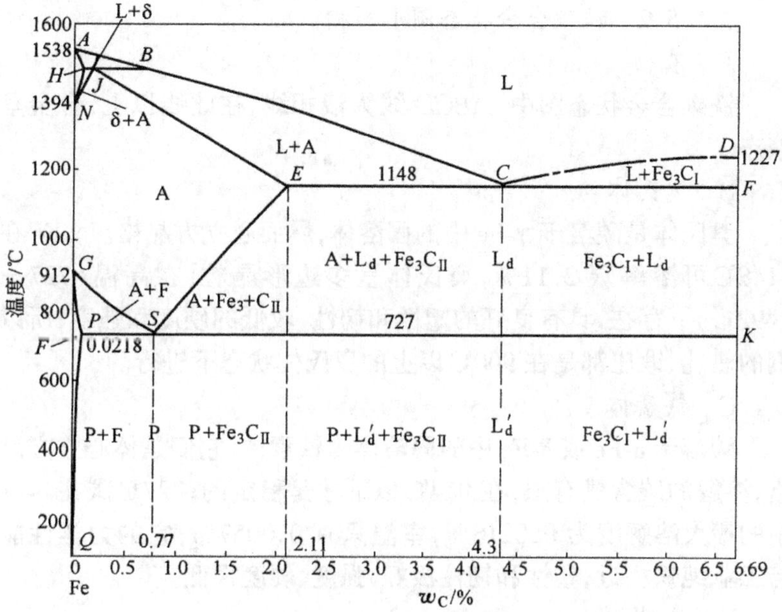

图 3-9　Fe-Fe_3C 相图

表 3-1　铁碳合金状态图中的特性点

符号	温度/℃	碳含量/%	说　明
A	1538	0	纯铁熔点
B	1495	0.53	包晶转变时液态合金成分
C	1148	4.30	共晶点
D	1227	6.69	渗碳体熔点
E	1148	2.11	碳在 γ-Fe 中的最大溶解度
F	1148	6.69	渗碳体成分
G	912	0	α-Fe 与 γ-Fe 相互转变温度(A_3)
H	1495	0.09	碳在 δ-Fe 中的最大溶解度
J	1495	0.17	包晶点
K	727	6.69	渗碳体的成分
N	1394	0	γ-Fe 与 δ-Fe 相互转变温度(A_4)
P	727	0.0218	碳在 α-Fe 中的最大溶解度
S	727	0.77	共析点(A_1)
Q	600	0.0057	0℃时碳在 α-Fe 中的溶解度

3.1.5.2 铁碳合金状态图中的相

A 液相

铁碳合金状态图中，*ABCD* 线为液相线，在此线以上，合金呈液态。

B 奥氏体

奥氏体是碳溶于 γ-Fe 中的固溶体，属面心立方晶格。γ-Fe 在 1148℃可溶解碳 2.11%，奥氏体呈多边形晶粒，在高温（727～1492℃）下存在，具有良好的塑性和韧性，较低的硬度和强度，所以钢的热轧、锻压都是在 900℃以上的奥氏体状态下进行。

C 铁素体

碳溶于 α-Fe 或 δ-Fe 中的固溶体为铁素体，它们是体心立方晶格，溶解的碳含量有限，在 914℃以下才是稳定的；727℃碳在 α-Fe 中的最大溶解度为 0.0218%，室温只有 0.0057%，它的力学性能与工业纯铁相近，塑性和韧性极好，强度、硬度很低。

D 渗碳体

铁与碳组成的金属化合物 Fe_3C 为渗碳体，具有复杂的晶格结构，碳含量高达 6.69%，它硬而脆，塑性几乎为零。在许多情况下，渗碳体是与其他相共同存在于钢中，如渗碳体与铁素体的机械混合物为珠光体、曲氏体、索氏体等。

3.1.5.3 合金状态图中的线

铁碳合金状态图中，*ABCD* 线为液相线，在此线以上，合金呈液态。

沿 *AB* 线开始析出 δ-Fe，沿 *BC* 线开始析出奥氏体 γ-Fe，沿 *CD* 线开始析出渗碳体。从图 3-9 可以看出碳含量在 4.3%以下，随碳含量升高，铁碳合金熔点逐渐降低。

铁碳合金状态图中，*AHJECF* 线为固相线，在此线以下，Fe-C 合金处于单相或两相晶体状态，*AH* 线以下为 δ-Fe，*HJ* 线以下为 δ-Fe 和奥氏体 γ-Fe，*JE* 线下为奥氏体 γ-Fe，*ECF* 线下为奥氏体 γ-Fe 和渗碳体。

铁碳合金状态图中，有三条横线，从上到下分别为：*HJB*——包晶线，温度为1495℃；*ECF*——共晶线，温度为1148℃；*PSK*——共析线，温度为727℃。温度在这三条线上，铁碳合金发生同素异晶转变。

此外，铁碳合金状态图还有几条重要的线：*GS* 线是在缓慢冷却条件下，奥氏体 γ-Fe 向铁素体 α-Fe 开始转变的温度线，这条线也用符号 A_3 表示。*ES* 线是碳在奥氏体 γ-Fe 中的溶解度曲线。*PQ* 线是碳溶于铁素体 α-Fe 的溶解度曲线。

从 *ES* 线和 *PQ* 线的位置看，单相奥氏体出现在 *NJESGN* 区域内，碳浓度范围是 0～2.11%，而单相铁素体是碳浓度极低的 *QPGQ* 区域。以上说明碳在铁的同素异晶体中的溶解能力有显著的差别，这不仅是热处理的基础，还可以通过控制碳含量改变钢的组织，获得不同的性能，也是炼钢的基础。

3.1.5.4 铁碳合金状态图中的区域

铁碳合金状态图上各区域的组织见表3-2。

表3-2 铁碳合金状态图中的区域

区域		含义
单相区	*ABCD* 以上	液相区(L)
	AHNA	δ-Fe 固溶体区(δ)
	NJESGN	奥氏体区(γ或A)
	GPQ 线以左	铁素体区（α或F)
	DFK 线右边	渗碳体区(Fe_3C)
两相区	*ABHA*	L+δ
	JBCEJ	L+γ
	CDFC	L+Fe_3C
	HNJH	δ+γ
	SECFKS	γ+Fe_3C
	GPSG	α+γ
	PSK 线以下	α+Fe_3C

3.1.5.5 铁碳合金状态图中的重要转变

铁碳合金状态图的 *PSK* 线为 727℃,发生共析转变,碳含量在0.77%的 *S* 点,同时析出铁素体+渗碳体的混合物,称为珠光体,在铁素体基体上分布着片层状的渗碳体组织。其过程是:$A_{0.77\%} \xrightarrow{727℃} F_{0.0218\%} + Fe_3C_{6.69\%}$。碳含量为0.77%的铁碳合金称共析钢。

碳含量在0.77%~2.11%之间的铁碳合金为过共析钢。奥氏体沿 *ES* 线析出渗碳体,碳含量逐渐降低直到等于0.77%时,发生共析转变,所以在这个碳含量范围的钢平衡组织是渗碳体+珠光体。

碳含量小于0.77%的铁碳合金称亚共析钢,奥氏体沿 *GS* 线析出铁素体,碳含量逐渐增高,直到等于0.77%,发生共析转变,所以亚共析钢平衡组织是铁素体+珠光体。

在铁碳合金状态图上1495℃的 *HJB* 线,碳含量为0.17%的 *J* 点,处于液相、奥氏体、δ-Fe三相平衡状态,发生 $L_{0.53\%} + \delta_{0.09\%} \xrightarrow{1495℃} A_{0.17\%}$转变,此为包晶转变。凡是碳含量在0.09%~0.53%的铁碳合金都会出现上述反应,它是在液相中围绕固相δ-Fe表面出现逐渐生长的奥氏体,同时δ-Fe也逐渐向奥氏体转变,因为奥氏体包住了δ-Fe,所以称为包晶反应。由于晶型的转变,导致体积收缩,是铸坯出现裂纹的主要原因之一。

当奥氏体迅速冷却到200℃以下时,铁、碳原子来不及扩散,碳被迫过量溶解在α-Fe中。碳在α-Fe中形成的过饱和固溶体叫做马氏体。马氏体是一种针状组织,其硬度比珠光体高,塑性、韧性差,脆性高,是非平衡组织,也是不稳定组织。

3.1.6 铁碳合金成分-组织-性能之间的关系

溶质原子引起固溶体的晶格变形。晶体中溶剂某些位置有原子缺失,见图3-10*a*,同样会造成晶体结构变形,这种现象叫做空位原子。钢在轧制中出现的一排连续的空位原子叫做位错,见

图 3-10*b*、*c*，金属塑性变形（轧制）就是通过位错的运动完成的。

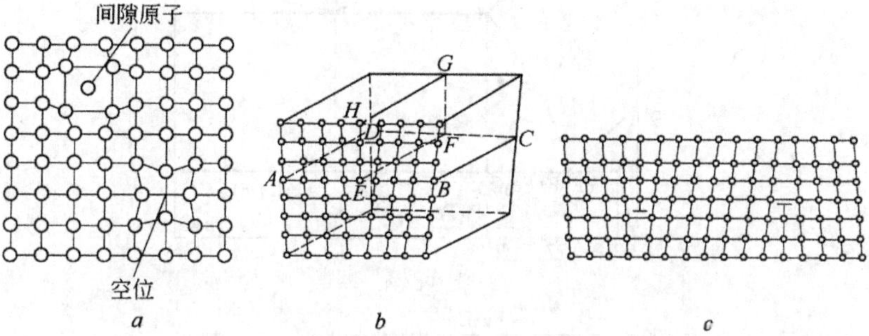

图 3-10　点缺陷与线缺陷

a—间隙原子与空位原子；*b*—位错立体图；*c*—位错平面图

大颗粒纯铁晶体的强度、硬度并不高，但是晶体缺陷造成晶格畸变，引起塑性变形抗力增加，可以大大提高强韧性。

固溶体以及晶体中的脱位原子是点缺陷，位错造成晶格变形是线缺陷，而晶界则是面缺陷，类似 Fe_3C 的金属碳化物、氮化物或其他纳米级夹杂物是体缺陷，这些缺陷运用得当，可以在一定范围内提高钢的综合力学性能。纳米级夹杂物可以提高钢的强度，夹杂物颗粒增大到微米级则降低钢的强度。

铁碳合金随着碳含量的增加，钢中体缺陷 Fe_3C 量逐渐增加，相应会提高钢的强度、硬度，碳含量在 0.9%左右其强度达到最大值；而随碳含量增高，脆性也随之增大，见图 3-11*b*。

纯金属点缺陷、体缺陷存在的可能性不大，只能通过压力加工破碎晶粒形成较多的位错－线缺陷及晶界－面缺陷，以提高强度和硬度。

3.1.7　铁碳合金状态图在连铸中的应用

铁碳合金状态图中 *AC* 线、*GS* 线、*PS* 线对浇注温度、轧制温度、热处理温度有具体的指导意义，见图 3-12。

从铁碳合金状态图看，随着碳含量的增加，液相线与固相线距离加大，这将延长钢的凝固时间，钢的偏析增大、晶粒变粗。

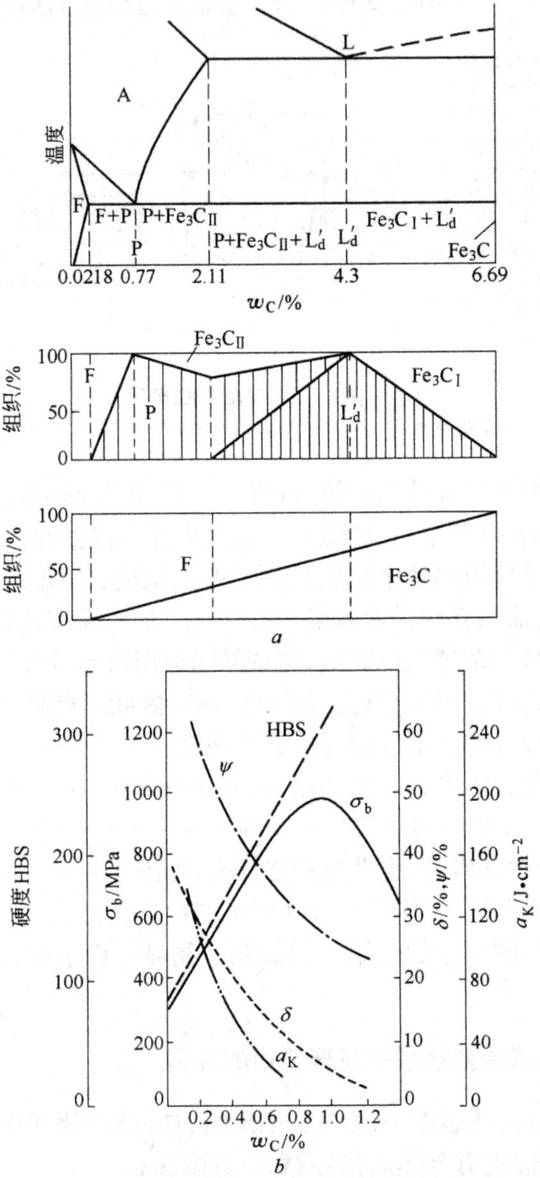

图 3-11　铁碳合金的成分－组织之间的关系

a—铁碳合金的成分－组织之间的关系；*b*—碳含量对钢力学性能的影响

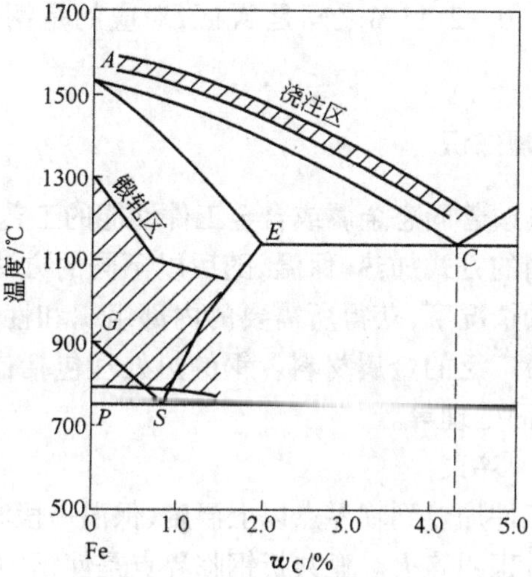

图 3-12　铁碳合金状态图对浇铸和钢轧制的指导意义

在 727～912℃之间发生 A→F 转变，转变过程体积膨胀，如果此时再受到外力作用很容易形成内部裂纹，所以普通钢铸坯的矫直温度要避开 700～900℃温度区间。

碳含量在 0.09%～0.53%的铁碳合金都会出现包晶反应，但在 0.12%最易出现裂纹，见图 3-13。

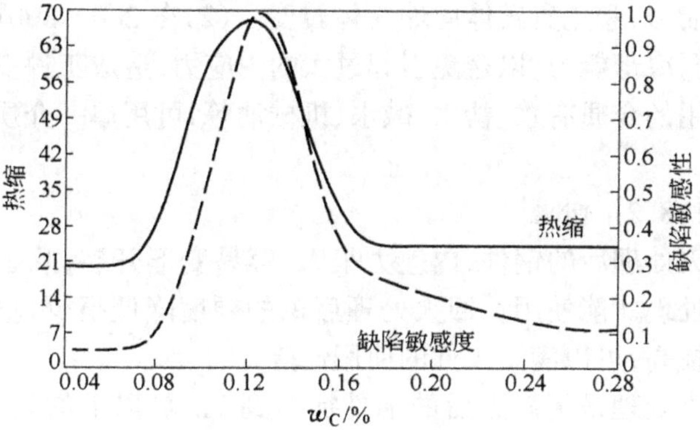

图 3-13　碳含量对缺陷敏感性的影响

碳含量在0～2.11%之间是A区,对应的是钢的碳含量成分范围。

3.1.8 热处理知识

热处理是改善固态金属或合金工件性能的工艺。根据不同的目的采用适当的方式加热、保温,随后以不同的方法冷却,在不改变工件外形的情况下,获得所需要的内部组织和性能。钢是采用热处理工艺最广泛的金属材料。钢的热处理包括:淬火、回火、退火、正火和表面处理等。

3.1.8.1 淬火

将钢的工件加热到临界点以上温度,保温一段时间,然后急剧冷却的工艺过程叫淬火。亚共析钢临界点是使钢中铁素体转变为奥氏体的温度,共析钢、过共析钢的临界点是727℃,从铁碳合金状态图上看,亚共析钢应加热到 *GSK* 线以上30～50℃,共析钢及过共析钢应加热到727℃+(30～50)℃。

经淬火处理后,亚共析钢和共析钢获得的组织是马氏体+少量残余奥氏体;过共析钢是马氏体+少量残余奥氏体+少量渗碳体。经过淬火处理,可以提高钢的硬度,但可能引起工件变形和裂纹。

淬火介质必须满足两个要求:(1)在550～650℃区间,具有较强冷却能力,避免奥氏体向珠光体转变。(2)在200～300℃区间,具有较弱冷却能力,以避免引起过大的内应力,造成工件变形或开裂。常用的介质有水、盐水、碱水、机械油等,可用单一介质或组合使用。

3.1.8.2 回火

淬火处理后的钢件,内应力很大,容易变形开裂,几乎都要经过回火处理才能使用。回火处理后钢的硬度降低很少,塑性和韧性得到提高,可以满足工件的使用性能。

回火处理是将淬火后的钢件加热到727℃以下的某一温度,保温一定时间,然后以一定的方式冷却,得到较稳定组织的工艺过程。经过回火处理,钢的组织是溶解过量碳的铁素体和部分细小颗粒的渗碳体。

3.1.8.3 退火

钢件加热到临界温度，即铁碳合金状态图 *GSK* 线附近，保温一段时间后缓慢冷却（一般随炉冷却）的热处理工艺称为退火。

退火处理时，加热过程钢的组织转变成奥氏体，缓冷后得到接近铁碳合金状态图中的室温组织。退火目的是：(1)降低钢的硬度，提高塑性，便于机加工和冷变形加工；(2)细化晶粒，均匀钢的组织及成分，改善钢的性能，并为以后的热处理作准备；(3)消除钢中的残余内应力，防止工件变形与开裂。

亚共析钢退火处理，加热温度在 A_3 以上 20～40℃，保温后缓慢冷却叫完全退火。完全退火有细化晶粒、降低硬度、消除内应力的作用。

共析钢或过共析钢退火处理，钢件加热温度在 727℃ +（20～40）℃，保温后缓慢冷却叫不完全退火，其目的是将渗碳体由片状转变为球状，所以此工艺也称球化退火。

3.1.8.4 正火

正火亦称"常化"，是将钢加热到临界温度以上 30～50℃或更高的温度，保温一定时间，使组织完全奥氏体化和均匀化，然后在空气中冷却获得屈氏体或索氏体的热处理工艺。

正火与退火相比，具有冷却速度快，过冷度大，晶粒较细，强度、硬度较高等特点。

3.2 钢的结晶

无论连铸工艺还是模铸工艺，其实质都是完成钢从液态向固态的转变，这个转变过程就是钢的结晶过程，也称钢的凝固。从微观来看，是原子近程有序排列转化为远程有序排列；从宏观来看，是液态金属将贮存的显热和结晶潜热释放传输到外界转变为固态的过程。这种转变不能任其发展，而是要按工艺、质量的要求加以适当控制，以达到规定的尺寸、形状、组织、质量和结构的要求。

无论合金还是纯金属的结晶都需要两个条件：

(1) 一定的过冷度,此为热力学条件;

(2) 必要的晶核,此为动力学条件。

3.2.1 结晶的热力学条件

图 3-14 是金属液、固相自由能 G_L 和 G_S 与温度的函数关系。当金属处在熔化温度时,液相与固相处于平衡状态,即 $G_L=G_S$。排出或供给热量,则平衡可向不同方向移动。当排出热量液相金属转变为固相时。根据热力学的最小自由能原理,过程能够自发地从自由能高的状态向较低的状态转变。随温度的上升,G_L 和 G_S 均下降,但下降的速度不同,两线相交于 A,A 点对应的温度是 T_0。当温度高于 T_0 时,$G_L<G_S$。液相稳定,固相熔化。在温度低于 T_0 时,$G_S<G_L$,固相稳定,液相凝固。T_0 为理论结晶温度。

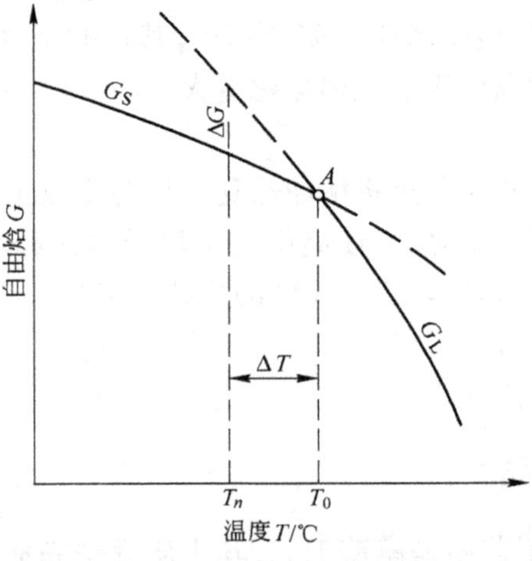

图 3-14　固－液两相自由能与温度的关系

图 3-15 是液态金属结晶的冷却曲线。图 3-15a 为液态金属冷却速度比较缓慢,当冷却到理论结晶温度 T_0 以下 T_n,便开始结晶,并在 T_n 下保持一段时间,直到完成结晶过程。结晶过程释放潜热的速度与向周围环境散热的速度正好相等,因而在温度与时间的曲线上出现了水平线段。结晶完了由于固态金属的冷却,

温度继续降低。

图 3-15*b* 为液态金属冷却速度较快，当温度降低到理论结晶温度 T_0 以下的 T_n，开始结晶。由于结晶开始释放的潜热大于向周围环境的散热，故结晶开始发生一段温度的回升。

图 3-15*c* 为冷却速度最快，结晶过程释放的潜热小于向周围环境的散热，因而结晶过程温度继续降低。

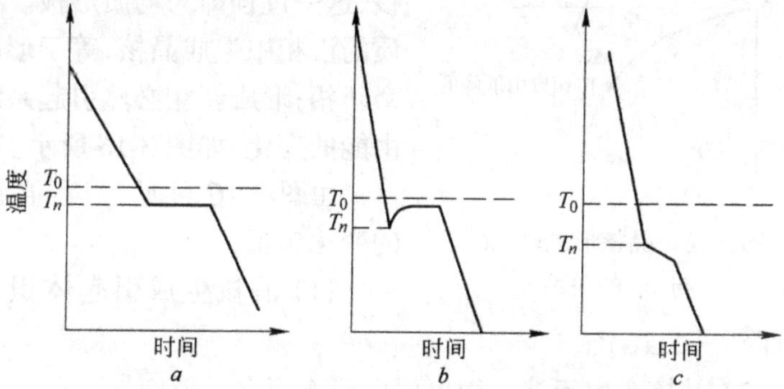

图 3-15　液态金属在不同冷却速度下温度与时间的关系曲线

从图 3-15 的 3 个曲线可见，液态金属是在理论结晶温度 T_0 以下 T_n 才开始结晶的，T_n 为实际结晶温度，T_0 也称平衡结晶温度。金属在 T_0 以下仍保持液态的现象为过冷现象。T_0 与 T_n 之差为过冷度，即：

$$\Delta T = T_0 - T_n \tag{3-1}$$

具有一定过冷度是金属结晶的必要条件，也是结晶的热力学条件。

3.2.2 结晶的动力学条件

金属结晶的动力学条件是形成晶核和晶核长大。

3.2.2.1 形成晶核

液体的结晶必须有核心。晶核的形成有均质形核和异质形核之分。

A 均质形核

均质形核又称自发形核。液态金属中存在很多与固态金属结构相似、体积很小、近程有序排列的"原子集团"。在足够过冷度的条件下,这些原子集团转变成规则排列,并稳定存在下来而成为晶核,这一过程即为均质形核。在均质的液相中生成晶核,等于形成一个新相;形成新相必然引起系统自由能的变化,如图 3-16 所示。

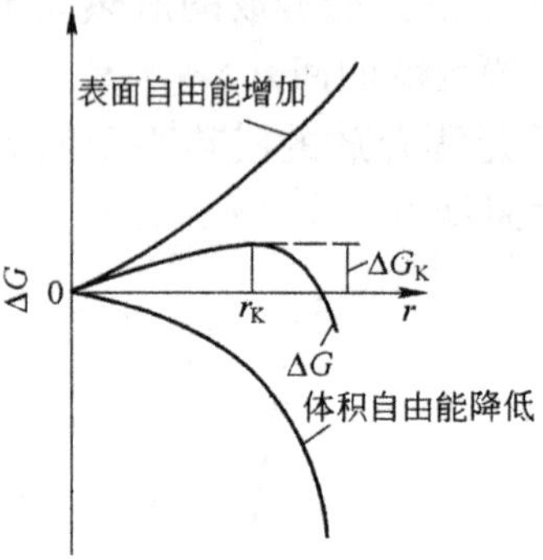

图 3-16 晶核形成时 ΔG 与 r_K 的关系

由图 3-16 可见,过程自由能的变化包括:

(1) 晶核生成引起体积自由能下降, $-\Delta G_V V$;

(2) 晶核产生于液-固界面引起表面自由能增加, σS。

均质形核引起系统自由能总变化:

$$\Delta G = -\Delta G_V V + \sigma S \tag{3-2}$$

式中 ΔG——系统自由能的总变化值;

$-\Delta G_V$——形核引起单位体积自由能的降低,即 $\Delta G_V = G_L - G_S$;

V——晶核的总体积;

σ——单位晶核表面积的表面能;

S——晶核的表面积。

若晶核为球形,引起系统自由能的总变化值,由式 3-2 得出:

$$\Delta G = -\Delta G_r \times \frac{4}{3}\pi r^3 + 4\pi r^2 \sigma \tag{3-3}$$

在晶核半径 $r > r_K$,此时 $\Delta G_r \times \frac{4}{3}\pi r^3 > 4\pi r^2 \sigma$, $\Delta G < 0$,随晶核 r 的长大引起系统 ΔG 的降低,过程能自发进行。r_K 为临界半径,晶核能稳定存在并长大,因此在一定温度下,任何大于临界半径的晶核趋于长大。晶核半径小于临界半径,即 $r < r_K$,随着半径

的增加，ΔG 增大，所以小于临界半径的晶核是不稳定的，会熔融消失。当 $r=r_K$ 时，$\Delta G=0$，晶核熔解和长大的趋势相当。从图 3-16可知，r_K 的形成 ΔG 为正值，这说明形成临界晶核需要一定的能量，这部分需要补充的能量叫形核功。

均质形核需要很大的过冷度。从表 3-3 可以得出：$\Delta T=(0.140\sim0.208)T_L$。在此过冷度条件下，晶核临界半径 r_K 约为 10^{-7} cm，晶核大致有 200～300 个原子。实验室测定纯铁过冷度 $\Delta T=0.16T_L=295$℃。

表 3-3　液态纯金属结晶过冷度

金 属	熔点 T_L/K	过冷度 ΔT/K	$\Delta T/T_L$
Sn	505.7	105	0.208
Pb	606.7	80	0.133
Al	931.7	130	0.140
Cu	1356	236	0.174
Mn	1493	308	0.206
Fe	1803	295	0.164
Ni	1725	319	0.185
Co	1736	330	0.187

实验和计算都表明临界半径 r_K 与过冷度 ΔT 成反比，其关系如图 3-17 所示。

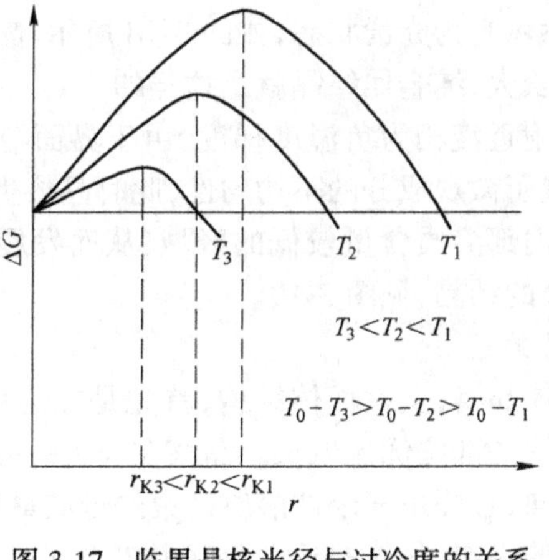

图 3-17　临界晶核半径与过冷度的关系

由图 3-17 得知，过冷度 ΔT 越大，临界半径 r_K 越小。原有尺寸较小的“原子集团”稳定的存在成为晶核是不可能的，随着过冷度的增大，这些尺寸较小的“原子集团”就能够成为核心了。

B　异质形核

异质形核又称非自发形核，也称非均质形核。在合金液相中已存在的固相质点，还有表面不光滑的器壁，这些均可成为形成核心的“依托”而发展成初始晶核，这就是异质形核。

钢液是合金，其内部悬浮着许多高熔点的固态质点，可以成为自然的核心，即异质形核。不需要太大的过冷度，有 20℃ 就能成为稳定的晶核。只要存在着异质形核的条件，很难发生均质形核。纯金属的结晶只能靠均质形核。

3.2.2.2　晶核长大过程

A　晶核长大方式

晶核一旦形成就迅速长大，长大方式与固、液相界面的形状有关。假若原子排列具有光滑交界面，那么界面就会准确地按照结晶方向生长；原子排列不规则，界面粗糙，结晶可以在任一位置生长。界面温度的分布不同，晶体长大方式亦不同。

当固、液相界面附近液相为正温度梯度，此时晶体长大方式完全由散热条件所控制，界面不稳定的突出部分在高温区内必然被熔化，界面仍然恢复为光滑状态，如图 3-18 所示，晶体是一片一片地以叠加方式长大，纯金属结晶就是这样的。

倘若界面附近液相为负温度梯度，由于界面溶质偏析到附近液相区内，出现了微观成分的不均匀性，此时晶核生长形成的晶柱容易伸向液相内部溶质含量较低的区域，从而发展为树枝状分叉晶体，此为合金的结晶，见图 3-19。

B　树枝晶的长大

铁为正方体晶格，呈六面体结构，首先是在溶质偏析最小、结晶潜热散出最快的部位优先生长。晶核在长大过程中棱角散热条件优于其他方向，且棱角离未被溶质富集的母液最近，在正方体的八个棱角锥体的尖端，晶体的长大速度也快于其他方向，所以形成了树枝晶的主轴；在主轴侧面长出的分叉为二次轴，在二次轴侧面长出的分叉为三次轴等，依此发展下去晶枝彼此交错，直到液体完全凝固为止，其过程见图 3-20。

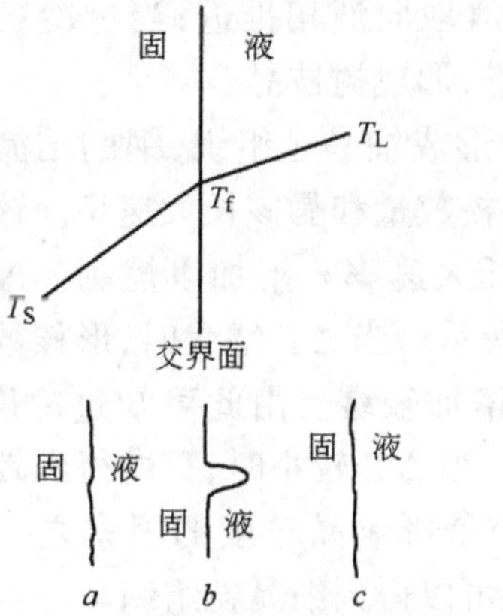

图 3-18　正温度梯度的固、液界面

a—界面最初状态；b—中间不稳定状态；c—界面最后状态

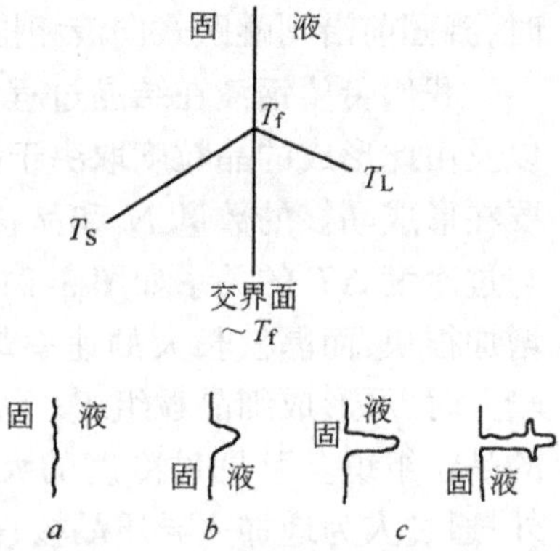

图 3-19　负温度梯度的固、液界面

a—界面最初状态；b—中间不稳定状态；c—界面最后状态

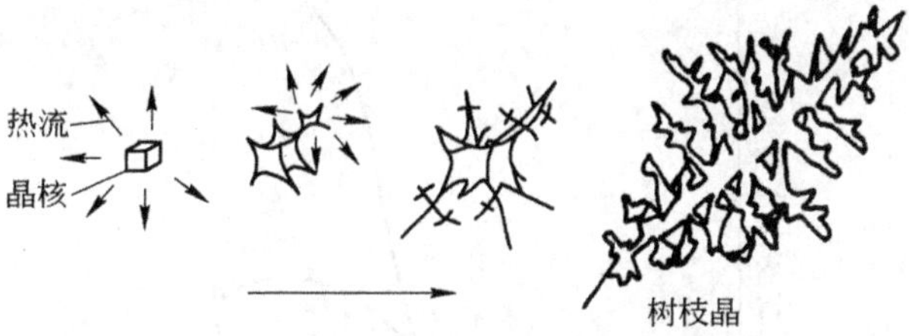

图 3-20　树枝状晶体形成过程示意图

实践证明，冷却条件的不同，钢液的晶体长大机构有两种形式：

(1) 定向生长。在结晶器内垂直于器壁的方向散热条件优于其他方向，此时钢液可以看作是单向传热，从结晶器壁散热速度最快，因而垂直于器壁的主轴晶体伸向液体内生长速度也最快，抑制了晶体在其他方向的长大，即形成单向的柱状晶体。

(2) 等轴晶生长。钢液中悬浮的许多异质质点和钢液流动打碎的晶叉，这些都是天然的晶核；当温度降低，过冷度达到一定值时，晶核数量多，向各个方向的散热条件又都相差不多，因而形成等轴晶体。

过冷度对晶粒形态有决定性的影响。当过冷度很小时，晶粒规则生长，其表现为凝固前沿平滑地向液相推进；当过冷度较大时，凝固前沿则跳跃式向液相推进，形成树枝晶。

我们希望钢液在结晶过程中形成细晶粒组织，钢的结晶速度以及由此形成的晶粒度取决于晶核数量和晶核长大速率。这就需要在形成晶核的数量 N 和晶核长大速率 v 上加以控制。N 和 v 与过冷度 ΔT 的关系如图 3-21 所示。当 ΔT 增大时，形核数量的增加很快，而晶核长大的速率却增加较缓。由此可知过冷度 ΔT 较大时，可形成细晶粒组织；反之，当 ΔT 较小时，只能得到较粗大的晶粒组织。可见过冷度的大小是影响晶粒度的因素之一。此外，通过人为地加入异质晶核，也可以得到细晶粒组织。

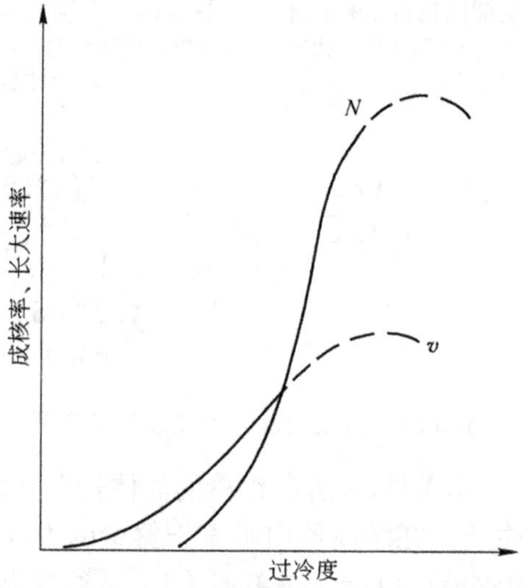

图 3-21　形核数量 N 和晶核长大速率 v 与过冷度的关系

3.3　钢液结晶的特点

钢是含有 C、Si、Mn、P、S 等元素的合金，而且钢的凝固实际上属于非平衡结晶，因此钢液的结晶与纯金属不同，具有如下特点。

3.3.1 结晶温度范围

钢的结晶温度不是一“点”，而是一个温度区间，如图 3-22 所示。钢水在 T_L 开始结晶，到达 T_S 结晶完毕。T_L 与 T_S 的差值为结晶温度范围。

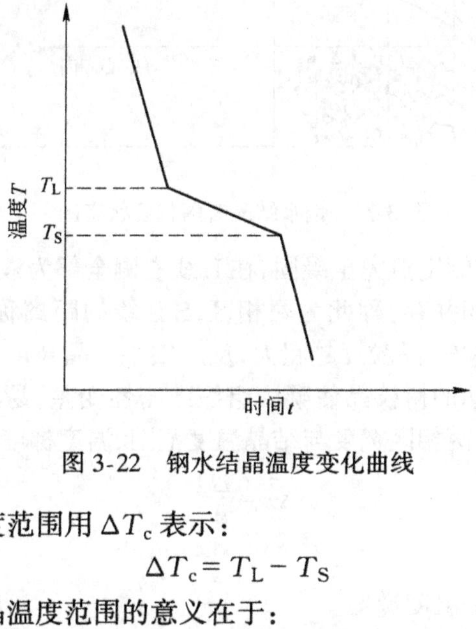

图 3-22 钢水结晶温度变化曲线

结晶温度范围用 ΔT_c 表示：

$$\Delta T_c = T_L - T_S \tag{3-4}$$

确定结晶温度范围的意义在于：

(1) T_L 是确定浇注温度乃至出钢温度的基础；

(2) 结晶温度范围的大小对结晶组织有至关重要的影响。

影响结晶温度范围的诸元素中，碳的影响最大；对于碳钢而言，碳的含量最多，在其他元素含量较少的情况下，可直接从铁碳合金状态图上分别查到液相线与固相线温度 T_L、T_S，即得出钢的熔化温度，然后计算 T_L 与 T_S 的差值 ΔT_c。从结晶温度范围和两相区宽度的关系中，可以看出 ΔT_c 对凝固组织的影响。由于钢液结晶是在一个温度区间内完成的，因此在这个温度区间里固相与液相并存。实际的结晶状态如图 3-23 所示。

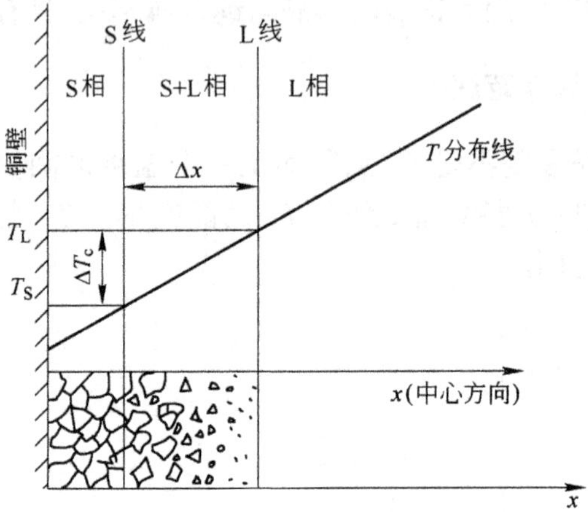

图 3-23　钢水结晶时两相区状态图

在S线左侧钢液完全凝固，在L线右侧全部为液相，在S-L线之间是固、液相并存，称此为两相区，S-L线的距离称为两相区宽度 Δx。Δx 越宽，晶粒度越粗大，反之细小。晶粒度大，意味着树枝晶发达，发达的树枝晶使凝固组织致密性变差，易形成空隙，偏析也较严重。两相区宽度与结晶温度范围、温度梯度有关：

$$\Delta x = \frac{\Delta T}{\frac{\mathrm{d}T}{\mathrm{d}x}} \tag{3-5}$$

式中　$\frac{\mathrm{d}T}{\mathrm{d}x}$——温度梯度。

可见，当冷却强度大时，温度在 x 方向急剧变化，温度梯度大，Δx 较小，反之较大，两相区宽度与冷却强度呈反比关系。当 ΔT_c 较大时，Δx 较宽，反之较窄。两相区宽度与结晶温度范围呈正比关系。两相区较宽，对铸坯质量不利，因此应适当减小两相区宽度。减小两相区宽度可从加大冷却强度入手，并落实到具体的工艺措施之中。

3.3.2　成分过冷

3.3.2.1　选择结晶

选择结晶又称选分结晶、液析。钢是合金也是溶液。在结晶过程中，已凝固钢的溶质成分与原始钢液成分有差异，这种现象是由于选择结晶造成的。溶质元素在固、液相中的溶解度是有差别的，一般来说，在固相中的溶解度低于液相，因此合金元素在固相钢中分配的浓度要低，而在液相钢（母液）中的浓度要高，所以结晶结束固相钢的化学成分是不均匀的。溶液中碳和其他元素含量较低，比较纯，熔点较高，最先凝固成晶体；杂质含量高，熔点也低些，后凝固，这种现象即称为选择结晶。

3.3.2.2 成分过冷

温度过冷是钢液结晶的必要条件之一。由于选择结晶，钢液结晶还伴随有成分的变化，这个变化对过冷度又有影响。现以图 3-24*a* 中 C_0 浓度的合金结晶过程为例，说明成分过冷。

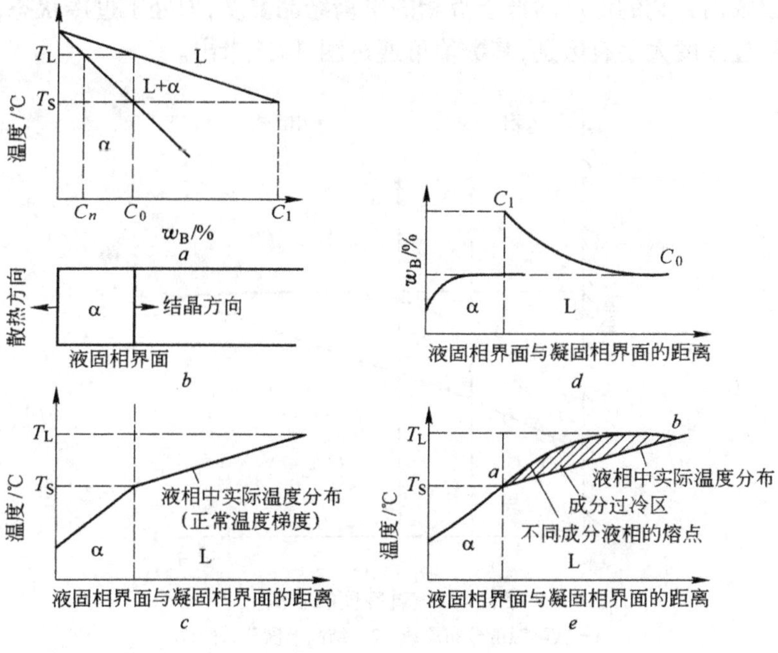

图 3-24 成分过冷

从图 3-24*b* 中得出，C_0 成分的合金其结晶方向与散热方向相反。液相的热量通过已凝固晶体传出，其温度分布如图 3-24*c* 所示。

当合金冷却至 T_L，从液相中开始析出固相，继续冷却至 T_S 时，已结晶的固相成分为 C_0。根据平衡关系，这时在固、液相界面与固相平衡的液相成分为 C_1。很明显 C_1 浓度远远高于 C_0，液相中溶质组分的浓度随着与相界面距离的增加，从 C_1 降至 C_0，在液相的溶质组分浓度分布曲线如图 3-24*d* 所示。

由于相界面前沿液相成分的变化，相应地引起平衡结晶温度的改变。离相界面近，即靠近相界面处的液相中溶质浓度高，结晶温度较低，结晶温度就是对应 C_1 成分液相线上的平衡温度 T_S；反之，远离相界面液相结晶温度则较高。图 3-24*e* 是结晶温度与相界面距离的关系曲线。从图 3-24*e* 可见，此时液相的实际温度分布与平衡结晶温度有较大差别，这个差别就是阴影部分。在阴影区内合金的温度均低于液相的平衡结晶温度，即处于过冷状态，但过冷度大小有区别，其数值可通过图 3-25 求出。

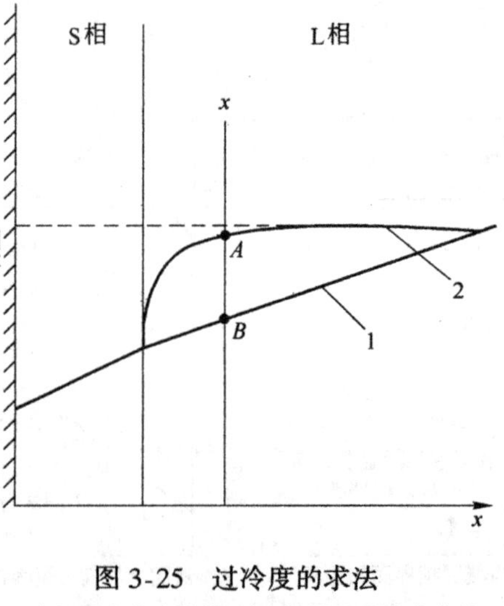

图 3-25　过冷度的求法

1—实际温度分布曲线；2—结晶温度分布曲线

在图 3-25 上做垂线 x，被结晶温度分布曲线与实际温度分布曲线所截，得到线段 AB，AB 之长即为所求。从图 3-25 中可以看出，固、液相界面的过冷度已经降低，其过冷度甚至比远离相界面处还小，这种由于成分偏析凝固前沿即固、液相界面过冷度减小的现象称为成分过冷。

纯金属的结晶，在凝固前沿没有溶质析出，所以纯金属结晶只受温度过冷的影响；钢液结晶由于存在选择结晶，在凝固前沿有溶质成分的析出，所以钢液的结晶除受温度过冷的影响外，还受成分过冷的影响。

3.3.3 化学成分偏析

钢液结晶过程存在选择结晶，最先凝固的部分溶质含量较低，凝固前沿母液中溶质富集，浓度逐渐升高，因而最终凝固部分的溶质含量高。显然在整个凝固结构中溶质浓度分布是不均匀的，这种成分不均匀的现象称为偏析。如果分析 1 根铸坯，我们会发现铸坯中心部位溶质浓度高于边缘；对于 1 个晶粒而言，晶界溶质的浓度高于中心。前者为宏观偏析或称区域偏析，后者为显微偏析。

3.3.3.1 显微偏析

A 显微偏析的形成

显微偏析又称微观偏析。在实际生产中，钢液是在快速冷却条件下结晶，因而属于非平衡结晶。用图 3-26 说明钢液的非平衡结晶过程。成分为 C_0 的合金，从液相温度 T_L 冷却到 T_1，出现了固体晶粒，其成分为 C_1；继续冷却到 T_2，固相成分应为 C_2，先结晶的 C_1 本应通过原子扩散使其成分改变到 C_2，但由于冷却速度快，原子来不及充分扩散，使晶粒中心与外围成分发生了差异，其平均成分既不是 C_1，也不是 C_2，而是 C_2'；当温度继续降至 T_3 时，固相的平均成分不是 C_3 而是 C'_3；直到温度降至 T_S，如果是平衡结晶，此时的固相成分是 C_4，结晶完成；实际上固相成分是 C_4'，说明结晶尚未结束，只有温度降至 T_S' 时，液相才能完全消失，晶粒彼此连接，凝固完毕。这时固相的成分线是 C_1、C_2'、C_3'、C_4'，偏离了平衡时固相线，所得到固体的各部分具有不同的溶质浓度，如图 3-27 所示。结晶开始形成的树枝晶较纯，随着冷却，外层陆续形成溶质浓度为 C'_2、C'_3、C'_4 的树枝晶，溶质元素浓度较高，形成了晶粒内部溶质浓度的不均匀性，中心晶轴处溶质浓度低，边缘晶界浓度高，这种呈树枝状分布的偏析称为显微偏析或树枝偏析。

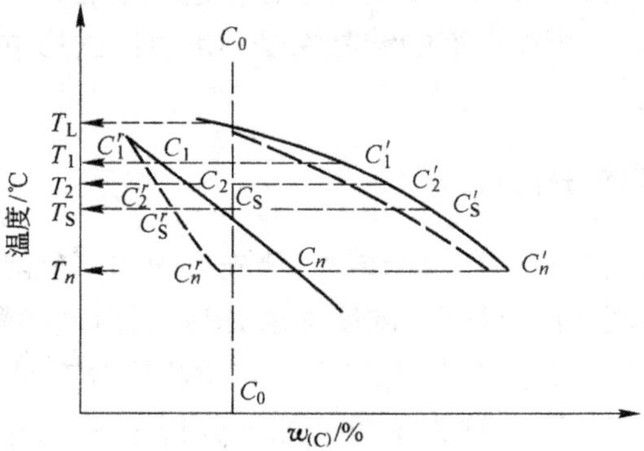

图 3-26 非平衡结晶时成分变化

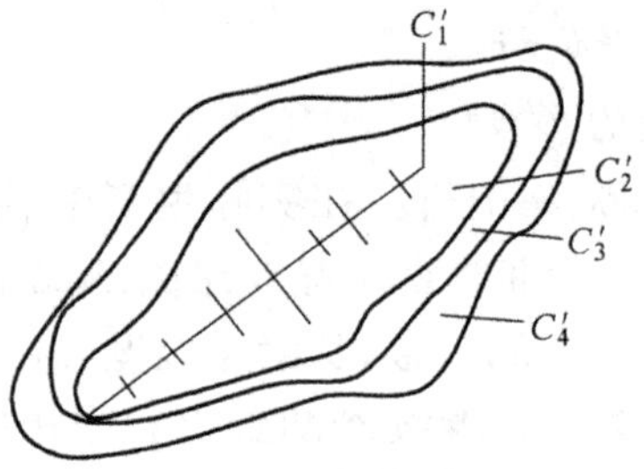

图 3-27 树枝偏析的形成

显微偏析程度可用显微偏析度 A 来量度：

$$A = C_{间}/C_{轴} \tag{3-6}$$

式中 $C_{间}$——晶间处的溶质浓度；

$C_{轴}$——晶轴处的溶质浓度。

当 $A>1$ 时，偏析为正，即正偏析；$A<1$ 时，偏析为负，即负偏析；$A=0$ 时，无偏析。

B 影响显微偏析的因素

影响显微偏析有以下几个因素：

(1) 冷却速度。加大冷却速度,缩短凝固时间,溶质元素没有足够时间析出,这样树枝晶的晶枝间距小,枝杈多,可以大大减轻合金的树枝偏析。另外,二次树枝晶晶枝间距越大,偏析越难于消除。例如,通过热处理可使合金成分均匀化,其所需时间与树枝晶晶枝间距的平方成正比。若合金中树枝晶的晶枝间距为 10^{-2} cm,加热至 1200℃退火,则需 300 h 树枝偏析才有明显减小;晶枝间距在 10^{-3} cm,退火只需 1 h 偏析就有明显减小。

(2) 溶质元素的偏析倾向。元素的偏析倾向可用溶质元素在已凝固金属中的浓度 $C_{固}$ 与液相中的浓度 $C_{液}$ 之比,即 $K = C_{固}/C_{液}$ 表示,K 值越小,说明先结晶与后结晶的成分差别越大,偏析倾向越大。其偏析的倾向性还与第三元素的存在有关。所有的元素在铁中都能形成偏析,但由于碳的存在,而使某些元素偏析更严重,如 P、As 成为严重偏析元素。

(3) 溶质元素原子在固体金属中的扩散速度。在不同温度下,溶质元素原子在固体合金中的扩散速度不同;碳是强偏析元素,由于其原子在铁中的扩散速度高于其他元素,因而在铸坯冷却过程中碳能较均匀分布于奥氏体中。而其他元素原子在铁中扩散速度慢,在铸坯的显微结构中存在的不均匀性就大。

(4) 固态相变。钢在凝固冷却过程发生相变,影响显微偏析的变化;例如磷在 γ 相中 $K=0.13$,而在 α-Fe 中 $K=0.06$;此外包晶反应也会影响显微偏析。

(5) 钢液流动。由于凝固收缩和热对流引起树枝晶间液体的流动,造成树枝晶粗化或重熔,从而导致枝晶间距发生变化,由此引发显微偏析的变化。

3.3.3.2 *宏观偏析*

宏观偏析又称区域偏析。钢液在凝固过程中,由于选择结晶,在树枝晶晶枝间的母液富集了溶质元素,再加上凝固过程钢液的流动,富集了溶质元素的母液流动到未凝固区域;当钢液完全凝固后,铸坯无论在横向还是纵向溶质浓度的分布都有差异。

引起钢液流动的因素很多,像注入的钢流,钢水的温度差、密度差、晶权沉落等引起的对流，铸坯鼓肚变形的抽引，凝固坯壳的收缩，以及气体排出、夹杂物的上浮等均能引起未凝固钢液的流动，从而导致整体铸坯内部溶质元素分布的不均匀性，形成了宏观偏析，也称低倍偏析。可通过化学分析或酸浸显示铸坯的宏观偏析。宏观偏析的程度可用宏观偏析量 B 表示：

$$B=\frac{C-C_0}{C_0}\times 100\% \tag{3-7}$$

式中 C——测量点的溶质浓度；

C_0——钢水原始溶质浓度。

当 $B>0$ 时，为正偏析；$B<0$ 时，为负偏析；$B=0$ 时，无偏析。

3.3.3.3 偏析的控制

偏析对铸坯质量有影响，对薄板材的影响尤为突出，轻者造成钢材各部分性能不一，重者可能造成钢板分层，降低成材率，甚至报废。因此生产工艺上应采取措施控制偏析：

(1) 增加钢液的冷凝速度。通过抑制选择结晶中溶质向母液深处的扩散来减小偏析。

(2) 合适的铸坯断面。小断面可缩短凝固时间，从而偏析较轻。

(3) 采用各种方法控制钢液的流动，如浸入式水口参数合理；安装电磁制动器抑制注流；加入 Ti、B 等变性剂等。

(4) 电磁搅拌。搅拌可打碎树枝晶枝杈，细化晶粒，减小偏析。

(5) 工艺因素，这方面的措施很多，例如：适当降低钢水过热度有利于减轻偏析；防止连铸坯鼓肚变形，可消除富集杂质母液流入中心空隙，以减小中心偏析等。

(6) 降低钢液中 S、P 含量。S、P 是钢中偏析倾向严重的元素，对钢的危害也大，因此通过减少钢液中 S、P 含量，并保持合适的 $w_{[Mn]}/w_{[S]}$ 比，亦可减轻偏析对钢材质量的影响。

3.3.4 凝固夹杂物、气体的形成和排出

由于选择结晶使凝固前沿溶质元素富集，再加上温度的不断降低，当条件具备时，有可能发生一些化学反应，形成夹杂物和气泡。

3.3.4.1　凝固夹杂物

钢中夹杂物的来源很广，凝固过程中也会形成一些夹杂物，称为凝固夹杂物。

(1) 由于选择结晶，溶质在凝固前沿不断富集，富集的元素包括金属元素（以 Me 代表）和非金属元素（以 X 表示）；

(2) 在凝固前沿浓度很高的元素之间发生反应形成化合物：

$$[Me] + [X] = (MeX)$$

(3) 生成的化合物增多并聚集成为夹杂物：

$$n(MeX) = (MeX)n$$

(4) 夹杂物部分上浮，来不及上浮滞留在钢中而成为凝固夹杂物。

由于夹杂物的存在，破坏了钢基体的连续性和完整性，对钢的性能有一定的影响。可从两方面着手控制夹杂物，一是尽可能充分上浮夹杂物；二是控制夹杂物的形态。夹杂物颗粒很小，呈球状且分布均匀，其危害性较小。因此在夹杂物总量不能减少的情况下，通过控制夹杂物的粒度、形状、性质、分布来改善夹杂物对钢质量的影响，可采用以下措施：

(1) 降低钢中氧、硫等元素含量，减少钢的夹杂物。

(2) 加钙或稀土 RE 等元素，对夹杂物进行变性处理。

(3) 改善夹杂物的性能，如在钢中加入锰元素，可提高 $w_{[Mn]}/w_{[S]}$ 的数值，以生成 MnS 夹杂物取代 FeS 夹杂物，减小热脆性。

(4) 改变夹杂物的数量、分布。钢中加入适量的铝，利用 Al_2O_3 作为夹杂物的核心，增加夹杂物数量的同时减小其粒度。

(5) 加速凝固。加速凝固的目的是缩短结晶时间，降低母液高浓度溶质聚集及其所形成的夹杂物。

(6) 抑制钢液的流动。钢液的流动使凝固前沿析出的溶质不断传递到母液深处，导致最终凝固结构中夹杂物含量差别增大，因此可对钢液的流动加以适当控制。

3.3.4.2　凝固气泡

钢中气泡形成过程与夹杂形成十分相似，凝固过程产生的气体主要是 CO 和 H_2 等。

由于脱氧不良引起 C—O 反应形成 CO 气泡；物料潮湿所含水分溶入钢液，会增加钢中氢和氧含量。存在于钢中的气体，在凝固过程未能排出而残存于钢中形成了凝固气泡。若凝固气泡接近于铸坯表面即形成所谓皮下气泡，严重的皮下气泡在轧制时会导致爪裂。在钢液完全凝固以后，氢依然会扩散聚集形成气泡，气泡内压力非常高，气泡再析出时会形成“白点”。白点是很细小的裂纹，是钢材的隐患。白点可通过高温扩散退火处理或缓冷消除。

3.3.5 凝固收缩

除 Ga、Bi 金属以外，几乎所有的金属或合金都存在着热胀冷缩现象。钢液在冷却凝固过程中都伴有体积收缩，密度增加。收缩的结果会在固体金属或合金中留下缩孔和疏松。以低碳钢为例，1600℃液态钢的密度是 7.06 g/cm^3，冷却到常温的固态钢密度为 7.86 g/cm^3，冷却和凝固体积收缩了 11.3%。随成分、温降的不同其收缩量也有差异。钢液的收缩随温降和相变可分为 3 个阶段：

(1) 液态收缩。钢液由浇注温度降至液相线温度产生的收缩为液态收缩，即过热度消失的体积收缩。这个阶段钢保持液态，收缩量为 1% 左右。液态收缩危害并不大，对于连铸坯尤其如此，液态的收缩被连续注入的钢液所填补，对已凝固铸坯的外形尺寸影响极小，可以忽略。

(2) 凝固收缩。钢液由液相线温度到固相线温度即在结晶温度范围形成的收缩，并伴有温降，这两个因素均会对凝固收缩有影响。结晶温度范围越宽收缩量也越大；其收缩量约是总量的 4%，会在凝固结构中留下缩孔和疏松。对连铸而言，由于钢液的连续注入补充，凝固收缩对铸坯的结构影响也不太大。对碳钢来说，随碳含量增加凝固体积收缩量也增大，见表 3-4。

(3) 固态收缩。由固相线温度降至室温的收缩称为固态收缩。由于收缩使铸坯的尺寸发生变化，故也称为线收缩。其收缩量大约为总量的 7%～8%。

表 3-4 钢中碳含量与凝固收缩量的变化

钢中 w_C/%	0.10	0.35	0.45	0.70
ΔV/%（凝固）	2.0	3.0	4.3	5.3
ΔV/%（总）	10.5	11.8		12.1

固态收缩量最大，在温降的同时产生热应力，在相变过程中产生的组织应力，这些应力是铸坯裂纹的根源，因此固态收缩对铸坯质量影响甚大。

通过以上分析可知，钢凝固冷却过程的总收缩包括体积收缩和线收缩两部分；线收缩的比例大，体积收缩就小；反之，体积收缩比例大，线收缩就小。如钢的碳含量在包晶反应范围内，容易产生裂纹，这是由于线收缩量大的缘故。

3.4 连铸坯的凝固

3.4.1 连铸坯的凝固特征

连铸坯具有以下凝固特征：

(1) 连铸坯的凝固过程实质是热量释放、传递的过程，也是强制快速冷却过程。

钢液冷却凝固全部为强制冷却。有的铸坯到了冷床还喷水冷却。冷却强度大，可控性强，在一定程度上通过改变冷却制度可以控制铸坯的凝固结构。

(2)铸坯是边下行、边散热、边凝固，因而铸坯形成了很长的液相穴。

宽厚板坯的液相穴可能达 30～40 m 之长。液相穴长，对穴内夹杂物的上浮，坯壳均匀生长均有影响。凝固前沿糊状区晶间强度、塑性极低，强度仅为 1～3 MPa，由变形到断裂的临界应变量为 0.2%～0.4%。铸坯出结晶器进入二冷区喷水雾或气 - 水雾冷却，已凝固坯壳不断地收缩，坯壳温度的不均匀性、夹辊对弧不正，此外还受弯曲力、矫直力、鼓肚变形等应力作用。当凝固坯壳受到上述应力的共同作用时，其变形量超过凝固坯壳强度极限、塑性临界值时，固－液相界面就可能出现裂纹，所以，应维护好连铸机，控制各冷却区冷却强度，尽量做到连铸坯坯壳均匀生长，运行过程凝固坯壳变形控制在允许范围内，以确保铸坯良好质量。

(3) 连铸坯的凝固是分阶段完成的。

连铸坯的凝固基本分为三个阶段：

Ⅰ阶段钢水在结晶器内形成初生坯壳，出结晶器下口的坯壳安全厚度应足以抵抗钢液静压力的作用；

Ⅱ 阶段带液心的铸坯进入二冷区继续冷却，坯壳均匀稳定生长；

Ⅲ 阶段临近凝固末期坯壳加速增长。

根据凝固定律计算三个阶段的凝固系数 $K_{凝}(mm/min^{\frac{1}{2}})$ 分别为：20、25、27～30。

研究认为：液相穴上部是强制对流循环区，循环区的长度取决于注流注入结晶器的方式、浸入式水口的类型、铸坯的断面等。例如：方坯采用单孔直筒式浸入式水口浇注，其注流的最大冲击深度是铸坯厚度的 4～6 倍，若用双侧孔浸入式水口浇注，冲击深度会减小。液相穴下部为自然对流区，流动包括坯壳凝固的收缩和晶体下沉引起的流动、鼓肚变形的抽引流动等；液相穴内钢液的流动对坯壳均匀生长、铸坯的凝固结构、夹杂物的分布、溶质元素的偏析等均有重要影响。

(4) 铸坯在连铸机内下行，铸坯的冷却可以看作是经历“形变热处理”过程。

下行的铸坯承受着热应力、机械应力的作用，同时随着温度的降低坯壳发生着 $\delta \rightarrow \gamma \rightarrow \alpha$ 相变，铸坯还承受由于相变带来组织应力的作用；尤其是在二冷区铸坯表面温度反复的下降、回升，引起组织变化，相当“热处理”过程。由于溶质元素的偏析作用，可能有硫化物、氮化物质点沉淀于晶界处，也会加剧钢的高温脆性，影响质量。

3.4.2 连铸坯凝固过程

3.4.2.1 坯壳及气隙的形成过程

连铸坯的凝固是在过冷条件下，经历了形核和核长大完成结晶过程,并伴随有体积的收缩和成分偏析等。

注入结晶器的钢水除受结晶器壁的强制冷却外,还通过钢水液面辐射传热及铸坯运行方向的传导传热,其传出热量的比值大约为30∶0.15∶0.03。因此,结晶器内钢水可近似地看作向结晶器壁的单向传热。钢水散热量的波动跟坯壳表面与器壁的接触状况有关,钢水的热量是通过坯壳-气隙-结晶器铜壁-铜板与冷却水界面,最后由冷却水带走。根据计算,各段热阻比例为:坯壳约占26%;气隙占71%;结晶器铜壁1%;铜壁与冷却水界面2%。可见气隙是结晶器中钢液向外传热的限制性环节。

A 弯月面的形成

由于钢水与结晶器铜壁的润湿作用,钢水与铜壁相接触之处形成了一个半径很小的弯月面,见图3-28,弯月面半径 r 可用下式表示:

$$r = 5.43\times10^{-1}\sqrt{\frac{\sigma_m}{\rho_m}} \tag{3-8}$$

式中 r——弯月面半径,m;

σ_m——钢液表面张力,N/m^2;

ρ_m——钢水密度,kg/m^3。

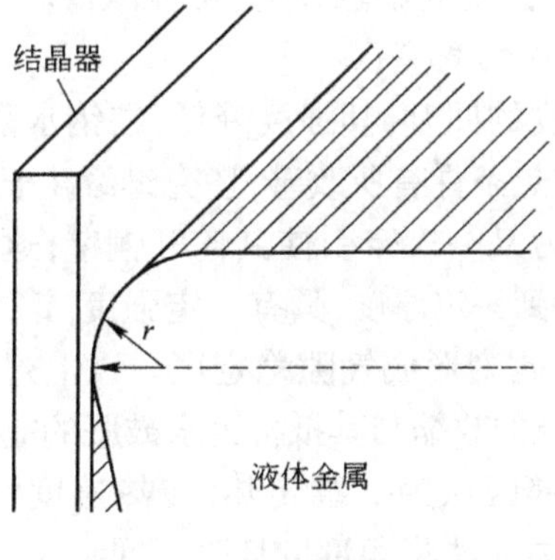

图3-28 钢水与铜壁弯月面的形成

在弯月面的根部,钢液与水冷铜壁接触,受到铜壁的激冷,初生坯壳即刻形成。弯月面对初生坯壳非常重要，良好稳定的弯月面可确保初生坯壳的表面质量和坯壳的均匀性。当钢水中上浮的夹杂物未被保护渣吸附会降低钢液表面张力，弯月面半径减小，从而破坏了弯月面的薄膜性能，弯月面破裂，这时夹杂物随同钢水在破裂处与铜壁之间形成新的凝固层，夹杂物牢牢地粘附在这个新凝固层内而成为表面夹渣。带有夹渣的坯壳是薄弱部位，容易发生漏钢，造成事故。保持弯月面的稳定状态，最根本的是提高钢水的纯净度，减少夹杂物含量；选用性能良好的保护渣，吸附弯月面上的夹杂物，可保持弯月面薄膜的弹性；另外可及时人工清除弯月面的浮渣以防拉漏。

B　气隙的形成

已凝固的高温坯壳发生 $\delta \to \gamma$ 的相变，引起坯壳收缩，收缩力牵引坯壳脱离结晶器铜壁，气隙开始形成。在弯月面下约 30～50 mm 处，相当钢水在结晶器内停留 2.5 s，初生坯壳厚度约为 3.5 mm，此处热流量最大，说明传热条件最好；然后随铸坯的下行热流逐渐降低，热阻逐渐增加，散热速度也开始减慢，表明由此处开始坯壳收缩逐渐脱离铜壁出现气隙，但此处气隙不稳定。气隙的热阻很大，所以坯壳向铜壁的传热量减少；脱离铜壁的坯壳由于回热升温，坯壳停止生长甚至会熔融，坯壳可能减薄。

C　气隙、坯壳的稳定区

由于坯壳温度的回升，其强度降低，在钢水静压力作用下使其再次贴紧铜壁，散热条件有所改善，坯壳继续生长、增厚。坯壳再次产生的冷凝收缩力又一次牵引使其离开铜壁，这样周期性的离、贴2～3次后，坯壳达到一定厚度，具有一定强度，钢水的静压力不能将其压回贴紧铜壁，此刻形成气隙稳定区。以上过程见图 3-29。气隙的大小取决于坯壳的收缩与其抵抗钢水鼓胀的能力。

在结晶器角部区域为二维传热，传热速度快，最先形成气隙。由于钢水的静压力无法将角部的坯壳压回结晶器器壁，因而凝固一开始角部就形成了气隙的稳定区。角部区域的传热条件变得比边部更差，所以初生坯壳形成后，相对而言角部区域坯壳最薄，见图 3-30。

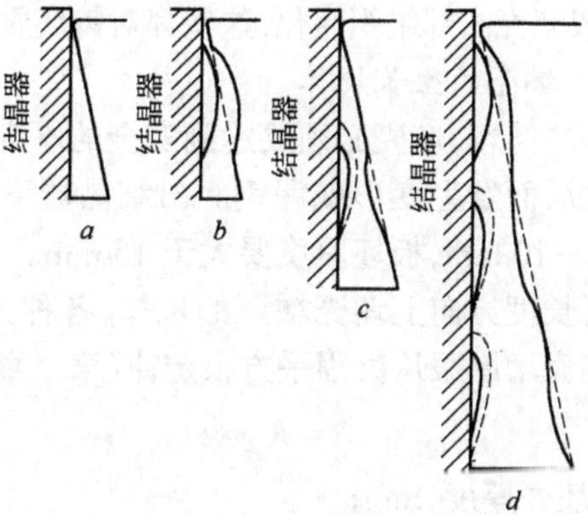

图 3-29　结晶器坯壳形成示意图

a—形成坯壳；*b*—平衡状态；*c*—形成皱纹与凹陷；*d*—坯壳出结晶器

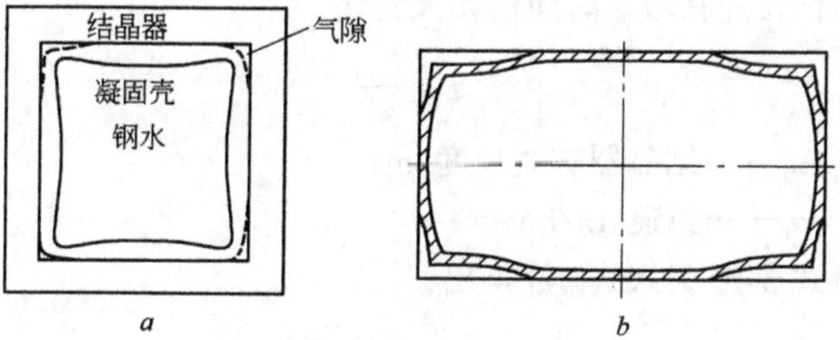

图 3-30　结晶器横向气隙形成示意图

a—方坯结晶器；*b*—板坯结晶器

角部形成气隙后向中心面部扩展，结晶器宽面气隙厚度比角部要小，角部坯壳成了最薄弱的部位。在实际生产中角部常常容易出现裂纹，角部漏钢的几率也比其他部位要高许多，如 150 mm×150 mm 方坯产生角部裂纹，坯壳厚度为 4～6 mm，相当于弯月面以下 70～172 mm 的部位收缩形成气隙。为了均匀散热，管式结晶器的四个角都是圆弧过渡；组合式结晶器的角部垫上一个倒角 45°的垫板，角部成为 135°，以此改善角部的传热。另外还应说明，当坯壳开始周期性与铜壁离、贴时，坯壳表面发生变形可能形成凹陷，如图 3-29*c* 所示。由于气隙的产生，热阻增大，散热速度减缓，凝固速度降低，会造成坯壳内部组织粗化，这些都对铸坯质量有一定影响。

3.4.2.2 坯壳的生长规律

出结晶器的铸坯，坯壳必须要达到安全的厚度，以防铸坯在失去铜壁支撑之后而发生变形或漏钢。出结晶器下口坯壳厚度，小方坯一般为 8～10 mm，板坯厚度要大于 15 mm。

在结晶器长度方向上坯壳增厚的规律，各种方法得出的结论是一致的。坯壳增厚服从凝固平方根定律(第 2 章式 2-4)为：

$$\delta = K_{凝}\sqrt{t} \tag{3-9}$$

式中 δ——坯壳厚度，mm；

t——凝固时间，min；

$K_{凝}$——凝固系数，$mm/min^{\frac{1}{2}}$。

假设拉速在较短时间内无大变化

则
$$t = \frac{L_m}{v_c} \tag{3-10}$$

式中 L_m——结晶器有效长度，m；

v_c——拉速，m/min。

将式 3-10 代入式 3-9 得出：

$$\delta = K_{凝}\sqrt{\frac{L}{v_c}} \tag{3-11}$$

式 3-9、式 3-11 均称为凝固平方根定律。由公式可见，影响坯壳厚度的因素有：$K_{凝}$ 值、结晶器长度 L_m 及拉速 v_c。

为了准确计算结晶器内坯壳厚度，应选择合适的 $K_{凝}$值。$K_{凝}$值的大小主要受结晶器冷却水、钢水成分和温度、结晶器形状参数、保护渣性能等因素的影响，较为复杂，波动较大。通常结晶器 $K_{凝}$值对于小方坯可取 18～20 $mm/min^{\frac{1}{2}}$；大方坯取 24～26 $mm/min^{\frac{1}{2}}$；板坯取17～22 $mm/min^{\frac{1}{2}}$；圆坯为 20～25 $mm/min^{\frac{1}{2}}$。

若结晶器尺寸在长度方向适应坯壳的收缩特性，制成具有多数值的倒锥度，这样结晶器铜壁和坯壳之间就可能始终保持最小的气隙，提高了传热效率，并且 $K_{凝}$值也较稳定。结晶器的长度一般较为固定，方坯在900～1100 mm左右，板坯通常为700～900 mm。有些结晶器为了提高拉速而加长，但过长的结晶器会增加拉坯阻力，因而这使结晶器长度受到一定限制。在结晶器长度方向上坯壳的收缩也和增厚一样，服从凝固平方根定律，所以结晶器的锥度大小，也依据平方根定律的关系。

拉速也是影响坯壳厚度的因素之一。拉速与坯壳的厚度成反比。小方坯由于要求坯壳的安全厚度较薄，结晶器长度较长等特点，$K_{凝}$值可大些，拉速较高；现在小方坯的拉速可达3～4 m/min。板坯的拉速与铸坯的厚度有关，因为更注重质量，拉速通常不超过2 m/min。

出结晶器的铸坯带有液心，要在二次冷却区内继续喷水雾或喷气水雾强制冷却后才能完成全部结晶过程。提高拉速，钢水在结晶器内停留时间短，坯壳厚度减薄，如300 mm×250 mm断面方坯，拉速每提高0.3 m/min，坯壳厚度就会减薄4 mm。在确保足够的坯壳厚度的同时，还要保持坯壳的均匀生长，为此在工艺上应注意：

（1）浇注温度不要过高，保持低温浇注；

（2）水口与结晶器严格对中；

（3）结晶器冷却水的水质、水速、水量达到要求，均匀冷却；

（4）合理的结晶器锥度；

（5）控制结晶器液面的稳定；

（6）选择性能良好的保护渣，以形成均匀的保护渣膜等。

3.4.3 连铸坯的凝固结构

钢液的凝固应达到：

（1）形成正确的凝固结构；

（2）合金元素在铸坯的分布要均匀，偏析要小；

（3）最大限度地排出气体和夹杂物；

（4）铸坯表面、内部质量良好；

（5）钢水收得率要高。

3.4.3.1 铸坯的正常凝固结构

铸坯的凝固过程分为三个阶段。第一阶段，进入结晶器的钢液在结晶器内凝固成形，出结晶器下口的坯壳厚度应足以抵抗钢液静压力的作用；第二阶段，带液心的铸坯进入二次冷却区继续冷却、坯壳均匀稳定生长；第三阶段为凝固末期，坯壳加速生长，完成凝固过程。

铸坯凝固结构从边缘到中心是由细小等轴晶带、柱状晶带和中心等轴晶带组成，如图 3-31 所示。

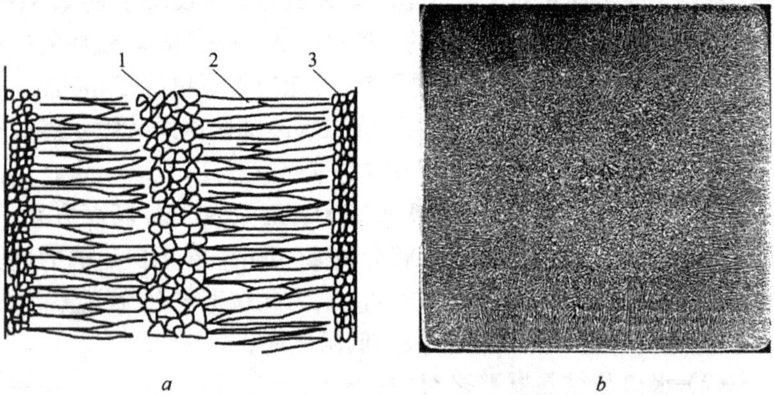

图 3-31　铸坯结构示意图

a—铸坯的纵剖面；*b*—铸坯的横剖面

1—中心等轴晶带；2—柱状晶带；3—细小等轴晶带

A　细小等轴晶带

结晶器内的冷却强度很大，钢水注入后与铜壁一接触受到激冷，在弯月面处冷却速度达到 100℃/s，过冷度很大，形核速率极高，因而形成激冷层由细小等轴晶组成，也称细小等轴晶带。细小等轴晶带的宽度主要取决于钢水过热度。过热度越小，则细小等轴晶带就宽些，一般激冷层宽度在 2～5 mm。

B　柱状晶带

细小等轴晶形成的过程伴随着收缩，并放出潜热，在结晶器液面以下 100～150 mm 处，铸坯脱离铜壁而形成气隙，减少了热流，降低了传热速度。内部钢水仍向外散热，激冷层温度回升，因而不可能再形成新的晶核。以等轴晶为依托晶体开始定向生长，在钢水向铜壁或二冷区坯壳表面定向传热条件下，形成柱状晶带。从连铸坯的纵向断面来看，柱状晶细长致密，基本不分叉，且不完全垂直于表面而有向上约10°的倾斜，这说明在铸坯的液相穴内凝固前沿有钢液的向上流动；从横断面看，树枝晶呈竹林状。

柱状晶发展是不平衡的。另外弧形结晶器的铸坯，其凝固结构是不对称的，由于注流的冲击作用和晶粒下沉，抑制了外弧一侧柱状晶的生长，所以内弧一侧柱状晶比外弧侧要长。铸坯的内裂往往集中在内弧一侧。

C 中心等轴晶带

随凝固前沿的推移，凝固层和凝固前沿的温度梯度逐渐减小，两相区宽度逐渐增大，当铸坯心部钢水温度降至液相线以下，心部结晶开始。由于心部存在许多下沉的晶枝、晶杈及析出的质点成为晶核，此时心部传热的单向性已很不明显，因此形成等轴晶。由于此时传热的途径长，传热受到限制，晶粒长大缓慢，比较粗大，称为粗大的等轴晶，形成中心等轴晶带。心部最后凝固的体积收缩没有钢水补充而留有空隙，因此存在可见的疏松和缩孔，不够致密，并伴有元素的偏析。

3.4.3.2 "小钢锭"结构

出结晶器的铸坯，其液相穴很长。进入二次冷却区后，由于冷却的不均匀，致使铸坯在传热快的局部区域，柱状晶优先发展，当两边的柱状晶相接，或由于等轴晶下落被柱状晶捕捉，就会出现"搭桥"现象，见图3-32。这时液相穴的钢水被"凝固桥"隔开，桥下

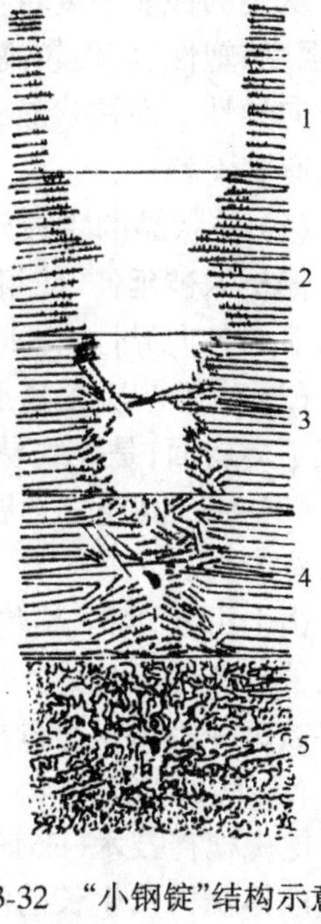

图3-32 "小钢锭"结构示意图
1—柱状晶均匀生长；2—某些柱状晶优先成长；3—柱状晶搭接成"桥"；4—"小钢锭"凝固并产生缩孔；5—铸坯的实际宏观结构

因凝固产生收缩得不到桥上部钢水的补充，形成疏松和缩孔，并伴随有严重的偏析。从铸坯纵剖面来看，这种“搭桥”是有规律的，每隔 5～10 cm 就会出现一个“凝固桥”及伴随的疏松和缩孔，很像小钢锭的凝固结构，因此得名“小钢锭”结构，又叫“穿晶组织”。对小方坯而言，“凝固桥”加剧了铸坯中心溶质元素的偏析，在热加工过程中易发生脆断，所以二冷区的均匀冷却是绝对重要的。

3.4.4 凝固结构的控制

从钢的性能角度希望得到等轴晶的凝固结构。等轴晶组织致密；强度、塑性、韧性较高，加工性能良好；成分、结构均匀，无明显的方向异性。而柱状晶的过分发展影响加工性能和力学性能。柱状晶有如下特点：

(1) 柱状晶的主枝干较纯，而枝间偏析严重。热变形后由于枝晶偏析区被延伸，使组织具有带状特征。这样钢的力学性能会有明显的各向异性，特别是钢的横向性能降低。

(2) 由于杂质尤其是 S、P 等夹杂物的沉积，在柱状晶交界面构成了薄弱面，是裂纹易扩展的部位，在加工时极易开裂。

(3) 柱状晶充分发展形成的穿晶结构，导致中心疏松，降低了钢的致密度。

由上可知，除了某些特殊用途的钢如电工钢、汽轮机叶片等，为改善导磁性、耐磨性、耐腐蚀性能而要求柱状晶结构外，对于绝大多数钢种都希望尽量控制柱状晶的发展，扩大等轴晶宽度。

A 电磁搅拌技术

电磁搅拌技术(EMS)是在坯壳内钢水产生电磁力实施搅拌，过热液体绕树枝生长前沿流动，使枝晶根部溶化，流动的钢水将枝晶带走成为晶核。另外由于机械力的作用也可折断正在长大的树枝晶，增加等轴晶晶核数目，增大等轴晶的比例。图 3-33 为电磁搅拌前后铸坯凝固结构的对比。

B 加入形核剂

在结晶器内加入固体形核剂，增加晶核数目以扩大等轴晶带宽度。但形核剂必须具备以下条件：

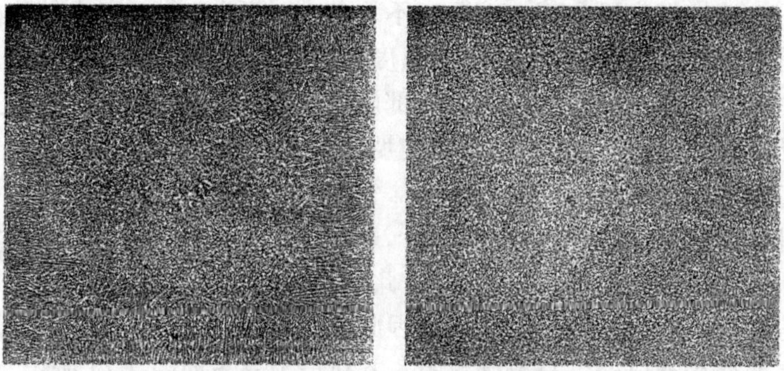

图 3-33 电磁搅拌前后铸坯凝固结构的对比

a—电磁搅拌前铸坯凝固结构；*b*—经电磁搅拌后铸坯凝固结构

(1) 在钢液温度下为固态；

(2) 不得分解为元素而进入钢中；

(3) 能稳定地存在于凝固前沿；

(4) 形核剂尽可能与钢水润湿。

向结晶器喷吹不同尺寸的金属铁粉，以吸收钢水过热并提供晶核，扩大铸坯等轴晶区宽度，改善产品性能。

试验指出，在 140 mm×140 mm 的方坯结晶器内喷入金属粉量为 1%～1.5%，拉速提高了 40%～50%，铸坯等轴晶宽度增加，中心疏松和缩孔减轻。

此外，生产中通过降低钢水过热度，添加稀土元素处理等措施，也可有效增加等轴晶率，抑制柱状晶的发展，且工艺简单，操作方便。

3.5 连铸坯冷却过程中的应力

3.5.1 凝固及降温过程中的应力

铸坯在凝固及冷却过程中主要受热应力、组织应力和机械应力的作用。

3.5.1.1 热应力

连铸坯表面与其内部温度不均匀、收缩不一致而产生的应力是热应力。最初,铸坯表面层温度低,心部温度高,因而表面收缩对中心产生压应力;反过来,心部阻碍收缩,使表面又受到拉应力作用,因此表面裂纹是在凝固前期产生的。从位置上看主要是在二次冷却区之前及二次冷却区。铸坯离开二冷区后,在空气中冷却(或其他缓冷),表面温度回升,表面与心部温度逐渐趋于一致;但心部的降温速度要超过表面,此时心部的收缩要大于表面,铸坯心部受拉应力,表面受压应力;因此内部裂纹往往发生在铸坯将要完全凝固或已经完全凝固之时。其热应力分布如图 3-34 所示。

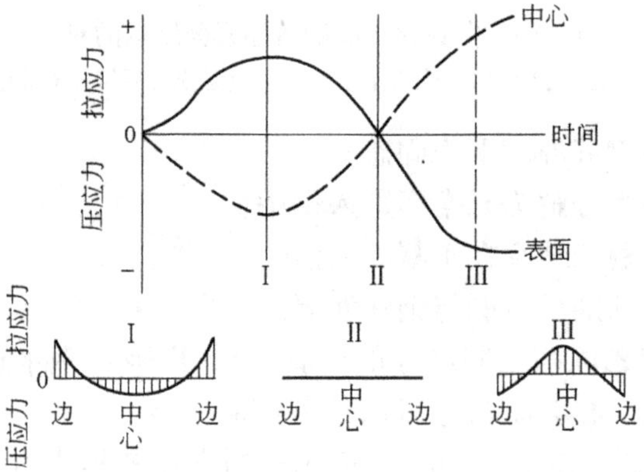

图 3-34 热应力分布图

热应力的大小主要取决于铸坯线收缩量。钢中碳含量不同,固、液两相区的宽度不同。宽度大,液相完全转化为固相的时间长,线收缩量小,热应力相对要小些;宽度小,液相完全转化为固相的时间短,线收缩量大,热应力相对要大得多,产生裂纹的可能性就大。

3.5.1.2 组织应力

组织应力也称相变应力。钢在结晶冷却过程中,必然发生尺寸上的变化,表现为体积收缩和线收缩。在铸坯完全凝固以后继续降温将发生相变,并伴随体积变化。相变即由一种组织转换为另一种组织的过程,同样存在类似形核及核长大的特征,故也称

"二次结晶"。相变的结果取决于钢的成分和冷却条件。对于碳钢而言碳含量不同,冷却时发生的相变主要是奥氏体分解。在不同的冷却条件下,奥氏体可以转化为珠光体,还可以转化为马氏体、贝氏体等。在空冷条件下,碳素钢一般转化为珠光体,某些合金钢如高速钢则转变为马氏体。奥氏体转变为珠光体、马氏体的过程中,体积膨胀,其中马氏体钢密度较小,因而膨胀严重。此时铸坯的外形尺寸已经确定,体积的变化导致应力的产生。

由于相变铸坯体积发生变化而产生的应力是组织应力。组织应力因相变的不同而具有一定的复杂性。当铸坯的表层发生奥氏体向珠光体或马氏体的转变时,引起表层体积增加;而心部奥氏体尚未向珠光体转变,此时对表层体积增大起阻碍作用,致使表层产生压应力,心部产生拉应力。当心部处于良好塑性状态时,虽然受到表面层相变引起拉应力的作用,心部钢仍然能够承受,不会形成裂纹。铸坯继续冷却,表面层逐渐失去塑性,心部则可能发生奥氏体向珠光体或马氏体的转变,体积膨胀,表面层产生拉应力,其应力超过铸坯表面的强度极限时,有可能被撕裂导致裂纹。这种裂纹有时还伴有很大响声,一般叫冷裂纹或低温裂纹。

钢种不同相变温度也不同,如珠光体钢 40Cr 冷却到 727℃以下时,容易产生裂纹;再如马氏体钢 3Cr2W8V 冷却到 320℃时,容易产生裂纹。727℃和 320℃就是 40Cr 和 3Cr2W8V 钢各自的相变温度。倘若在相变温度下铸坯能够均匀缓慢冷却,裂纹还是可以避免的。图 3-35 所示即铸坯表面相变完成后继续冷却时的组织应力分布情况。

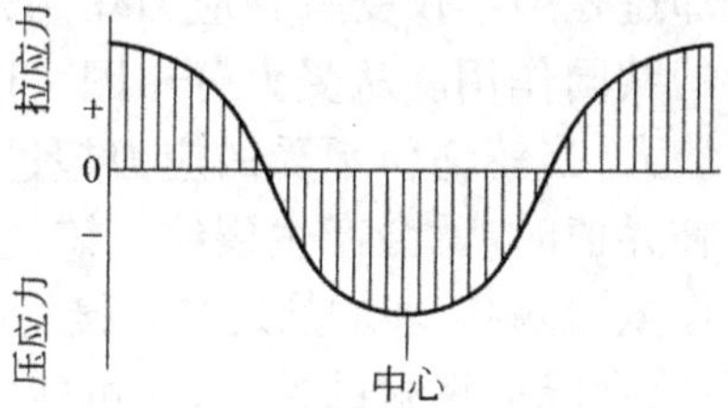

图 3-35 铸坯表面相变完成后继续冷却时组织应力分布图

影响组织应力的因素首先是温度。冷却速度快，造成铸坯内外温差大，体积变化的阻力大，那么组织应力相应也大。同时组织应力还取决于钢的成分，不同钢种产生的组织应力有很大差别。

3.5.1.3　机械应力

铸坯在下行、弯曲、矫直过程中受到的应力是机械应力。弧形连铸机、椭圆形连铸机的铸坯在下行过程中，要受到弯曲应力、矫直应力的作用；矫直时铸坯内弧面受拉应力，外弧面受压应力作用。立弯式连铸机和直弧形连铸机，铸坯由直线段进入弧形段时被顶弯，还要受弯曲应力的作用。弯曲应力、矫直应力的大小取决于铸坯的厚度和弯曲（或矫直）时的变形量。铸坯断面大，弯曲（或矫直）点少，连铸机曲率半径小，则弯曲（或矫直）应力大；反之，弯曲（或矫直）应力则小些。另外设备对弧不准、辊缝不合理或夹辊变形、铸坯鼓肚等均会使铸坯受到机械应力的作用。机械应力对铸坯的影响集中于两相区；若铸坯尚未完全凝固，由于承受机械应力作用，凝固前沿的两相区内柱状晶晶间还存在少量低熔点液体，此时柱状晶之间的结合力很弱，强度很低，超过铸坯所能承受的变形量时，必然在凝固前沿产生裂纹。减少变形量的措施包括选择多点弯曲、多点矫直铸机，铸坯适宜的厚度和准确地对弧，以及二冷区合理的辊缝量等。

3.5.2　应力的消除

铸坯产生裂纹的根本原因是应力集中。在 3 种应力中，热应力、组织应力无疑起了关键作用，机械应力则加大了裂纹产生的可能性。铸坯在冷却过程中不仅受一种应力作用，而是同时受到热应力和组织应力的共同作用。从受力分布图可以看出，铸坯的表面层受到的应力最大，当铸坯所承受的应力超过该部位的强度极限和塑性变形的临界值时，就会产生裂纹。铸坯的表面裂纹增加了钢坯精整的工作量，影响铸坯的热送和直接轧制，严重时会使铸坯报废；而中心裂纹会降低钢材的性能，还可能给钢材留下隐患，因此必须设法减少由于应力造成的裂纹，具体措施有：

(1) 采用合理的配水和合适的冷却制度,铸坯的矫直避开钢的高温脆性区,冷却要均匀,防止铸坯表面回温过高。

(2) 对于某些合金钢或裂纹敏感性强的钢种,可采用干式冷却或干式冷却和喷水冷却结合的方式。干式冷却可使铸坯表面、心部温度趋于一致,大大减少热应力的产生。

(3) 针对不同钢种的需要,铸坯可选择不同的缓冷方式,如空冷、坑冷、退火,也可直接热送等消除应力集中。

(4) 合理调节和控制钢水成分,降低钢中有害元素的含量,可确保减少铸坯热裂的倾向。

4 连铸操作工艺

连铸的生产应该强调“三稳定”，即温度稳定、拉速稳定、液面稳定，以确保铸坯质量和生产的顺行，其中拉速稳定的前提是温度稳定，而拉速稳定又为液面稳定创造了条件。

4.1 钢水的准备

提供合乎连铸要求的钢水，既可保证连铸工艺操作的顺行又可确保铸坯的质量。为此，钢水应具有合适的温度、稳定的成分，并保持钢水的纯净度及良好的可浇性。

4.1.1 钢水温度的目标管理

浇注温度是连铸工艺的基本参数之一。对钢水温度的要求：高温、稳定、均匀。

(1) 连铸工艺浇注时间长，增加了中间包环节的热损失，水口直径小，浇铸流数多，所以连铸的出钢温度要控制在目标值，高于模铸 20～50℃；

(2) 浇注温度波动要小、精确、稳定；

(3) 无论钢包还是中间包内钢水温度要均匀；

(4) 确保钢水有足够精炼处理的时间。

温度偏低钢水发黏，夹杂物不易上浮，不仅影响铸坯质量，甚至会引起中间包水口冻结而被迫中断浇注。温度过高，会加剧钢水的二次氧化和对耐火材料的冲蚀，增加钢中夹杂物含量，还会助长铸坯菱变、鼓肚、裂纹、中心偏析和疏松等多种缺陷的产生；同时可能引发水口失控，或由于坯壳过薄而造成漏钢事故。因此合适的浇注温度是连铸顺行的前提，也是获得良好铸坯质量的基础，所以浇注温度必须控制在较窄的范围内，炉与炉的温度要稳定；钢包内钢水的温度要均匀。

4.1.1.1 浇注温度的确定

浇注温度是指中间包内的钢水温度，可以定时测温，也可以连续测温。如果是人工用热电偶测温，一般是中间包开浇 5 min、浇注过程、浇注结束之前均应测温；所测温度的平均值为平均浇注温度。

浇注温度包括两部分：一是钢水的液相线温度 T_L，开始结晶的温度；二是高出液相线温度的数值，即钢水的过热度 α。浇注温度 T_c：

$$T_c = T_L + \alpha \tag{4-1}$$

钢水液相线温度与钢种的化学成分有关，可通过下列公式计算：

$$T_L = 1536 - (78w_{[C]} + 7.6w_{[Si]} + 4.9w_{[Mn]} + 34w_{[P]} + 30w_{[S]} + 5.0w_{[Cu]} + 3.1w_{[Ni]} + 2.0w_{[Mo]} + 2.0w_{[V]} + 1.3w_{[Cr]} + 18w_{[Ti]} + 3.6w_{[Al]}) \tag{4-2}$$

$$T_L = 1538 - (65w_{[C]} + 8w_{[Si]} + 5w_{[Mn]} + 30w_{[P]} + 25w_{[S]} + 4w_{[Ni]} + 1.5w_{[Cr]} + 2w_{[Mo]} + 2w_{[V]} + 3w_{[Al]} + w_{[W]}) \tag{4-3}$$

$$T_L = 1536 - (100.3w_{[C]} - 22.4w^2_{[C]} - 0.61 + 13.55w_{[Si]} - 0.64w^2_{[Si]} + 5.82w_{[Mn]} + 0.3w^2_{[Mn]} + 0.2w_{[Cu]} + 4.18w_{[Ni]} + 0.01w^2_{[Ni]} + 1.59w_{[Cr]} - 0.007w^2_{[Cr]}) \tag{4-4}$$

钢水固相线温度对分析液心长度、凝固末端轻压下有很重要的意义，它也与钢种的化学成分有关，可通过下式计算：

$$T_S = 1536 - (415.3w_{[C]} + 12.3w_{[Si]} + 6.8w_{[Mn]} + 124.5w_{[P]} + 183.9w_{[S]} + 4.3w_{[Ni]} + 1.4w_{[Cr]} + 4.1w_{[Al]}) \tag{4-5}$$

以上各式中：各数值为 1% 的元素降低纯铁熔点值。$w_{[C]}$ 等为各元素的质量分数(计算时只代入百分数的分子值)。

式 4-2、式 4-3 适用于各钢种；式 4-4 只适用于特殊钢种。

钢水的过热度是根据浇铸的钢种、铸坯的断面、中间包容量、包衬材质、烘烤温度、浇注过程中热损失情况、浇注时间等诸因素综合考虑确定的，如高碳钢、高硅钢、轴承钢等钢种，钢水流动性好，导热性较差，凝固时体积收缩较大。若过热度过高，会促进柱状晶发展，加重中心偏析和疏松，所以应控制较低的过热度。对于低碳钢，尤其是 Al、Cr、Ti 含量较高的一些钢种，钢水发黏，过热度相应要高些。铸坯断面大，过热度可取低些。对于某一钢种来说，其液相线温度+合适的过热度，是该钢种的目标浇注温度。表 4-1 为各类钢的过热度参考值。

表 4-1 钢水过热度参考值(℃)

浇铸钢种	板坯、大方坯	小方坯
高碳、高锰钢	+5～10	+15～20
非合金结构钢	+5～15	+15～20
低碳钢	+20～40	
铝镇静钢、低合金钢	+15～20	+25～30
不锈钢	+15～20	+20～30
硅　钢	+10	+15～20

4.1.1.2 出钢温度的确定

A 钢水在传递过程的温降

出钢过程，钢水注入钢包→炉外精炼处理→中间包→注入结晶器的整个传递过程温度变化如图 4-1 所示。过程总温降可用符号 $\Delta T_{总}$ 表示。

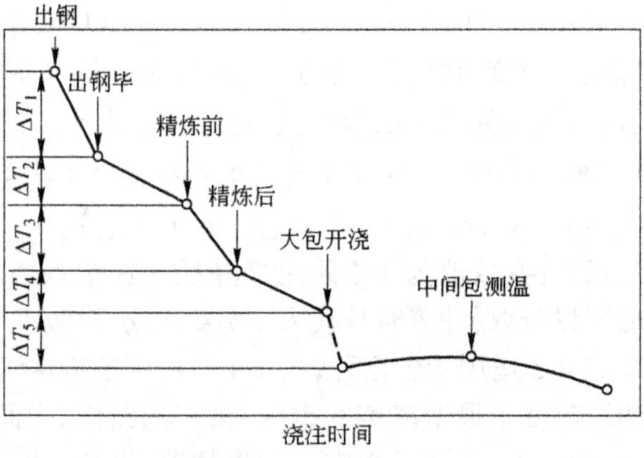

图 4-1 钢水温度变化示意图

由图 4-1 可知：

$$\Delta T_{总} = \Delta T_1 + \Delta T_2 + \Delta T_3 + \Delta T_4 + \Delta T_5 \tag{4-6}$$

式中　ΔT_1 为出钢过程的温降,℃,是出钢过程中钢流的辐射散热、对流散热和钢包内衬吸热、合金熔化吸热所形成的温降。ΔT_1 取决于出钢温度、钢流的状况、出钢时间、钢包容量、包衬的材质和温度状况,加入合金的种类、数量等因素,尤其是出钢时间和包衬温度的波动对 ΔT_1 影响较大。

根据 90 t 钢包热损失的计算实例表明,钢包内壁耐材吸热占热损失的 55%~60%,包底吸热占 15%~20%,而通过钢水液面的散热约占 20%~30%。包衬温度越高,钢水的温降越少;因此钢包预热应大于 1100℃,尽可能"红包"周转;清除包内残钢残渣等是减少热损失的有效措施,还要维护好出钢口,保持钢流圆滑和正常的出钢时间。经验数据表明大容量钢包出钢过程的温降约 20~40℃,中等钢包则温降约 30~60℃。

ΔT_2 为从出钢完毕到钢水精炼开始之前的温降,℃,是钢包内衬的继续吸热、钢水面通过渣层的散热、运输路途和等待时间的热损失。钢水面加覆盖剂和钢包加盖均可以减少热损失,也能稳定浇注温度,由此可使出钢温度降低 10~20℃。若浇注完毕的空钢包加盖 30 min 后受钢,钢水可减少温降 12℃左右。此外,钢包的永久层如是轻质浇灌料砌筑,那么钢水的温降由 2℃/min 减少至 1℃/min。随着钢包容量的增大,单位钢水所占有包衬体积减小,所以钢包容量越大,温降越少。50 t 钢包平均温降 1.5~1.3℃/min;100 t 钢包为 0.6~0.5℃/min;200 t 钢包为 0.4~0.3℃/min;300 t 钢包为 0.3~0.2℃/min。

ΔT_3 为钢水精炼过程的温降,℃,依据钢水炉外精炼方式和处理时间而定。

ΔT_4 为钢水精炼处理完毕至开浇之前的温降,℃,从出钢至钢水精炼,这段时间钢包包衬已充分吸收热量。钢水与包衬间的温度差很小,几乎达到平衡。因此 ΔT_4 主要取决于钢包开浇之前的等待时间,通常温降在 0.2~1.2℃/min。

ΔT_5 为钢水从钢包注入中间包的温降,℃。这一过程的温降与出钢过程相似，包括注流的散热和中间包内衬的吸热及液面的散热等。钢包注流的散热温降与注流的保护状况有关。中间包容量、内衬材质、是否烘烤、烘烤温度、浇注时间长短以及液面有无覆盖和覆盖材料种类等因素有关。试验测定表明，中间包液面无覆盖剂时，表面散热约占中间包热量损失的90%，因而中间包液面覆盖保温是不可缺少的。中间包覆盖材料不同，散热量也不同，如表4-2所示。

表4-2　各种保温剂对钢水液面热损失的影响

保温剂种类	无保温剂	覆盖渣	绝热板+保温剂	炭化稻壳
热损失值 /$kJ\cdot m^{-2}\cdot min^{-1}$	11328～17263	6897～10450	7520	627

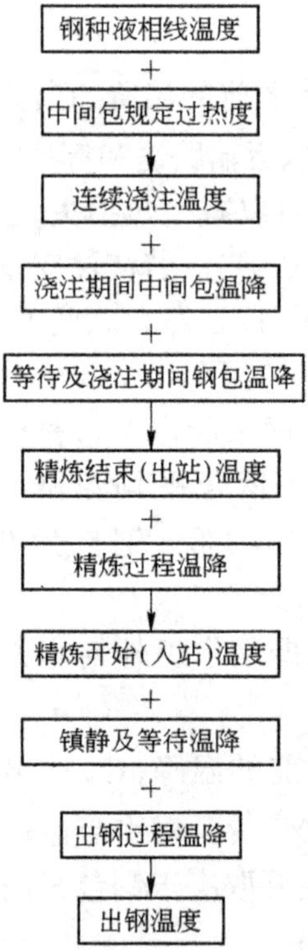

图4-2　钢水目标温度计算

实际生产中，各厂家可根据自己本厂的实际数据来确定各个环节的温降损失数值。

浇注第1包钢水时，由于中间包内热损失较大，为了顺利开浇，出钢温度要比连浇炉高10～15℃。

B　钢水目标温度计算

钢水目标温度计算见图4-2。

出钢温度 T 为：

$$T = T_c + \Delta T_{总} \tag{4-7}$$

4.1.1.3　温度控制对策

钢水温度有三种控制对策：

(1) 最大能量损失原则：出钢温度－凝固温度＞各种温降。

(2) 优化能量损失原则：出钢温度－凝固温度＝各种温降。

(3) 最小能量损失原则：出钢温度－凝固温度比各种温降稍低，即按照稍低的出钢温度出钢，在炉外精炼、中间包采用加热手段补充热量。

显然，第一种控制对策的能量损失最大，路线最不合理的，也是不可取的；第二种控制对策对生产调度要求很高，如果出精炼站耽误时间会造成钢水低温冻流；第三种控制对策由于降低了出钢温度，减少了热量损失，体现了能耗最小原则，需要有对钢水加热的设施补充热量，且考虑补热对钢水质量的影响。

4.1.1.4 温度的控制

温度控制主要是控制中间包浇注温度在目标范围之内。实际生产中影响温度的因素很多，因而钢水温度往往偏离目标范围，所以要加以调整达到要求，为此应注意以下几点：

(1) 稳定出钢温度，提高冶炼终点温度的命中率。稳定出钢温度是温度控制的基础，也是实现目标浇注温度的前提。例如转炉炼钢，对于入炉铁水的成分和温度，废钢及各辅原料的成分与状况均应符合技术要求，并相对稳定；加入的数量要准确，才能实现静态吹炼模型，采用副枪的动态控制，提高终点控制的命中率。

(2) 减少钢水传递过程的温降，主要是减少钢包与中间包内衬的吸热和钢水液面散热损失，因此应加快钢包的周转，实现“红包”受钢；缩短钢包等待时间；钢水液面加覆盖剂，浇注过程钢包加盖等。中间包应充分干燥烘烤。

(3) 做好组织管理工作，选择物流最佳路线，减少工序间的等待时间，以减少热损失。

(4) 充分发挥精炼设施的调节作用。

(5) 充分发挥中间包的冶金功能。

4.1.1.5 温度的调整

生产实践表明，出钢温度往往高于目标值，钢包内钢水温度分布很不均匀，包底水口部位与钢液面之间温度差很大，如表 4-3 所示。

表 4-3 沿钢包高度方向钢水的温降

钢包容量/t	50	100	140	250
沿钢包高度方向温度差/℃	60～70	50～60	40～50	35～40

钢包底吹氩气搅拌后，低温钢水向上部表层移动，钢水温度的分布趋于均匀化，如图 4-3 所示。钢包吹入氩气搅拌，在整个浇注周期，使得中间包钢水温度也趋于均匀化，图 4-4 表明钢包吹氩与不吹氩中间包内钢水温度分布情况。

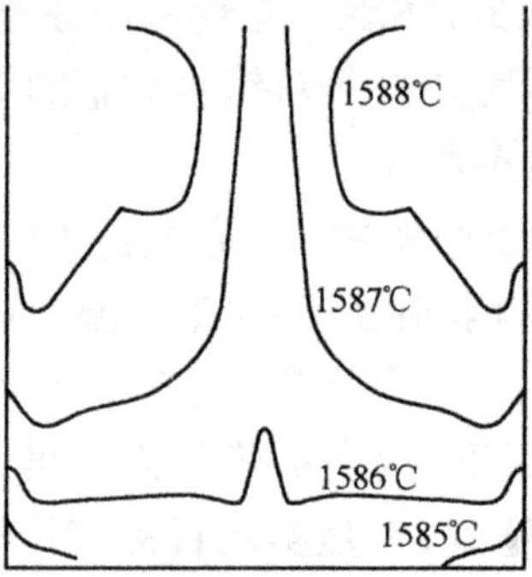

图 4-3　吹氩气后钢包内钢水等温线

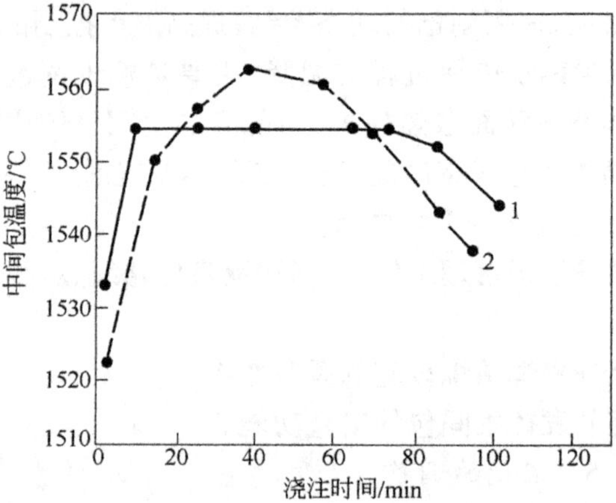

图 4-4　钢包吹氩对中间包钢水温度分布的影响
1—氩气搅拌；2—未经搅拌

吹入的氩气泡上浮抽引钢水流动，钢包内钢水得到充分搅拌混合，温度和成分都趋于均匀化。还可以通过其他精炼方式达到钢水温度和成分均匀的目的。

此外，若钢水温度高于目标值，可加入小块清洁废钢并吹氩气搅拌；钢水温度稍低于目标值时，可通过 LF 炉电弧加热或 CAS-OB 等其他方式提温达到目标要求。

4.1.2 钢水的成分控制

钢水的成分应符合钢种规格要求，但符合规格要求的钢水不一定完全适合连铸工艺。钢水是经过冶炼－精炼后才到达连铸的，实际上连铸无法控制钢水成分，即使成分微调，其范围也很有限。因而应根据连铸工艺的特点及铸坯质量的需要向连铸提供钢水，其主要原则为：

(1) 成分的稳定性。多炉连浇，炉与炉钢水成分必须相近，做到相对稳定，以保铸坯性能的均匀。

(2) 抗裂纹敏感性。铸坯是在运行过程中强制冷却成形，因而铸坯不仅受热应力、组织应力和钢水静压力等应力的作用，铸坯还受弯曲、拉坯矫直等机械应力的作用；一旦薄弱部位形成应力集中，必然引起铸坯内部和表面的裂纹。所以对钢中可能引起裂纹的元素含量要严加控制，或者避开成分裂纹敏感区，或者加入第三种元素消除其危害。

(3) 钢水的可浇性，也是指钢水的流动性。在浇注温度合适的情况下，一定程度上也反映了钢水本身的纯净度。钢水中夹杂物、氮、氢、氧含量低，纯净度高，就会保持良好的流动性，这对小方坯的浇铸尤为重要。钢水中若含有 Ti、Al、Cr 等元素时，由于形成高熔点夹杂物，也会影响流动性。

4.1.2.1 碳成分

碳是影响钢组织性能的基本元素，尤其是需要在热处理状态使用的钢种，其影响就更为显著，为此钢水碳含量要精确控制。在多炉连浇时，各炉次间钢水 $w_{[C]}$ 的差别最好在 ±0.02%。

钢中 $w_{[C]}=0.09\%\sim0.12\%$ 范围内，对铸坯纵裂纹最敏感，主要是由于钢水凝固过程有包晶反应，体积收缩形成应力，导致裂纹，所以碳含量的控制应尽量避开裂纹敏感区，或者采用热顶式结晶器(见图 2-34),或减弱结晶器冷却强度,在钢水凝固发生包晶反应时缓慢冷却,避免产生裂纹。

4.1.2.2 硫、磷的成分

硫和磷一般是钢的有害元素。

硫对钢的热裂纹敏感性有突出的影响。因此硫是关系铸坯质量和连铸工艺的重要元素之一。生产经验证明,当钢水中 $w_{[S]}>0.020\%$时,板坯的表面热裂纹明显增多。同样,浇铸小方坯时产品也会产生缺陷。例如某厂浇铸 115 mm×115 mm 的小方坯,轧成线材,根据对钢中硫含量与线材缺陷关系的调查统计表明,$w_{[S]}<0.025\%$ 的炉次,产品的缺陷率为零;钢水 $0.026\%<w_{[S]}<0.030\%$的炉次,产品缺陷率在 20%左右,随钢的 $w_{[S]}$的增加,产品缺陷率也增多;对 $w_{[S]}\geqslant 0.040\%$的炉次,其缺陷率达 100%,可见降低硫含量是保证产品质量的基本条件。当然,钢种不同,对 $w_{[S]}$要求也不同。普通碳钢出钢时 $w_{[S]}\leqslant 0.020\%$,同时 $w_{[Mn]}/w_{[S]}>20$,才能避免铸坯出现裂纹,并避免漏钢。对于含硫易切钢来讲,要求钢中 $w_{[S]}<0.30\%$,其含锰量相应也高。因而就不会产生热裂纹,所以含硫易切钢也可以用连铸工艺。

还有研究认为:钢的凝固裂纹与 $w_{[Mn]}^3/w_{[S]}$的关系更具有规律性,当 $w_{[Mn]}^3/w_{[S]}>5$ 时,就不会出现凝固裂纹。

钢中 $w_{[P]}<0.030\%$,磷对连铸过程一般不会产生影响,应根据钢种要求控制含量。有些钢种对硫、磷要求极低,如深冲钢、高压容器钢、管线钢等,熔炼成分要求 $w_{[S]}<0.005\%$,为此,对进入转炉的铁水都要进行预脱硫处理。其他入炉材料硫含量也应有明确的技术要求,钢水精炼过程还可深脱硫达到钢的品种标准。

4.1.2.3 硅、锰成分

硅、锰成分不仅影响钢的性能,还影响着钢水的可浇性。炉与炉之间硅、锰含量波动最好控制在 $w_{[Si]}<\pm 0.02\%$、$w_{[Mn]}\pm 0.02\%$,以保铸坯成分、性能稳定。非合金钢的硅、锰成分是通过脱氧加入的合金达到的,并要求一定的 $w_{[Mn]}/w_{[Si]}$比,一般钢种 $w_{[Mn]}/w_{[Si]}>$

2.5，某些钢种 $w_{[Mn]}/w_{[Si]}>2.8$，个别钢要求 $w_{[Mn]}/w_{[Si]}>3.0$。钢水经过炉外精炼处理，成分微调后，能够实现成分的精确控制。

4.1.2.4 残留元素的含量

钢的成分中有些元素不是有意加入的，而是随炼钢原料带入炉内，冶炼过程又不能去除而残留于钢中，称之为残留元素，如Cu、Sn、Sb、As等。对钢性能影响最大的是铜和锡，其含量应限制在0.20%以下。由于这些元素的综合作用较为复杂，通常以铜当量来表示，即：

$$w_{[Cu]当}=w_{[Cu]}+10w_{[Sn]}-w_{[Ni]}-2w_{[S]} \tag{4-8}$$

其中 $10w_{[Sn]}$ 包括了砷与锑的隐蔽作用，所以对电弧炉炼钢精选入炉废钢尤为重要，限制这些元素的含量。铜含量最高应在0.20%以下，也可加入第三元素抵消其不良影响，如向钢水中加镍，可以抵消铜的危害，还要控制铸坯表面层凝固组织及表面温度，减轻铜的富集，避免表面渗铜而产生裂纹。

4.1.3 钢水的纯净度

钢水的纯净度主要是指钢中气体氮、氢、氧和非金属夹杂物的数量、形态、分布。提高钢水纯净度可改善钢水可浇性，有利于铸坯质量。实践表明，凡是铸坯有夹杂物的部位都伴有裂纹的存在，例如：$w_{[C]}=0.15\%\sim0.20\%$ 的圆形铸坯，在对其表面裂纹缺陷分析时发现，凡是钢水经过脱气处理的炉次，钢水气体和夹杂物含量都很低，铸坯没有出现任何裂纹缺陷。随着连铸品种的扩大，提高了对钢水纯净度的要求，以确保最终产品力学性能和使用性能。为此，从冶炼－炉外精炼－连铸整个过程进行控制，以达到钢水纯净度的要求。

冶炼过程熔池钢水中氧含量受钢中碳和渣中TFe的制约，出钢前钢水中氧含量高于平衡氧含量，且随碳含量的降低而增多；当 $w_{[C]}=0.10\%$ 以下时，随碳含量的降低钢中氧含量猛增；通过脱氧去除过剩氧，生成的脱氧产物没有排除干净，残留于钢中成为非金属夹杂物；终点钢水中氧含量越高，夹杂物含量也高。

由于夹杂物的存在不仅影响钢水的可浇性，连铸操作也难以顺行，危及钢质量。钢中夹杂物有内生夹杂物和外来夹杂物。内生夹杂物主要是脱氧产物；外来夹杂物包括在浇注过程中钢水的二次氧化产物、被冲蚀的耐火材料以及卷入的钢包渣、中间包渣和结晶器浮渣等。内生夹杂颗粒细小是微观夹杂物，外来夹杂多数颗粒粗大是宏观夹杂物。为了确保最终产品质量，要尽量降低钢中非金属夹杂物的含量。

4.1.3.1 对脱氧的控制

A 硅、锰脱氧

硅和锰是应用最广泛脱氧剂，转炉是出钢过程加入 Fe-Si、Fe-Mn或 Mn-Si 合金进行脱氧合金化，并加入适量的铝终脱氧。当 $w_{[Mn]}/w_{[Si]} \leqslant 3$ 时，生成固态脱氧产物，钢水易发黏。在结晶器液面会形成黏稠的浮渣，钢水流动性不好，还可能造成拉漏事故。只有 $w_{[Mn]}/w_{[Si]} > 3.0$ 时，才能形成液态脱氧产物，有利于夹杂物上浮。因此在确保钢成分条件下，$w_{[Mn]}/w_{[Si]}$ 应控制在 3~6 范围，既可减少钢中夹杂物，又能改善钢水的流动性。其关系见图 4-5。

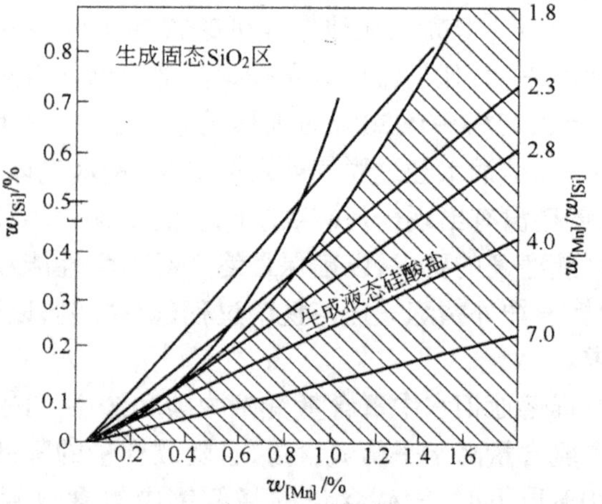

图 4-5 二氧化硅的饱和脱氧产物呈平衡状态时钢中临界硅锰含量

B　铝脱氧

铝是强脱氧剂，在1600℃时，$w_{[Al]}=50\times10^{-6}$与钢中相平行的氧含量仅为23×10^{-6}，所以一般钢中都加适量的铝作为终脱氧剂，铝还起细化晶粒作用。钢中$w_{[Al]_s}>0.006\%$的氧化物夹杂几乎全部为Al_2O_3，钢中$w_{[Al]_s}$与夹杂物中Al_2O_3的关系如图4-6所示。

脱氧产物Al_2O_3夹杂呈群簇状存在，它具有树枝形特点，虽然颗粒很大，但复杂的树枝状内含有钢，加大了夹杂物的密度，难以上浮排除，还容易堵塞水口。

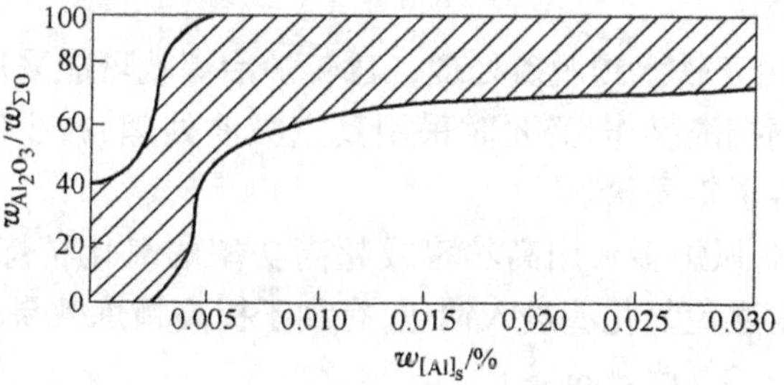

图4-6　镇静钢中酸溶铝与夹杂物中Al_2O_3的关系

倘若铝镇静钢中的$w_{[Al]_s}=0.02\%\sim0.05\%$，中间包水口直径必须在ϕ50～70 mm才有可能不被堵塞。为此对含铝量有要求的钢种可使用Al-Si、Fe-Mn-Al合金或Ba-Al-Si合金代替纯铝脱氧，或者喷吹Ca-Si合金粉，喂入Ca-Si包芯线，控制钢中铝含量，改变夹杂物形态，减少纯Al_2O_3的生成，改善钢水的可浇性。但是必须注意控制合适的$w_{[Ca]}/w_{[Al]}$比：

当$w_{[Ca]}/w_{[Al]}<0.07$时，增加钙含量可改善钢水流动性。

当$0.07<w_{[Ca]}/w_{[Al]}<0.10$时，生成$CaO\cdot6Al_2O_3$脱氧产物熔点高，钢水发黏，水口易结瘤堵塞。

当$w_{[Ca]}/w_{[Al]}=0.10\sim0.15$时，可改善钢水流动性，完全避免水口结瘤。

4.1.3.2　对出钢工艺的要求

随着精炼技术的广泛应用，采用少渣或无渣出钢工艺是改善钢水质量，提高和稳定合金吸收率的有效措施。钢渣进入钢包，渣中 FeO 会氧化钢中合金元素，不仅降低了合金吸收率又影响钢水成分的稳定性。转炉挡渣出钢比不挡渣出钢合金吸收率平均提高：硅为 13.33%；锰为 5.7%；同时又减少钢中夹杂物含量，提高了钢水纯净度。熔渣进入钢包容易引起回磷，例如国外某钢厂冶炼低硫管线钢，挡渣出钢回磷量从平均 0.006%降至 0.002%；铝镇静钢吨钢铝耗量降至 0.18 kg。挡渣后钢包钢液面应加覆盖剂。渣层厚度：小于 100 t 的钢包，为 70 mm 以下；100 t 以上的钢包为 150 mm以下。

(1) 由于铁水预脱硫处理，LD 转炉冶炼就可能采取少渣冶炼工艺；出钢挡渣操作，必要时采用真空吸渣处理，减少钢水回 P、S 现象，改善了钢质量。

(2) 电弧炉多采用高功率或超高功率的氧化精炼，偏心炉底出钢，完全避免氧化渣进入钢包，有利于提高精炼效果和钢质量。

4.1.3.3 吹氩搅拌

钢包吹氩可以均匀成分、温度，还有利气体的排除和非金属夹杂物上浮。由于出钢挡渣操作，钢包中渣层薄，渣中氧化铁含量低，吹氩气搅拌效果明显。150 t 钢包最佳吹氩气时间为 6～10 min；对脱氧良好的电炉钢水渣中 $w_{(FeO)}<0.5\%$，吹氩气后，可获得硫、氧、非金属夹杂物都很低的钢水。

4.1.4 钢水供应时间的管理

连铸生产要求按照火车时刻表的形式准时供应钢水，为此引进了物流管理中的时间流管理技术。

钢水提前供应温降过多，浇注有可能冻流，甚至中断浇注。供应时间滞后，会造成中间包液面过低，可能卷渣、下渣，从而导致漏钢，造成断流停浇，更谈不上铸坯质量了。因此准时供应钢水是连铸生产三稳定的基础，也是实施能耗最小原则的前提，更是铸坯质量的保证。为此要严格各工序的时间管理，通过横道图(又称甘特图)计划安排生产，图 4-7 是一个实例。图中横坐标是时间，纵坐标是生产流程的各工序。

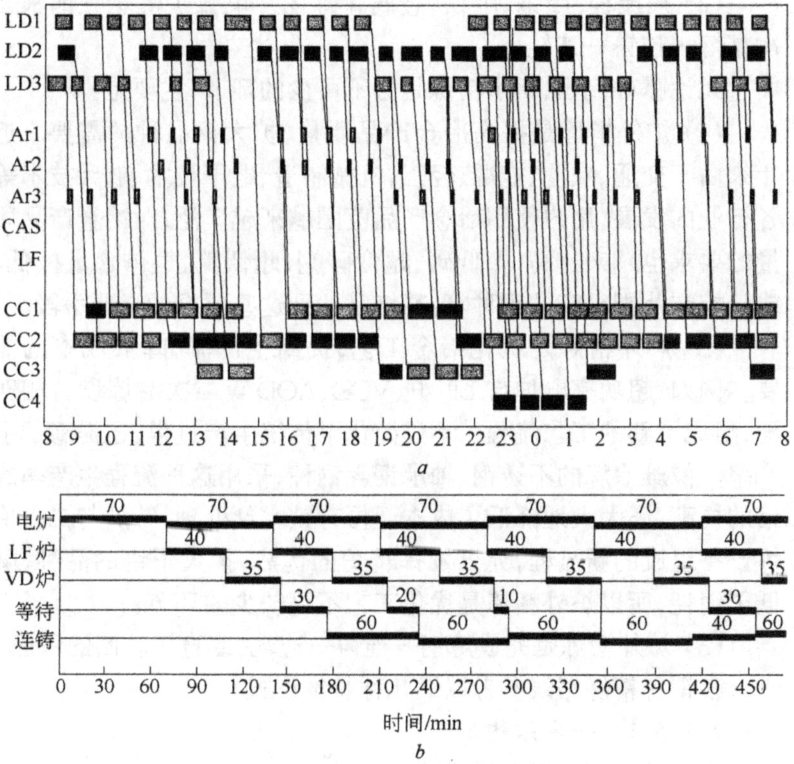

图 4-7　生产实例的横道图

a—转炉炼钢；*b*—短流程电炉炼钢

LD—转炉炼钢；Ar—吹氩搅拌；CC—连铸机

4.1.5　连铸用钢水炉外精炼工艺路线

钢水炉外精炼是提高冶金产品质量、扩大品种、优化冶金生产工艺、进一步提高生产率、节能降耗、降低成本的必要手段，也是实现炼钢－连铸－铸坯热装和直接轧制的保证。在总结国外精炼发展经验，依据“立足产品，合理选型，强调在线，系统配套”的发展方针，综合现代冶金生产，分为长短两类典型优化工艺流程：

（1）长流程：高炉铁水—铁水预处理—转炉炼钢—钢水二次

精炼—连铸—连轧。

(2) 短流程：废钢、生铁、金属化球团—电弧炉炼钢—钢水二次精炼—连铸—连轧。

无论哪种流程，钢水精炼是必不可少的环节，主要是：

(1) 炉外精炼是提高冶金产品质量，扩大钢品种的需要。近年来由于交通、农业、能源、轻工、机械制造、电子技术、航天技术等各行业的发展，用户使用冶金产品范围越来越广泛，对冶金产品质量的要求也越来越高，如低碳、超低碳钢，超低硫、气体含量极低、成分控制范围很窄的钢种等，精炼是达到这些要求的必要手段。

(2) 炉外精炼是优化冶金工艺，提高生产率，降低成本的需要。例如：超功率电炉与LF炉、VOD、AOD等二次冶炼设备相匹配，组成了新的工艺流程。不仅简化了传统生产过程，还提高了生产率。像难冶炼的不锈钢、轴承钢等钢种，采用这种流程生产率成倍的提高，还大大地降低了成本。再有铁水预处理、转炉与二次冶炼设备组成的新流程，充分发挥转炉的优势，扩大了钢的品种，降低了消耗，所以炉外精炼是优化工艺不可缺少的环节。

(3) 炉外精炼是完成炼钢—连铸—连轧，或直接轧制的保证。

各钢种精炼路线参考以下几种基本形式。

4.1.5.1 普通结构钢

普通结构钢精炼路线如下：

(1) 容量在100 t以上的转炉→CAS-OB或LF炉或RH真空处理→连铸。

CAS-OB、LF炉适用于大型转炉车间，根据需要可以单一精炼也可以组合精炼，实现成分微调、升温、脱气、脱硫、脱氧等，精炼效果好。

(2) 容量在20～30 t转炉→喂丝→吹氩搅拌→连铸。主要是改变夹杂物形态，改善钢水流动性，提高钢水纯净度和合金利用率(20～30t小转炉几乎淘汰)。

4.1.5.2 低碳铝镇静钢、船用钢、低合金钢等

低碳铝镇静钢、船用钢、低合金钢等的精炼路线：

铁水预处理→LD转炉→RH→连铸；

或部分铁水+直接还原铁+废钢→电弧炉→RH→连铸。

4.1.5.3 汽车外壳钢板、硅钢、深冲钢等

汽车外壳钢板、硅钢、深冲钢等的精炼路线：

铁水预处理→LD转炉→RH→KIP→连铸。

4.1.5.4 管线钢

管线钢的精炼路线：

铁水预处理→LD转炉→喷粉→RH→连铸。

4.1.5.5 调质钢、轴承钢、模具钢等

调质钢、轴承钢、模具钢等的精炼路线：

(1) 电弧炉→LF→RH→连铸；

或电弧炉→LF→VD→连铸；

或电弧炉→ASEA-SKF→连铸。

(2) 铁水预处理→LD转炉→RH→连铸。

4.1.5.6 不锈钢等

不锈钢等的精炼路线：

(1) 电弧炉→VOD→连铸；

(2) 铁水预处理→LD转炉→AOD→连铸。

4.1.5.7 超低硫、磷钢、超纯净钢等

超低硫、磷钢、超纯净钢等精炼路线：

(1) 铁水预处理→LD转炉→LF→喷粉→RH(OB)→喂丝→连铸；

(2) 电弧炉→LF→喷粉→RH(OB)→喂丝→连铸。

就我国炼钢设备容量现状与连铸匹配的炉外精炼方式，其选择方式与目的可参考表4-4。

表4-4 各种精炼方式及目的

名称	精炼手段					主要冶金功能							
	造渣	真空	搅拌	喷吹	加热	脱气	脱氧	去除夹杂	控制夹杂物形态	脱硫	合金化	调温	脱碳
钢包吹氩			√					√				√	
CAB	+		√				√	√			√		

续表 4-4

名　称	精炼手段					主要冶金功能							
	造渣	真空	搅拌	喷吹	加热	脱气	脱氧	去除夹杂	控制夹杂物形态	脱硫	合金化	调温	脱碳
RH		√				√							
LF	+	①	√		√	①	√	√		+	√	√	
ASEA-SKF	+	√	√	+	√	√	√	√		+	√	√	+
VAD	+	√	√	+	√	√	√	√		+	√	√	+
CAS-OB			√	√	√		√	√			√	√	
VOD		√	√	√		√	√	√					√
RH-OB		√		√		√							√
AOD		·		√		√							√
TN				√			√			√			
SL				√			√		√	√	√		
喂丝							√		√	√	√		
合成渣洗	√		√				√	√	√	√			

注：符号“+”表示在添加其他设备后，可以取得更好的冶金效果。

①表示 LF 炉增设真空装置后称为 LF-VD，它具有 ASEA-SKF 相同的精炼功能。

4.2　浇注前的准备

4.2.1　钢包的准备

钢包的准备包括以下工作：

(1) 清理钢包内的残钢残渣，保证包内清洁。

(2) 检查和更换水口；安装滑动水口时，上、下滑板要对正、装平；上、下水口孔对中、孔内无堵塞；水口的启闭机构要灵活安全；水口内装好引流砂。

(3) 加快钢包周转，尽量“红包”受钢；若包衬温度低于 800℃，需烘烤至 1000℃ 以上，烘烤时应加盖。

(4) 包底、底吹砖面清理干净无杂物，检查氩气管快速接头是否正常，并接通钢包底吹风管进行试吹。

(5) 钢包座到回转台后开浇前安装长水口，长水口与钢包下水口接口缝要严格密封。

(6) 长水口材质有熔融石英、铝-碳两种。铝-碳质长水口使用前应快速烘烤至700℃以上,这样表面防氧化涂层能形成瓷釉,对Al_2O_3-C质材料起保护作用。熔融石英长水口可不烘烤使用。

4.2.2 中间包的准备

中间包是钢水进入结晶器前最后一个重要的冶金容器,中间包状况直接影响钢的质量和连铸操作的顺行。当前中间包工作层多用耐火涂层、干式料整体成形,包内还砌有挡墙、坝和导流板、过滤器等。

4.2.2.1 定径水口

使用定径水口需做好以下准备工作:

(1) 多流小方坯连铸机使用定径水口敞开式浇注;也可使用塞棒控制浇注。根据铸坯断面和拉速选择水口直径,如浇注120 mm×120 mm小方坯,定径水口直径可选择ϕ14~15 mm;若浇注150 mm×150 mm小方坯,水口直径选用ϕ15~15.5 mm。另外还可根据水口距钢包注流落点的远近,选择水口直径,远离注流落点的水口直径可稍大于其他水口,以使各注流拉速均衡稳定。定径水口为锆质或内镶锆质外为高铝质复合材料制作。

(2) 各流水口的中心距应与连铸机流间距相一致,砌筑误差不得超过±1.5 mm。

(3) 为了便于自动开浇,中间包每个水口上面安砌一个耐火套筒又称开浇杯;开浇杯为轻质耐火材料制作;开浇杯的高度依开浇的先后次序逐一增高,先开浇的套筒较矮,最后开浇的耐火套筒高度最高,其结构见图4-8。

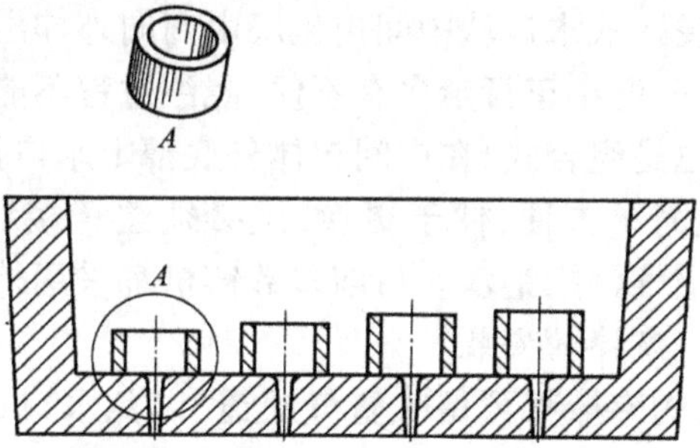

图4-8 定径水口自动开浇示意图

由图 4-8 可见，每个开浇杯高度不同，当中间包钢水液面依次没过高度不同的开浇杯时，开浇杯依次浮起，水口依次开浇。

(4) 在中间包体外包底滑道装好下水口，一要对中，二是接口要密封。

4.2.2.2　浸入式水口的安装

板坯和大方坯用浸入式水口 + 保护渣浇注塞棒控制。浸入式水口的材质有熔融石英和高铝-石墨质。在长时间浇注过程中，水口要保持注流圆滑不散，流量稳定，水口不堵。因此在安装水口时应做到：

(1) 水口与座砖的缝隙应用胶泥填实抹平，防止渗漏钢水。

(2) 浸入式水口不得有裂纹和缺损，不得弯曲变形。

(3) 根据所浇铸坯断面与拉速确定水口直径。如浇注铸坯厚度为 150～200 mm，拉速在 1.0～1.2 m/min，浸入式水口内孔直径在 ϕ35～45 mm 为宜。若拉速再高时，水口的孔径也相应增大些。

(4) 浸入式水口一定要装平、装正；伸出部分一定要与中间包底相垂直，并与结晶器准确对中。

(5) 外装浸入式水口，应仔细检查托架。对吹氩气防塞型浸入式水口，安装后接好喷嘴接头，再装入托架内；在水口接口处要均匀涂抹胶泥，然后试气。

(6) 浸入水口装好后，要确保水口内孔畅通无堵塞；使用前最好在外壁包一层耐火纤维毡，浇注时去除。

(7) 浸入式水口有两种安装方式，内装式与外装式。

内装式，浸入式水口从中间包包底由内向外伸出；由于是整体结构，密封性好，但小车行走多有不便，浇注过程不能更换。

外装式，也是组合式，在中间包体外底部上水口接装浸入式水口。这种方式简单方便，便于更换；但必须注意接缝处的严格密封，以防吸入空气污染钢水。目前多数铸机都采用外装结构。

4.2.2.3　塞棒的安装

当前使用的塞棒都预留吹氩气通道，以免水口结瘤堵塞。塞棒为高铝材质整体结构，渣线部位为复合氧化锆材质。安装时应注意：

（1）安装前要检查塞棒不得弯曲、变形；若塞棒表面无涂层，镶嵌件有残损、松动或不到位的均不得使用；

（2）安装圆头塞棒留有2～3 mm的啃头，尖头塞棒可不留啃头；开关灵活不得有跳动；

（3）塞棒安装完毕要试车启、闭几次，检查开闭器是否灵活，开启量应在60～80 mm。

4.2.2.4　快速更换水口装置

中间包快速更换水口装置结构可见图2-18。中间包的准备包括检查水口更换滑道，使其处于待用状态。

4.2.2.5　中间包烘烤

烘烤前检查包内所砌挡墙、坝、导流板、过滤器等设施，确定无问题后再进行下步工作。

中间包烘烤应做到：

（1）中间包的包盖盖好后，中间包小车必须开至结晶器上方，浸入式水口与结晶器正确对中定位，然后返回到烘烤位置。

（2）无论何时运送中间包，塞棒必须处于关闭位置，以防运送过程发生跳动，或振动而发生错位或断裂。

（3）浸入式水口伸出部分应在烘烤箱内烘烤。硅质水口可不烘烤，否则氧化硅非晶体结构骤变，耐火材料性质恶化。铝碳质水口从外部烘烤1 h左右，烘烤要逐渐升温，以免砖体炸裂。

（4）对于工作层为耐火涂层或干式料的中间包，按技术要求进行升温烘烤。

（5）中间包用煤气或燃料油烘烤均可。

4.2.3　结晶器的检查

结晶器是钢水凝固成形的重要部件。铸坯在出结晶器下口时，应具有一定安全厚度的均匀坯壳，以免拉漏。实践证明，裂纹、菱变等缺陷都是在结晶器内形成的，因此在浇注前作好结晶器的检查是十分必要的：

(1) 认真检查结晶器内腔铜管、铜板表面有无严重损伤。若角部有裂纹或面部划伤深度较大,必须按规定更换;同时还要检查结晶器冷却水水压是否正常,不得有渗水现象。

(2) 检查结晶器振动装置运行是否正常,依据所浇铸坯断面设定的拉速,调节相应的振动频率、振幅等振动参数。

(3) 检查润滑油在结晶器内壁的分布情况,并调节相应的供油量。

(4) 组合式结晶器内壁角部缝隙应小于0.3 mm,并用铜垫片使宽、窄面接触板呈135°的斜角,以防铸机起步拉漏。

(5) 检查结晶器下口足辊是否转动;足辊、铜板部位喷嘴要齐全,无堵塞;扁喷嘴的扁口应处于横位;喷水架无歪扭。

(6) 结晶器的大小盖板应配备齐全、放置平整;结晶器与盖板间的空隙用石棉绳堵好,并用耐火泥抹平。

4.2.4 二冷区的检查

二冷区的任务是支撑、引导和拉动铸坯运行,并喷水雾或气水雾冷却,使铸坯在矫直或切割前完全凝固。为此应检查:

(1) 二冷区供水系统是否正常,水质是否符合要求;

(2) 检查二冷区喷嘴是否齐全,并打开各段水管检查各个喷嘴是否畅通;

(3) 根据所浇钢种、断面设定喷淋水量;

(4) 气-水喷嘴用压缩空气的气压应在0.4~0.6 MPa以上,雾化气压应在0.2 MPa以上。

4.2.5 拉矫装置的检查

拉矫装置承担拉动和矫直铸坯,以及输送引锭杆的任务。

(1) 根据拉坯辊压下动力,检查气压或液压系统,并调节给定的冷热坯的压紧力。

(2) 主控室内选择开关置于浇注位置,检查结晶器振动、结晶器润滑送油装置。二冷区水闸阀、蒸汽抽风机等设备是否能随拉坯矫直辊同步运行。

(3) 确认引锭头与所浇铸坯断面尺寸是否一致,引锭头无严重变形、清洁无油脂等。

(4) 上装式或刚性引锭杆的存放装置应能正常运行。

4.2.6 切割装置及其他设备的检查

切割装置及其他设备的具体检查内容为:

(1) 火焰切割装置或剪切机械运行是否正常,并校验割枪;

(2) 启动各组辊道,升降挡板、横移机、翻钢机、推钢机、冷床等设备应运行正常,处于待用状态。

4.2.7 堵引锭头操作

当确认设备一切正常后,按要求将引锭头送入结晶器;若结晶器长 700 mm 时,引锭头距顶面 550～600 mm;结晶器长 900 mm 时,距顶面 600～700 mm。堵引锭头应做到:

(1) 确认引锭头干燥、干净,否则可用压缩空气吹扫。

(2) 在引锭头与结晶器四壁的缝隙内,填塞石棉绳或纸绳、填实、填平,尤其是结晶器四个角部一定要塞严、塞紧。

(3) 在引锭头的沟槽内添加清洁废钢屑、铝粒和适量微型冷却钢片,以使注入的钢水在引锭头部位充分冷却、连接;冷却钢片不易过多,避免连铸机起步时引锭头与铸坯拉脱、漏钢。

(4) 结晶器内壁涂以菜籽油,防止钢水与结晶器粘连。

(5) 以上工作完毕后,直到开浇前,振动机构、拉矫机构、喷水阀门、夹紧辊的液压(气动)系统都应处于静止待用状态,同时,结晶器盖板周围的工作场地应清理干净。

4.2.8 其他准备工作

准备好开浇及浇注过程所用材料及工具,并放到应放的位置,如保护渣、覆盖剂、捞渣工具、氧气管、取样器等。主控室内对各参数进行确认,如各段冷却水、事故水、电气、液压、切割机等。

4.3 浇注操作

4.3.1 钢包浇注

钢包浇注的具体操作为:

(1) 钢包坐到回转台(或钢包支架)上,转至浇注位置,并锁定,此时中止中间包烘烤,并关闭塞棒;定径水口应检查耐火开浇杯。

(2) 中间包运行至浇注位置,与结晶器重新严格对中定位,偏差不得大于 1.5 mm;定径水口的中间包将摆动槽对准水口放置。

(3) 在中间包底均匀撒放一些 Ca-Si 合金粉,以保“出苗”钢水的流动性。

(4) 调节中间包小车,将浸入式水口伸入结晶器到设定位置,水口底面距结晶器“底”面 50～100 mm;然后要多次启闭塞棒,再次检查其开启的灵活性和关闭的严密性。

(5) 要尽量缩短等待时间。从中间包终止烘烤到钢包开浇的时间越短越好,准备工作就绪后即可开浇。

(6) 敞开式浇注比较简单,操作人员直接观察注流情况及注入中间包的钢水情况。

(7) 采用保护浇注时,钢包就位后,安装保护套管。开启滑动水口,若水口不能自开,取下保护套管,烧氧引流;在水口全开的情况下钢水流出一定数量,即滑动水口吸收了足够的热量后,关闭水口,再将保护套管重新装好,立即开启滑板,调节到适当开度,控制中间包钢水液面到预定位置,并将接口重新严格密封。

(8) 当中间包钢水面达到预定高度并没过保护套管时,可向中间包内加覆盖剂和炭化稻壳。

4.3.2 中间包浇注

4.3.2.1 塞棒开浇

当注入中间包钢水达到 1/2 高度时,中间包可以开浇,应做到以下几点：

(1) 控制开浇注流不要过猛、过大，以免引锭头密封材料被冲击离位，或者钢水飞溅造成挂钢、重皮。

(2) 钢水注入结晶器后，在液面还未没过浸入式水口侧孔时，塞棒应开启 1～2 次，以确认塞棒控制是否正常。

(3) 结晶器液面没过浸入式水口侧孔后，即可添加保护渣。根据需要可加入开浇专用保护渣或常规保护渣；液面距结晶器上口 80～100 mm 时，拉坯矫直机构、结晶器振动及二冷区水阀门同时启动。

(4) 若塞棒有吹氩装置，开浇时控制氩的流量范围。在结晶器液面稳定之后再慢慢调整到常规氩流量，以防结晶器液面翻动。

4.3.2.2 定径水口的开浇

在中间包加入覆盖剂后，液面达到预定高度并逐一没过开浇杯，"出苗"的脏钢水通过摆动槽流入溢渣盘中，在注流圆滑饱满时移开摆动槽，钢水注入结晶器。该过程应做到以下几点：

(1) 为了确保铸坯坯壳厚度，通过摆动槽控制起步时间，一般摆动 1～3 次，起步时间在 20～35 s；当拉矫机启动时，结晶器振动机构、二冷区喷水阀、结晶器润滑油系统同步运行。

(2) 多流连铸机中间包的水口可按顺序逐一开浇。一般离钢包注流落点近的水口先开浇，远离注流落点的水口后开浇；例如 8 流小方坯连铸机，使用两个中间包，定径水口开浇的顺序是，先开第 4、5 流；然后依次为第 3、6 流；第 2、7 流；最后是第 1、8 流。其间隔时间为 30 s 左右。

(3) 结晶器液面稳定以后，可将开关置于自动控制位置，实施液面自动控制。

4.3.3 连铸机的启动

拉矫机构的起步就是连铸机的启动。从钢水注入结晶器开始到拉矫机构启动的时间为起步时间。小方坯的起步时间在 20～35 s，大方坯是 35～50 s，板坯在 1 min 左右。对于多流连铸机来说，各流开浇时间不同，所以起步时间也有差异。起步时间也称"出苗"时间。

起步拉速约0.3 m/min，保持30 s以上。缓慢增加拉速，1 min以后达到正常拉速的50%，2 min后达到正常拉速的90%，再根据中间包内钢水温度设定拉速。

4.3.4 正常浇注

中间包开浇5 min后，在离钢包注流最远的水口处测量钢水温度，根据钢水温度调整拉速。当拉速与注温达到相应值时，即可转入正常浇注，即：

(1) 通过中间包内钢水重量或液面高度来控制钢包注流，同时要注意保护套管的密封性和中间包保温。如果是人工测温，并按规定测量中间包钢水温度。

(2) 准确控制中间包注流，保持结晶器液面距上缘在75～100 mm。液面稳定，其波动最好在±3 mm以内，最多不得超过±5 mm。

(3) 浸入式水口插入深度应以结晶器内热流分布均匀为准。浸入式水口侧孔上缘距液面一般在125±25 mm为宜。有的厂家规定浸入式水口底面到液面渣线260～280 mm合适。

(4) 正常浇注后，结晶器内的保护渣由开浇渣改换为常规渣。要勤添少加，每次加入量不宜过多，均匀覆盖，渣面不得有局部透红。保持液渣层厚度在10～15 mm，粉渣层厚度在15～20 mm。保护渣的消耗量一般为吨钢0.3～0.5 kg，并及时捞出渣条和渣圈。可根据具体情况测定保护渣各层厚度。

(5) 敞开浇注，要随时注意润滑油量，并及时捞出液面浮渣，以防铸坯卷渣或夹渣。

(6) 主控室内要监视各设备运行情况及各参数的变化。

4.3.5 多炉连浇

当转入正常浇注以后，还包括实现多炉连浇操作。

4.3.5.1 更换钢包

原则上不降低拉速，更不能停机或中间包下渣，因此：

(1) 可通过称量设备，或所浇连铸坯的长度，或浇注时间，测量钢包液面深度等方式估算钢包钢水的数量，也可以用电磁、红外等手段监测，自动关闭钢包滑动水口，绝对不能下渣。

(2) 钢包更换之前，要提高中间包液面高度，贮存足够量的钢水，对于小容量中间包尤为重要。在拉速降低不多的情况下，给第二包钢水的衔接留有充分的时间。

(3) 卸下保护套管，清理衔接的碗口部位。第二包钢水到位后，按程序装好保护套管，并保持良好的密封性，即可开浇。

4.3.5.2 快速更换中间包

要实现多炉连浇，快速更换中间包也很关键，通常要求在2 min内完成更换，最长不得超过3 min；否则由于新、旧铸坯的“焊合”不牢，接痕拉脱而引发漏钢事故。更换中间包程序为：

(1) 钢包旋至浇注位置。

(2) 当上一中间包液面降至预定高度时，降低拉速；停止待用新中间包的烘烤，并运行至原中间包旁边。

(3) 关闭旧中间包，拉矫机构停机。升起中间包，浸入式水口提出结晶器上口，同时同向开动两中间包小车，使新中间包到达浇注位置。

(4) 钢包开浇钢水注入新中间包，待钢水液面达到预定位置时，开始下降中间包。

(5) 清除结晶器原保护渣。当浸入式水口插入钢水面以后，开启中间包塞棒，并启动拉矫机构，拉速为0.3 m/min。当接痕离开结晶器下口以后，按开浇程序逐步调整拉速直到正常浇注，同时依据开浇程序加入保护渣。

4.3.5.3 快速更换中间包水口

快速更换中间包水口也是多炉连浇的重要环节。备用铝碳质浸入式水口、锆质定径水口更换前须烘烤。

更换之前，新、旧水口并列于滑道之中。更换时，通过驱动机构新、旧水口在滑道中移动,移开旧水口的同时烘烤后的新水口进入工位,对中后继续浇注。清理旧保护渣后按正常浇注添加新保护渣。整个更换过程不足1 s。

4.3.5.4 异种钢水的连浇

为了提高连铸机的作业率,应用了不同钢种的连浇技术。异种钢水的连浇也需要更换中间包,其更换程序与常规多炉连浇更换中间包没什么本质区别,关键是不同钢种钢水不能混合。因此当上一炉钢水浇注完毕之后,在结晶器内插金属连接件,并投入所谓隔热材料,使其形成隔层,防止钢水成分的混合,但隔层的上、下钢水必须凝固成一体,可继续浇注,如图4-9所示。这种方法浇铸的铸坯大约经过3 m的混合过渡区之后,铸坯即为更换后的成分并达到均匀。其程序如下:

(1) 首先是换中间包,停机时间不得超过3 min,否则二冷区铸坯温度偏低难以矫直,或者造成新、旧铸坯接痕连接不牢而拉脱漏钢;

(2) 当前一炉钢水浇注完毕,换包前待结晶器旧保护渣捞干净后,加一薄层新渣,千万不能将旧水口碎片卷入坯壳;

(3) 原中间包小车开走后,马上将金属连接件插入结晶器内液面一定深度,安放平稳,并在液面上撒一层铁钉屑;

(4) 与常规更换中间包操作程序一样;

(5) 开浇的起步时间和拉速的升速要求与第一炉开浇相同。

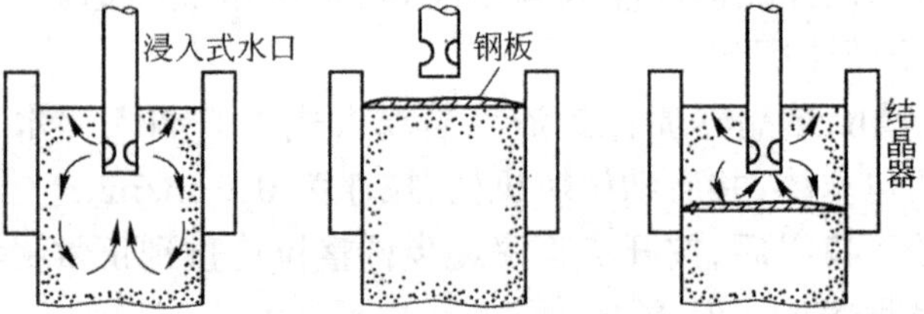

图4-9 异钢种连浇操作示意图

4.3.6 浇注结束

浇注结束的操作有:

(1) 钢包浇注完毕后,中间包继续维持浇注。当中间包钢水量降低到1/2时,开始逐步降低拉速,直到铸坯出结晶器。

(2) 当中间包钢水量降低到最低液位时,迅速将结晶器内保护渣捞干净,之后立即关闭塞棒或滑板,并开走中间包小车,浇注结束。

(3) 在结晶器捞净保护渣之后,用钢棒或氧气管轻轻均匀搅动钢水面,不能插入过深,然后用水喷淋铸坯尾端,加快凝固封顶。

(4) 确认尾坯凝固,按钮旋到"尾坯输出"位置,拉出尾坯;拉速逐步缓慢提高,最高拉速仅是正常拉速的20%~30%,浇注结束。

(5) 定径水口敞开式浇注,浇注结束时,首先将摆动槽置于中间包水口下方,用金属锥堵住水口。由于铸坯断面小、凝固速度快,当尾坯出结晶器后快速拉走铸坯,浇注结束。

4.3.7 浇注温度控制

浇注温度是指中间包钢水温度。第一包钢水温度比正常浇注温度要高,中间包开浇温度应在钢种液相线以上20~50℃为宜。

根据钢种质量的要求控制较低的过热度,并保持均匀稳定的浇注温度。为此在浇注初期、浇注末期,换包时,可采用中间包加热技术,补偿钢水温降损失。在正常浇注过程也可适当加热,以补偿钢水的自然温降,以保持钢水温度"恒定"。

4.3.8 拉坯速度的控制

在连铸生产中,拉坯速度与浇注速度是同一概念,只是用不同的量度来表述。

确定拉速应考虑以下因素:

(1) 保证出结晶器下口不漏钢;

(2) 液心长度小于冶金长度;

(3) 浇注周期与炼钢、精炼生产能力相匹配;

(4) 保证铸坯质量。

连铸机允许的最大实际拉速也在逐步提高,如某厂浇铸120 mm

×120 mm 小方坯，设计拉速为 2.8 m/min，而当前工作拉速已达 3.2 m/min，有时可达 3.6 m/min。再如另一厂浇铸 140 mm×140 mm 小方坯，其拉速可以达到 4 m/min，最高拉速甚至能达到 4.5 m/min。

浇铸的钢种、铸坯的断面、中间包容量和液面高度、钢水温度等因素均影响拉坯速度。在生产中浇铸的钢种和铸坯断面确定以后，拉速是随浇注温度而调节的。为了调节方便，设定拉速每 0.1 m/min为一档。当浇注温度低于目标温度下限时，拉速可以提高 1～2 档，即拉速提高 0.1～0.2 m/min；当浇注温度高于目标温度 6～10℃，拉速降低 1～2 档；浇注温度高于目标温度 11～15℃时，拉速降低2～3 档。表 4-5、表 4-6 为钢种、铸坯断面、拉速关系的参考值。

表 4-5　铸坯断面、钢种与拉速关系的参考数值

钢　　种	断面尺寸 /mm×mm 或 mm	拉坯速度 /m·min^{-1}
不锈钢 Cr18Ni9、0Cr18Ni、0Cr18Ni9N	方坯 127×127	2.65～2.80
0Cr17Ni2Mo2、1Cr13、0Cr18NiTi	178×178	1.40～1.65
1Cr18Ni9Ti、1Cr18、8Cr17	222×222	1.0～1.6
工具钢 T15Cr12V、18CrW8Mo5V2	圆坯 ϕ248	0.75～1.40
高镍钢 Ni36、Ni42	矩形 305×365	0.6～0.7
	板坯 102×(178～358)	0.80～1.10

表 4-6　铸坯断面与拉坯速度(mm/min)

断面尺寸 厚×宽/mm×mm	浇注温度/℃			
	1500～1530	1531～1540	1541～1550	1551～1560
150×1050	1.2～1.3	1.1～1.2	1.0～1.1	0.9～1.0
150×700	1.3～1.4	1.2～1.3	1.1～1.2	1.0～1.1
180×1000	0.9～1.0	0.8～0.9	0.7～0.8	0.6～0.7
180×1200	0.9～1.0	0.8～0.9	0.7～0.8	0.6～0.7

注：表中拉速数值的下限对应的钢种为 Q235，上限对应的钢种为 16Mn。

另外，结晶器长度对拉速也有影响，如表 4-7 所示。

表 4-7　结晶器长度与拉速关系

结晶器种类	拉坯速度/$m \cdot min^{-1}$	
	普通炼钢法	二次精炼法
普通结晶器(含足辊 900 mm)	2.7	3.5
多级结晶器(二级共长 1100 mm)	3.7	4.5

经过二次精炼后,钢水的质量得到改善,有利于提高拉速。

定径水口浇注是通过中间包液面高度控制拉速。

研究表明,在开浇、换包前后、停浇等阶段由于钢水液面的波动大,拉速频繁变化,钢水二次氧化和湍流现象严重,铸坯中夹杂物有升高的趋势,这些状态称为非稳态浇注。一般情况下,铸坯洁净度由差变好的顺序是:头坯—换包连浇坯—尾坯—稳态坯。

4.4　铸坯的冷却制度

单位质量钢水从液态→固态→室温放出的热量 Q 包括:

(1) 过热:浇注温度 T_c→液相线温度 T_L 放出的热量 $Q=C_L(T_c-T_L)$,C_L 为热容;

(2) 潜热:液相线温度 T_L→固相线温度 T_S 放出的热量,以 L_F 表示;

(3) 显热:固相线温度 T_S→室温 T 放出的热量 $Q=C_S(T_S-T)$。

以低碳钢为例,钢水从浇注温度 1540℃凝固冷却直到室温,约放出热量 1386 kJ/kg;其中过热度消失放出热量约 25.2 kJ/kg,约占 2%,潜热为 268 kJ/kg,约占 20%,显热为 1092 kJ/kg,约占 78%;液态→固态放出的热量约占 1/4,3/4 是凝固之后铸坯冷却过程散出的热量。

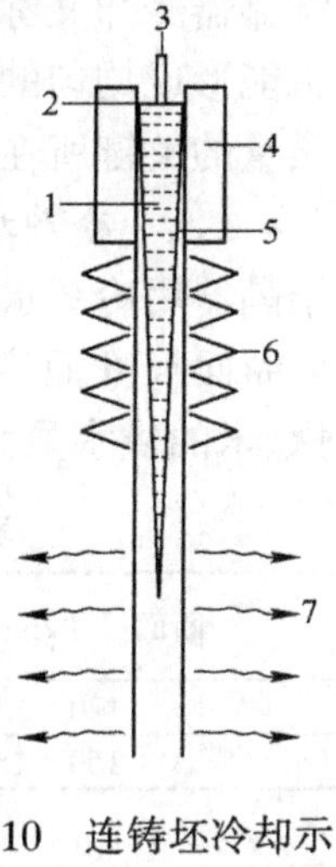

图 4-10　连铸坯冷却示意图

1—液相穴; 2—弯月面; 3—注流; 4—水冷结晶器; 5—铸坯凝固壳; 6—喷水冷却; 7—辐射冷却

连铸坯的冷却如图 4-10 所示。

连铸机冷却分为 3 个冷却区:

一次冷却区：即结晶器冷却，在此区域内钢水形成足够厚度的坯壳，出结晶器下口铸坯不发生变形，不会被拉漏。

二次冷却区：铸坯出结晶器后，继续喷水雾或喷气水雾加速冷却，使铸坯完全凝固。

三次冷却区：一般是铸坯向空气中辐射散热，达到铸坯内外温度均匀并降至室温。

仍以低碳钢为例，结晶器→二次冷却区→辐射区散出热量分别为 84 kJ/kg、462 kJ/kg、273 kJ/kg，铸坯切割后放出的热量为 567 kJ/kg。钢水通过结晶器→二冷区→辐射区完全凝固散出的热量约占 60%，这部分热量散出的速度决定了铸机的生产率。为了利用铸坯切割后这 40%的热量，现已成功开发应用了铸坯的热送热装、直接轧制和连铸－连轧技术。

4.4.1 结晶器冷却

结晶器冷却又称一次冷却，即使在高拉速的情况下，结晶器内钢水也能形成均匀的足够厚度的坯壳，这是铸坯凝固的基础，也是铸坯质量的关键所在。

4.4.1.1 冷却水量

结晶器用冷却水是经过处理的软水。结晶器冷却水用量是根据铸坯断面尺寸而定。小方坯结晶器是按铸坯周边长度供冷却水，每毫米的供水量为 2.0～2.5 L/min，见表 4-8。

表 4-8 小方坯结晶器给水量

断面尺寸/mm×mm	给水量	
	$m^3 \cdot h^{-1}$	$L \cdot min^{-1}$
120×120	57.6～72	960～1200
150×150	72～90	1200～1500

例：120 mm×120 mm 小方坯结晶器供水量计算是：

$(2.0\sim2.5)\times120\times4=960\sim1200\ L/min=57.6\sim72\ m^3/h$

150 mm×150 mm 铸坯结晶器供水量是：

$(2.0\sim2.5)\times150\times4=1200\sim1500\ L/min=72\sim90\ m^3/h$

生产中实际供水量一般在2.5～3.0 L/min·mm，比参考值稍高些。小方坯结晶器水缝为4～6 mm，冷却水流速在9～12 m/s，这也是设计时确定的基本参数。因此生产操作上过分提高冷却水的供给量，并不能明显改善结晶器的冷却效果。

板坯结晶器的宽面与窄面分别供水，给水量在2.4 L/min左右，其经验数据如表4-9所示。

表4-9 板坯结晶器宽面与窄面给水量

铸坯尺寸/mm	厚度/mm	250	210	170	250	210	170
	宽度/mm	1000～1600	1000～1600	1000～1600	700～1000	700～1000	700～1000
冷却水流量/$L\cdot min^{-1}$	宽面	2150	2150	2150	1750	1750	1750
	窄面	340	250	230	340	285	230
	总量	4980	4800	4760	4180	4070	3960

4.4.1.2 冷却水水压

冷却水水压是冷却水在结晶器水缝中流动的动力。小方坯为管式结晶器，其冷却水流速在9～12 m/s；板坯为3.5～5 m/s。冷却水水压必须控制在0.5～0.66 MPa，提高水压可以加大流速，同时能够避免水缝产生间歇式沸腾，防止结晶器铜管变形，亦可减少铸坯菱变和角裂，还有利于提高拉坯速度。例如某厂将小方坯结晶器冷却水水压从0.5 MPa提高到近0.8 MPa，拉速从2.8 m/min提高到3.2 m/min，最高可达3.6 m/min。板坯结晶器冷却水水压在0.4～0.6 MPa。此外，结晶器的水缝宽度也影响冷却水的流速；窄水缝可进一步提高水流速度，若水缝宽度3.5 mm，那么冷却水流速可达12 m/s以上，甚至达到15 m/s。不仅有利于提高拉速，还可防止结晶器变形。

4.4.1.3 冷却水温度

生产中要保持结晶器冷却水量和进出温度差的稳定，以利于坯壳均匀生长。结晶器进出水温度差低于10℃，控制在8～9℃。另外，结晶器倒锥度也是影响坯壳生长的因素之一，所以保持结晶器正常倒锥度,形成最小的气隙,确保对铸坯的均匀冷却及支撑,为此,当结晶器锥度小于规定值时,应及时调整或更换。通常拉速高,坯壳温度高,收缩率小,可用较小锥度的结晶器;拉速低,锥度可大些。

4.4.2 二冷区的冷却

根据铸坯凝固热平衡测定计算,连铸机各冷却区散热比例分别为:结晶器占 16%~20%,二冷区占 23%~28%,辐射区占 50%~60%。结晶器内钢水只有 20%左右的热量散出,形成薄薄的坯壳;带液心的铸坯进入二冷区仍需继续喷水雾或喷气水雾冷却,直至完全凝固。

二次冷却方式有水冷却、气-水冷却和干式冷却。小方坯喷水冷却,大断面的方坯、板坯可用气-水冷却,此外有些钢种须用干式冷却。

4.4.2.1 铸坯在二冷区冷却特点

铸坯的液相穴长,结晶器液面至完全凝固液心长度从十几米到几十米,有些大板坯液相穴长约 30~40 m。

出结晶器的铸坯其坯壳厚度只有 8~15 mm,容易发生鼓肚变形。铸坯是在二冷区夹辊的支撑中边运行、边冷却、边凝固,因而铸坯无论纵向还是横向均存在着温度的不均匀性。

铸坯表面的温度处于周期性下降、回升的变化中,降温速度约 390℃/m,而温度回升速度在 120℃/m 左右,这种周期性变化在二冷区内高达数百次之多。温度变化引起热应力、相变的组织应力、拉应力等综合作用下的铸坯有可能产生裂纹,并且裂纹还会扩展加大。

铸坯在二冷区既要迅速凝固,又要均匀冷却,避免出现各种缺陷,确保铸坯质量,所以,铸坯表面纵向最大降温速度限制在 200℃/m 以下,最大回升温度限制在 100℃/m 以内。

目前二冷区主要是喷水冷却或气水雾冷却,雾化水滴以一定速度喷射到铸坯表面,大约有 20%的水滴被汽化,这部分蒸发带走的热量约占 33%;其余水滴在吸收铸坯热量后流离铸坯,其带走热量约占 25%；铸坯辐射散热占 25% 左右；铸坯与夹辊间的传导散热约占 17%；从以上分析来看铸坯约有一半热量是由冷却水带走的。图 4-11 是铸坯在二冷区传热的方式示意图。

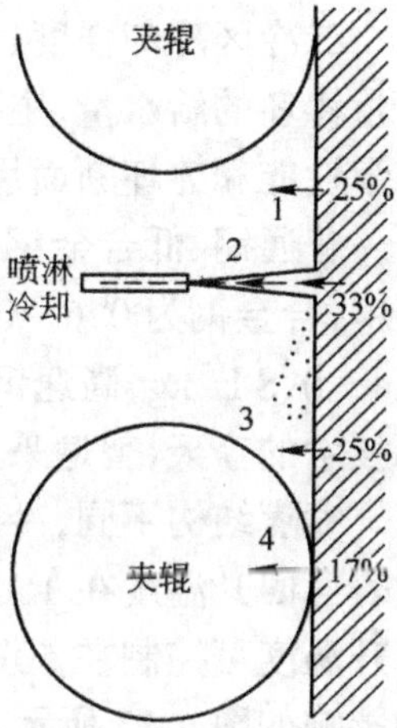

图 4-11 铸坯在二冷区传热方式示意图

1—辐射；2—水的蒸发；3—水的加热；4—传导

4.4.2.2 冷却水量的分配

铸坯在凝固过程中，其内部的热量随凝固壳厚度的增加而减少，因此二冷区的供水量是沿连铸机长度方向，从上到下逐渐减少，即：

$$Q \propto \frac{1}{\sqrt{t}} \qquad (4\text{-}9)$$

式中 Q—冷却水量；

t—铸坯凝固时间。

生产上真正做到供水量连续均匀逐渐递减是困难的，所以将二冷区分为若干个冷却段，每个段供水量不同。小方坯一般分为 2～3 个冷却段；大方坯、板坯的断面较大，则分为 5～9 个或更多冷却段，冷却水按比例分配到各段，如图 4-12所示。为控制方便起见，各冷却段可由一个或几个独立循环水路供水。

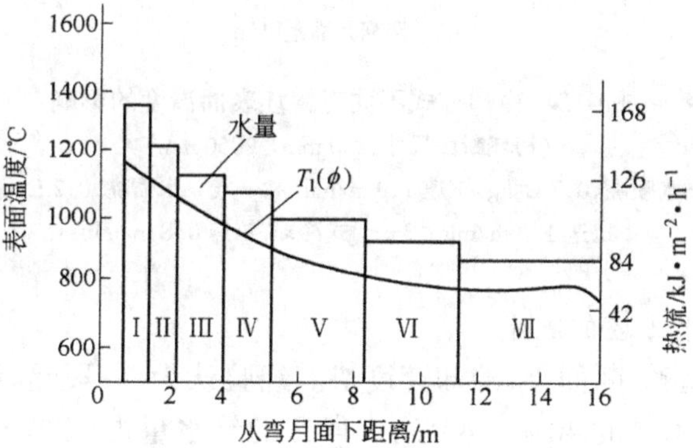

图 4-12 二冷区分段供水示意图

二冷区冷却强度也称冷却比、比给水量，简称比水量，即单位质量铸坯的给水量，主要取决于冶金技术要求、钢种在高温状态下力学性能和铸坯断面尺寸。

普通钢、低合金钢的比给水量一般为 1.0～1.2 L/kg，中、高碳钢，合金钢为 0.6～0.8 L/kg；对那些热裂纹敏感性强的钢种为 0.4～0.8 L/kg，高速钢为 0.1～0.3 L/kg。在应用热送和直接轧制技术的今天，普遍采用弱冷却，以提高铸坯的热送温度。

喷嘴结构不同，冷却效率也不一样，如用压力喷嘴冷却，铸坯的表面回升温度在 150～200℃/m；而气－水喷嘴冷却，铸坯表面回升温度可控制在 50～80℃/m。各种冷却方式对铸坯表面温度的影响如图 4-13 所示。

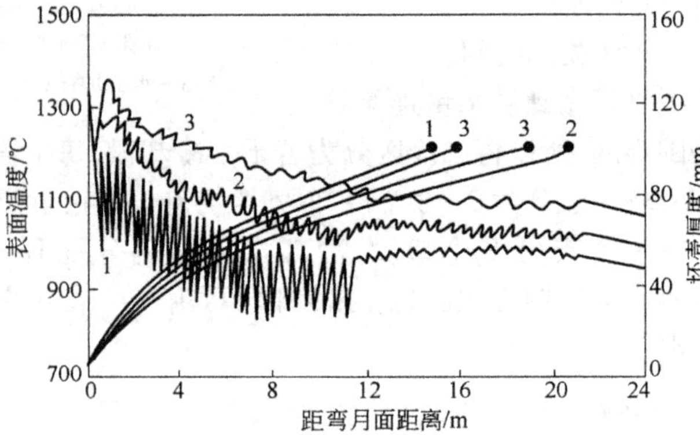

图 4-13 冷却方式不同对铸坯表面温度的影响

（铸坯断面尺寸：200 mm×2050 mm）

1—水喷嘴，0.7 L/kg，拉速 1.0 m/min；2—气－水喷嘴，0.2 L/kg，拉速 1.0 m/min；3—干式冷却，拉速 0.8 m/min

A 小方坯的配水

小方坯的断面小，冷却速度快。经验认为：一段是足辊区，给水量占总水量的 40%～45%，二段区的给水量占 50%～60%；小方坯的给水量可参考表 4-10。

表 4-10 小方坯冷却区配水量参考数值

断面/mm×mm	拉速/m·min^{-1}	注速/kg·min^{-1}·流$^{-1}$	水压/MPa	比水量/L·kg^{-1}	给水量/L·min^{-1}	
					Ⅰ段	Ⅱ段
120×120	2.2	247.1	0.4～0.5	0.9～1.2	89～119	133～184
	2.4	269.5			97～129	146～194
	2.6	292.0			105～140	158～210
	2.8	314.4			113～151	170～230
150×160	1.2	210.6	0.4～0.5	0.9～1.2	76～101	114～152
	1.4	245.7			88～118	133～177
	1.6	280.8			104～135	152～202
	1.8	315.9			114～152	170～227

B 方坯的给水量

各钢种不同断面的给水量参考表 4-11 数值。

表 4-11 各钢种方坯不同断面的给水量参考值

钢种	断面/mm×mm			
	180×180		200×200	
	拉速/m·min^{-1}	比给水量/L·kg^{-1}	拉速/m·min^{-1}	比给水量/L·kg^{-1}
低碳结构钢	1.3/1.5	0.79/0.81	1.2/1.3	0.67/0.69
中碳结构钢	1.3/1.5	0.45/0.46	1.2/1.3	0.39/0.39
NiCr 低碳结构钢	1.1/1.2	0.68/0.68	0.9/1.0	0.52/0.53
30CrMnSiA	1.1/1.2	0.63/0.63	0.9/1.0	0.46/0.47
40Cr	1.1/1.2	0.63/0.63	0.9/1.0	0.46/0.47
Mn、B 结构钢	1.1/1.2	0.63/0.63	0.9/1.0	0.46/0.47
高碳锰结构钢	1.1/1.2	0.31/0.30	0.9/1.0	0.20/0.18
60Si2Mn	1.1/1.2	0.17/0.17	0.9/1.0	0.14/0.14
马氏体 Cr 不锈钢	1.1/1.2	0.12/0.12	0.9/1.0	0.14/0.14
1Cr18Ni9Ti	1.1/1.2	0.57/0.55	0.9/1.0	0.45/0.46
00Cr18Ni10	1.1/1.2	0.68/0.69	0.9/1.0	0.51/0.51

C 板坯的给水量

根据板坯断面尺寸二冷区可分为 5～9 或更多个冷却区段，各钢种不同断面的给水量可参考表 4-12。

表 4-12　板坯不同断面、各钢种的给水量参考值

钢　种		铁素体钢	奥氏体钢	硅　钢	
				$w_{[Si]}>1.5\%$	$w_{[Si]}<1.5\%$
铸坯尺寸/mm×mm		150×1600	150×1600	150×1600	150×1600
拉速/$m\cdot min^{-1}$		1.0	1.2	0.8	1.0
给水量	$L\cdot kg^{-1}$	1.0	1.3	0.7	1.0
	$m^3\cdot h$	112	175	63	112

图 4-14 为某台板坯连铸机二冷区分段及循环水路的实例。整个二冷区分为 9 个冷却段，17 个循环水路，各水路单独配水，独立控制。

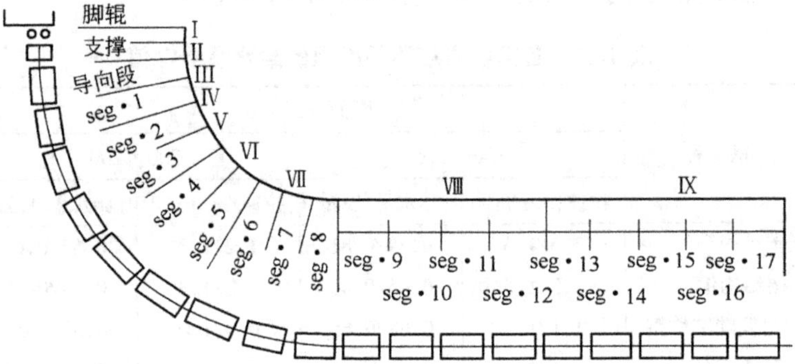

段号	Ⅰ		Ⅱ	Ⅲ		Ⅳ		Ⅴ	
位置	1 号～2 号辊		3 号～7 号辊	8 号～14 号辊		1 号扇形段		2 号～3 号扇形段	
冷却范围	内/外弧	侧部	内/外弧	内弧	外弧	内弧	外弧	内弧	外弧
水路	1	2	3	4	5	6	7	8	9

段号	Ⅵ		Ⅶ		Ⅷ		Ⅸ	
位置	4 号～5 号扇形段		6 号～8 号扇形段		9 号～12 号扇形段		13 号～17 号扇形段	
冷却范围	内弧	外弧	内弧	外弧	内弧	外弧	内弧	外弧
水路	10	11	12	13	14	15	16	17

图 4-14　板坯连铸机二冷区各冷却段范围示意图

对弧形连铸机而言，铸坯内、外弧面的冷却条件不同，供水量也应有所区别。铸坯刚出结晶器下口为垂直段，内、外弧面冷却水量的分配可以相同；铸坯继续下行，随之形成弧形并逐渐过渡趋于水平，此时喷射到铸坯外弧侧的冷却水滴，由于重力作用，水滴在到达铸坯表面的瞬间就会即刻脱离而下落；可是在内弧表面尚未蒸发的水滴停留在铸坯表面滚动，并被夹辊挤向铸坯的两边角部，继续起冷却作用，因而铸坯的内、外弧面的冷却条件就有了差别，冷却不均匀。为此冷却水量的分配应考虑这一特点，内弧面与外弧面的给水量比，一般为1∶(1.1～1.5)。

4.4.2.3　二次冷却制度

钢种的高温力学性能与铸坯裂纹有直接关系。通过热模拟试验机测定的低碳钢高温延性曲线如图4-15所示。

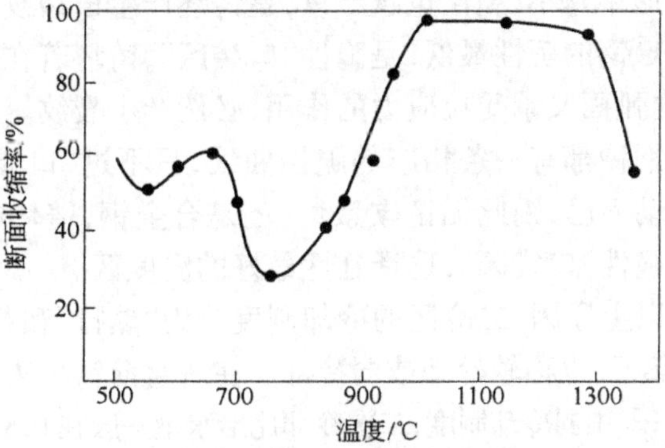

图4-15　钢的高温脆性曲线

从图4-15可以看出，钢的高温延性可分为三个区域。

A　高温区

高温区也称熔点脆化区。钢水温度降到液相线开始结晶；温度降到固相线以上20～30℃时，树枝晶彼此连接，有微弱的强度极限约1～3 MPa，能承受微小拉伸应力的作用。温度继续下降，钢的强度在逐渐缓慢增加，可是表征塑性的断面收缩率仍然为零。当温度到达固相线以下30～50℃，固体的延性开始上升。

B 中温区

中温区也称最大塑性区。温度在1300～1000℃，此区域内钢的高温强度和塑性达到最高值，这也是常规的热加工区。钢种不同，温度范围也有区别，如C-Mn钢延性最好的区域为1300～900℃。

钢在这个温度范围内是处于奥氏体相区，它的强度取决于晶界析出的硫化物、氧化物数量和形状。当磷、硫偏析严重时，加剧了晶界断裂敏感性。研究指出，$w_{[Mn]}/w_{[S]}<30$ 称为贫延性；$w_{[Mn]}/w_{[S]}>40$ 为良好延性，所以，降低钢中P、S含量，保持合适的 $w_{[Mn]}/w_{[S]}$，对预防裂纹是非常重要的。

C 低温区

低温区又称二次脆化区。该区相当于钢由 $\gamma \rightarrow \alpha$ 相变温度区。当温度低于1000～900℃时，塑性降低；温度到达700℃左右，塑性最低。变形率越小，脆性也越严重，是铸坯产生横裂纹的根源。在900～700℃钢的延性最低，是脆性“口袋区”，铸坯若在此温度范围内矫直，内弧面又承受拉应力的作用，必然产生裂纹。

每个钢种都有一条相应的脆性曲线，只不过“口袋区”因钢种不同有移动而已，因此无论碳素钢，还是合金钢，铸坯的矫直温度都应避开脆性“口袋区”，选择延性最好的温度区。

基于以上原因，二冷区的冷却制度分为“热行”和“冷行”：

(1) 热行，也称软冷却或弱冷却。在矫直前铸坯表面温度达到900℃以上；采用弱冷却制度，二次冷却比给水量一般在0.5～1.0 L/kg。

(2) 冷行，又称硬冷却，即强冷却。铸坯维持在700℃到650℃，待奥氏体完全转变后再矫直，避开脆性“口袋区”。冷却水量相应要高一些，一般为2.0～2.5 L/kg。

在生产中，根据钢种的不同，浇注温度与拉坯速度的变化，二冷区的比给水量也相应做调整。对于裂纹敏感性强的钢种如低碳钢、管线钢等比给水量少些。对于铝镇静钢、深冲钢种等，冷却强度可大些。

4.5 操作事故

连铸生产过程中，由于设备或操作本身，或耐火材料质量不佳等方面的原因,会引起一些操作的异常或事故,这不仅打乱了正常的生产秩序,造成设备的损坏,甚至还会危及操作人员的人身安全。

生产应该是安全第一,预防为主。万一发生事故要及时有效地处理,将损失减少到最小。

4.5.1 钢包滑动水口故障

4.5.1.1 滑动水口不能自动开浇

滑动水口不能自动开浇的原因很多;(1)引流砂填充松散,钢水渗入烧结;(2)引流砂潮湿,接触钢水后,水分蒸发,钢水渗入烧结;(3)填砂过于密实,钢水接触表面烧结;(4)引流砂的材质不合适、粒度不均匀且非球形;(5)钢水在钢包内滞留时间过长温度偏低在水口处冷凝;(6)烘包时包壁上的残钢残渣熔化流入座砖形成渣壳,开浇时钢水的静压力不能冲破渣壳等,都会引发水口不能自动开浇。

水口不能自动开浇的应急办法是烧氧引流;烧氧引流容易损坏水口内孔孔型,影响注流形状,增加钢中夹杂,所以根本的办法是选择配料合适的引流砂,烘烤干燥,填充适当。钢包烘烤达到规定温度,“红包”受钢,选用质量良好的透气砖,实现包底吹氩等措施来提高钢包的自动开浇率。

4.5.1.2 钢包注流失控

钢包注流失控可能是:(1)滑板某处有钢水渗漏;(2)滑动水口无法关闭;(3)滑动水口耐火材料质量不好;(4)滑板安装间隙过大;(5)浇注时间过长;(6)液压机构事故等因素所致。

倘若强制关闭水口仍有注流,但注流不大,在不损坏设备和保障人身安全的前提下,可通过中间包向溢渣盘溢流来平衡拉速,用以维持本炉钢浇注完毕,否则立即旋转钢包离开浇注位置停止浇注。

4.5.2 中间包故障

4.5.2.1 塞棒失控

浇注过程中注流控制不住,可能是:(1)塞头与水口间有异物;

(2)开闭机构失灵;(3)钢水温度偏低,水口附近有凝钢;(4)浇注时间过长,塞头蚀损变形;(5)塞棒耐材质量欠佳等,都能造成注流失控。

处理措施:可以采取瞬时高拉速;关闭钢包水口;多次启闭塞棒;通过降低中间包液面来减小钢水静压力,维持结晶器正常液面高度,将本炉钢浇注完毕。倘若以上办法都不能奏效,可关闭闸板截住注流,停浇此流,不然只能将中间包小车开出浇注位置停浇,以防结晶器溢钢。

4.5.2.2 浸入式水口穿孔或部分裂开

浸入式水口穿孔或部分裂开是由于耐火材料质量不佳,或者浇注时间过长等原因。可以快速更换水口,若达不到预期效果,只能停浇此流。

4.5.2.3 水口结瘤

水口结瘤也称缩径,可能有结瘤或有凝钢,影响注流的形状。

结瘤部位有两个:一是在浸入式口侧孔的上方;另一是塞棒座砖的周围,如图 4-16 所示。

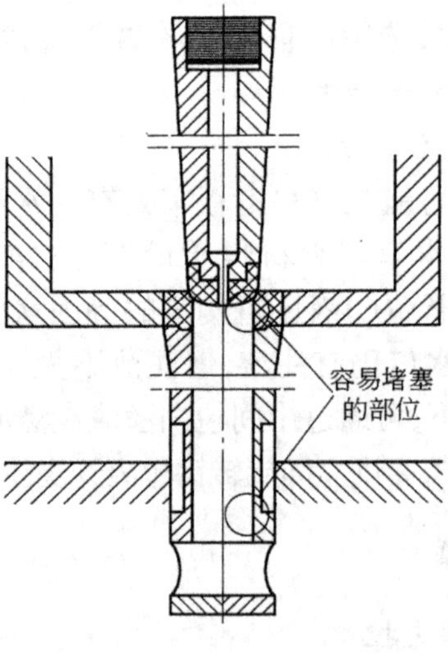

图 4-16　水口结瘤部位示意图

水口结瘤的原因有两种情况:(1)由于水口附近钢水温度偏低,水口内有冷钢冻流;敞开式浇注可用氧气冲烧水口,或水口全开,保持一段时间待冷钢自然熔化,再转为正常浇注。(2)钢水中有较高 Al_2O_3 等高熔点化合物沉积、聚集所致,即"套眼"。

预防水口结瘤的措施有:

(1) 控制铝含量。Al_2O_3 来自脱氧产物或二次氧化产物。为了防止水口结瘤,对于铝含量不做要求的钢种即硅锰镇静钢,钢水 $w_{[C]}<0.2\%$ 时,$w_{[Al]总}\leqslant 0.007\%$;当 $w_{[C]}>0.2\%$ 时,$w_{[Al]总}\leqslant 0.004\%$。对于铝镇静钢,钢水需进行钙处理,喂入钙线控制 $w_{(CaO)}/w_{(Al_2O_3)}=0.1\sim 0.15$,使串簇状 Al_2O_3 转化为 $12CaO\cdot 7Al_2O_3(C_{12}A_7)$,这种铝酸钙的熔点大约在1400℃,浇注过程中呈液态,可以避免水口结瘤。倘若钙加入量不足,Al_2O_3 不能转化为 $12CaO\cdot 7Al_2O_3$;钙加入量过多,且钢水又含有一定量的硫,会形成高熔点的CaS,其熔点在2450℃,都不能消除水口结瘤。

(2) 可选用吹氩塞棒,或用气洗水口;通过氩气的吹扫,避免了水口内壁夹杂物沉积聚集。

(3) 采用过滤技术,滤去钢水中 Al_2O_3 等夹杂物。

(4) 控制钢水有合适的过热度。

(5) 塞棒控制的水口,有采用机械振动装置,将塞棒附近粘附的夹杂物抖掉。

最根本的办法是选择合理的脱氧制度,必要的精炼手段,全封闭的保护浇注,降低钢中 Al_2O_3 等夹杂物含量,改善夹杂物的形态,提高钢水的纯净度,确保连铸顺行。

4.5.3 漏钢

漏钢是连铸生产中的恶性事故。漏钢会造成被迫停机,钢水回炉,带来生产秩序的混乱,增加工人劳动强度,严重时还会损坏设备,伤害人身。

产生漏钢的根本原因是结晶器内坯壳薄且不均匀,当铸坯出结晶器下口后,承受不住钢水静压力及其他应力的综合作用,坯壳的薄弱部位被撕裂，钢水流出，造成漏钢。诱发漏钢有以下几种情况。

A 开浇漏钢

造成开浇漏钢的原因：

(1)引锭头周围石棉绳松动；(2)开浇前引锭杆下滑没有发现；(3)撒入的铁屑未能覆盖住石棉绳，钢水注入直接冲击石棉绳，引锭头松动；(4)保护渣加入过早，一次加入量过多堆积而造成坯壳卷渣；(5)开浇起步过早；(6)结晶器与二冷区首段不对弧等，都会引发开浇漏钢。

避免开浇漏钢的措施：(1)充分做好浇注前设备检查和开浇前的准备工作；(2)根据所浇钢种与断面，控制好开浇的起步时间、起步拉速，并按技术要求增加拉速，保持结晶器液面稳定，避免卷渣。

B 注中漏钢

浇注过程中引起漏钢的因素是多方面的：

(1) 结晶器过度磨损变形，锥度变小，造成铸坯严重脱方；注流与结晶器不对中；结晶器与二冷区对弧不准；铸坯出结晶器冷却强度不够等均会影响铸坯坯壳厚薄不均，极易引起漏钢。

(2) 长时间浇注，浸入式水口底部蚀穿，或者半边剥落，结晶器内热中心下移，液面可能结冷钢，严重时形成悬挂，撕裂坯壳漏钢。

(3) 浇注温度过高，拉速过快或拉速突然变化，都会使铸坯坯壳过薄而引发漏钢。

(4) 保护渣性能不佳，或形成渣条、渣圈未及时处理，或敞开浇注没能及时捞渣，被凝固壳捕捉，而形成夹渣漏钢。

总之，针对发生漏钢的可能性，在浇注前应仔细检查设备，准确对弧，更换不符合技术要求的部件。根据技术要求控制好注温、拉速及冷却强度，选用性能良好的保护渣，避免事故，保证质量。

C 粘结漏钢

粘结漏钢是浇注过程中主要漏钢事故。据统计，在诸多漏钢事故中粘结漏钢占 50% 以上。

粘结是由于结晶器液面不稳定，弯月面处润滑不良，凝固壳与结晶器壁之间发生粘结，拉坯摩擦阻力增大，粘结处坯壳被拉裂，铸坯下行裂纹向两侧扩展，形成“∧”形破裂线，钢水从裂口流出，形成薄薄的新凝固壳。当结晶器上升，铸坯继续下移，新凝固壳有可能又被拉裂，钢水再次流出，又一次形成新凝固壳。结晶器每振动一次，就会重复上述过程。随着铸坯的向下运行，当铸坯凝固壳的破裂位置移出结晶器时，就产生了漏钢。

板坯宽面内弧侧发生粘结漏钢的几率比外弧侧高。大断面板坯容易发生在宽面中部；小断面则发生在靠近窄面的区域。铝镇静钢比铝硅镇静钢发生漏钢的几率高。

产生粘结漏钢的原因主要是：(1)结晶器润滑不良或无润滑；(2)保护渣液渣黏度较高或液渣层较薄，润滑不够充分；(3)钢中合金元素含量高，坯壳的高温强度较低；(4)结晶器冷却强度不足；(5)结晶器内壁不平滑等，均能诱发粘结漏钢。

为避免粘结漏钢，应采取以下措施：

(1) 加强钢水管理，给连铸提供合格的钢水；

(2) 确保润滑，选用性能良好的保护渣，并保持足够的液渣层厚度。目前许多研究表明钢水中夹杂物，尤其是 Al_2O_3，被保护渣过多的吸附就会恶化保护渣的性能。

(3) 定期检测振动参数，确保合适的负滑脱时间。

(4) 安装漏钢监测预报设施，及时预报。操作中发现有漏钢征兆时，可减小拉速或停机 30 s 左右，待形成的新坯壳具有一定厚度后再起步拉坯，可避免拉漏。

D 小方坯角裂漏钢

小方坯产生角裂漏钢者较多，据某厂统计，角裂漏钢占所有漏钢的 68%左右。产生角裂漏钢与操作有关，如图 4-17 所示。

为减少角裂漏钢可采取以下措施：

(1) 降低钢水硫含量，并保持合适的 $w_{[Mn]}/w_{[S]}$ 值。

(2) 降低钢水的过热度。

(3) 结晶器采用“弱冷”，对 120 mm×120 mm 小方坯结晶器冷却水量在 90 m^3/h 以下，进、出口水温差 10℃ 以下，热流稳定，坯壳均匀增厚，角裂减少，因而漏钢也可避免。

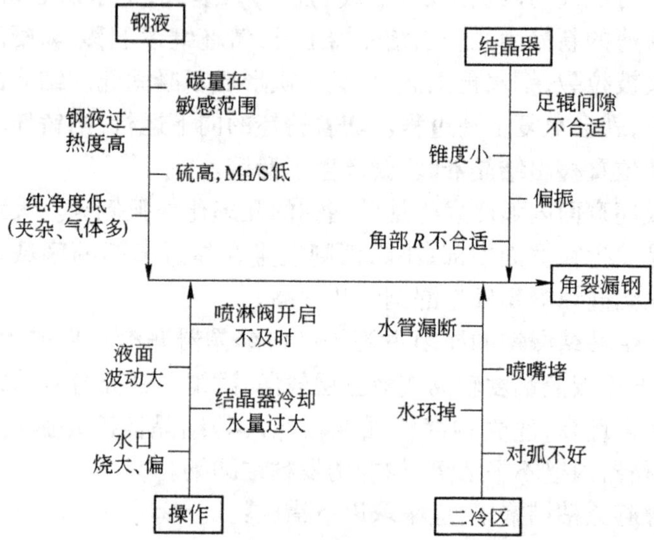

图 4-17　角裂漏钢与操作因素关系示意图

(4) 提高结晶器的倒锥度，小方坯结晶器倒锥度从 0.4～0.6%/m 提高到 0.7%/m 时，角部纵裂得到明显改善，因而由此所引发的漏钢事故也随之减少；或者改用抛物线形结晶器、钻石结晶器等均有利于坯壳的均匀生长。

(5) 二冷区要严格对弧，特别是第一段的对弧更为重要，同时要均匀冷却，尤其是角部的冷却。

5 中间包冶金

中间包是钢包与结晶器之间的过渡性容器，起到减小注流在结晶器内冲击动量、稳定浇注速度、分配钢水注流、上浮夹杂、贮存钢水保持连浇等作用。

随着钢品种质量需求的日益提高，开发应用了许多精炼技术净化钢水，但是较纯净的钢水注入中间包后可能重新被污染，仍然影响钢的质量，为此将部分精炼技术移植到中间包内实施，进一步净化钢水，这就是中间包冶金。可见中间包已不再是单纯的过渡性容器，而成为一个连续冶金反应器。中间包冶金功能如下：

(1) 冶金净化功能。防止钢水的二次氧化；保温和微调温度；改善钢水的流动状态；延长钢水在中间包内停留时间，促进夹杂物的上浮等；

(2) 精炼功能。采用附加冶金工艺完成钢水成分微调；改善夹杂物性态；实现对钢水温度、成分的精确控制等。

5.1 中间包钢水流动的控制

5.1.1 中间包钢水的流动

表征钢水流动特性的是雷诺数 Re，公式如下：

$$Re=\frac{vd}{\nu} \tag{5-1}$$

式中 v——液体流动速度；

d——流股水力学直径；

ν——流体的运动黏度。

当 $Re<2000$，流体为层流；$Re>2000$ 时，流体为湍流。钢包水口注流流速约 3.2 m/s，$Re=2.6\times10^5$，属于高度湍流；中间包水口流出的注流 $Re=1.2\times10^5$，也是高度湍流；中间包内液体流动速度一般在 1～2 m/s，Re 约 10^4，属于中等的湍流，所以在整个浇注过程中，钢水的流动为湍流。

中间包内钢水的流动状况直接影响着钢水中夹杂物上浮和注流在结晶器内的流动状态。注流注入中间包除对中间包有冲击作用外，注流还卷入大量空气，使中间包内钢水的流动更为复杂，其流动状况如图 5-1 所示。

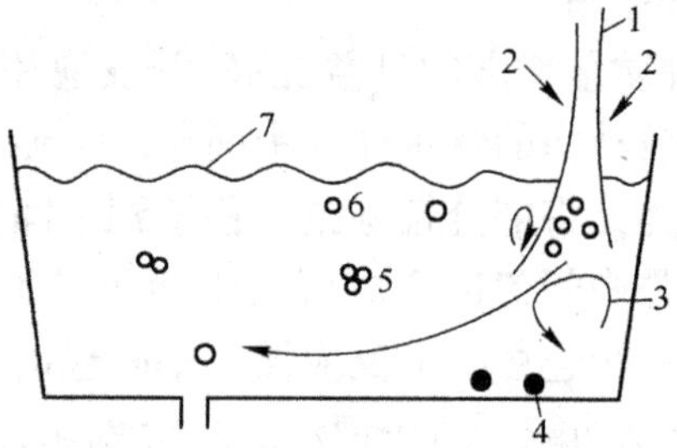

图 5-1　中间包内钢水流动示意图

1—注流；2—卷入的空气；3—涡流；4—夹杂物下沉；5—夹杂物聚合；6—大颗粒夹杂物上浮；7—表面流

钢包的注流状态不仅影响中间包内钢水的运动，也影响结晶器内钢水的运动。图 5-2 是中间包注流状况对结晶器内钢水流动的影响。

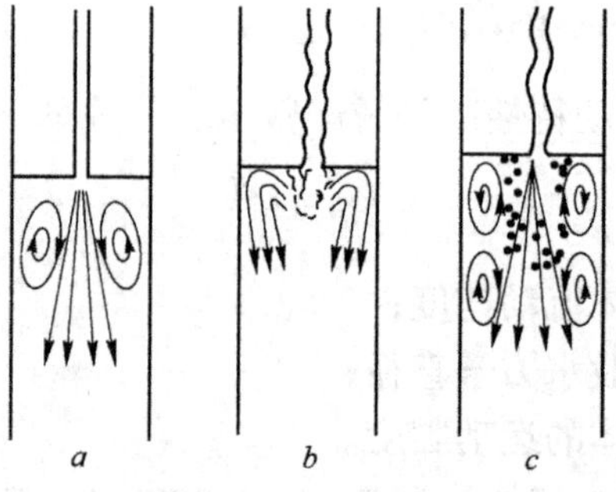

图 5-2　中间包注流对结晶器钢水流动的影响

a—圆滑注流；*b*—粗糙注流；*c*—麻花注流

注流卷入的空气量很难准确估算，当注流圆滑、致密、连续比表面积小，卷入的空气量肯定要少。散流或成麻花状注流比表面积会增大若干倍，有些研究表明，注流分散成滴状卷入的空气量比圆滑连续注流要多60倍以上。

中间包液面升高或降低，或者注流状态有变化，都会引起钢水流动的不稳定从而引发液面波动，进而扩展导致中间包内钢－渣界面搅动有卷渣的危险，对钢质量极为不利。

当中间包钢水液面降低到临界高度时，水口的上方会出现漩涡，漩涡会使注流卷入浮渣和空气，并带进结晶器内，搅乱了钢水的正常流动，大大影响钢质量。图5-3为形成漩涡情况。

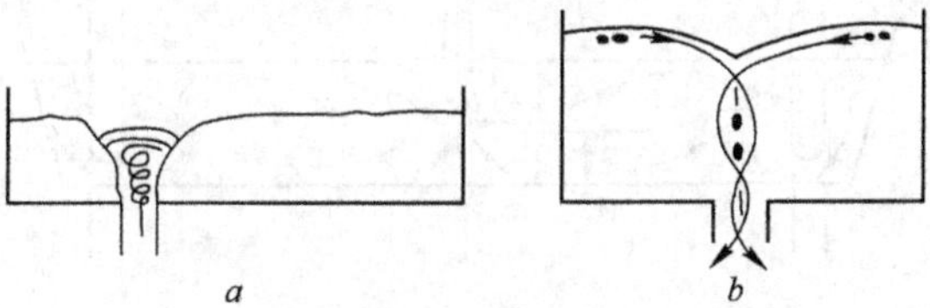

图5-3　中间包漩涡形成示意图

a—漩涡形成；*b*—有漩涡时流动形态

5.1.2　中间包钢水的控制流动

5.1.2.1　中间包加砌挡墙和坝

敞开浇注，钢包的注流注入中间包时必然卷入空气，引起液面波动，图5-1就说明了这一点，并会加剧钢水的二次氧化，同时在中间包底部还存在着钢水停滞区，温度也不均匀，其流动状况如图5-4所示。

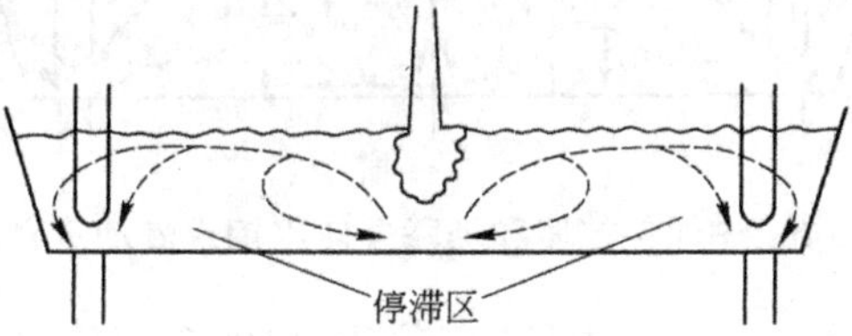

图5-4　中间包内钢水无控制流动示意图

改善中间包内钢水流动，延长其停留时间，消除包底钢水停滞区，可以在中间包内宽度方向加砌一个露出液面的挡墙，钢水从挡墙底部流过再注入结晶器，见图 5-5。

从挡墙底部流过的钢水分裂成两个流股，一股沿中间包顶端回流，另一股沿中间包边墙流向水口，这种流动模式加速了钢水的循环，有利夹杂物的上浮，也利于消除包底钢水停滞区。挡墙的位置，即距包底高度 a 和距钢包注流中心的距离 b 两个参数，对组织钢水在包内合理流动和延长钢水在中间包内停留时间有着重要的作用，要选择得当。

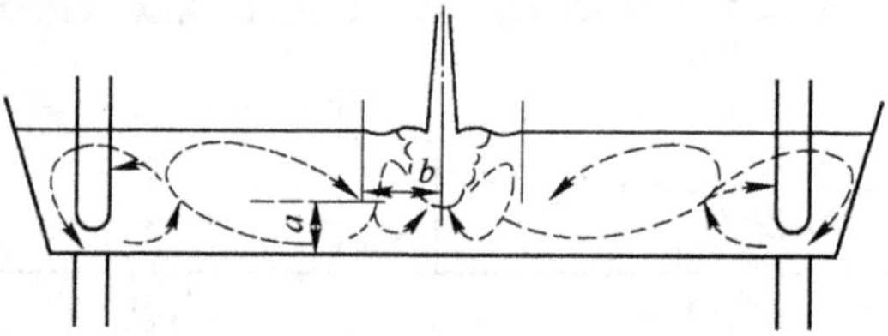

图 5-5　中间包砌有挡墙后钢水流动示意图

除此之外，还可以在中间包底部宽度方向加砌一定高度的坝，坝有不同形式和结构。挡墙和坝联合使用，实现了钢水的控制流动，减少了死区，钢水平均停留时间比单用挡墙增加了 2 倍，比不设挡墙增加了 4 倍，促进了夹杂物从钢水中分离。挡墙和坝联合使用钢水流动模式见图 5-6。

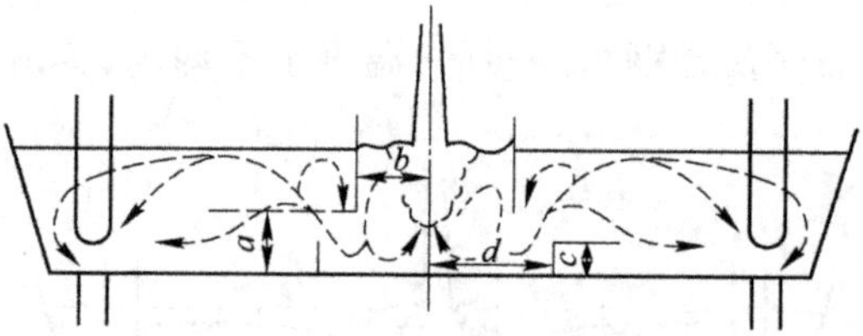

图 5-6　中间包挡墙和坝联合使用钢水流动示意图

图 5-6 中的 a、b、c、d 是确定挡墙和坝合理位置的 4 个参数，对钢水流动模式有重要影响。砌筑挡墙和坝是目前中间包普遍应

用的技术措施，也确实大大改善了铸坯表面质量。在其他工艺条件一定时，中间包只用挡墙比不用挡墙，板坯表面夹杂由2.7%降到2.1%；若挡墙和坝联合使用，夹杂物由2.1%降至0.3%，提高了钢的纯净度。

加砌挡墙后，注流冲击引起的湍流阻隔在挡墙以内的冲击区，使得挡墙以外的下游区域钢水流动稳定，还可以阻止钢液面的回流。砌筑坝的作用是阻挡钢水沿包底流动，使其流动方向向上，为此有的厂家将挡墙砌于坝的下游，钢水更为稳定，也更利于结晶器注流的稳定。

挡墙和坝的组合可以是单墙单坝，或双墙双坝，或单墙双坝等。采用挡墙和坝的中间包，浇注完毕，包底在挡墙与坝之间残留了一定量的钢水只能废弃，降低了钢水收得率。

5.1.2.2 中间包内砌筑导流隔墙

在钢包注流与中间包水口之间砌筑一个导流隔墙。导流隔墙上开有若干个小孔，小孔孔径可以相同，也可以不同，这些小孔可以是水平直孔，也可以带有倾角，图5－7是两种简便的导流隔墙。

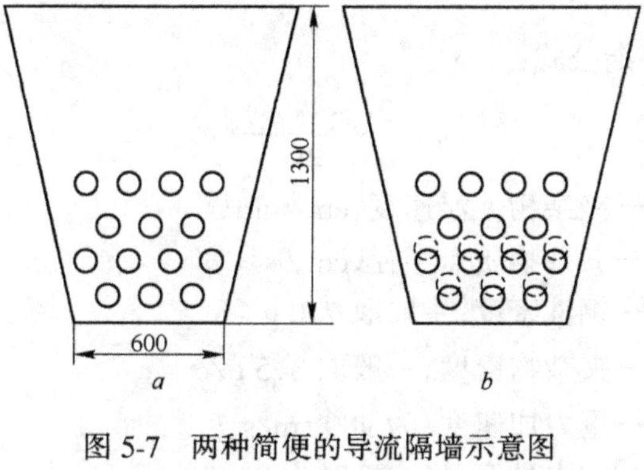

图5-7 两种简便的导流隔墙示意图

a—水平导流孔；*b*—部分导流孔带有向上倾角

导流隔墙上导流孔的大小和倾角决定了钢水的流速和流动方向。导流隔墙封闭了钢包注流区，对稳定钢水流动和夹杂的分离十分有利。当前许多钢厂用导流隔墙代替挡墙和坝控制钢水流动。

还有将导流隔墙与坝或挡墙联合使用，只要组合得当更利于改善中间包内钢水的流场。

此外，如果在导流隔墙的小孔内装上过滤器，钢水从过滤器流过，不仅能够吸附夹杂物，同时也是有效控制流动的一种装置。钢水通过导流孔冲刷力很大，所以必须采用性能良好的耐火材料制作导流隔墙。

对于多流中间包应用挡墙、坝、导流隔墙是有困难的。中间包的容积本来就有限，加砌了挡墙、坝和导流隔墙占用了一定空间，减小了中间包的有效容积。

5.2 中间包精炼技术

5.2.1 中间包内夹杂物的上浮与排除

5.2.1.1 夹杂物上浮

中间包冶金任务之一是促进夹杂物上浮，进一步净化钢水。若液体是静止状态，根据斯托克斯公式可以计算出夹杂物质点上浮速度。

斯托克斯公式：

$$u=\frac{2(\rho_L-\rho_i)g}{9\nu}r^2 \tag{5-2}$$

式中 u——夹杂物上浮速度，cm/min；

r——夹杂物质点半径，cm；

ρ_L——钢液密度，一般取 7.0 g/cm^3；

ρ_i——夹杂物密度，一般取 3.5 g/cm^3；

g——重力加速度，为 980 cm/s^2；

ν——钢水黏度，1600℃时为 0.05 g/cm·s^2。

如果中间包容量为 50 t，熔池深度为 1 m，夹杂物上浮速度和夹杂物从包底上浮到液面所需时间见表 5-1。若铸坯的尺寸为 250 mm×1300 mm，拉速为 1.2 m/min，钢水在中间包内平均停留是 9 min。计算结果表明，大于 70 μm 的夹杂物基本都能上浮，而小于 70 μm 的夹杂物上浮比较困难。但是实际上中间包内钢水不是静止的，由于钢水湍流的作用会促进夹杂物相互碰撞聚合，能加快上浮速度，利于夹杂物上浮和排除，为此当前有加大中间包的容量、加深熔池的趋势。

表 5-1　夹杂物上浮速度和上浮时间

夹杂物半径/μm	上浮速度/$cm \cdot min^{-1}$	上浮时间/min
100	22.87	4.37
70	11.20	8.93
20	0.92	109.60

钢水在中间包内平均停留时间 t_Z 可用下式计算：

$$t_Z = \frac{Q}{q} \tag{5-3}$$

式中　Q——中间包容量，t；

q——钢水流量，也是浇注速度，t/min。

$$t_Z = \frac{V}{q_t} \tag{5-4}$$

式中　V——中间包内钢水体积，m^3；

q_t——中间包钢水体积流量，m^3/min。

5.2.1.2　大容量深熔池中间包的特点

A　大容量中间包的优点

大容量中间包具有以下优点：

(1) 延长钢水在包内停留时间，利于夹杂上浮提高钢水的纯净度，利于生产洁净钢。

(2) 钢水的贮存数量增多了，更换钢包可以不减拉速，有利于保持连浇，并能改善换包过渡铸坯质量。例如：英国某钢铁厂的实践证明了这一点，将中间包容量由 25 t 增大到 45 t 后，不仅减少了 Al_2O_3 夹杂物的数量，而且在铸坯内弧侧夹杂物聚集状态得到明显改善。

(3) 大容量中间包更适用于高拉速铸机，能保持钢水在包内停留时间。

中间包的最大容量现已达 80 t。

B　深熔池中间包的优点

深熔池中间包具有以下优点：

(1) 钢水液面波动较小，可减轻钢水二次氧化；

(2) 减小了液面流速和湍流强度，相应降低了水口部位钢水流速和湍流强度，利于注流稳定；

(3) 降低产生涡流的可能。

文献指出，中间包熔池加深钢水流动稳定，可以改善钢的超声波探伤缺陷和裂纹缺陷。

中间包熔池深度一般在 800～1000 mm，最深达 1200 mm。

5.2.1.3　中间包内耐火材料与夹杂物的关系

学者研究指出，各种尺寸的夹杂物与包内耐火材料接触后，将会粘附于耐火材料的表面而脱离钢水。通过包内拆下的残砖反应层中 Al_2O_3 成分的变化证实了这一点。原砖中 $w_{(Al_2O_3)}=0.80\%\sim0.84\%$，而反应层 $w_{(Al_2O_3)}$ 为 6.33%～7.70%；挡墙和坝表面的 $w_{(Al_2O_3)}$ 也由 62.0%～64.3% 增长到 71.2%～73.0%，可见钢水中 Al_2O_3 夹杂已经粘附于衬砖表面上。研究还认为无论计算还是实测，中间包夹杂物总去除率约在 60%，其中粘附去除率约占 23%，包壁粘附去除 Al_2O_3 夹杂的作用值得重视。

5.2.2　中间包加双层覆盖剂

中间包液面加炭化稻壳覆盖能够绝热保温，防止钢水二次氧化，减少钢水吸入氧、氮等有害气体，但不能吸附上浮夹杂物。如果在中间包钢液面加一层 $CaO\text{-}CaF_2\text{-}MgO$ 系的混合渣，形成液渣层，除上述功能外还具有吸附上浮夹杂物的功能；在液渣层上面再加一层覆盖剂，这就是双层渣覆盖剂。试用结果表明，板坯表面渣斑发生率降低 85%。目前也开发了兼有吸附夹杂和保温双重功能中间包用覆盖剂。

5.2.3　中间包吹氩

中间包吹氩气具有以下作用：

(1) 能够改善钢水流动状况。

(2) 促进夹杂物碰撞、聚合、长大而上浮。氩气泡能粘附捕捉夹杂物,携带其一起上浮,从而加大微小颗粒夹杂物的上浮速度和数量,净化钢水。

(3) 在钢水液面形成惰性气体保护层。

中间包吹氩有包底吹氩,通过塞棒吹氩。

5.2.3.1　包底吹氩

除了包底多孔塞砖吹氩之外,还有在中间包永久层与工作层之间嵌入多孔的管状气体分配器,结构如图 5-8 所示。微小氩气泡上浮,均匀穿过中间包熔池净化钢水。有的厂曾在 30 t 中间包上装砌了此种结构,浇注大方坯在持续 6 h 之后,钢中夹杂物减少 25%,提高了钢水的纯净度。

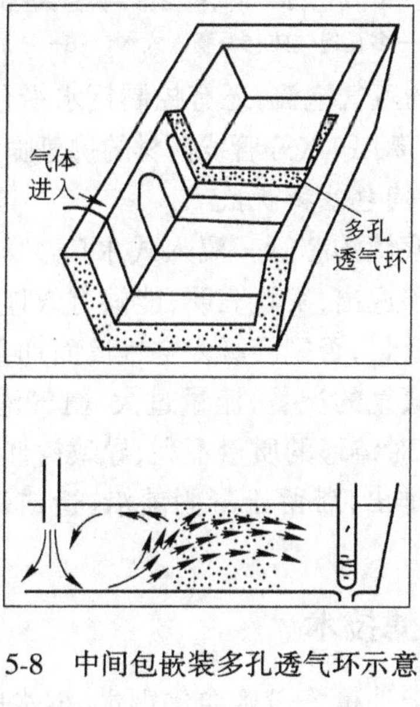

图 5-8　中间包嵌装多孔透气环示意图

再如中间包的挡墙用多孔砖砌筑,吹氩气试验表明,降低了镀锡板 Al_2O_3 夹杂物的含量。

又如日本住友金属鹿岛厂在 60～80 t 中间包底部安装多孔

砖,孔径为200 μm,并在多孔砖的上游加砌了挡墙,如图5-9所示。

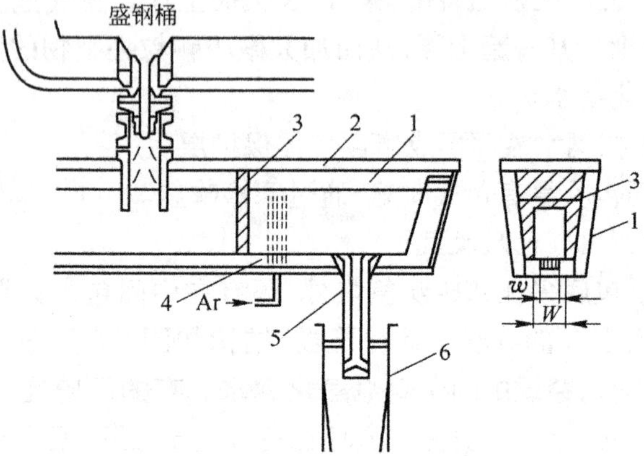

图 5-9 中间包多孔砖吹氩示意图

1—中间包;2—中间包盖;3—隧道式挡墙;

4—多孔透气砖;5—浸入式水口;6—结晶器

从底部上升的氩气泡流,还有控制钢水沿包底流动的作用,试验表明,可显著改善API-X60管线钢材的抗氢脆裂敏感性(HIC值)。

5.2.3.2 中间包塞棒吹氩

通过中间包塞棒的芯管-浸入式水口吹入氩气,氩气随钢流进入结晶器后上浮逸出,实践表明,能够有效地预防水口结瘤。吹氩气管接口必须密封,否则会吸入空气反而加重钢水的二次氧化。应特别注意吹入氩气的流量,流量过大,氩气泡排出速度快,引起结晶器液面波动,对铸坯的质量不利,导致铸坯缺陷。若部分细小的氩气泡来不及排出,滞留于凝固前沿,造成铸坯和钢板皮下气泡,危及质量。

5.3 中间包过滤技术

通过一系列炉外精炼措施净化钢水,钢水中大于50 μm的大颗粒夹杂物得以分离排除,但小于50 μm的夹杂物难以去除。为此,近年来在连铸生产中开发应用了过滤技术。

对钢水过滤器的要求有:

(1) 耐高温。在1600℃高温下能正常工作,并在钢水流经过滤器时能够承受热应力和机械冲击应力的作用。

(2) 耐化学浸蚀。浇注过程中能够抵抗熔渣的化学侵蚀,其使用时间尽可能做到与中间包内挡墙、坝、导流隔墙的寿命相适应。

(3) 对钢水流动的阻力要小,既要有效地去除夹杂物完成过滤任务,对钢水流动的阻力又要小。

(4) 保持温度的稳定性。钢水流经过滤器温降要小。

(5) 安装方便,价格便宜。

5.3.1 过滤机理

过滤有别于其他方法,是一种强制分离夹杂物的方式。夹杂物随钢水流经多孔介质时,夹杂物沉淀、滞留、粘附或烧结于过滤介质微孔的表面上,钢水可以自由流过,夹杂物得以分离,净化了钢水。

冶金熔体通过过滤器去除夹杂物有三种方法,即筛网过滤、滤饼过滤、深层或深床过滤等,如图5-10所示。

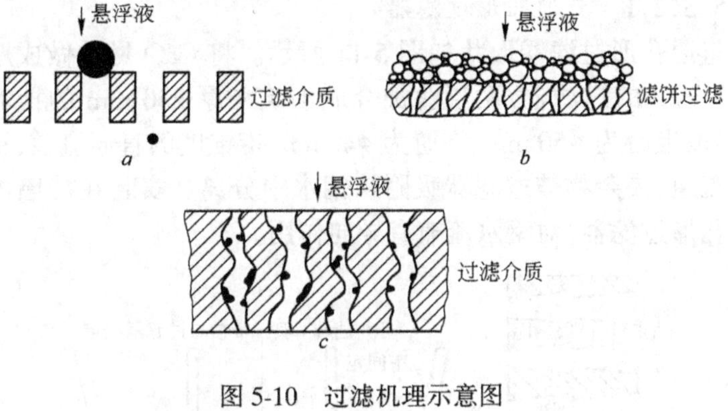

图5-10 过滤机理示意图

a—筛网过滤;*b*—滤饼过滤;*c*—深层或深床过滤

5.3.1.1 筛网过滤

筛网过滤如图5-10*a*所示,它的过滤纯属物理过程。当钢水流过时,凡是粒径大于网孔孔径的夹杂物均被阻隔而滞留下来,那些粒径小于网孔孔径的夹杂物随钢水一起流过，它只能去除大颗粒外来夹杂物。

5.3.1.2　滤饼过滤

滤饼过滤如图5-10*b*所示。悬浮于钢水中的夹杂物在通过多孔介质时被截留，逐渐沉积于过滤介质的表面层，时间一长就形成了夹杂物的滤饼，这个滤饼层是有效的过滤介质，钢水通过夹杂物就会被滤饼截留而去除。

5.3.1.3　深层或深床过滤

深层过滤如图5-10*c*所示，它与筛网过滤和滤饼过滤不同，能够滤去粒径细小的夹杂物。粒径细小的夹杂物随同钢水一起进入过滤介质微孔，夹杂物粘附或烧结于微孔的内表面，钢水流过夹杂被去除。

相对于深层过滤而言，前两种过滤方法又称为表面过滤。

5.3.2　过滤器类型及效果

目前过滤器形式有直通孔形和泡沫形。

5.3.2.1　直通孔形过滤器

直通孔形过滤器形状如图5-11所示。将CaO材质做成厚度为100 mm的过滤器，两层叠加合成砌筑在厚200 mm的挡墙之内，形成上游为ϕ50 mm、下游为ϕ40 mm带锥度的直通流道，钢水通过流道，夹杂物被过滤器吸附从钢水中分离。安装在挡墙内的直通孔形过滤器，对钢水流兼有导向作用。

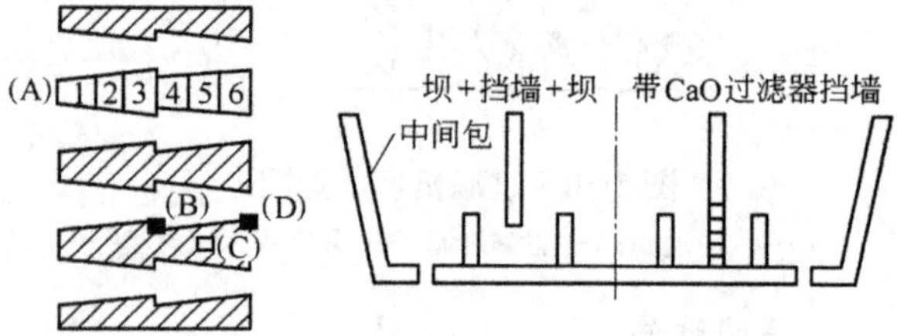

图5-11　直通孔形过滤器示意图

直通孔形过滤器的孔径一般在 ϕ10～50 mm，由于孔径大对钢水流动的阻力较小，所以钢水具有比较理想的通过速度，因此直通孔形过滤器一般能用于正常生产。然而正是由于过滤器孔径大，空隙的迷宫度小，因而去除夹杂物效率就差些。

5.3.2.2　泡沫形过滤器

泡沫形过滤器为深层过滤器，是陶瓷材质制成微孔结构，疏松度高，比表面积大，每 1 cm^3 的材料具有 10000 cm^2 的表面积。当钢水从过滤器流过时，被分割成许多细小的钢流，加大了与过滤介质的接触界面和接触机会。由于夹杂物与过滤介质表面的润湿性超过了钢水与夹杂物的润湿作用，夹杂物有自发脱离钢水的趋势，再加上过滤介质微孔表面凹凸不平对夹杂物有很好的吸附和截留作用，钢水得到净化。泡沫过滤器不同于上浮分离的方法，过滤也不是简单的物理分离过程而是一个流体的传递过程。泡沫型过滤器性能见表 5-2。图 5-12 是中间包装砌过滤器示意图。

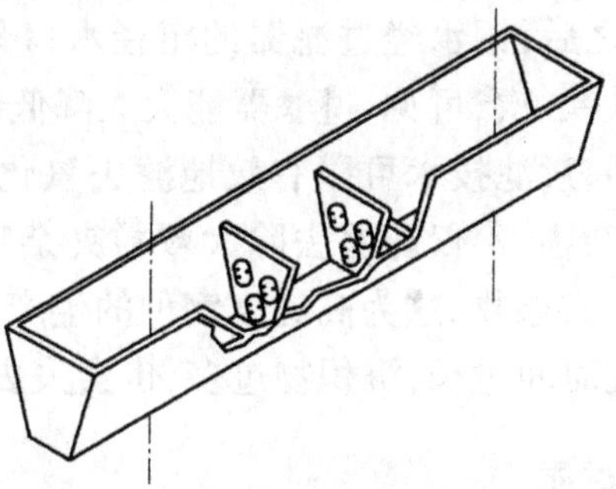

图 5-12　带过滤器中间包结构示意图

表 5-2　几种泡沫型过滤器的性能

过滤器材质	制造单位	孔径 /μm	体积密度 /g·cm⁻³	气隙度 /%	抗弯强度 /MPa	使用温度 /℃
均有部分稳定氧化锆	北京科技大学高温合金实验室	0.5～1.0	0.59	80～83	1.068	1550
	美国 HITEC 公司	1.0	0.74	85	1.450	1550

5.3.2.3　过滤效果

试验表明泡沫型过滤器的过滤效果非常明显。

例如:经感应炉熔化,碳含量约 0.38%,脱氧后的钢水流经过滤器,钢中 $w_{(Al_2O_3)}$平均从 0.067%降低到 0.008%,清除夹杂物的效率约 88%;平均总氧含量由 340×10^{-6}降到 38.3×10^{-6},去除氧的效率在 88.7%。过滤后有的炉次总氧含量达到 10×10^{-6},甚至更低。金相观察结果,被过滤的夹杂物几乎全部为 Al_2O_3。钢中总氧含量的降低主要是 Al_2O_3 排除的结果。

另外通过对比试验也说明过滤效果。在双流大方坯连铸机上浇铸 304 不锈钢,其中 1 个中间包砌挡墙和坝,另 1 个中间包安装了两个直径为 ϕ200 mm、厚 38 mm 的泡沫过滤器。结果表明,经过滤的方坯中硅酸盐夹杂物减少了 74%。

再如在小方坯连铸机上浇铸含铝钢种,$w_{[Al]}=0.024\%$。在中间包的一侧 1 流安装了过滤器,钢水经过滤后流入定径水口。浇注约 90 min 之后,钢水经过滤器的定径水口只烧氧 1 次,而其余各水口烧氧 4~5 次,可见,过滤器能大大降低钢中 Al_2O_3 含量。

试验还表明,过滤技术可以有效地滤去氧化铝、氮化钛、铝酸钙、硅酸锰等夹杂物,不仅能够去除大颗粒夹杂物,还可以滤去部分小于 50 μm 的夹杂物,这为高纯度钢种的生产提供了条件。

过滤器使用时间过长,沉积物过多,也会失去过滤作用。

5.3.3　过滤器材质

过滤器长时间浸泡在高温钢水中,其材质应具有:(1)耐高温;(2)高疏松度,既能吸附夹杂物,对钢水流动的阻力又小;(3)能够承受热应力和机械冲击应力的作用;(4)抗钢水与熔渣的侵蚀冲刷。

当前使用的耐火材料有莫来石、氧化铝、稳定氧化锆等,还可以用氧化铝+氧化锆、氧化钙等。过滤器材质主要从过滤器的高温性能、成本及夹杂物去除率等综合考虑选择。

目前,泡沫型过滤器多用锆铝质耐材制作。

5.3.3.1 氧化锆

氧化锆具有良好耐高温、耐化学侵蚀性能,但抗热冲击性能稍差些,所以可添加少量 CaO 或 MgO,用以改善抗热震性。在氧化锆中添加 35%的 Al_2O_3 制成的过滤器,具有极好的抗热振性和高耐火度。若在氧化铝中加入一定量的氧化锆,也可以形成锆强化氧化铝,能改善氧化铝的抗热冲击性和耐火度,同样是制作过滤器的好材料。

5.3.3.2 氧化钙

氧化钙具有极好的抗热震性,并对 Al_2O_3 有较强的化学吸收作用,是钢水过滤的理想材料,但氧化钙易水化。通常加入 Fe_2O_3 等添加剂,可提高氧化钙稳定性。采用防水化措施后,氧化钙将以较高的过滤效率、低廉的价格而成为一种优良的过滤材料。

CaO 质过滤器是用生石灰做原料,经处理后得到高纯度氧化钙,$w_{(CaO)}>98\%$。CaO 质过滤器理化指标见表 5-3。

表 5-3 氧化钙质过滤器理化指标

化学成分(质量分数)/%					显气孔率/%	体积密度 /g·cm^{-3}	常温耐压强度/MPa
CaO	MgO	SiO_2	Al_2O_3	Fe_2O_3			
>98.00	<0.70	<0.10	<0.50	<0.10	27~30	2.40~2.42	>20

5.3.3.3 莫来石

莫来石是硅酸铝质耐火材料,自然界很少见,主要是人工合成莫来石晶体,它具有耐高温和良好的抗热震性,也是一种制作过滤器不错的材料。

选择过滤器材质应与中间包包衬,特别是与挡墙、坝、导流板等材质相匹配。常用泡沫陶瓷材料的性能见表 5-4。

表 5-4 常用泡沫陶瓷材料的性能

材　质	莫来石	氧化铝	稳定 ZrO_2	$Al_2O_3+ZrO_2$
分子式或化学成分	$3Al_2O_3\cdot 2SiO_2$	$w_{(Al_2O_3)}\geqslant 99\%$	$ZrO_2+CaO(MgO)$	$w_{(Al_2O_3)}=35\%$; $w_{(ZrO_2)}=65\%$

续表 5-4

材 质	莫来石	氧化铝	稳定 ZrO_2	$Al_2O_3+ZrO_2$
最高使用温度/℃	1538	1649	1760	1704
抗热震性	很好	较好	好	很好

5.4 中间包加热技术

中间包钢水温度控制的目标是保持合适、稳定的过热度，这也是连铸工艺稳定顺行和铸坯质量的基础。为此应依照优化能量损失原则进行目标管理，即严格按照各工序温度损失决定出钢温度，在精炼过程钢水既不降温也不加热，就可以达到中间包温度目标值，所以，要求从出钢到连铸全过程的各个工序点、各工序之间温度损失都要严格管理，同时计算机应根据生产过程的实际时间节奏以及其他影响因素进行在线计算，准确地确定出钢温度和各阶段的温降值。

5.4.1 中间包内钢水温度分布情况

实际上，在浇注过程中，中间包钢水温度是处于不稳定的状态，尤其是在多炉连浇、多水口浇注的情况下钢水温度差就更大些。

学者研究认为，在浇注过程中间包的上部钢水温度波动较小，比较均匀，可以看作是等温区；底部存在钢水低温区，钢水的高、低温区温度相差20℃左右。液面由于散热较多，也是低温区，但与有无覆盖剂、覆盖剂的材料有关。研究还认为在多流中间包内，距钢包注流近的水口与远的水口相比，温度相差约 8～10℃。此外中间包包衬材质也影响钢水温度的分布。

现以 7 t 中间包钢水温度变化测定实例说明，从图 5-13 可知：

(1) *a* 段为开浇期，由于中间包内衬吸热，钢水温度降低 10～15℃。

(2) *b* 段为正常浇注期。经过 10～15 min，包衬吸热基本上达到饱和，同时又有钢水不断地注入，保持钢液面稳定，此时钢水散热量约 0.3~0.5℃/min，注入中间包钢水带入的热量与包衬散出的热量基本相当，钢水温度稳定于目标值。

(3) *c* 段是连浇更换钢包。由于中间包钢液面降低，钢水温度相应降低约 5~10℃。

(4) *d* 段与 *b* 段相同，为正常浇注期。

(5) *e* 段为钢包浇注结束后中间包剩余钢水继续浇注，此时钢水温度降低 10~15℃。

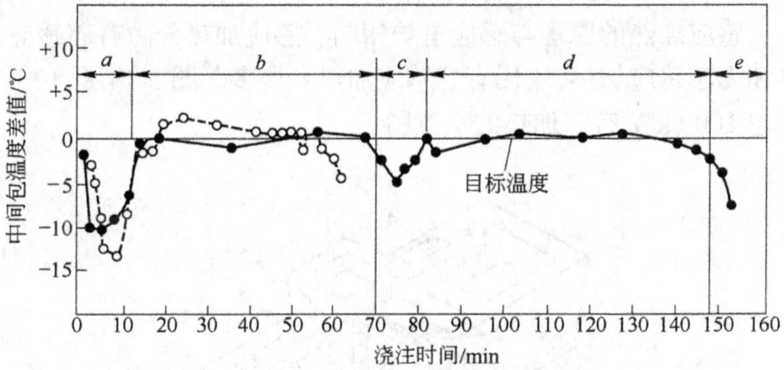

图 5-13　中间包钢水温度变化情况

可见，中间包开浇、更换钢包和浇注结束钢水温度都有波动，较大地偏离了温度目标值，钢水温度处于不稳定状态，其缺点是：

(1) 开浇钢水温度降低过多，容易造成水口凝钢，甚至开浇失败。为了顺利开浇，势必提高中间包钢水目标温度，从而提高出钢温度。

(2) 由于中间包钢水温度不稳定，必然会加重结晶器内坯壳生长的不均匀性，严重者导致拉漏。

(3) 不利于夹杂物的上浮排除。

(4) 不利于拉速的稳定，难以实现高速连铸作业。

(5) 影响结晶器保护渣液渣层厚度的稳定，从而导致铸坯表面夹渣或粘结。

5.4.2 中间包加热技术

近年来国内、外对中间包加热技术都很关注,为了精确控制浇注温度,包与包温度差最好控制在 ±2℃,为此应用中间包加热技术,补偿钢水温度的降低,以使中间包钢水温度始终稳定在目标值,这不仅操作稳定,也有利于铸坯质量,即便在正常浇注期也可以适当加热补偿中间包的自然温降。中间包加热技术有感应加热、等离子加热等。

5.4.2.1 感应加热技术

感应加热的原理与感应电炉相同。感应加热分为有芯感应加热和无芯感应加热,应用有芯感应加热者居多。图 5-14 是 13 t 中间包 1000 kW 有芯加热的示意图。

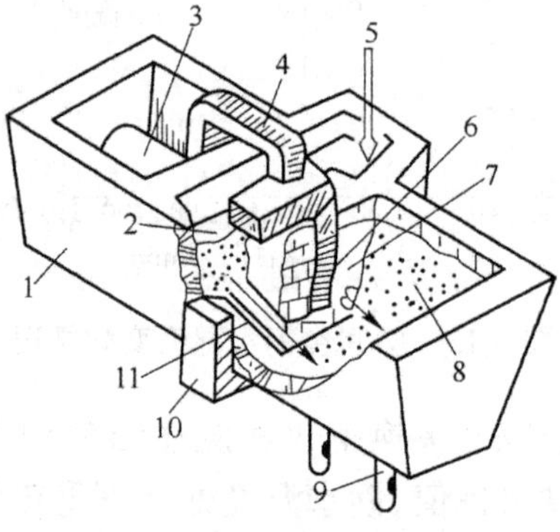

图 5-14 电磁感应加热示意图

1—中间包;2—熔池 A;3—鼓风;4—风道;5—注入钢水;6—线圈;7—隔墙;8—熔池 B;9—水口;10—铁芯;11—通道

由图可见,铁芯上绕有线圈是加热器的初级回路;隔墙 7 开有通道 11 为钢水加热通道,通道内钢水为加热器的次级回路。初级回路使次级回路产生感应电流,加热了通道内的钢水。

感应加热在钢水内产生一定的电磁力可以搅动钢水,再加上由于温度差钢水的自然对流,在两者共同作用下被加热的钢水从通道流出后，带动包内钢水向上流动，不仅传递热量，还可促进夹杂物的上浮排除。

感应加热是在钢水内进行的电－热能量转换，所以热效率高达80%～90%；包衬热损失约5%～7%；电系统功率因数及冷却损失约5%～13%。据新日铁室兰厂的有芯感应加热实践表明，浇注120 min以内，钢水温度的波动保持在±2.5℃。

感应加热存在的问题是：

(1) 在浇注开始及终了，钢水量少到不能充满加热通道时，无法进行感应加热；尤其在钢包换包期间，中间包内温度损失较大，更需要补充热量，此时不能及时补充热量；

(2) 加热通道耐火材料的工作环境恶劣，容易损坏；

(3) 感应加热电源系统体积较大，已建成的感应加热电源系统不能远离中间包。

5.4.2.2 等离子体加热

等离子体被称为物质的第四态，是气体在强电场作用下解离生成正、负离子数目相等的物质状态。在常压下，等离子弧具有3000～5000℃极高的温度，可做热源。

等离子弧有转移型和非转移型两类。非转移弧的正、负两个电极都装在等离子枪内，使用方便，但加热效率低些；转移弧的负电极位于离子枪内，加热的钢水为正极，加热效率高，但在包衬中必须装砌导电电极。

目前国内、外已应用等离子枪对钢包与中间包钢水加热。等离子枪可用直流电源也可用交流电源。等离子枪是具有高能量密度的电热转换设备，很小的等离子枪就能产生高功率，所以小等离子枪安装在中间包上，不需改装包体，非常方便。再有当钢水液面较低时，就可以开始加热，这对于在钢包更换期间保持钢水温度稳定极为有效。

在中间包上方安装一个或多个等离子枪均可，在等离子枪的下方形成等离子高温区。高温的离子气体通过辐射、对流和分子复合把能量转换为钢水的热量。图5-15为中间包直流转移型等离子弧加热设备，图 5-16 为中间包非转移型等离子弧加热示意图。

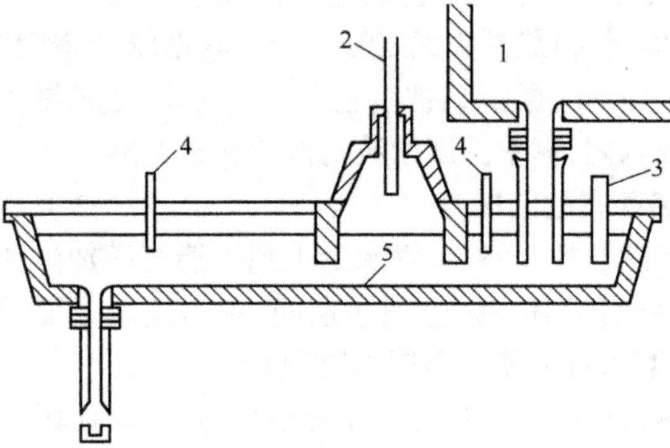

图 5-15　直流转移型等离子弧加热中间包示意图

1—钢包；2—等离子枪（负极）；3—正极；4—热电偶；5—吹氩元件

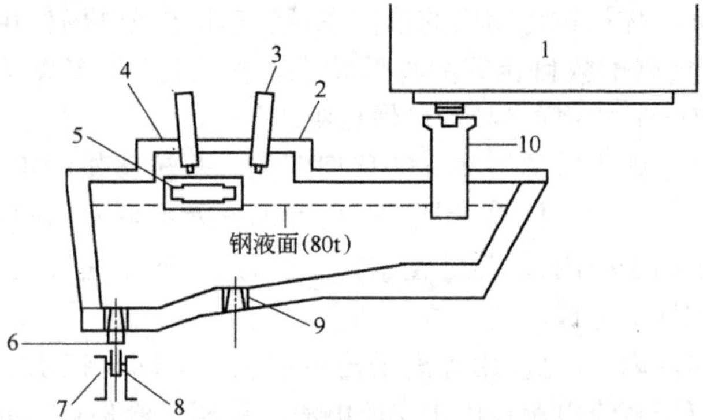

图 5-16　为非转移型等离子弧加热中间包示意图

1—钢包；2—拱顶；3—等离子枪；4—包盖；5—溢渣口；6—滑动阀；
7—结晶器；8—浸入式水口；9—多孔塞砖；10—保护套管

中间包钢水的流动行为对等离子加热效率、钢水温度和成分的均匀性有重要影响。为此，等离子枪可以安装在注流冲击区或两挡墙之间的合适位置，利用注流动能搅拌钢水，使等离子加热区充分混合，把热量均匀地分配到各流。等离子加热的效率一般为80%左右。热损失主要是中间包的吸热，废气和冷却水带走的热量。

如日本新日铁广畑钢厂在14 t中间包，安装直流转移型等离子弧加热，最大功率为1000 kW；加热室位于中间包中心，包衬是高铝浇筑料，加热面积0.81 m^2，加热室中充满氩气；正极用铁质单电极，位于钢水注入部位附近侧墙区。弧电流为4500 A，功率为760 kW，功率分配见表5-5。

表5-5 新日铁广畑钢厂14 t中间包应用直流转移型等离子弧加热功率分配表

项目	正极冷却水带走	离子枪冷却水带走	废气带走	耐火材料吸热及向外散热	加热室墙面1800℃时对钢水辐射	等离子枪辐射	正极转移过程直接加热
功率/kW	8	63	15	67	324	108	约175
所占比例/%	1	8	2	9	42	14	24

再如日本神户加古川钢厂，浇铸230 mm×(650～1800) mm板坯，在80 t的中间包上安装了等离子加热枪，用2.4 MW单相交流等离子加热系统；电弧电流最大7.5 kA，电弧电压最大350 kV，氩气的流量为9～20(标态)m^3/min，冷却水流量30 m^3/h。不连续供热时，中间包钢水降温速度为1.25℃/min；采用1.8 MW等离子加热，中间包钢水温度可保持不变，到浇注后期温度还有些回升。浇注过程中不断地向中间包供给钢水，温降速度为0.3℃/min。采用等离子加热后，钢水温度保持稳定，到浇注后期温度不降低。等离子加热的热效率虽然比感应加热低一些，但等离子加热器具有以下优点：

(1) 加热速度快，中间包钢水温度更容易控制在目标值，浇注温度稳定。如纽柯(Nucor)公司在15t中间包上安装了等离子加热器，两年实践表明，提高了温度控制精度，由原来偏离目标值±11℃降低到±5℃。由此钢水的过热度降低了10℃，由于过热度的降低，连注拉速提高10%，也减轻了铸坯的中心偏析。

(2) 等离子加热可以单独给某 1 个注流加热,其他各流不加热。

(3) 据报道,中间包热状态下可重复使用 200 次,降低了耐火材料的消耗,增加了产量。

(4) 促进了钢水中夹杂物的上浮,有利于提高钢质量。

等离子弧加热消耗氩气量较大。

此外,还在研究开发其他加热方法,如电阻加热、电渣加热、石墨电极电弧加热以及氮气流加热等。

6 保护浇注与保护渣

精炼后成分、温度、质量都合格的洁净钢水，在钢包→中间包→结晶器的传递过程中，又与大气、耐火材料、熔渣相接触，仍然会发生物理化学作用，钢水二次氧化重新被污染，使精炼效果前功尽弃。为此，钢水在各个传递阶段，均应严格控制管理，减少重新污染的可能，以确保钢水的纯净度，达到钢种质量的要求。

6.1 保护浇注

6.1.1 连铸坯中夹杂物的特征

6.1.1.1 钢中夹杂物的来源

钢中非金属夹杂物是指炼钢、浇注过程中生成或混入的非金属相，称为非金属夹杂物。非金属相是一些金属元素（如 Fe、Mn、Al、Nb 等）和硅与非金属元素（O、S、N、P 等）结合而成的化合物。根据夹杂物的来源可以分为内生夹杂物与外来夹杂物。

A 内生夹杂物

内生夹杂物生成的 4 个阶段有：

(1) 脱氧产物；

(2)出钢、浇注过程，由于温度降低引起平衡移动的生成物；

(3) 凝固过程溶解度降低，由于偏析而发生反应的产物；

(4) 固态钢相变溶解度发生变化的析出物。

B 外来夹杂物

外来夹杂物主要来自：(1)出钢、浇注过程侵蚀和冲刷的耐火材料；(2)混入的熔渣；(3)原料带入的污物；(4)出钢和浇注过程钢水的二次氧化产物等。

经过精炼的钢水在浇注过程与大气、耐火材料、熔渣和保护渣接触并相互作用均称为二次氧化，其生成物为二次氧化产物，滞留于钢中成为外来夹杂物。

连铸坯中外来夹杂物主要来自：

(1) 二次氧化产物。浇注过程钢包和中间包的钢水注流，结晶器液面裸露与大气接触作用的生成物，也是钢中氧的来源。

(2) 卷渣，包括漩涡卷渣和钢流冲击卷渣。浇注后期中间包钢水液面较低产生涡流的卷渣，结晶器液面波动产生的卷渣等。

(3) 耐火材料的熔损物。高温下钢包和中间包内衬、水口、塞棒等耐火材料与钢水作用被熔融、冲刷而进入钢中。

连铸坯的外来夹杂物与钢水成分，所用耐火材料材质、质量，中间包结构，浇注工艺及保护渣成分、性能等因素有关。

外来夹杂物的特点是：

(1) 组成复杂，一般是由多种氧化物组成的复合氧化物；

(2) 外来夹杂颗粒较大，尺寸一般大于 50 μm，所以对钢的质量危害也较大；

(3) 夹杂物的外形比较复杂，有球形也有多角形的；

(4) 夹杂物分布没有规律，呈偶然性分布。

内生夹杂与外来夹杂常常是共生的，内生夹杂常以外来夹杂为核心析出，并与外来夹杂及钢水交互作用，引起成分发生变化，所以，降低内生夹杂和外来夹杂的含量，浇注过程预防钢水二次氧化，是提高连铸坯纯净度的重要任务。

6.1.1.2 连铸坯夹杂物的特征

连铸坯夹杂物具有以下特征：

(1) 夹杂物来源广泛。与模铸相比，连铸工艺的工序多，浇注时间长，钢水与大气、耐火材料、熔渣接触机会多，时间长，更容易被夹杂物污染。

(2) 夹杂物去除困难。钢水在结晶器内凝固速度快，夹杂物难以聚集长大。由于注流的冲击作用，夹杂物难以从钢液中分离上浮，再加上随着高拉速连铸技术的应用，夹杂物的排除就更加困难。

(3) 夹杂物对钢的危害更大。模铸的钢锭，其夹杂物多集中在头部，通过切头切尾可以减轻夹杂物的危害；连铸坯却不然，如全弧形铸机的铸坯，夹杂物多集中于铸坯内弧侧厚度 1/4 处，轧制过程中压缩比又小，所以夹杂物对钢的危害就更大一些。

（4）由于连铸工艺的浇注工序多，浇注时间长，热量损失多，所以要求钢水温度相应高一些，这样与大气、耐火材料作用的能力增强了，更容易生成夹杂物。

6.1.2 浇注过程中的二次氧化

注流与空气接触直接吸氧，钢包、中间包钢液面与空气直接相互作用，钢水与耐火材料、保护渣相互作用，卷入的渣滴与钢水相互作用等都属二次氧化。

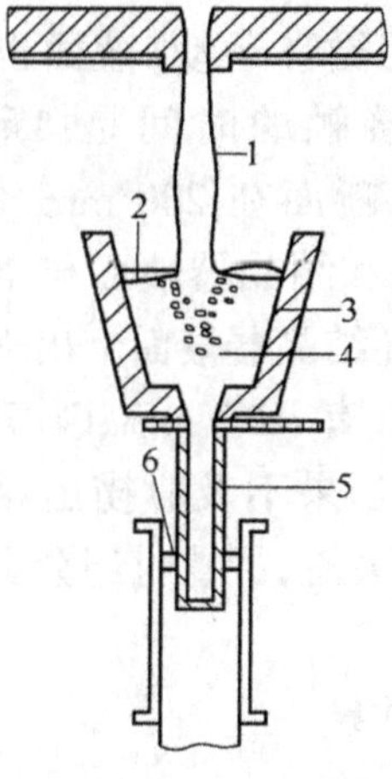

图 6-1 浇注过程钢水二次氧化示意图

1—钢/大气；2—渣/钢；3—包衬/钢；4—卷入气泡和炉渣质点；5—耐火材料/钢；6—保护渣/钢

6.1.2.1 注流与空气相互作用

敞开浇注钢包的注流以一定速度注入中间包，在注流周围形成一个负压区，将四周的空气卷入注流带入中间包熔池，造成钢水的二次氧化，其状况见图 6-1。其二次氧化的程度与注流的形状即注流的比表面积有关。

水口直径越小，比表面积越大。注流粗糙、松散，比表面积也大，二次氧化也越严重，如钢包水口直径一般在 ϕ50～60 mm，小方坯中间包定径水口直径在 ϕ14～16 mm，而且是多流浇注，那么中间包注流的比表面积比钢包注流增加了许多倍，二次氧化程度比钢包注流也要严重得多。此外注流的比表面积还受注流形态的影响，注流圆滑、致密、连续时具有最小的比表面积，因而与空气接触界面小，据估计注流从空气中吸氧量约 $0.7\times10^{-4}\%$。水口形状也会影响注流的形态，如水口有结瘤或凝钢注流会发散，当注流呈波浪形或散流又不连续时，比表面积大大增加，因而吸氧量也相应增多，估计在(20～40)×10^{-4}%。那么后者是前者的$\frac{20\sim40}{0.7}$，近30～60倍。

注流冲击中间包液面，熔池液面不断地被更新，此时钢水的吸氧量比静止状态要严重得多，例如中间包的液面为1000 mm×5000 mm(即5 m^2)，熔池深为700 mm。由于注流的冲击，引起中间包钢水的运动，液面裸露而更新。据理论计算，每1.15 s液面就更新一次，1 min内液面更新达$\frac{60}{1.15}=52$次之多，液面裸露更新总面积约5 m^2×52＝260 m^2。由此可见，被注流冲击引起液面裸露更新而造成的二次氧化是多么严重。

中间包注流注入结晶器引起钢水的循环运动，液面也在不断更新。据计算，结晶器液面与空气接触的时间是：断面为180 mm×400 mm，接触的时间是1.8 s；断面在200 mm×1200 mm，接触的时间是7.56 s。可见，中间包和结晶器液面与空气接触造成二次氧化是相当严重的。在小方坯结晶器液面上出现的浮渣就是钢水二次氧化的产物。若钢水中含有Al、Ti、Si、Cr等易氧化元素，液面更易形成浮渣和氧化渣皮，如果不及时捞出浮渣渣皮，可能被卷入凝固坯壳而形成铸坯表面夹渣，严重时还会引发漏钢事故。

液面氧化产物的厚度可用以下公式计算：

$$\delta = K\varphi_{O_2}t \tag{6-1}$$

式中 δ——氧化产物厚度；

φ_{O_2}——大气中氧气浓度；

K——氧化速度常数；

t——钢水与大气接触时间。

液面氧化产物的增长速度与液面上气氛中氧的浓度及钢水成分有关。氧的浓度越高，二次氧化渣皮厚度增长速度也越快。倘若只考虑液面气氛中氧浓度的影响，大气中氧的浓度为21%，保护浇注其液面氧的浓度 $\varphi_{O_2}^{H}$ 小于 1%，那么：

$$\frac{\delta}{\delta_H}=\frac{K\varphi_{O_2}t}{K\varphi_{O_2}^{H}t}=\frac{21}{1}=21$$

敞开浇注与保护浇注相比二次氧化渣皮的厚度相差 20 倍。保护浇注产生氧化渣皮少多了，即使产生氧化物夹杂也有可能被保护渣所吸附、溶解，危害也就小得多。

通过钢水中酸溶铝的减少量或者钢水中氮含量的增加量，可以计算出钢水从空气中吸氧量，钢水氮含量因此被称为“二次氧化的标志”。从出钢到成坯，钢水氮含量应尽可能控制在 10×10^{-6} 以内。

6.1.2.2 钢水与耐火材料相互作用

浇注过程钢水与钢包、中间包、水口、塞棒等耐火材料接触，它们的相互作用包括化学侵蚀及机械冲刷等。耐火衬砖表面和砖缝受高温作用软化，软化层被冲刷进入钢水中，来不及上浮滞留于钢中成为夹杂，其组成与耐火材料原始成分基本相近。

耐火材料中 ZrO_2 较稳定。铝与碱性耐火材料的作用也差些。目前钢包和中间包内衬、水口、塞棒材质多用高铝质、锆质耐火材料，从而提高了抗化学侵蚀能力。

用熔融石英质水口浇注含铝钢和高锰钢时，会发生下列反应：

$$4[Al]+3(SiO_2)=3[Si]+2(Al_2O_3)$$

$$2[Mn]+(SiO_2)=[Si]+2(MnO)$$

$$(MnO)+(SiO_2)=(MnO\cdot SiO_2)$$

生产实践表明，熔融石英浸入式水口在浇注高锰钢（如 16 Mn），水口蚀损速度达 6～10 mm/h；而浇注普通碳钢蚀损速度则为 1～1.5 mm/h，因而铝和锰是熔融石英水口的腐蚀剂。在水口内壁形成熔融层，其厚度约 100～300 μm，它的组成是 $w_{(MnO)}$ 33%～42%、$w_{(Al_2O_3)}$ 19%～21%、$w_{(SiO_2)}$ 32%～37%、$w_{(FeO)}$ 2%～7%，熔点在 1200℃左右。当熔融层达到一定厚度时形成液滴，再加上钢流的冲刷而脱落，进入钢中成为外来夹杂。

钢水中铝和锰与 Al_2O_3 不发生化学反应，因此可用刚玉或高铝质水口。刚玉是纯 Al_2O_3,价格较贵。但高铝质材料热稳定性稍差,易崩裂,可添加适量石墨以改善耐火材料的强度和热稳定性,所以连铸上都用高铝石墨浸入式水口,还在水口表面喷一层涂料,高温下形成釉层,提高了高铝石墨浸入式水口抗氧化能力。

6.1.2.3 钢水与溶渣相互作用

出钢过程高 FeO 熔渣被钢水携带到钢包内,悬浮的渣滴与钢水中 Si、Al、Mn 等元素发生反应;吹氩气过程部分产物粘附于氩气泡表面随之上浮分离,另一部分进入结晶器成为钢中外来夹杂物。渣中 FeO 含量越高,铸坯中夹杂物也越严重。包内熔渣的不稳定氧化物 $w_{(FeO+MnO)}$ 越高,钢中总氧含量也越高;若钢中总氧含量控制在 $20\times10^{-4}\%$ 以下,那么钢渣中 $w_{(FeO+MnO)}$ 应小于 1%,所以要挡渣出钢,钢包绝对不能下渣到中间包,且中间包应添加性能良好的覆盖剂,以减轻氧的传递。

中间包保持正常液位,避免液位过低,不然会引起卷渣,主要是由于注流的冲击,沿中间包钢－渣界面产生剪切力将渣卷入内部再加上注流冲击引起的波浪运动,尤其当钢水液位降低至临界液面时,这种剪切力和波浪运动以及涡流造成的卷渣更为严重。

6.1.2.4 渣相与耐火材料相互作用

残留在钢液中二次氧化产物及卷入的熔渣,与钢包和中间包内衬、塞棒相接触,渣中氧化铁对耐火材料有腐蚀作用。因此出钢挡渣,降低渣中(FeO + MnO)的含量;出钢后向钢包添加覆盖剂、改质剂,中间包加双层渣覆盖剂,是绝对必要的,以减轻由于耐火材料带来的大型夹杂物。

6.1.3 浇注过程防止钢水二次氧化的措施

钢包→中间包→结晶器采用全程保护浇注是避免钢水二次氧化的有效措施。

6.1.3.1 保护介质的工艺功能

作为保护介质应具有如下工艺功能:

(1) 钢水与空气隔绝避免二次氧化;

(2) 减少中间包和结晶器钢水液面的热损失,防止表面结壳;
(3) 能吸收从钢液中上浮的夹杂物;
(4) 在结晶器器壁与凝固坯壳之间起润滑作用。
除此之外还应有良好的物理性能。
保护介质有气体保护剂、液体保护剂和固体保护剂等。
保护浇注就是对钢水传递全过程的保护,如图 6-2 所示。

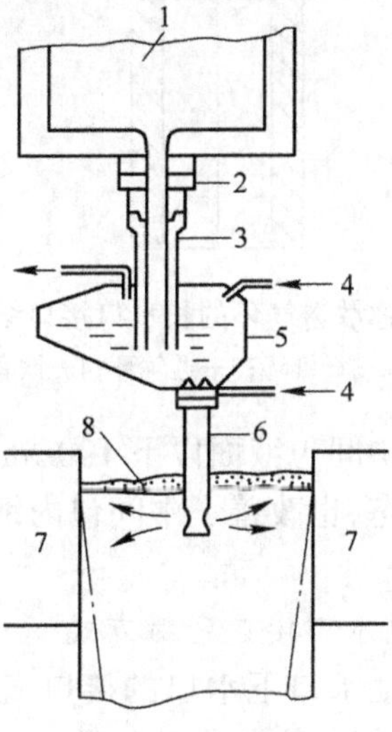

图 6-2 无氧化浇铸示意图

1—钢包;2—滑动水口;3—长水口;4—氩气;5—中间包;
6—浸入式水口;7—结晶器;8—保护渣

6.1.3.2 钢包→中间包注流的保护

A 长水口

钢包→中间包注流用长水口,又称保护套管。在钢包滑动水口的下水口安装长水口,并在中间包钢液面加覆盖渣剂,这样就可以使钢水注流和中间包液面完全与空气隔绝,既能保温,又可避免吸收空气。长水口接口结构如图 6-3 所示。在水口的上口镶嵌有弥散透气环,氩气通过透气环形成气幕保持正压密封防止吸入空气。

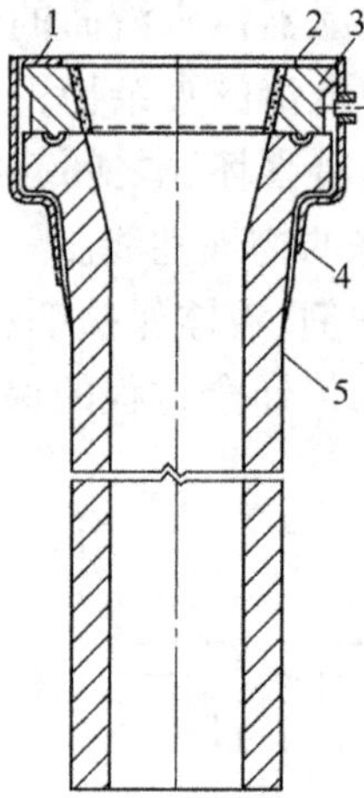

图 6-3　带弥散透气环的长水口接口结构示意图

1—钢压环；2—纤维环；3—透气环；4—铁套；5—本体

长水口下部插入中间包液面以下 100 mm 左右。钢包→中间包的注流处于密封状态，也改善了中间包内钢水流动状态，完全避免了卷渣的可能性。

B　长水口与钢包水口接口密封方式

长水口与钢包滑动水口下水口的接口，若密封不严会吸入空气，同样污染钢水。由于长水口内孔的孔径比滑动水口内径大，钢流不能充满水口内孔通道，就好像一个抽气泵，从缝隙源源不断地吸入空气。图 6-4 表明了长水口与钢包滑动水口接口密封材料和方式不同所吸入的 N_2 数量，通过吸入的 N_2 数量也相应说明了空气的吸入量。

从图 6-4 可见：

图 6-4*a* 滑动水口与长水口的接口处是用耐火纤维密封圈封住的。由于耐火纤维不够致密，再加上受高温作用而变形，所以密封不严，吸入氮约 $\varphi_{N_2}=10\times10^{-6}$；

图 6-4*b* 用金属环并通氩气密封，吸入氮约 $\varphi_{N_2}=2\times10^{-6}$；

图 6-4*c* 接口直接通氩气密封，吸入氮约 $\varphi_{N_2}=6\times10^{-6}$；

图 6-4d 接口密封处通氩气，在长水口上口区域形成正压(约 0.7 Pa)区，通过仪表监测，完全避免 N_2 的吸入，效果很好。

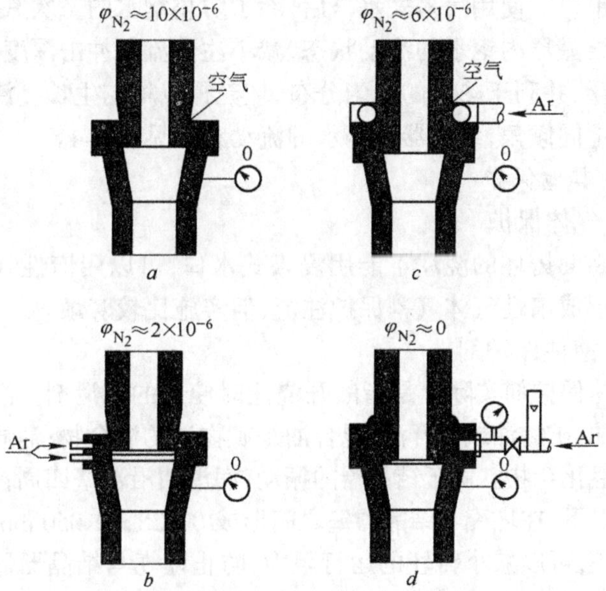

图 6-4 长水口与钢包滑动水口的连接

a—接口处用耐火纤维密封圈密封；b—接口处用金属环并通氩气密封；c—接口直接通氩气密封；d—接口密封处通氩气，在长水口上口区域形成正压区

此外，也可以用气体保护注流。在注流周围形成惰性气体氩的气幕，对注流密封保护。

6.1.3.3 中间包→结晶器注流的保护

A 浸入式水口

大方坯和板坯均采用浸入式水口 + 保护渣的保护浇注。浸入式水口的基本结构形式可见 2.3.1.5 节中图 2-15 和图 2-16。浸入式水口的出口位置及倾角对结晶器内钢水流股的冲击深度和流动状态有直接关系。单孔直筒式水口流股的冲击深度最长，而箱形双侧孔结构的水口流股冲击深度最短，当拉速达到一定值后，继续提高拉速,冲击深度不再加长。因此浇注较小断面的方坯和矩形坯用单孔直筒式水口,大方坯和板坯的浇注普遍使用双侧孔的浸入式水口。使用浸入式水口后,除了防止钢水的二次氧化,还可以控制结晶器内钢水的流动状态,减小注流流股冲击深度,促进夹杂物上浮,并利于热量的均匀分布,坯壳得以均匀生长。浸入式水口侧孔不同倾角,结晶器内钢水的流动状态见图 7-4。

B 其他保护

a 气体保护

小断面铸坯的浇注不能用浸入式水口,可以用惰性气体在注流周围形成惰性气体气幕保护注流,但实施比较麻烦。

b 液体保护剂

液体保护剂实际上是指敞开浇注时使用的润滑剂。润滑剂可用植物油、矿物油或混合油;混合油是矿物油的混合物;油质润滑剂均为碳氢化合物。由于结晶器的振动,润滑油沿器壁四周被带入钢水液面以下,在坯壳与结晶器壁之间形成 0.025~0.050 mm 的油膜和油气膜,可以减小铸坯的运行阻力,防止坯壳与结晶器器壁的粘结;同时润滑油在高温作用下裂解燃烧形成还原性气体,在弯月面处起到隔绝空气防止二次氧化作用;同时还原性气体将浮渣推向液面中心,也可以避免坯壳粘渣。目前小方坯连铸机敞开浇注工艺,普遍采用润滑油作润滑剂。在此要特别提醒,润滑油对注流不能实施保护作用。此外还应注意润滑油使用不当会造成铸坯的皮下气泡,裂解后生成的气体对环境有污染,对人身健康也有影响。

6.2 保护渣

连铸工艺普遍应用了浸入式水口 + 保护渣的保护浇注技术,这对于改善铸坯质量、推动连铸技术的发展起到了重要作用。结晶器所用固体保护渣有两种类型,发热型保护渣和绝热型保护渣。当前用绝热型保护渣者居多。发热型保护渣作为开浇渣使用。

固体保护渣是多种原材料的机械混合物。绝热型保护渣可制成粉状、颗粒状或空心颗粒状。

粉状保护渣保温性能好，成本低，有一些钢种仍然使用粉状保护渣。颗粒状保护渣是在粉状保护渣的基础上，加入适量的结合剂后，再加工成小米粒样的颗粒渣，为了保证保温性能，也可采用空心颗粒渣。这种颗粒状保护渣较好地解决了粉渣在运输、贮存和使用过程中对环境的污染，对于保护渣组分的偏析和分熔等问题也有所改进，成本有所增加，在连铸生产上可根据需要选用。

此外，还有预熔型保护渣，即将配制好的保护渣原料熔化后冷却，再破碎磨细，并配加适量熔速调节剂，制成粉状或颗粒状均可，它具有成渣均匀的优点，但工艺复杂，成本高，使用者甚少。

6.2.1 保护渣的结构

6.2.1.1 保护渣的结构组成

图 6-5 是保护渣熔化过程的结构示意图，由 4 层结构组成，即液渣层、半熔融层、烧结层、原渣层等。也有将烧结层与半熔融层归为一层，认为是 3 层结构。无论粉渣，还是颗粒渣都是由这 4 层或 3 层组成。

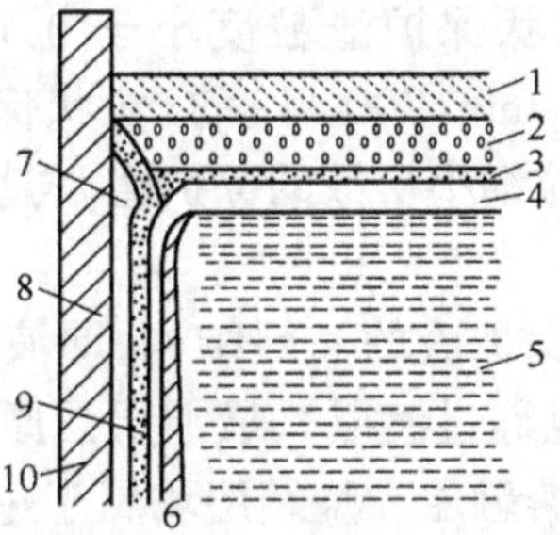

图 6-5 保护渣结构示意图

1—原渣层；2—烧结层；3—半熔融层；4—液渣层；5—钢液；
6—凝固坯壳；7—渣圈；8—玻璃质渣膜；
9—结晶质渣膜；10—结晶器

6.2.1.2 保护渣结构的形成过程

当固体粉状或粒状保护渣加入结晶器后与钢液面直接接触时，钢水液面温度约 1530℃，由于保护渣的熔点只有 1050～

1100℃，因而依靠钢水提供的热量部分保护渣熔化，形成液渣覆盖层。这个液渣覆盖层厚度一般在 10～15 mm，它保护钢水不被氧化，又减缓了沿保护渣厚度方向的散热。在拉坯过程中，结晶器上、下振动，铸坯向下运行，由于存在负滑脱，钢水表面形成的液渣被吸入结晶器器壁与铸坯坯壳之间的气隙之中形成渣膜，起到润滑和均匀传热的作用。

在液渣层上面的保护渣温度可达 1000℃左右，保护渣虽然不能完全熔化，但部分熔点低的组分熔化，呈软化半熔融状态；与其相邻的是像糨糊状的烧结层；倘若液渣层厚度低于一定数值，烧结层又过分发达，沿结晶器内壁周边就会形成渣圈，弯月面液渣下流的通道可能被堵塞，液渣难以进入器壁与坯壳之间的气隙中，影响铸坯的润滑和传热，铸坯表面还可能产生纵裂纹；形成渣圈也说明保护渣的性能欠佳；操作上必须及时处理，保持渣道的畅通，确保铸坯的正常润滑和传热。

在烧结层上面是固态粉状或粒状的原渣层。沿保护渣厚度方向存在着较大的温度梯度，原渣层的温度大约在 400～500℃。保护渣的粒度细小，粉状保护渣粒度小于 0.147 mm（100 目），其中绝大部分是 0.074 mm（200 目）的；粒状保护渣的粒度一般为 0.5～1 mm。这些颗粒细小松散的保护渣，与烧结层共同起到了隔热保温作用。

通过上述可知，保护渣的 4 层结构，即液渣层（也称熔渣层）、半熔融层、烧结层（也称过渡层）、最上层是原渣层（也称固态渣层或粉渣层）。其中半熔融层和烧结层均属于过渡层。

液渣层不断被消耗，半熔融层下移并受热熔化补充进入液渣层，烧结层成为半熔融层，与烧结层相邻的原渣受热后补充烧结层。因此生产中要连续、均匀地添加补充新的保护渣，以保持原渣层的厚度在 25～35 mm，这样才能维持液渣层的正常厚度。结晶器液面为自动控制，适合用颗粒保护渣，原渣层可适当厚些。在保护渣总厚度不变的情况下，各层厚度处于动平衡状态，达到生产上要求的层状结构。

生产上保持液渣层的稳定很重要。液渣层太薄,液渣量少,不能均匀填充坯壳与器壁间的气隙,容易引起板坯粘结漏钢事故,或者产生纵向裂纹和角纵裂的漏钢事故。

液渣层的厚度由保护渣的熔化速度和保护渣的消耗量之间的平衡来决定,其厚度应大于结晶器液面起伏的最大高度,这样既保证了润滑又可防止裹渣。例如,韩国广阳钢厂推荐,浇注低碳铝镇静钢板坯,拉速在 1.0~1.6 m/min 时,液渣层最佳厚度为 10~15 mm,保护渣的消耗量/吨钢在 0.3~0.5 kg;而美国内陆钢厂则认为,浇注相同钢种板坯,拉速 1.0~1.7 m/min,液渣层最佳厚度为(1.3~1.5)× S(结晶器振幅)mm,其保护渣吨钢消耗量大于 0.35 kg,可以避免铸坯的粘结和液面裹渣。我国有的厂家认为浇注板坯液渣层厚度控制在 10 mm 以上,保护渣消耗量吨钢约为 0.5~0.6 kg。

影响液渣层厚度的因素有保护渣的碳成分、拉坯速度及液渣的黏度等。

液渣层的厚度可以直接测定,其方法很简单,用铝－铜－钢三种金属丝同时插入结晶器钢液面以下停留约 2～3 s,取出后即测量出液渣层厚度,如图 6-6 所示。板坯结晶器较宽,其边缘与中心浸入式水口周边温度有些差异,可以在不同位置测量液渣层的厚度,以便控制保护渣处于正常层状结构。

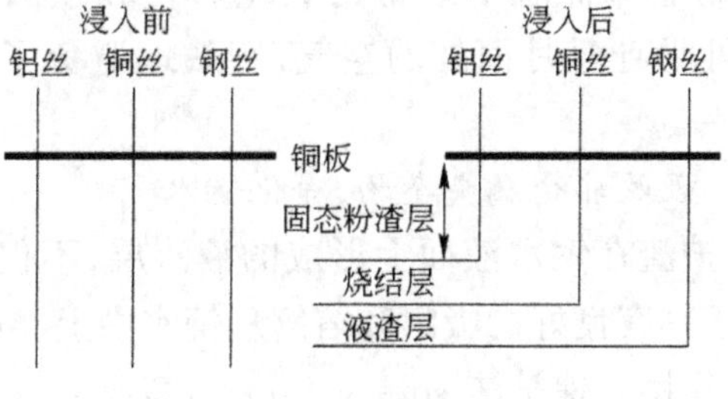

图 6-6　用三丝法测定保护渣各层厚度

6.2.1.3　保护渣膜的结构与作用

保护渣的液渣被吸入结晶器器壁与坯壳之间的气隙之内形成

了渣膜,渣膜为2层结构,即液态渣膜及固态渣膜;而固态渣膜由玻璃质膜和结晶质膜组成;玻璃质膜利于润滑,而结晶质膜利于调节热流。与铸坯相邻是液态渣膜,与结晶器器壁相邻是固态渣膜。这3层的厚度各约0.3 mm。

固态渣膜对传热有影响,它是在浇注初期形成的,随结晶器一起上、下运行,其中玻璃质渣膜的厚度在多炉连浇时变化不大。开浇渣有助于形成厚度适当的固态渣膜,固态渣膜的厚度随保护渣黏度的上升而加厚。玻璃质膜主要组成是钠、钙硅酸盐;结晶质膜是由硅灰石,钠、钙黄长石和枪晶石等矿物组成。液态渣膜主要起润滑作用,并随铸坯下行。

6.2.2 保护渣的功能

6.2.2.1 绝热保温

向结晶器液面加固体保护渣覆盖,减少钢水热损失。由于保护渣的4层结构,钢水通过保护渣的散热量,比裸露状态的散热量要小10倍左右,从而避免了钢水液面的冷凝结壳,尤其是浸入式水口外壁四周覆盖了一层保护渣,减少了相应位置冷钢的聚集。

6.2.2.2 隔绝空气,防止钢水的二次氧化

保护渣均匀地覆盖在结晶器钢水液面,阻止了空气与钢水的直接接触,再加上保护渣中碳粉的氧化产物和碳酸盐受热分解溢出的气体,可驱赶弯月面处的空气,有效地避免了钢水的二次氧化。

6.2.2.3 吸收非金属夹杂物,净化钢水

加入的保护渣在钢水液面上形成的液渣层,不仅保护钢水不受二次氧化,还具有良好的吸附和溶解从钢水中上浮的夹杂物,起到清洁钢水的作用。保护渣 $w_{(CaO)}/w_{(SiO_2)}$ 高或 $w_{(Al_2O_3)}$ 低是可以提高吸收 Al_2O_3 能力;黏度低有利于捕捉和溶解上浮的夹杂物,但会加剧对浸入式水口的侵蚀。液渣层还可以阻止钢水液面增碳,避免板坯粘钢引起漏钢事故。

6.2.2.4 在铸坯凝固坯壳与结晶器内壁间形成润滑渣膜

在结晶器的弯月面处有保护渣液渣的存在，通过结晶器的振动，结晶器壁与坯壳间气隙的毛细管作用，将液渣吸入填充于气隙之中，形成渣膜。在正常情况下，与坯壳接触的一侧，由于温度高渣膜仍然是液态，保持足够的流动性，在结晶器壁与坯壳之间起着良好的润滑作用，避免了铸坯与结晶器壁的粘结，减小了拉坯阻力。液渣膜厚度一般约 300 μm。

6.2.2.5 改善了结晶器器壁与坯壳间的传热条件

结晶器内钢水由于凝固产生收缩，铸坯凝固壳脱离结晶器壁出现了气隙，使热阻陡然增大，影响铸坯的散热。保护渣的液渣均匀地填充气隙之内形成渣膜，减小了气隙的热阻。据实测，气隙中充满空气的热导率仅为 0.09 W/(m·K)，而充入渣膜后的热导率为 1.2 W/(m·K)，由此可见，渣膜的热导率是气隙的 13 倍之多。液态渣膜起到润滑作用，固态渣膜厚度约 600 μm，它可以调节传往结晶器的热流，使传热均匀化，明显地改善了结晶器的传热条件，使坯壳得以均匀生长。但是保护渣的化学成分不同，固态渣膜中的结晶质膜的厚度也不同，因而导出的热流也有区别。

6.2.3 保护渣的理化性能

6.2.3.1 熔化特性

熔化特性包括熔化温度、熔化速度和熔化的均匀性等。

A 熔化温度

保护渣是由多组元组成的机械混合物，没有固定的熔点，而是从开始软化到完全熔化的温度范围，通常将熔渣具有一定流动性时的温度定为保护渣的熔点。保护渣的液渣形成渣膜起润滑作用，因此保护渣的熔化温度应低于坯壳温度，出结晶器下口铸坯温度为 1250℃左右，当然这与结晶器的长度、拉坯速度、冷却水的耗量等因素有关，所以保护渣的熔化温度应低于 1200℃。保护渣的熔化温度与保护渣基料的组成和化学成分，配加助熔剂的种类、成分以及渣料的粒度等因素有关。

B　熔化速度

保护渣的熔化速度关系到液渣层的厚度及保护渣的消耗量。熔化速度过快，粉渣层不易保持，影响保温，液渣会结壳，很可能造成铸坯夹渣；熔化速度过慢，液渣层过薄。熔化速度过快、过慢，都会导致液渣层的厚薄不均匀，最终影响铸坯坯壳生长的均匀性。

保护渣通过配入的碳成分来调节熔化速度。炭质材料与保护渣基料间的界面张力较大，基料熔化后，对炭质材料不润湿，不吸收。相反，由于炭质粉料的存在，分散于基料颗粒的周围，它可阻止基料颗粒的彼此接触、融合，从而抑制了保护渣的熔化速度。

用保护渣完全熔化所需要时间来表示熔化速度。测定方法是用一定量的保护渣试棒，在一定温度下完全熔化所需时间，如1300℃，20 s。

配入的炭质材料可用炭黑或石墨炭，还可以用焦炭粉、木炭粉等，材料不同效果也不完全一样。

(1) 配加炭黑。炭黑是无定型结构，含碳量高，颗粒细，在保护渣中分散度大，吸附力强，对熔体流动和聚合的阻滞力强；但是炭黑的氧化温度较低，氧化速度快，因而炭黑在温度较低的区域内，能有效地控制保护渣的熔化速度，但在高温区域的控制效率大大降低，即使增加炭黑的配入量，对熔化速度的改善也有限。炭黑的燃烧性好，可使渣面活跃，能改善保护渣的铺展性。炭黑的配加量一般小于1.5%。

(2) 配加石墨。石墨为晶体结构，呈片状，颗粒比较粗大，阻滞作用稍差于炭黑，但是石墨的熔点高，氧化速度慢，有明显的骨架作用，在高温区控制保护渣熔化速度的能力较强。保护渣中配入2%～5%的石墨就可以使保护渣形成3层结构，半熔融层不够明显。

(3) 复合配炭。如果配加2%～5%石墨+0.5%～1.0%炭黑，保护渣将形成粉渣层－烧结层－半熔层－液渣层的4层结构。由于半熔层的存在，补充液渣能力较强，有利于保持液渣层的稳定，可适应高拉速的浇注。

根据所浇钢种的需要，还可以在保护渣中配入 1%炭黑 +（3%～5%）焦粉，或配入（6%～9%）焦粉效果也较好。

C 熔化均匀性

保护渣加入后，能够铺展到整个结晶器液面，形成的液渣沿四周均匀地流入结晶器壁与坯壳之间。由于保护渣是机械混合物，各组元的熔化速度有差异。为此对保护渣基料的化学成分要选择得当，最好选用接近液渣矿相共晶线的成分；渣料的粒度要细；应有足够的研磨时间和充分搅拌，达到混合均匀。当然预熔型保护渣的成渣均匀性就优于机械混合物。

6.2.3.2 黏度

黏度是指保护渣所形成液渣的流动性，也是保护渣的重要性质之一。黏度的单位是帕·秒（Pa·s）。液渣过黏或过稀都会造成坯壳表面渣膜的厚薄不均匀，致使润滑、传热不良，由此导致铸坯的裂纹。为此保护渣应保持合适的黏度值，随浇注的钢种、断面、拉速、注温等因素综合而定。通常在 1300℃时，黏度小于 0.14 Pa·s。目前国内所用保护渣在 1250～1400℃时，黏度多在 0.1～1Pa·s 的范围。保护渣的黏度取决于化学成分，可以通过改变碱度 $w_{(CaO)}/w_{(SiO_2)}$来调节黏度。连铸用保护渣碱度一般在 0.60～1.10。酸性渣具有较大的硅氧复合离子团，能够形成“长渣”或稳定性渣，这种渣在冷却到液相线温度时，其流动性变化滞后于温度变化，较为缓和，所以连铸用保护渣为酸性或中性偏酸渣。

保护渣中适当的增加 CaF_2 或（$Na_2O + K_2O$）的成分，可以在不改变碱度的情况下改善保护渣的流动性，但数量不宜过多，否则会析出霞石（$Na_2O \cdot Al_2O_3 \cdot SiO_2$）、枪晶石（$3CaO \cdot 2SiO_2 \cdot CaF_2$）等高熔点化合物，影响液渣流动性。此外，还要注意保护渣中 Al_2O_3 的含量，当 $w_{(Al_2O_3)} > 20\%$ 时，就会析出高熔点化合物钙黄长石（$2CaO \cdot Al_2O_3 \cdot SiO_2$），导致不均匀相的出现，影响保护渣的流动性。由于结晶器内液渣还要吸收从钢水中上浮的 Al_2O_3 等夹杂物，因此对保护渣中 Al_2O_3 原始含量要备加注意，不能高。

6.2.3.3 结晶特性

结晶特性代表保护渣液渣在冷凝过程中析出晶体的能力，通常用结晶温度和结晶率表示。

结晶温度即是保护渣液渣冷却过程中开始析出晶体的温度。

6.2.3.4 界面特性

无论是敞开浇注还是保护浇注，钢水－空气、钢水－液渣存在着界面张力的差别，因而对结晶器内弯月面曲率半径的大小、钢与渣的分离、夹杂物的吸收、渣膜的厚薄都有不同程度的影响。熔渣的表面张力和钢－渣界面张力是研究钢－渣界面现象、界面反应的重要参数。保护渣的表面张力 σ_s 可由实验测定，也可通过经验公式计算得出。一般要求保护渣的表面张力不大于 350×10^{-3} N/m。保护渣中 CaF_2、SiO_2、Na_2O、K_2O、FeO 等组元为表面活性物质，随其含量的增加，可降低熔渣的表面张力；而随着 CaO、Al_2O_3、MgO 含量的增加，熔渣的表面张力增大。降低熔渣表面张力，可以增大钢－渣的界面张力，有利于钢与渣的分离，也有利于夹杂物从钢水中分离上浮排除。

结晶器内钢水由于表面张力的作用形成弯月面，弯月面半径为：

$$r = 5.43\times10^{-1}\times\sqrt{\frac{\sigma_m}{\rho_m}}$$

钢水液面上有、无液渣覆盖，弯月面的曲率半径也不同。有保护渣覆盖，弯月面的曲率半径计算公式为：

$$r_s = 5.43\times10^{-1}\times\sqrt{\frac{\sigma_{m-s}}{\rho_m-\rho_s}} \tag{6-2}$$

$$\sigma_{m-s} = \sigma_m - \sigma_s\cos\theta \tag{6-3}$$

式中 r、r_s——弯月面半径，m；

σ_m、σ_s——分别为钢水、熔渣的表面张力，N/m；

ρ_m、ρ_s——分别为钢水、熔渣的密度，kg/m^3；

θ——保护渣对钢水的润湿角。

通过实例可以计算有保护渣覆盖时弯月面半径。

例:弯月面处钢水温度为1500℃时,取 $\sigma_m = 1.4$ N/m, $\sigma_s = 0.4$ N/m, $\rho_m = 7000$ kg/m^3, $\rho_s = 2400$ kg/m^3, $\theta = 30°$,分别带入式6-2和式6-3,计算结果如下:

$$\sigma_{m-s} = 1.4 - 0.4 \times \cos 30° = 1.054 \text{ N/m}$$

$$r = 5.43 \times 10^{-1} \times \sqrt{\frac{1.4}{7000}} = 0.0077 \text{ m} = 7.7 \text{ mm}$$

$$r_s = 5.43 \times 10^{-1} \times \sqrt{\frac{1.054}{7000 - 2400}} = 0.0082 \text{ m} = 8.2 \text{ mm}$$

可见,有保护渣覆盖弯月面曲率半径比敞开浇注时要大,曲率半径大有利于弯月面坯壳向结晶器壁铺展变形,也不易产生裂纹。

6.2.3.5 吸收溶解夹杂物的能力

保护渣应具有良好地吸收夹杂物的能力,尤其是在浇注铝镇静钢种时,溶解吸收 Al_2O_3 的能力更为重要。

从热力学角度讲,凡是到达钢-渣界面的夹杂物,一般均能被保护渣所溶解吸收,但其溶解的速度受保护渣物性(如黏度)的制约。

保护渣一般多属硅酸盐渣系,是酸性或中性偏酸渣,这种渣系在钢-渣界面处有吸收 Al_2O_3、MgO、MnO、FeO等夹杂物的能力。研究还指出,随保护渣碱度 $w_{(CaO)}/w_{(SiO_2)}$ 的增加,吸收溶解 Al_2O_3 的速率有所增大;当 $w_{(CaO)}/w_{(SiO_2)} > 1.10$ 时,吸收溶解 Al_2O_3 能力又有下降;当保护渣液渣中 $w_{(Al_2O_3)}$ 富集到一定程度后,就有高熔点铝方柱石或刚玉的析出,保护渣的性质变差,液渣吸收溶解 Al_2O_3 的速率下降。为此保护渣碱度 $w_{(CaO)}/w_{(SiO_2)}$ 在0.60～1.10时,$w_{(Al_2O_3)}$ 原始含量要尽量低。

6.2.3.6 保护渣水分

保护渣的水分包括吸附水和结晶水。保护渣的基料中有苏打、固体水玻璃等材料,这些材料吸附水的能力极强,颗粒越细,吸附的水分也容易增多。吸附了水分的保护渣很容易结团,质量性能变坏，影响铸坯质量，也给连铸操作带来困难，因此要求保护渣的水分要小于 0.5%。

配制保护渣的原料需要烘烤，温度不低于 110℃，以去除吸附水。对用于钢种质量要求高的保护渣，原料烘烤温度应达 200～500℃脱除结晶水，有的矿物要加热到 600℃以上才能脱除材料中的结晶水。烘烤后的原料应及时配料混匀，配制好的保护渣粉要及时封装以备使用。

6.2.4 保护渣的配制

保护渣的基本成分是 $CaO\text{-}SiO_2\text{-}Al_2O_3$ 系三元状态图。现举一实例说明三元状态图的构成。三元状态图是三维空间的三棱柱体，见图 6-7*b*，图的底面等边三角形为成分平面，见图 6-7*a*；3 个顶角代表纯组元 *A*、*B*、*C*，3 个棱线是温度坐标轴；通过三角形内任意点 *M*，做平行于三角形 3 个边的 3 条平行线 *Ma*、*Mb*、*Mc*，那么 *Ca*、*Ab*、*Bc* 的长度代表三组元 *A*、*B*、*C* 的质量分数浓度，显然 $Ca + Ab + Bc = 100\%$。

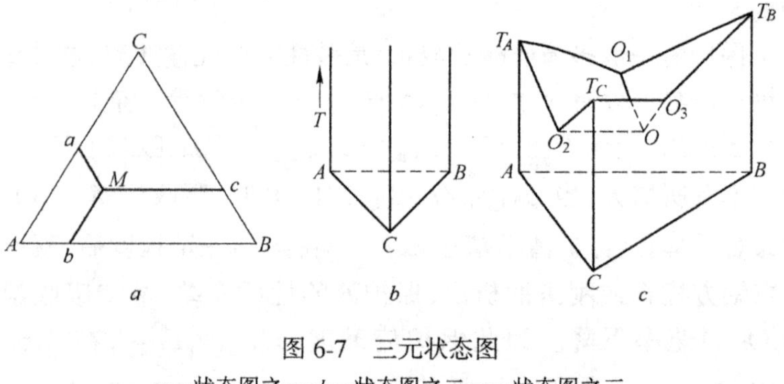

图 6-7　三元状态图

a—状态图之一；*b*—状态图之二；*c*—状态图之三

图 6-7*c* 为常压下共晶系三元状态图，三棱柱体的 3 个侧面各是 1 个二元系状态图，三元系的共晶点 *O*，$T_AO_1OO_2$、$T_BO_1OO_3$、$T_CO_2OO_3$ 3 个液相曲面。

在三维空间图上不容易读出三元状态图的点、线、面位置，通常在三维空间状态图上做水平截面，水平截面与温度轴相垂直，水平截面也叫等温截面；一系列的等温截面叠加起来就形成了空间图，如图 6-8*a* 所示。这些等温截面投影到底面上形成了等温线，中间的汇集点就是共晶点，构成了三元状态图，如图 6-8*b* 所示。在等温线上各点的组成虽然不同，但其熔化温度是一样的。

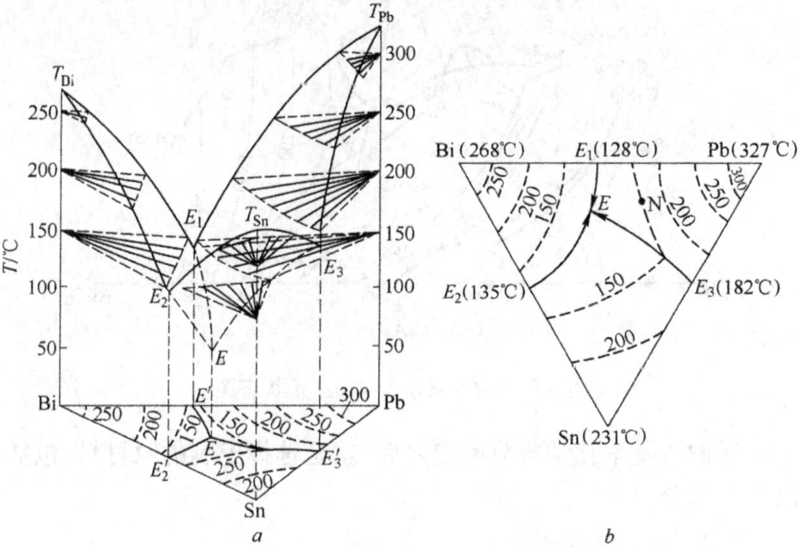

图 6-8　三元状态图的等温截面图

a—三元状态图；*b*—等温截面图

图 6-9 是 $CaO-SiO_2-Al_2O_3$ 系状态图，也是保护渣的基本组成渣系。

由图可知，有以硅灰石($CaO \cdot SiO_2$)形态存在的低熔点区，此区域组成范围较宽，成分为 $w_{(CaO)}=30\%\sim50\%$、$w_{(SiO_2)}=40\%\sim65\%$、$w_{(Al_2O_3)}\leqslant20\%$，其熔化温度在 1300～1500℃。具体选择在 $w_{(CaO)}/w_{(SiO_2)}=0.60\sim1.10$，$w_{(Al_2O_3)}<10\%$，属于酸性渣或中性偏酸渣。熔化温度在 1400℃ 的范围较为合适。

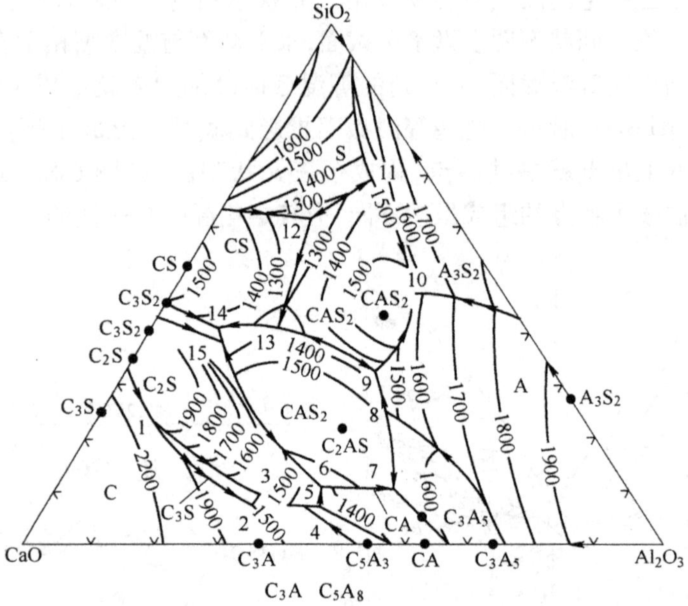

图 6-9 CaO-SiO_2-Al_2O_3 三元状态图

保护渣基本化学成分确定之后，就是选择配制的原材料，包括以下三部分。

6.2.4.1 基础原料

基础原料仅用一种材料很难符合要求，所以用人工合成的方法配制，达到基础原料的要求。选择的原则是：

(1) 原料的化学成分尽量稳定并接近保护渣的成分；

(2) 材料的种类不易过多便于调整渣的性能；

(3) 原料来源广泛，价格便宜。

常用的原料有天然矿物、工业原料和工业废料。天然矿物有硅灰石、珍珠岩、石灰石、石英石等。工业原料是水泥、水泥熟料。工业废料包括玻璃、烟道灰、高炉渣、电炉白渣、石墨尾矿等。

保护渣生产首先将基础原料配成不同系列的人工合成的保护渣基料，然后根据钢种需求配入其他成分。

6.2.4.2 助熔剂

助熔剂包括苏打、萤石、冰晶石、硼砂、固体水玻璃、蛭石等，用以调节保护渣的熔化温度，使其在1200℃以下，加入量一般不超过10%。

6.2.4.3 熔化速度调节剂

调节保护渣熔化速度，用石墨和炭黑者居多，也有用焦炭粉的，加入的数量一般在1.0%～8.0%。加入炭质材料也可改善保护渣的隔热保温作用及其铺展性。

常用保护渣的化学成分见表6-1。

表6-1 化学成分的范围

项 目	成分(质量分数)/%	项 目	成分(质量分数)/%
CaO	25～44	F	5～15
SiO_2	30～44	MgO	0～19
Al_2O_3	2～8	Fe_2O_3	0～3(原料带入)
Na_2O	3～16	BaO	0～4
MnO	0～4	Li_2O	0～1.5

6.2.5 保护渣的选用

6.2.5.1 保护渣对铸坯质量的重要性

保护渣性能对连铸生产的顺行和铸坯质量有着至关重要的影响，尤其是铸坯表面缺陷，基本上都是在结晶器内形成的，与保护渣有直接关系。保护渣的影响主要有：

(1) 表面纵裂纹。这一缺陷产生于结晶器内，由于保护渣的熔化特性选择不当，液渣流动性欠佳，渣膜厚薄不一，由此导致铸坯坯壳生长不均匀，造成应力集中，薄弱部位产生纵裂纹。排除设备和操作因素外，铸坯产生纵裂纹与液渣黏度 η_{1300} 和拉坯速度 v_c 乘积有关系。研究认为浇铸板坯 $\eta_{1300}v_c$ 值控制在0.20～0.35 Pa·s·m/min较为合适，此时液渣渗入量稳定，热流和温度的波动也小，利于坯壳均匀生长。小方坯 $\eta_{1300}v_c=0.5$ Pa·s·m/min

为宜。

(2) 粘结性漏钢。生产实践表明,保护渣性能不佳,致使液渣层过薄或过厚,由此引发结晶器内润滑不良导致粘结,这是大方坯和板坯连铸漏钢的主要原因之一。

(3) 表面横裂纹。铸坯的横裂纹多发生在振痕的波谷部位,保护渣性能影响振痕的深浅,改善保护渣性能可以使振痕变浅而圆滑,从而减轻发生横裂纹的可能性。

(4) 夹渣,包括表面夹渣和皮下夹渣,卷渣是造成铸坯夹渣的主要原因,熔渣的剥离性能不好会卷渣。

(5) 表面增碳。由于保护渣的熔化性能不良,钢水与保护渣的富碳层,或与碳含量高的保护渣直接接触引起铸坯表面增碳,这对低碳和超低碳钢种危害极大。

综上所述,选择合适的保护渣至关重要。所用保护渣的好坏,除了正常理化性能检验外,还可以用简单的直观方法辅助判断,如通过测量液渣层厚度和保护渣的消耗量来评价。保护渣的吨钢消耗量在 0.3~0.5 kg 较为合适。浇注过程保持保护渣合理的层状结构,尽量少形成渣圈和渣条,发现后及时处理,达到操作稳定和铸坯质量的基本要求。

6.2.5.2 保护渣的选择

随着连铸品种的不断扩大、质量要求的日益严格,保护渣的研究应用也在深入发展。当然不可能一种保护渣适用于全部钢种,也不可能每一种浇注条件就必须配有一种特定的保护渣,就是说连铸用保护渣既要有使用条件的通用性,又要有某种特殊性。

根据浇铸钢种、铸坯断面、浇注温度、拉坯速度及结晶器振动特性等工艺参数和设备条件等综合因素来选择保护渣。

保护渣凝固性能包括黏度 η_{1300}、凝固温度 T_s 和结晶温度 T_c,三者合理搭配才能获得适用的保护渣,既可得到良好的润滑性又可调节热流。

例如从钢种的碳含量考虑,浇注 $w_{[C]}>0.40\%$ 的高碳钢种,板坯容易发生粘结,这与弯月面初生坯壳线收缩量较小、润滑不良有关。降低保护渣 $w_{(CaO)}/w_{(SiO_2)}$，适当配加 B_2O_3 成分，有助于降低渣膜的凝固温度，固态渣膜中玻璃质膜厚度所占比例增大，甚至只有玻璃质膜，非常有利于润滑，这种保护渣适合于浇注高碳钢。

中、低碳钢的板坯初生坯壳发生包晶反应，线收缩量很大，容易产生表面纵裂纹，尤其是在高拉速情况下更为严重。适当提高保护渣的凝固温度和结晶温度，这种保护渣固态渣膜中的结晶质膜厚，利于控制热流，适于浇注中、低碳钢种。若保护渣 $w_{(CaO)}/w_{(SiO_2)}>1.2$，结晶温度升高，固态渣膜中可能是100%的结晶质膜，这种保护渣的润滑性较差。

A 低碳铝镇静钢用保护渣

低碳铝镇静钢的特点是钢中碳含量低，铝含量较高，如深冲钢 $w_{[Al]}=0.02\%\sim0.07\%$。为了确保钢板深冲性能和表面质量，铸坯中的 Al_2O_3 夹杂物含量要降到最低，因此最好选用碱度稍高，黏度稍低，Al_2O_3 原始含量低的保护渣，并适当增加保护渣的消耗量，以使液渣层较快地更新，增强吸收溶解 Al_2O_3 的能力，如美国内陆钢厂浇注低碳铝镇静钢板坯用保护渣，见表6-2。

表6-2 美国内陆钢厂试验用保护渣化学成分

保护渣	化学成分(质量分数)/%					$w_{(CaO)}/w_{(SiO_2)}$	黏度 η_{1300}/Pa·s
	C	SiO_2	CaO	Al_2O_3	Na_2O		
A	2.9	30.0	30.0	7.5	15.2	1.00	0.11
B	5.0	25.4	31.1	5.4	0.7	1.23	0.15

浇注LCAK钢，$w_{[Al]}=0.015\%\sim0.06\%$，保护渣液渣的最佳黏度 $\eta_{1300}=0.20\sim0.25$ Pa·s。为了减少铸坯针孔缺陷，使用堆密度低的粉状保护渣或者用发热型保护渣。

浇注MCAK钢，使用了凝固温度 $T_s>1140$℃，$w_{(CaO)}/w_{(SiO_2)}>1.0$ 的高碱度保护渣。MCAK钢 $w_{[C]}=0.08\%\sim0.18\%$，凝固线收缩量大，因而初生坯壳不均匀，铸坯容易产生表面纵裂纹，为此，应用了发热型保护渣，效果非常好。在整个浇注过程中，弯月面的温度较高，渣道畅通，润滑良好，避免了粘结，消除了纵裂纹。

浇注上述两个钢种，在高拉速 1.0～1.7 m/min 的情况下，保护渣不仅要减少热流而且还要提高其润滑能力。保护渣添加适量 MnO 之后，得到低黏度、高碱度、良好润滑性的保护渣，不仅适应高拉速浇注，也改善了铸坯表面质量。但是这种保护渣对浸入式水口的渣线部位侵蚀比较严重，通过降低氟的成分，添加适量的 ZrO_2 可以得到改进，但保护渣黏度有增加。

再如韩国浦项钢厂浇注铝镇静钢也使用了发热型保护渣。发热型保护渣中有碳和 Fe-Si 粉，碳在 400℃ 时放热，Fe-Si 粉在 700～1000℃ 燃烧，放热量高，降低了板坯窄面针孔指数。

韩国浦项钢厂浇注 MCAK 钢，$w_{[C]}=0.08\%\sim0.14\%$，拉速在 1.0～1.2 m/min，选用了高碱度 $w_{(CaO)}/w_{(SiO_2)}>1.2(\leqslant1.5)$、$w_{(F)}>5\%$、$w_{(MgO)}<5\%$、$w_{(Al_2O_3)}<5\%$、$w_{(B_2O_3)}<2\%$ 的保护渣。这种保护渣的特点是渣膜中结晶比高达 83.6%，减少了铸坯的纵裂纹缺陷。

$$结晶比(\%)=\frac{渣膜中结晶质膜厚度}{渣膜总厚度}\times100\%$$

比值大，说明渣膜中结晶质膜厚，保护渣控制热流的性能好，可以降低铸坯的表面裂纹。

我国某厂浇注低碳铝镇静钢使用的保护渣碱度 $w_{(CaO)}/w_{(SiO_2)}=1.00\pm0.02$，$w_{(Al_2O_3)}<3.5\%$，$w_{(Li_2O)}=2.0\%$，$w_{(Na_2O)}=10\%$，熔化温度在 1100℃（半球点）；1300℃ 时黏度为 0.1 Pa·s，效果也不错。

B　硅钢用保护渣

硅钢是电工用钢，碳含量很低，$w_{[Si]}=1.0\%\sim4.5\%$，钢水的导热性较差。韩国浦项钢厂在浇注晶粒取向硅钢时，其成分为 $w_{[C]}=0.04\%$，$w_{[Si]}=3.20\%$，试用保护渣的成分见表 6-3。

C　不锈钢用保护渣

不锈钢中有 Cr、Ti 和 Al 等易氧化元素，其氧化产物 Cr_2O_3、TiO_2 和 Al_2O_3 等均为高熔点氧化物，使钢水发黏。当保护渣吸收溶解这些夹杂物达到一定程度后，就会析出硅灰石（$CaO\cdot SiO_2$）和铬酸钙（$CaCrO_4$）等高熔点晶体，此时破坏了液渣的玻璃态，导致保护渣熔点明显升高，液渣随之变稠而容易结壳，影响铸坯的表面质量。TiO_2 对保护渣的影响不像 Cr_2O_3 那么明显，浇注不锈钢用保护渣应具有净化钢中 Cr_2O_3 和 TiO_2 等夹杂物的能力，在吸收溶解这些夹杂物后仍能保持保护渣性能的稳定。

表 6-3　晶粒取向硅钢试用保护渣的成分（可做参考）

保护渣类型		A	B
		球形空心颗粒	球形空心颗粒
化学成分（质量分数）/%	$w_{(CaO)}/w_{(SiO_2)}$	0.91	0.95
	Al_2O_3	3.2	5.4
	Na_2O	13.2	12.5
	Li_2O		0.9
	F	6.0	7.0
	C	4.7	5.2
熔化温度/℃		1075	1015
η_{1300}/Pa·s		0.21	0.13
漏钢炉数		0.1	0.5
结晶器冷却水温升/℃		3.8±0.2	4.5±0.3

浇注铬不锈钢可用 $CaO-SiO_2-Al_2O_3-Na_2O-CaF_2$ 系的保护渣，并配入适量的 B_2O_3，可以降低液渣的黏度，并能使凝渣恢复玻璃态，不再析晶，消除了 Cr_2O_3 的不利影响，保持了保护渣的良好性能。若保护渣中有 4% 的 Cr_2O_3，再配入 4% 的 B_2O_3，液渣的流动性可大大改善；与未配加 B_2O_3 相比，在 η_{1400}时熔渣黏度降低了 40%。

含钛不锈钢连铸最大的问题是结晶器钢渣界面有结块，主要是高熔点 TiN 和 TiN·TiC 夹杂物的聚集所致，容易引起铸坯表面夹渣。钛不锈钢生成的 TiN 和 TiN·TiC 夹杂物，现有的保护渣对其很难吸收溶解。只有采用有效地保护浇注，最大限度地降低钢中氮含量，减少 TiN 等夹杂物的形成。因此当前含钛不锈钢是连铸较难浇的钢种，有的厂曾使用过如下成分的保护渣，见表 6-4。

表 6-4 含钛不锈钢用保护渣化学成分和性能

化学成分(质量分数)/%										$w_{(CaO)}/w_{(SiO_2)}$	熔化温度/℃	η_{1400}/Pa·s
CaO	SiO_2	MgO	Al_2O_3	Na_2O	K_2O	Fe_2O_3	C	F	CO_2			
34.9～36.9	30.4～32.4	0.5～1.0	6.7～7.7	7.0～8.0	0.3～0.9	0.8～1.4	3.6～4.6	7.0～8.0	3.6～4.6	1.09～1.19	约 1097	0.4

牌号 304 的奥氏体不锈钢板坯容易出现横向凹陷，有时也出现纵向凹陷，凹陷部位都伴随有裂纹，有时凹陷部位有浮渣裹入。据韩国浦项钢厂研究认为，纵向凹陷与结晶器液面起伏过大、保护渣耗量不合适有关。液面起伏受塞头变形，浸入式水口插入深度不当的影响，当其更换了塞头材质，调整了浸入式水口的浸入深度后，采用了如下成分的保护渣，见表 6-5，304 不锈钢板坯的纵向凹陷指数由 0.9 以上降到 0.2 左右。

表 6-5 试验用保护渣成分、性能

化学成分(质量分数)/%		$w_{(CaO)}/w_{(SiO_2)}$	黏度 η_{1300}/Pa·s	熔点/℃
Al_2O_3	Na_2O			
6.8	9	1.27	1.1	1047

D 超低碳钢用保护渣

超低碳钢的 $w_{[C]} \leqslant 0.03\%$。倘若保护渣中配入炭质材料的种类和数量不当，铸坯表面会增碳，因而浇注超低碳钢的保护渣，应配入易氧化的活性炭质材料，并严格控制其配加量，也可以配入适量的 MnO_2，它是氧化剂，能够抑制富炭层的形成，并降低其碳含量，还可起到助熔剂的作用，促进液渣的形成，保持液渣层厚度。用无碳保护渣更好，在保护渣中配入 BN 粒子取代碳粒子，BN 粒子还能成为控制保护渣结构的骨架材料。

E 高拉速板坯用保护渣

使用普通常规保护渣时，其液渣层随拉速的提高而变薄，倘若成渣速度再跟不上，那么液渣来不及补充，影响铸坯的润滑，由此铸坯会出现纵裂纹缺陷，或者由于铸坯粘结而漏钢等，所以要配制适合于高拉速连铸用保护渣。增加 Li_2O、MgO、MnO 等成分都可降低保护渣的黏度和凝固温度，保持液渣层的厚度。不同拉速板坯用保护渣见表 6-6。

表 6-6　高拉速板坯用保护渣

保　护　渣		A	B	C	D
v_c/m·min^{-1}		2		1.78	2.5
$w_{(CaO)}/w_{(SiO_2)}$		0.93	0.82 低	0.98	1.07 高
化学成分（质量分数）/%	Al_2O_3	5.3 高	3.3	5.0	2.4
	Na_2O+Li_2O	14.5	11.6	9.6	15.2
	F	7.8 低	7.3 低	11.1	9.8
	$C_{总}$	4.9	4.4	3.5	4.3
凝固温度 T_S/℃		980(低)	1020	1060	1000(低)
η_{1300}/Pa·s		0.08(低)	0.1	0.12	0.05(极低)
熔化温度 T_M/℃		980	950	1080	1080
结构		玻璃质	玻璃质		
热导出量/kJ·kg^{-1}			65($v_c=2$)	60.6	61($v_c=2.2$)
保护渣耗量/t·kg^{-1}		约 0.5	0. 58($v_c=1.65$)	>0.35	
液渣层厚度/mm		约 20			
熔化时间/min		4.7	5.4	4.4	3.4

$w_{[C]}=0.08\%\sim0.16\%$ 的碳钢，拉速在 1.4～2.0 m/min 板坯用保护渣可参考表 6-7。

表 6-7　高拉速中碳钢用保护渣

保　护　渣		A	B	C
化学成分（质量分数）/%	$w_{(CaO)}/w_{(SiO_2)}$	1.42	1.47	1.46
	Al_2O_3	3.5	3.5	3.1
	MgO	1.7	2.6	0.8
	Li_2O	3.0	3.0	3.1
η_{1300}/Pa·s		0.05	0.06	0.05
软化温度/℃		1030	895	895
结晶温度 T_c/℃		1142	1125	1145

高碳钢的浇注温度比一般钢约低50℃。为了避免粘结漏钢，要求选用黏度低的保护渣，耗量不得低于0.4 kg/t。由于浇注温度较低，选择绝热性能好的保护渣，以防钢水凝结。

F 薄板坯用保护渣

薄板坯连铸的拉速比传统板坯连铸要高得多，如CSP薄板连铸机拉速可达4～5 m/min。在大幅度提高拉速的情况下，传统保护渣已不适用。薄板铸坯厚度在50～100 mm。由于结晶器冷却速度快，热流密度大，拉速又高，一旦润滑不良，导热不均匀，不仅增大拉坯阻力，铸坯出结晶器后还会产生裂纹甚至拉漏。因此用于薄板铸坯的保护渣，最好是熔点更低、流动性更好、熔化速度更快的中空颗粒保护渣利于控制热流。

与传统板坯相比，薄板坯的表面积大，保护渣消耗量相应要多些，但是结晶器的容积却小得多，液面面积只是传统板坯的1/4～1/2，所以保护渣实际熔化速度慢，因而在开浇2～5 min采用发热型保护渣，用Fe_2O_3使Ca-Si粉燃烧放出热量，可快速形成液渣层。例如墨西哥海勒萨钢厂认为开浇渣加入量，以铸坯每100 mm宽度加0.3～0.5 kg较为合适。该厂浇注低碳钢和硅钢薄板铸坯保护渣的化学成分见表6-8，所用发热型开浇渣和正常浇注保护渣成分和性能见表6-9和表6-10。

表6-8 墨西哥海勒萨钢厂生产的钢种和拉速

钢种	化学成分(质量分数)/%				拉坯速度 v_c /m·min^{-1}	保护渣类型
	C	Mn	Si	Nb/V		
低碳钢	0.03～0.07	0.40～1.30	0.03	有	3.0～5.5	A+B
硅钢	0.03～0.06	0.20～0.60	0.40～1.20	无	3.0～5.0	A

表6-9 发热型开浇渣化学成分

化学成分(质量分数)/%							凝固温度 T_M/℃	黏度 η_{1300}/Pa·s
SiO_2	CaO	Al_2O_3	Na_2O	Fe_2O_3	F	$C_{自由}$		
42.5	35.0	4.0	9.0	15.5	11.0	1.0	1100	0.09

表 6-10　薄板铸坯用保护渣成分和性能

保护渣类型	$w_{(CaO)}/w_{(SiO_2)}$	化学成分(质量分数)/%			黏度 η_{1300} /Pa·s	熔化温度 T_M/℃	凝固温度 T_S/℃	DTA 结晶温度/℃	晶体相/%
		Al_2O_3	$Na_2O+K_2O+Li_2O$	F					
A	0.89	3.6	16.0	6.5	0.12	1060	1096	1070	60
B	0.86	8.0	12.0	6.5	0.18	1030	1077	1060	40

目前还没有可靠的方法能够测量薄板坯结晶器壁与坯壳之间渣膜厚度,但是可以通过保护渣的消耗量来衡量熔化速度,如果消耗量合适,可以认为结晶器壁与坯壳之间渣膜厚度有保障。墨西哥海勒萨钢厂薄板坯保护渣的平均消耗量为吨钢 0.4~0.6 kg。据报道美国纽柯－贝克莱厂用保护渣的消耗量约为吨钢 0.6 kg;意大利柯里莫那的阿尔维迪厂 ISP 薄板坯用颗粒保护渣的消耗量为吨钢 0.5~0.8 kg。

日本住友公司还在保护渣中加入了适量的 ZrO_2,用以降低保护渣的导热性能,避免薄板坯产生纵裂纹。

G　方坯用保护渣

保护渣的消耗量除了与钢种、拉坯速度、保护渣的性质、结晶器的振动特性有关外,还与铸坯断面尺寸有关。方坯与板坯不同。

根据乔治斯玛丽厂和法·斯托尔伯格保护渣厂用于 165 mm×165 mm 小方坯和 200 mm×240 mm 大方坯保护渣的成分和性能与适用的钢种见表 6-11。

表 6-11　方坯用保护渣性能

保护渣类型		①	②	③	④	⑤	⑥	⑦	⑧
化学成分(质量分数)/%	SiO_2	28.63	32.5	33.41	33.5	26.84	27.30	31.5	33.3
	CaO	28.57	32.5	20.18	21.1	22.92	17.10	31.4	20.1
	碱度	1.00	1.00	0.60	0.63	0.85	0.63	1.0	0.6
	MgO	0.37	0.4	1.73	1.29	0.80	8.45	0.4	1.6
	Al_2O_3	4.78	4.8	4.66	5.13	10.38	3.60	4.7	4.7
	TiO_2	0.07	0.1	0.07	0.10	0.48	0.08	0.1	0.2

续表 6-11

保护渣类型		①	②	③	④	⑤	⑥	⑦	⑧
化学成分（质量分数）/%	Fe_2O_3	0.96	0.9	0.48	0.85	4.0	0.55	0.5	0.4
	MnO	0.02	0.0	0.05	0.02	0.10	0.07	0.0	0.0
	Na_2O	5.98	5.9	9.49	11.1	2.60	11.45	6.2	9.5
	K_2O	0.28	0.3	0.41	0.55	0.81	0.29	0.1	0.1
	F	5.20	5.2	5.91	5.22	7.10	0.0	5.7	5.9
	B_2O_3	0.0	0.0	0.0	0.0	0.0	3.4	0.0	0.0
	$C_{自由}$	13.33	5.2	14.10	14.5	20.78	14.68	13.4	14.0
	CO_2	10.61	11.2	9.63	8.1	1.42	10.70	5.8	9,7
	$C_{总}$	16.23	8.2	16.73	16.7	21.17	17.60	15.0	16.7
软化温度/℃		1075	1090	1085	1000	1110	980	1110	1070
熔化温度/℃		1090	1110	1110	1080	1120	1040	1140	1100
流动温度/℃		1105	1130	1120	1120	1150	1060	1160	1130
堆密度/$kg \cdot dm^{-3}$		0.87	0.66	0.66	0.77	0.68	0.65	0.78	0.55
黏度 $\eta_{1300}/Pa \cdot s$		0.31	0.36	0.45	0.41	1.10	0.49	0.30	0.48
适用钢种		软钢，$w_{[C]}<0.25\%$	软钢	硬钢，$w_{[C]}>0.25\%$	硬钢	硬钢	硬钢	软钢	硬钢
保护渣形态		粉渣	粉渣	粉渣	粉渣	粉渣（含烟道灰）	粉渣（不含氟）	颗粒渣（相当于①）	颗粒渣（相当于③）

用上述保护渣浇注时，其液渣层厚度为 3～5.5 mm；浇注过程中吸收 Al_2O_3 的能力为 $\Delta w_{Al_2O_3}=1.5\%\sim2.0\%$。

保护渣的消耗量取决于钢种、拉速、结晶器振动特性、保护渣性质、铸坯的断面等因素。

保护渣消耗量是：大方坯高于小方坯；包晶钢高于其他钢种；大方坯包晶钢保护渣的消耗量最高，约为吨钢 1.1 kg 或 0.4 kg/m^2。为此，浇注大方坯包晶钢应选用熔化速度快、黏度低的保护渣。由于小方坯的拉速比大方坯高，所以小方坯保护渣的消耗量要少些。为了减少包晶钢方坯的表面裂纹，可以减少碳含量、降低黏度、提高碱度。

减少碳含量可以提高保护渣的熔化速度，降低黏度利于液渣向结晶器与坯壳之间渗入，增加碱度提高了渣膜结晶温度传热均匀。

如果想增加液渣层厚度，可以提高少许黏度，从而提高$\frac{\text{保护渣熔化速度}}{\text{液渣渗入速度}}$的比值。

颗粒保护渣适用于浇注大方坯、软钢、硬钢。

表 6-12 中保护渣⑤，不适宜浇注软钢。同是浇注包晶钢，方坯与板坯不同，两结晶器内表面积/体积的比值不同、拉速不同，容易产生的缺陷也不同。前者要满足高消耗量的要求，后者要考虑如何减少纵裂纹的问题。

6.2.6 中间包用渣

中间包用保护渣也称中间包用渣或中间包覆盖渣。加炭化稻壳覆盖，有保温作用，但不能阻止空气中氧传入钢水。中间包用渣的功能与结晶器用保护渣有些相近，起隔热保温，减少热损失；隔绝空气，防止钢水的二次氧化；吸收溶解上浮的夹杂物纯净钢水等作用。但中间包用渣与结晶器不同，不能随时更换，因此要求中间包用渣在吸收溶解夹杂物之后仍然能够保持性能稳定。除此之外，保护渣对包衬、水口、塞棒等耐火材料的侵蚀量要最小，蚀损物不得进入结晶器，它还要接受钢包水口流入的填砂，经过 10 炉流砂后中间包用渣仍然保持液态。

中间包使用碱性渣。根据钢种的不同中间包用渣也应有所区别，用 $CaO\text{-}Al_2O_3\text{-}SiO_2$ 系或 $CaO\text{-}Al_2O_3\text{-}SiO_2\text{-}MgO$ 系均可，可以是粉状、粒状、块状，但粒度要大些。适用于中间包长时间连浇用保护渣的成分和性能仍有待于进一步完善。表 6-12 是中间包用保护渣类型，供参考。

表 6-12　中间包用保护渣类型

成分(质量分数)/%	绝热型	熔剂型
CaO	20～60	40～70
MgO	20～90	5～30
Al_2O_3	1～10	5～30

碱性渣熔化温度和结晶温度都较高,容易结壳,适当地调整成分之后熔化温度最好在1400℃以下。初始渣的 $w_{(CaO)}/w_{(Al_2O_3)}=1.4$,$w_{(SiO_2)}<1\%$、$w_{(MgO)}>20\%$,适当增加 Li_2O+TiO_3 成分,保护渣的熔化温度、结晶温度都可以降低,减少了结壳。

7 结晶器冶金

结晶器是个水冷的铜模子，钢水进入后初步凝固成形，并形成一定厚度的凝固坯壳。若实施必要手段可以完成：

(1) 控制结晶器内钢水的流动，促进夹杂物充分上浮，并由保护渣吸附溶解，进一步纯净钢水；

(2) 结晶器内微合金化，调整钢水成分，改变夹杂物性态；

(3) 控制铸坯的凝固结构从而改善铸坯质量。

所以，结晶器不仅仅是钢水成形的模子，也成了钢水的净化器和钢质量控制器。

7.1 钢水在结晶器内的流动

钢水在结晶器内流动：

(1) 不得将浮渣或保护渣卷入钢水内部；

(2) 流股到达的最大穿透深度要有利于夹杂物的上浮；

(3) 钢水的流动对凝固坯壳不会产生冲刷、重熔，坯壳得以均匀生长；

(4) 确保铸坯表面质量良好。

7.1.1 结晶器内钢水流动状态

钢水注入结晶器的方式：一是敞开式浇注；二是浸入式水口+保护渣的浇注。

对于大断面的铸坯多用浸入式水口+保护渣的浇注。浸入式水口有单孔直筒式、双侧孔式。浇注方式不同、浸入式水口结构不同，结晶器内钢水的流动状态也不一样。

敞开浇注，钢水从中间包→结晶器，注流即便是圆滑、致密、连续，流股也会卷入周围的空气，并带进结晶器；注流冲击液面，钢水液面波动剧烈，液面更新快，不仅加剧钢水的二次氧化，还将夹杂带入液相穴深处，可能造成夹渣缺陷。敞开式浇注注流穿透深度也深，夹杂上浮困难。

采用双侧孔、向下倾角的浸入式水口，钢水在结晶器内的流动得到控制，如图 7-1 所示。浸入式水口的倾角是指其侧孔中心线与水平线的夹角。

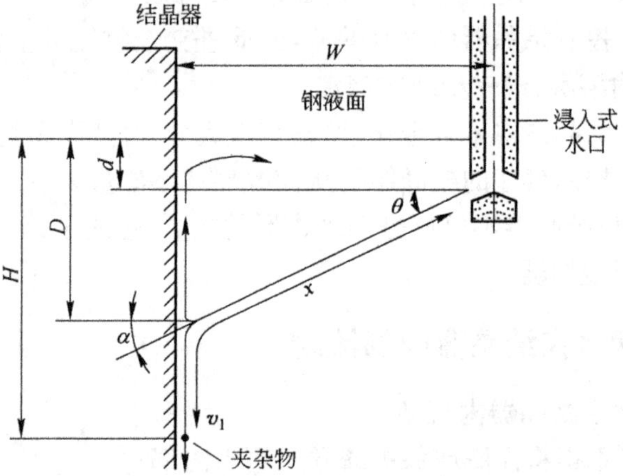

图 7-1　浸入式水口流股流动示意图

由图可见，钢水从浸入式水口侧孔射出，冲击到结晶器窄面器壁后分为两个流股，一股是向上流动，到达钢－渣界面返回；另一股是向下流动，到达最大的穿透深度后再返回向上。

图 7-1 为钢水在结晶器内流动状态。结晶器内钢水两个流股的运动状况对夹杂物的上浮、凝固坯壳的均匀生长、铸坯的凝固结构、表面质量等有着决定性的影响。

7.1.1.1　向下的流股

向下流股的最大穿透深度与注流的出口速度、水口侧孔倾角、铸坯断面尺寸等有关。若浇铸的断面尺寸一定，可以通过改变水口出口直径、侧孔倾角来调节注流的穿透深度。降低穿透深度，利于夹杂物的上浮，提高钢水的纯净度。图 7-2 是注流的穿透深度与铸坯夹杂物含量的关系。注流冲击深度越深钢中夹杂物含量越多。

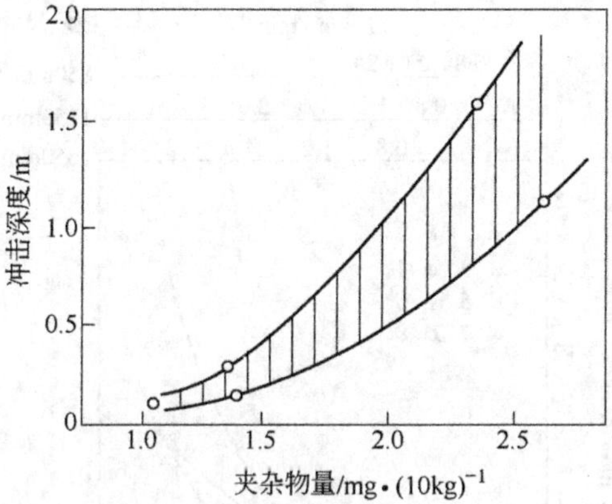

图 7-2　注流的穿透深度与铸坯夹杂物含量的关系

对弧形连铸机而言,铸坯液相穴内的穿透深度深,增加了内弧侧捕捉夹杂物的面积,造成内弧侧夹杂物聚集。为此,在弧形连铸机上采用直结晶器,在结晶器以下设 2～3 m 长的垂直线段,这样不仅有利于夹杂物上浮,完全避免了铸坯内弧侧夹杂物的聚集,从而大大改善了铸坯质量。所以大型宽板坯连铸机多为多点弯曲、多点矫直的机型。

7.1.1.2　向上的流股

向上流股直接影响着结晶器液面的稳定性。保护渣熔化,冲击到结晶器壁的速度决定了向上回流的动量。加大注流速度,传递到液面的动量也增大,就会加剧结晶器液面的波动。液面波动过大,势必会引起卷渣,导致铸坯表面夹渣。注流速度对钢液面波动的影响见图 7-3。

7.1.2　影响结晶器内钢水流动的因素

7.1.2.1　浸入式水口结构

浸入式水口结构对结晶器内钢水流动状态的影响如图 7-4 所示。

直筒形浸入式水口注流的穿透深度可达 2.5～3.7 m,因而钢水的高温区下移,同时液相穴内产生漩涡,夹杂物难于上浮,所以这种水口只能用于小断面的方坯和矩形坯的浇注。

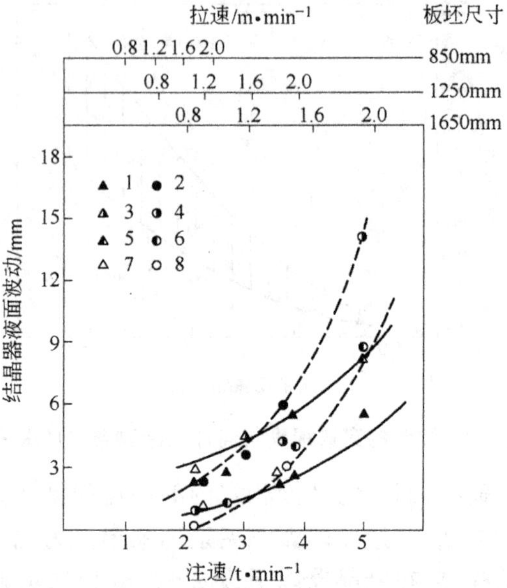

图 7-3 注流速度对钢液面波动的影响

中心	角部	结晶器宽/mm
1	2	950
3	4	1250
5	6	1550
7	8	2100

注:浸入式水口向下倾角为25°;氩气流量为10 L/min;水口插入深度为120 mm。

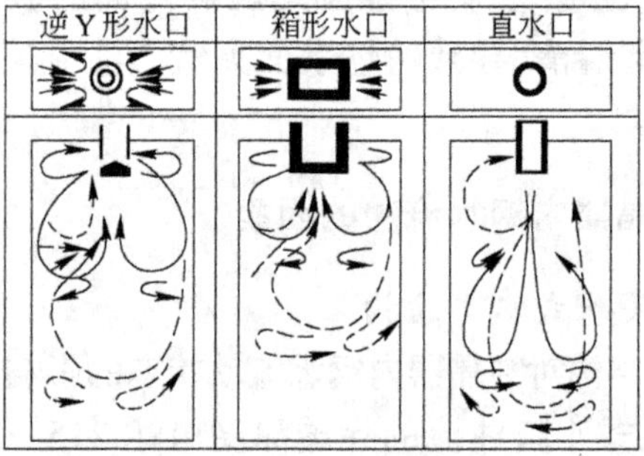

图 7-4 各种水口注流在结晶器内流动状态示意图

实线—对称流;虚线—非对称流

浸入式水口结构还影响结晶器内温度的分布。水口外壁四周区域温度较低，保护渣易结壳，甚至出现凝钢。浸入式水口的孔径、倾角视所浇钢种和生产条件而定。

例如浇注不锈钢，为了防止结晶器液面结壳，浸入式水口侧孔倾角向上倾斜 5°～10°较好；浇注碳素钢，浸入式水口侧孔的倾角向下倾斜 15°～25°较为合适；或者水平侧孔，即倾角为 0°。

侧孔出口直径过大不能满流，在侧孔上部就会形成循环的负压区，水口周围容易出现紊流，也会导致卷渣。

7.1.2.2 结晶器的宽度

对宽结晶器来说，从水口射出的流股顺着倾角方向射向结晶器窄面，不会冲撞到窄面器壁就形成上、下两个回流，其流动状况见图 7-5*b*。向下的流股可形成一个旋转的分力，能使气泡、夹杂物聚合而上浮到钢液面，利于净化钢水。对于窄结晶器而言，钢流流股有可能与窄面器壁冲击碰撞后才形成上、下两个回流，其流动状况见图 7-5*a*。流股动量增加，向下的流股会把夹杂物带到液相穴深处，上浮较为困难；向上的回流容易使水口周围形成涡流而卷渣。

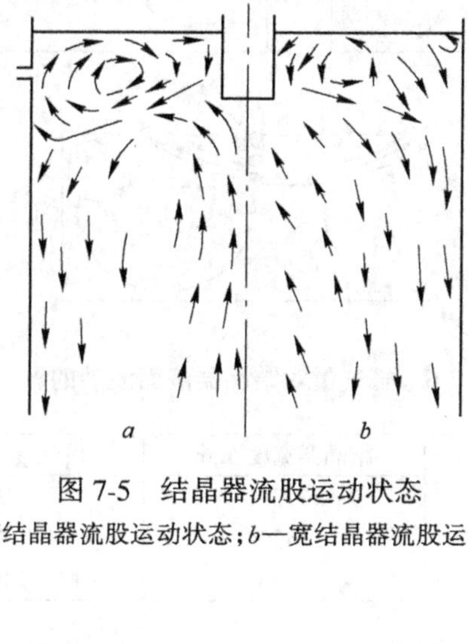

图 7-5 结晶器流股运动状态

a—窄结晶器流股运动状态；*b*—宽结晶器流股运动状态

7.1.2.3 吹入的氩气量

浇注铝镇静钢，为了防止水口结瘤，通过中间包塞棒棒芯→浸入式水口内壁吹入氩气。当铸坯断面一定时，吹入的氩气量增加，结晶器钢液面波动强烈容易卷渣。

试验指出，吹入的氩气量对板坯夹杂物含量的影响如下：

吹氩气流量/$m^3 \cdot h^{-1}$	板坯铝酸盐夹杂量/%
0～0.5	1
0.5～1.5	1.5
>1.5	4

由此可见，浇注过程应视结晶器液面波动情况，控制氩气流量小于 1.5 m^3/h 以防卷渣。

吹氩量一定时，结晶器宽度不同，液面的波动也不一样，其影响如图 7-6 所示。

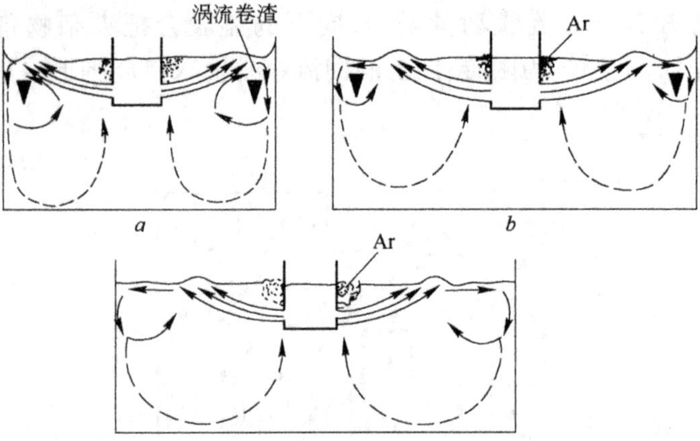

图 7-6 氩气量对结晶器液面波动的影响

分图序号	结晶器宽度/mm	氩气量/$m^3 \cdot h^{-1}$
a	1130	3
b	1430	3
c	1880	3

7.1.2.4　浸入式水口插入的深度

水口插入深度太深，向下的流股穿透深度加深，热中心下移，夹杂不易上浮；插入太浅，则向上的流股动量增大，导致坯壳卷渣。因此浸入式水口插入过深、过浅都影响结晶器内钢水的正常流动，对铸坯质量均不利，插入深度在 125±25 mm 为宜，有的钢厂以浸入式水口底到结晶器液面渣线的距离控制在 260～280 mm 合适。

当水口侧孔倾角一定时，随浸入式水口插入深度的增加，液面波动减缓。若水口插入深度一定，随着吹入氩气流量增加，也会加剧结晶器钢液面波动。

7.1.2.5　浸入式水口对中

若与结晶器对中的偏差在±5%，就会造成钢水流动不均匀，致使凝固坯壳的不均匀冲刷，导致坯壳厚薄不一。浸入式水口精确对中，就可出现流体力学中所谓的"翻转现象"，即从水口流出的流股，每隔 5～10 min 循环交替地从结晶器一个宽面流向另一个宽面，钢流能够均匀分布，有利于凝固坯壳的均匀生长。

7.1.3　钢水流动的控制技术

浸入式水口对结晶器内钢水的流动，虽然起到一定的控制作用，但是前面已经讲过，从浸入式水口射出的流股，动能较大，会冲击窄面的凝固坯壳，影响其均匀生长。向上的流股动量太大影响液面的稳定性；向下冲击的流股，影响夹杂物的上浮。

可以用结晶器液面波动指数 F 来衡量液面起伏的大小。

$$F=\rho v\frac{Q_L}{4}\times\frac{1-\sin\theta}{D} \tag{7-1}$$

式中　ρ——钢水密度，kg/m^3；

Q_L——拉速，m^3/s；

θ——注流与窄面的角度，(°)；

v——注流的撞击速度，m/s；

D——撞击点到弯月面的距离，m。

结晶器液面起伏指数 F 的定义见图 7-7。F 值是根据浸入式水口侧孔面积、倾角、插入深度、结晶器宽度和拉速计算得出。当 F 值偏离最佳值时可以通过结晶器电磁制动装置(EMB)自动调节 F 值达到最佳范围,保持钢水合理流动。

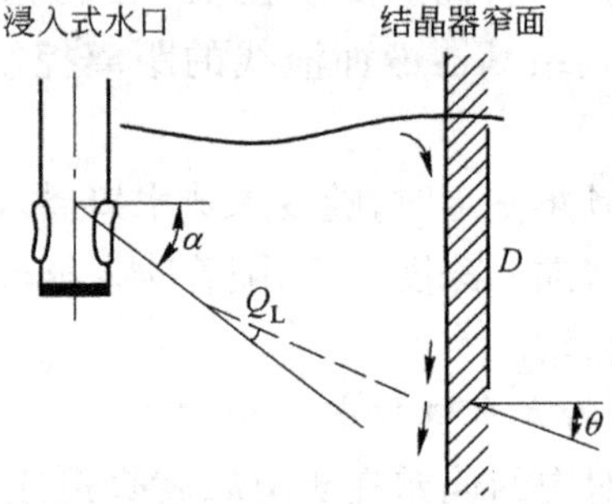

图 7-7 结晶器液面起伏指数 F 的定义

液面波动指数 F 达到最佳值可以减少冷轧钢板的裂纹,据日本福山厂 5 号板坯连铸机实践认为 F 最佳值为:低碳铝镇静钢为 2,钛超低碳铝镇静钢为 3.5。

在结晶器安装电磁制动器(E-MBR),即是施加一个力,与冲击流股方向相反,流股得到抑制,冲击力减弱,流动得到控制。

电磁制动器(E-MBR)产生稳定的磁场,钢液流动切割磁力线产生感应电流,磁场与感应电流交替作用产生一个与流股运动方向相反的力,从而减弱流股的冲击作用,见图 7-8。

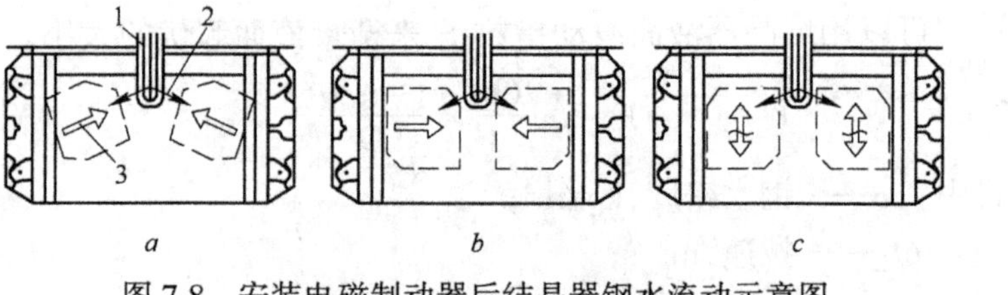

图 7-8 安装电磁制动器后结晶器钢水流动示意图

(电流 400A,2 相,1~5 Hz)

a—对着钢流方向;*b*—水平方向;*c*—纵向上、下方向

1—浸入式水口;2—水口流股方向;3—制动方向

据有关资料记载，在 220 mm×1550 mm 板坯结晶器上安装制动器(E-MBR)实践的冶金效果如下：

（1）从水口射出的流股速度减小了一半，减轻了对凝固坯壳的冲刷，坯壳得以均匀生长，见图 7-9，同时也减轻了由于回热在坯壳薄弱点形成热裂纹的可能。

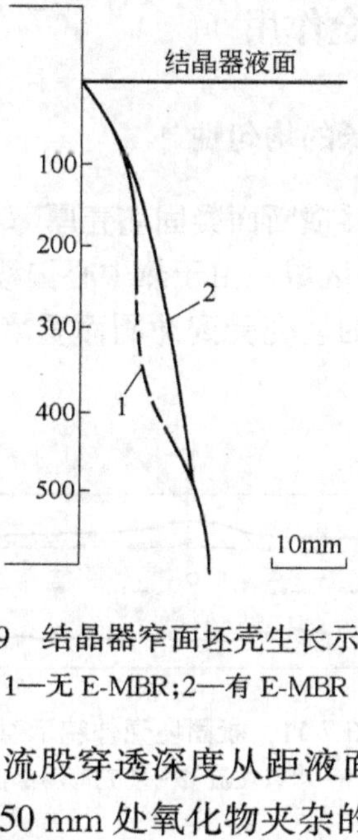

图 7-9　结晶器窄面坯壳生长示意图

1—无 E-MBR；2—有 E-MBR

（2）从硫印得出：流股穿透深度从距液面 4 m 减少到 2 m，铸坯内弧侧距表皮 20～50 mm 处氧化物夹杂的含量降低了，夹杂物指数平均由 3～6 降低到 0～1，如图 7-10 所示。

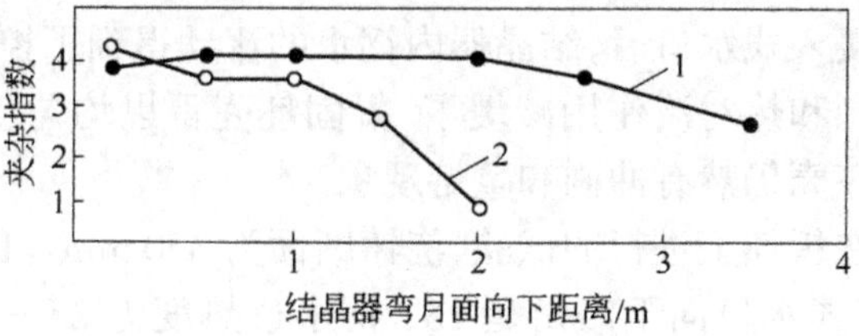

图 7-10　流股穿透深度对夹杂物含量的影响

1—无 E-MBR；2—有 E-MBR

(3) 控制流动的结果使流股分散，水口上部区域钢水流速加快，促进了过热钢水沿弯月面流动，有利于保护渣液渣的形成，也利于保护渣吸收上浮的夹杂物。有两点证明：①铸坯表皮下 8 mm 之处夹杂物呈下降趋势；②冷轧薄板表面氧化铝分层缺陷明显减少，由 2.94%减少到 0.60%。

7.2 结晶器的冶金作用

7.2.1 凝固坯壳生长的均匀性

敞开浇注，结晶器横断面凝固坯壳厚薄不均匀，最薄弱部位就是注流冲击点周边的区域。由于热中心偏移或热流汇合使过热钢水强制对流，已凝固的坯壳受到冲刷而重熔，造成坯壳厚薄不均，如图 7-11 所示。

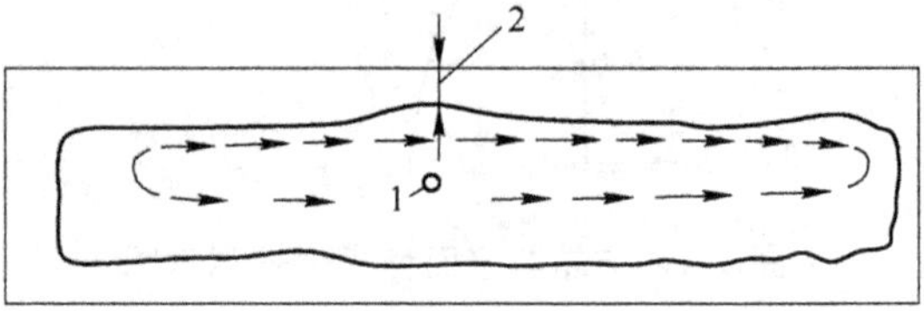

图 7-11 凝固坯壳外貌示意图

1—水口注流；2—坯壳薄弱部位

如果钢水过热度提高 10℃，对流冲刷就会使凝固坯壳重熔而减薄 2 mm。坯壳薄弱之处往往是出现纵裂纹的部位。

使用浸入式水口后，结晶器内钢水的流动得到了控制，流股对宽面的冲刷和热对流作用减缓了，凝固坯壳得以均匀生长。对于窄面凝固坯壳仍然有冲刷和重熔现象。

例如在板坯上进行的试验，浇铸断面为 330 mm×1050 mm 的板坯，浸入式水口向下倾角是 15°，钢水过热度为 25～30℃，拉速为 1.6 m/min，水口插入深度在 70～200 mm。实践指出：在结晶器窄面，沿浇注方向凝固坯壳厚度生长如图 7-12 所示。图 7-12

中箭头所指为水口流股冲击点,从冲击位置向下沿结晶器长度方向坯壳生长缓慢,说明向下流动的过热钢水对凝固坯壳有重熔现象。随着水口倾角的增加,一是延缓了窄面凝固坯壳的生长;二是冲击流股将夹杂物带到液相穴深处,上浮困难,所以水口倾角不应太大,15°~25°为宜。水口侧孔向上倾角有利于窄面凝固坯壳生长,但在弯月面处形成紊流,严重时导致卷渣。

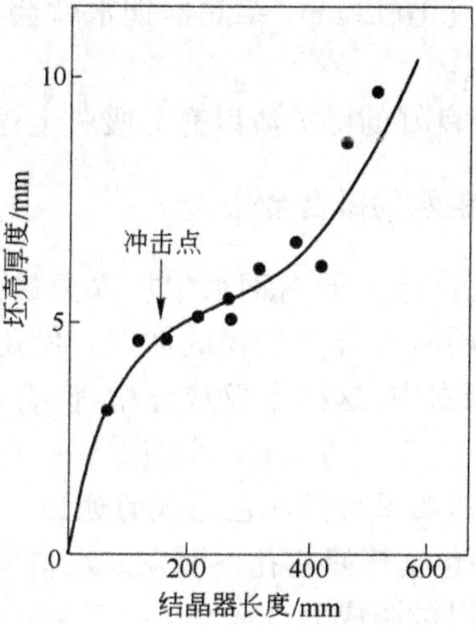

图 7-12　板坯窄面坯壳生长

7.2.2　液相穴内夹杂物上浮

带入结晶器液相穴的夹杂物,一部分随环流向水平方向流动到达钢－渣界面被保护渣吸附;另一部分随冲击流股进入液相穴深处,这些夹杂物能否顺利上浮,主要取决于流股的穿透深度。计算指出,在静止条件下,大于 1 mm 的渣粒,上浮速度为 100～200 cm/s,而流股向下的流速为 60～120 cm/s,可见在流股冲击区域内夹杂物上浮是困难的。部分夹杂物就可能被正在凝固的树枝晶所捕捉,滞留在铸坯中,因此,在铸坯表皮下 10～20 mm 处常常有聚集的夹杂物。所以浸入式水口的参数合理,减小向下流股的穿透深度,改善夹杂物上浮的条件,可使铸坯的平均污染程度减少

23%～38%。

为促使液相穴内夹杂物上浮,可采取以下措施:

(1) 采用电磁制动技术抑制流股的冲击力,改善钢水的流动状态。

(2) 有的经验指出,通过中间包塞棒→浸入式水口向结晶器内吹入氩气,氩气流量控制在 5 L/min 左右,气泡能均匀分布在结晶器内;若流量超过 10 L/min,结晶器钢水就会出现“沸腾”现象,反而影响钢的质量。

(3) 选择性能良好的保护渣以充分吸收上浮的夹杂物。

7.2.3 结晶器内钢水的微合金化

微合金化是指向结晶器内钢水中加入微量元素,调整钢成分达到目标管理值,同时改善夹杂物的性态。使用合金的包芯线或金属线直接喂入钢水中,这样不仅成分精确,合金元素损失少,吸收率高而稳定。

7.2.3.1 向结晶器内喂入包芯线的途径

(1) 通过中间包塞棒棒芯孔→浸入式水口→结晶器喂入合金包芯线或铝丝,用以微调成分。

在板坯铸机上的试验,浇注 206 mm×1065 mm 双流板坯,喂入 ϕ4～9 mm、$w_{[Al]}=90\%$的铝和铁粉的包芯线,达到钢中铝含量为 0.3%～0.6%,相当吨钢加铝量 5～6 kg,铝的吸收率可达 90% 以上。试验表明,铸坯中夹杂物是小于 10 μm 的 Al_2O_3。铸坯中心不是单相 Al_2O_3 夹杂,而是中心为 Al_2O_3 外围包有 MnS 的多相夹杂物。图 7-13 是从中间包塞棒向结晶器内喂线的示意图。

铝镇静钢钢种浇注小方坯,向结晶器内喂铝线,防止定径水口的结瘤收到良好效果。

(2) 浇注钛不锈钢或含钛钢种时,向结晶器喂入 ϕ5～9 mm 的铝和 Fe-Ti 合金粉包芯线,进行钛合金化。钢中 $w_{[Ti]}=0.1\%$～0.4%,钛吸收率约 90%。在结晶器内合金化,可避免 Al_2O_3、TiO_2、TiN 等析出物堵塞水口。

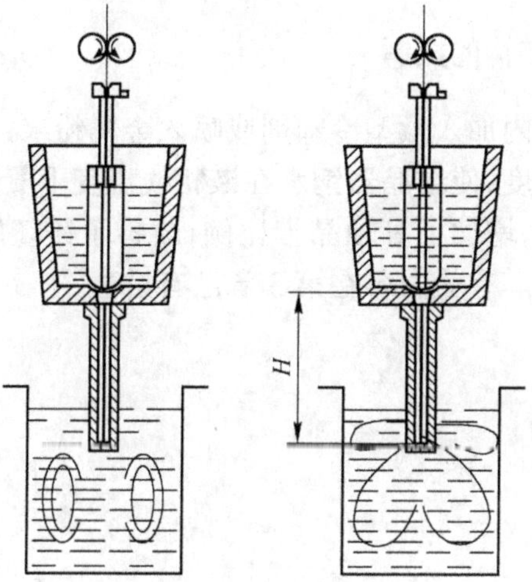

图 7-13　从中间包塞棒向结晶器喂包芯线

a—单孔直筒式浸入式水口；*b*—双侧孔浸入式水口

(3) 浇注易切钢也可采用喂线技术，在结晶器内进行 Pb、B、S、Te 等元素的合金化。

7.2.3.2　向结晶器喂入稀土线

在浇注 08Al、16Mn 和 X60、X70 管线钢时，用 $\phi 3.5 \sim 4$ mm 的混合稀土线直接喂入结晶器钢水内。稀土元素 $w_{[RE]} > 96\%$，密度 6.7 g/cm^3，熔点 920℃，吨钢加入量在 200～300 g。喂稀土线试验效果：

(1) 稀土元素直接加入结晶器，避免了水口结瘤，合金吸收率高达 80%以上，稀土元素在铸坯中分布基本均匀。

(2) 改善了铸坯凝固结构，细化了晶粒，等轴晶比例提高了 10%～15%。

(3) 改善了铸坯中硫化物的形态和分布。钢材的塑性、韧性、各向异性等都得到改善，钢材的抗缺口敏感性、抗裂纹扩展能力也有明显的提高。

7.2.4 凝固结构的控制

在结晶器内加入微型冷却剂或喷入金属粉末,增加凝固晶核,吸收钢水过热度,使结晶器钢水在液相线温度下凝固,实现了过热度为零的浇铸,增加了等轴晶带比例,改善了铸坯的铸态结构,减轻了中心偏析。有关内容在第3章已有讲述。

8　连铸坯质量

连铸坯质量决定着最终产品的质量。连铸坯存在的缺陷在允许范围以内，是合格产品。连铸坯质量应从以下几方面评价：

(1) 连铸坯的纯净度，是指钢中夹杂物的含量、形态和分布。这主要取决于钢水的原始状态，即进入结晶器之前钢水是否“干净”。当然钢水在传递过程中还会被污染，为此应选择合适的精炼方式，采用全过程的保护浇注，尽可能降低钢中夹杂物含量。

(2) 连铸坯的表面质量，是指连铸坯表面是否存在裂纹、夹渣及皮下气泡等缺陷。连铸坯这些表面缺陷主要是钢水在结晶器内坯壳形成生长过程中产生的，与浇注温度、拉坯速度、保护渣性能、浸入式水口的参数、结晶器振动以及结晶器液面的稳定等因素有关。因此，要严格控制影响铸坯表面质量的各参数在合理的目标之内，以达到生产无缺陷铸坯，这也是铸坯热送和直接轧制的前提。

(3) 连铸坯的内部质量，是指连铸坯是否具有正确的凝固结构，等轴晶与柱状晶的比例，以及裂纹、偏析、疏松等缺陷的程度。二冷区冷却水的合理分配、支撑系统的严格对中是保证铸坯质量的关键。倘若采用电磁搅拌技术还会进一步改善连铸坯内部质量。

(4) 连铸坯的外观形状，是指连铸坯的形状是否规矩，尺寸误差是否符合规定要求。与结晶器内腔尺寸、表面状态及冷却的均匀性有关。

图 8-1 是铸坯质量控制示意图，连铸坯出现的缺陷综合列于表 8-1。

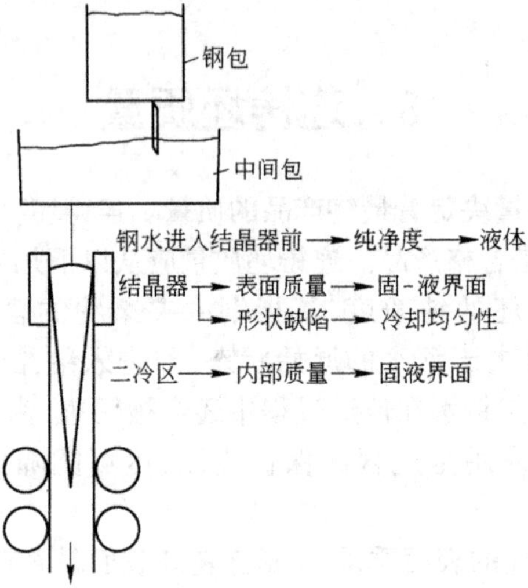

图 8-1 铸坯质量控制示意图

表 8-1 连铸坯缺陷分类

分 类	连铸坯缺陷
纯净度	非金属夹杂物
表面缺陷	表面裂纹：表面纵裂纹、角部纵裂纹、表面横裂纹、星状裂纹 皮下气孔和气泡 表面夹渣 凹坑和重皮
内部缺陷	内部裂纹和偏析条纹：皮下裂纹、中间裂纹、矫直和压下裂纹、中心星状裂纹 中心疏松 中心偏析
形状缺陷	菱形变形 鼓肚变形 椭圆变形

8.1 连铸坯的纯净度

8.1.1 连铸坯纯净度与产品质量的关系

与模铸相比，连铸的工序环节多，浇注时间长，因而夹杂物的来源范围广，组成也较为复杂。夹杂物从液相穴内上浮比较困难，尤其是高拉速的小方坯夹杂物更难于排除。

夹杂物的存在破坏了钢基体的连续性。凡是存在大于 50 μm 大型夹杂物的部位几乎都伴有裂纹，造成连铸坯低倍结构不合格。夹杂也会造成板材分层，损坏冷轧钢板的表面等，对钢危害很大。夹杂物的大小、形态和分布对钢质量的影响也不同，如果夹杂物细小、呈球形，弥散分布，对钢质量的影响比夹杂物集中存在要小；当夹杂物颗粒大，呈偶然性分布，数量虽少对钢质量的危害也较大。例如从深冲钢板冲裂废品的检验中发现，裂纹部位都存在着 100～300 μm 不规则的 $CaO \cdot Al_2O_3$ 和 Al_2O_3 的大型夹杂物。

再如，由于连铸坯皮下存在有 Al_2O_3 夹杂物，轧成的汽车薄板表面出现黑线缺陷，导致薄板表面涂层不良。还有用于包装的镀锡板，除了要求较高的冷成形性能外，对夹杂物的尺寸和数量也有相应要求。国外生产厂家指出，对于厚度为 0.3 mm 的薄钢板，在 1 m^2 面积内，粒径小于 50 μm 的夹杂物应少于 5 个，这样才能达到废品率在 0.05%以下，即深冲 2000 个 DI 罐，平均不到 1 个废品，可见减少连铸坯夹杂物数量对提高深冲薄板钢质量的重要性。又如极细的钢丝，其直径为 0.10～0.25 mm 的轮胎钢丝、厚度为 0.25 mm 极薄镀锡钢板，对其所含夹杂物尺寸的要求就可想而知了。此外，夹杂物的尺寸和数量对钢质量的影响还与铸坯的比表面积有关。一般板坯和方坯单位长度的表面积(S)与体积(V)之比在 0.2～0.8。随着薄板与薄带技术的开发与应用，S/V 可达 10～50，在钢中的夹杂物含量相同情况下，对薄板、薄带钢材而言，就意味着夹杂物更接近铸坯表面，对生产薄板材质量的危害也更大，所以降低钢中夹杂物就更为重要了。轧制中厚板材或棒材时，连铸坯的缺陷对钢质量仍存在着潜在的危害性。表 8-2 是夹杂物组成、尺寸对最终产品的影响。

表 8-2　夹杂物组成、尺寸对最终产品的影响

产　品	缺陷类型	夹杂物尺寸/μm	组　　成
深冲镀锡板	凸缘裂纹	50	$CaO \cdot Al_2O_3$
电阻焊管	超声波探伤缺陷	150	$CaO \cdot Al_2O_3$，Al_2O_3 群，$MnO-SiO_2-Al_2O_3$
UOE 管	超声波探伤缺陷	200	Al_2O_3 群，$CaO \cdot Al_2O_3$
冷轧薄板	冲压缺陷	250	$CaO-SiO_2-Al_2O_3$
轮胎钢丝	冷拔断裂	30	Al_2O_3，$Al_2O_3 \cdot SiO_2$
弹簧钢丝	冷拔断裂	30	$Al_2O_3-MnO-CaO$，Al_2O_3

8.1.2　连铸坯内夹杂物

连铸机的机型对铸坯内夹杂物的数量和分布有着重要影响。不同机型铸坯内夹杂物的分布有很大差别。就弧形结晶器而言，注流对坯壳的冲击是不对称的，上浮的夹杂物容易被内弧侧固、液相界面所捕捉，因而在连铸坯内弧侧距表面约 10 mm 处，聚集了 Al_2O_3 的夹杂物。大型夹杂物也多集中于连铸坯内弧侧 1/5～1/4 厚度的部位，如图 8-2*b* 所示。由此可见，弧形结晶器的铸坯夹杂物分布很不均匀，偏析于内弧侧。若是直结晶器，注流冲击是对称的，液相穴内部分夹杂物得到上浮，同时夹杂物分布也比较均匀，如图 8-2*a* 和图 8-3 所示。

铸坯夹杂物聚集的机理表明，液相穴内利于夹杂物上浮的有效垂直长度不应小于 2 m，因此，只有建设带有 2～3 m 垂直线段的弧形连铸机，夹杂物得到充分上浮，才可能消除连铸坯内弧侧夹杂物的聚集。

连铸机的机型对连铸坯内夹杂物数量的影响有明显的差异，如立式连铸机铸坯夹杂物每 10 kg 钢的平均数量为 0.43 mg；立弯式连铸机铸坯每 10 kg 钢为 4.6 mg；全弧形连铸机铸坯每 10 kg 钢是 17.5 mg。图 8-4 为不同机型对铸坯内大型夹杂物数量的影响。

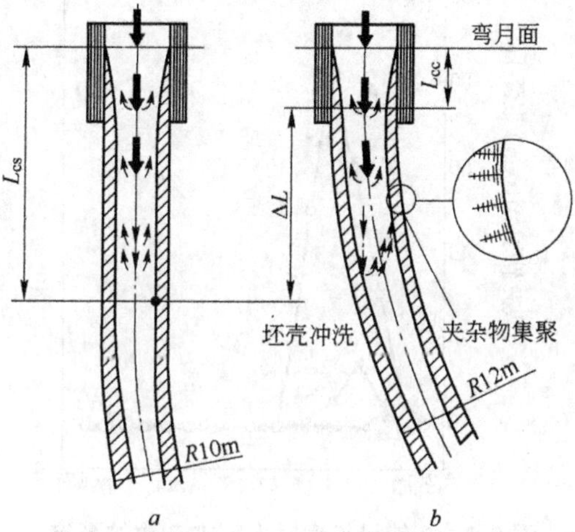

图 8-2　液相穴内夹杂物上浮示意图

a—带垂直段立弯式连铸机，L_{cs}—垂直段临界高度；

b—弧形连铸机，L_{cc}—弧形结晶器直线临界高度

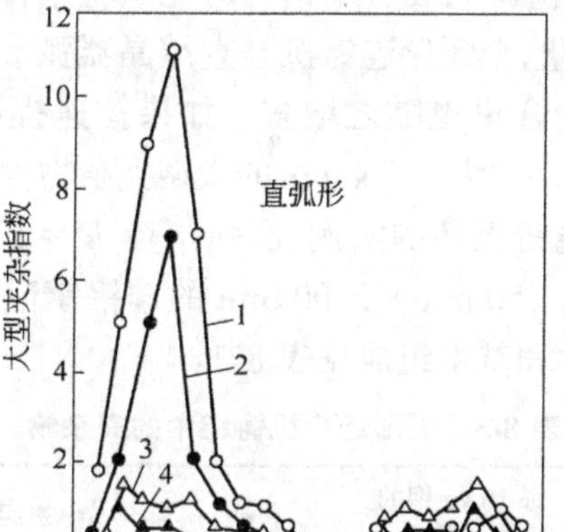

图 8-3　连铸坯内夹杂物分布图

弧形连铸机：1—低温浇注；2—高温浇注

立弯式连铸机：3—低温浇注；4—高温浇注

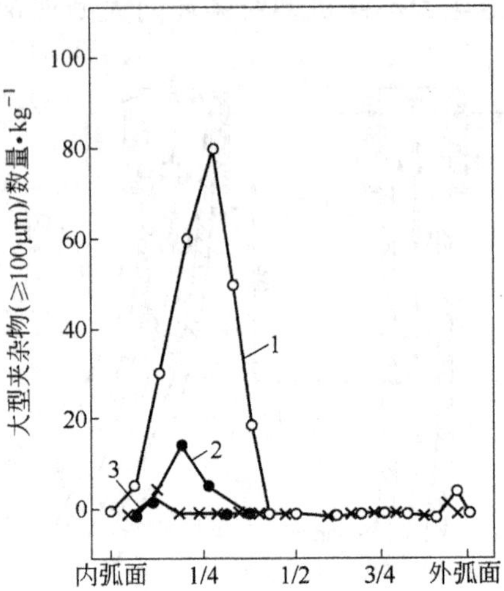

图 8-4　连铸机机型对大型夹杂物的影响

钢种：AP1-X65，拉速 1 m/min，钢水过热度为 25℃

1—弧形连铸机；2—直结晶器的弧形连铸机；

3—立式连铸机

由图可知，在浇铸 AP1-X65 钢的对比试验中，铸坯内弧侧大于 100 μm 夹杂物含量，全弧形连铸机是直结晶器弧形连铸机的 8 倍，拉速增加，夹杂物含量也随之增多。如果拉速提高到 1.4 m/min 时，弧形铸机的板坯中大于 250 μm 的大型夹杂物含量急剧增多。

根据研究，浇铸板坯的实例，圆弧半径 $R = 10.5$ m 的弧形连铸机，浇铸断面为 250 mm×2100 mm 的硅铝镇静钢，铸坯中大型夹杂物数量、尺寸和基本组成见表 8-3。

表 8-3　弧形连铸机铸坯中的夹杂物

地 点	夹杂物粒度/μm	每 10 kg 钢的平均含量/mg	夹 杂 物 组 成
钢 包	149～210	12.2	大于 50%有 SiO_2，析出的硅锰酸盐夹杂物
中间包	149～210	30.3	
铸 坯	297～710	4.7	$CaO\cdot Al_2O_3$，CaO-SiO_2-Al_2O_3 夹杂物中 $w_{(Al_2O_3)}=50\%\sim80\%$，夹杂物坚硬，热加工时不易变形而形成裂纹

对具有 2.5 m 垂直线段的弧形(也称立弯式)连铸机,圆弧半径 $R=9.55$ m,铸坯断面为 250 mm×1300 mm,钢水经 CAS 处理,浇铸铝镇静钢,铸坯大型夹杂物数量、尺寸及基本组成列于表 8-4。

表 8-4 立弯式连铸机铸坯中的夹杂物

地 点	夹杂物粒度/μm	每 10 kg 钢的平均含量/mg	夹杂物组成
钢 包	140～300	178.0	相当于 $CaO \cdot Al_2O_3$,铁铝氧化物和串状 Al_2O_3
中间包	80～300	262.5	
铸 坯	80～100	7.5	89%为群状和块状 Al_2O_3

通过以上数据说明,经钢包→中间包→铸坯夹杂物的数量可以去除一部分。

8.1.3 提高连铸坯纯净度的措施

提高钢的纯净度要加强三稳定操作,避免非稳态操作,在钢水进入结晶器之前,从各工序着手尽量减少钢水的污染,并最大限度促进夹杂物从钢水中排除。为此应采取以下措施:

(1) 无渣出钢。转炉应挡渣出钢;电炉采用偏心炉底出钢,阻止氧化渣进入钢包;加入钢包覆盖剂或渣改质剂,保温和避免钢水的二次氧化。

(2) 根据钢种的需要选择合适的精炼方式净化钢水,改变夹杂物的性态。

(3) 采用无氧化浇注技术。经过精炼处理后的钢水氧含量已降到 20×10^{-6} 以下,在钢包→中间包→结晶器均采用全保护浇注。钢包→中间包用长水口;中间包→结晶器,板坯和大方坯用浸入式水口+保护渣浇注;对小方坯来说,最好用气体保护注流;各个接口要严格密封,避免吸入空气;中间包使用双层渣覆盖剂,避免钢水的二次氧化,吸附上浮的夹杂。

(4) 充分发挥中间包冶金的作用。吹氩气搅拌;在中间包内砌筑挡墙、坝、导流板或过滤器;改善钢水流动状况,消除中间包钢水滞留区;加大中间包容量和加深熔池,延长钢水在中间包停留时间,促进夹杂物上浮,进一步净化钢水。图 8-5 是中间包容量对铸坯厚度方向纯净度的影响。由于加大了中间包的容量,大幅度降低了夹杂物的含量。

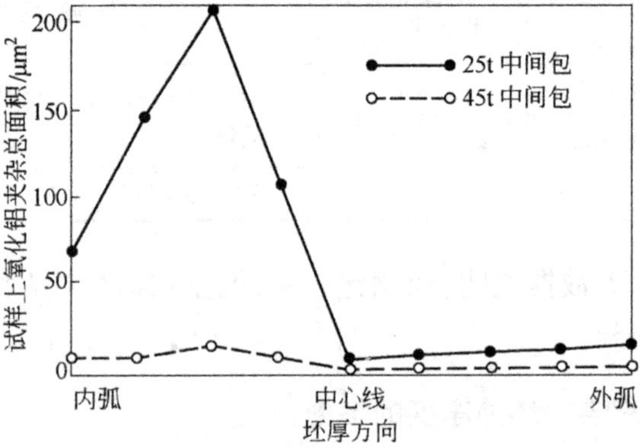

图 8-5　中间包容量对铸坯厚度方向纯净度的影响

(5) 连铸系统要选用优质耐火材料,以减少钢中外来夹杂物。

(6) 充分发挥结晶器钢水净化器和铸坯表面质量控制器等冶金作用。浸入式水口参数应合理,控制注流的运动,促进夹杂物的上浮分离,并辅以性能良好的保护渣,吸收溶解上浮夹杂净化钢水。另外,还可以向结晶器内喂入合金包芯线,实现结晶器内微合金化,这不仅提高了合金的吸收率,而且能精确控制钢水成分,调整凝固结构,改善夹杂物性态,利于钢的质量。

(7) 采用电磁搅拌技术,控制注流的运动。液相穴内注流流股冲击区域夹杂物上浮是有困难的,有部分夹杂物很可能被凝固的树枝晶所捕捉,实际上在铸坯表皮以下 10～20 mm 部位有夹杂物的聚集。结晶器安装电磁制动器(E-MBR),可以抑制注流的冲击运动,有利于夹杂物上浮,提高钢水的纯净度。

8.2 连铸坯表面质量

连铸坯表面质量的好坏决定了铸坯在热加工之前是否需要精整,是影响金属收得率和成本的重要因素,也是铸坯热送和直接轧制的前提。连铸坯表面缺陷形成的原因较为复杂,但总体来讲,主要是受结晶器内钢水凝固所控制。连铸坯表面缺陷如图 8-6 所示。

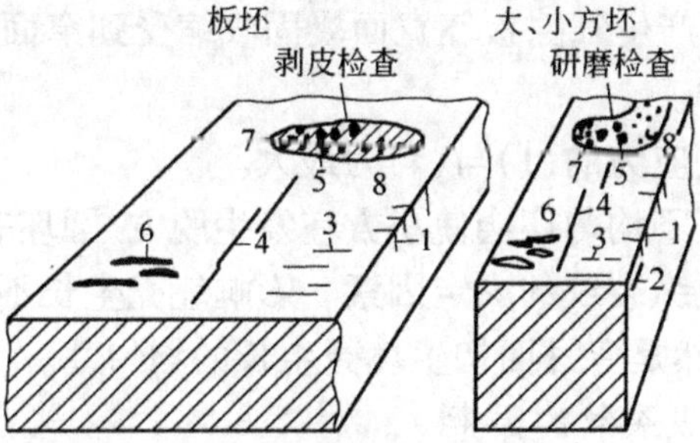

图 8-6 连铸坯表面缺陷示意图

1—角部横向裂纹;2—角部纵向裂纹;3—表面横向裂纹;
4—宽面纵向裂纹;5—星状裂纹;6—振痕;
7—气孔;8—大型夹杂物

8.2.1 表面裂纹

表面裂纹就其出现的方向和部位,可以分为面部纵裂纹与横裂纹、角部纵裂纹与横裂纹、星状裂纹等。

8.2.1.1 纵向裂纹

在板坯宽面的中央部位容易出现纵向裂纹,还有一些长度在 10 mm 以下、深度小于 5 mm 的纵向短裂纹;方坯多发生在棱角附近与棱角相平行的纵向裂纹;圆坯的纵裂纹等。

表面纵裂纹直接影响钢材质量。若板坯表面存在深度为 2.5 mm、长度为 300 mm 的裂纹,轧成板材后就会形成 1125 mm 的分层缺陷。严重的裂纹深度达到 10 mm 以上,将造成漏钢事故或废品,其实早在结晶器内坯壳表面就已经存在细小裂纹,铸坯进入二冷区后,微小裂纹继续扩展形成明显裂纹。

由于结晶器弯月面导出的热量不均匀，初生坯壳厚度也不均匀，其承受的应力超过了坯壳高温强度，在薄弱部位产生应力集中导致纵向裂纹。理论上坯壳承受的应力包括：

(1) 由于坯壳内外、上下存在温度差而产生的热应力；

(2) 钢水静压力阻碍坯壳凝固收缩而产生的应力；

(3) 坯壳与结晶器壁不均匀接触而产生的摩擦力；

(4) 由于产生气隙板坯宽面凝固收缩受到窄面的制约而使坯壳承受的应力。

以上这些应力的(1)与(4)为最大。

坯壳厚度不均匀还会使小方坯发生脱方，圆坯表面产生凹陷，这些均是形成纵裂纹的决定因素。影响坯壳生长不均匀的原因很多，但关键仍然是弯月面初生坯壳生长的均匀性。

A　影响纵裂纹的因素

影响纵裂纹有以下几个因素：

(1) 铸坯的宽度。板坯越宽，由于钢水静压力阻碍坯壳收缩的应力就越大，产生裂纹的可能性也就大。试验指出，抗拉强度为400 MPa级的厚板，宽度是1890 mm、宽厚比为7的板坯，纵裂纹发生率是宽度为1520 mm板坯的2倍以上，即宽厚比越大，产生纵裂纹的可能性也越大；小方坯的断面宽度窄不容易产生纵裂纹。

(2) 钢水成分。

① 碳含量。钢中 $w_{[C]}=0.10\%$左右时，由于凝固处于 $L+\delta\rightarrow\gamma$ 包晶区，此时温度在固相线以下20～50℃，钢的线收缩量最大，操作稍有不当极易出现纵裂纹。此时，结晶器弯月面刚凝固的坯壳随温度降低发生着 $\delta\rightarrow\gamma$ 转变，并伴有较大的线收缩。坯壳脱离结晶器器壁而产生气隙，热阻陡升，导出的热流锐减，此处坯壳最薄，坯壳表面会形成凹陷，凹陷部位的冷却不均匀。凹陷越深，坯壳不均匀性越严重，对裂纹敏感性强，在应力和钢水静压力作用下，薄弱部位会形成应力集中，由此引发表面纵裂纹的几率增大。当钢中 $w_{[C]}>0.20\%$时，产生纵裂纹的几率减小。根据60万t板坯钢的统计得出图8-7。由图可知，钢中 $w_{[C]}=0.10\%$左右时，

铸坯厚度不同，拉速不同，出现裂纹的严重程度也不相同，且随铸坯厚度的减小(宽厚比增大)、拉速的提高，纵裂纹有加重的趋势。

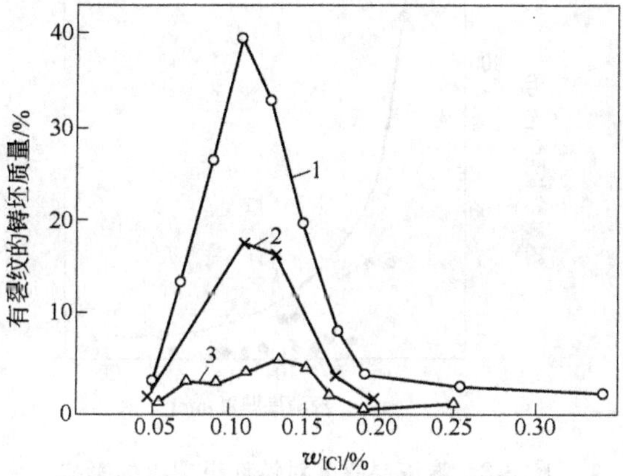

图 8-7　钢中碳含量与纵裂纹的关系

1—180 mm×1830 mm, v = 1.05 m/min；2—230 mm×1830 mm, v = 0.85 m/min

3—305 mm×1525 mm, v = 0.65 m/min

② 磷、硫含量。钢中 $w_{[P]}>0.015\%$，$w_{[S]}>0.015\%$ 时，钢的强度与塑性降低较多，容易产生纵裂纹。因此一般钢种熔炼成分 $w_{[S]}$控制在 0.020%以下，$w_{[Mn]}/w_{[S]}>20$ 时，裂纹明显减少。有的生产厂家将 $w_{[P]}$与 $w_{[S]}$控制在 0.005%以下。此外，随 Sn、Zn、Cu、Pb、As 等元素含量的增加，钢的热裂纹也有增加的趋势。

(3) 浸入式水口插入的深度。插入太浅，液面波动大，容易发生纵裂纹，尤其是浇铸宽板铸坯时，纵裂纹更为严重。试验指出，浸入式水口插入深度波动大于 40 mm，发生纵裂的几率约占 20%；插入太深，热中心下移，纵裂纹也增多。液面稳定与多种因素有关，较为复杂。

(4) 保护渣的性能。保护渣的熔化速度过快或过慢，液渣层过厚或过薄，或液渣较黏，在结晶器壁与坯壳间形成的渣膜厚薄不一，由此引起传热不均匀，直接影响坯壳生长的均匀性。由于坯壳厚薄不均匀，也会产生纵裂纹。试验指出，保护渣液渣层厚度小于

10 mm,纵裂纹增加,如图 8-8 所示。

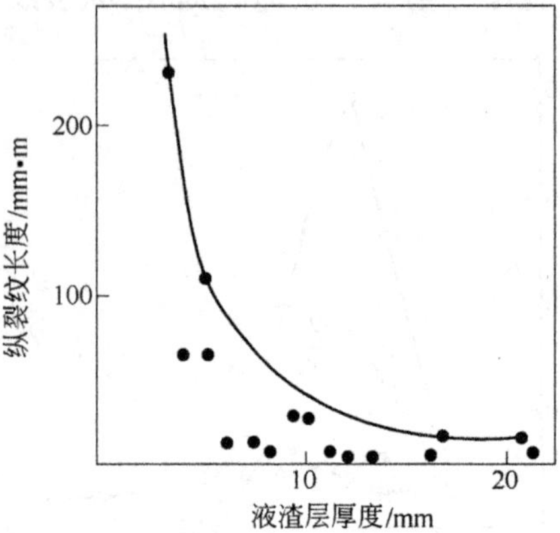

图 8-8　液渣层厚度对铸坯纵裂纹的影响

影响铸坯产生纵裂纹的因素列于表 8-5。

表 8-5　影响板坯宽面产生纵裂纹的因素

影 响 因 素		纵 裂 纹
板坯宽度	宽	↑(增加)
钢中锰含量	高	↑
钢中碳含量/%	0.10~0.14	↑
钢中磷、硫、砷含量	低	↓(降低)
保护渣黏度 η_{1300}/Pa·s、熔化速度/m·min^{-1}	0.10~0.35	↓
保护渣耗量、液渣层厚度	在最佳范围	↓
黏度 η_{1300}、T_S、T_c 熔化类型	小	↓
结晶器液面波动	大	↑
负滑脱时间 t_n/s	0.2~0.3 或 0.25	↓
浸入式水口插入深度/mm	100~150	↓
结晶器冷却水温差	小	↓
结晶器下口二冷水密度	小	↑
中间包钢水过热度	高	↑

B　纵裂纹预防措施

预防纵裂纹有以下几项措施：

(1) 结晶器合理的倒锥度。坯壳表面与器壁接触良好、冷却均匀，可以避免产生裂纹和发生拉漏。有研究表明，结晶器倒锥度很小的变化，就会引起坯壳上形成 0.5 mm 或更大的裂纹开口。因此要根据钢种来确定结晶器的倒锥度，而且还要经常检查，保持结晶器的正常倒锥度。最理想的是选用多锥度结晶器取代单锥度的结晶器，管式结晶器内腔可以选用钻石形或抛物线形，使铸坯坯壳得以均匀生长，避免发生裂纹，如浇注 ϕ388 mm 圆铸坯，结晶器长度为 700 mm，其锥度为 1.5%/m；或者结晶器上部长 250 mm 为大锥度。再如浇注板坯 220 mm×(700～1600) mm，结晶器锥度 1.3%/m，消除了角部纵裂纹。

(2) 结晶器、足辊、零段要准确对弧。

(3) 选用性能良好的保护渣。在保护渣的特性中黏度对铸坯表面裂纹影响最大，高黏度保护渣渣膜厚度不均匀，润滑、传热均欠佳，纵裂纹增加。因而要控制保护渣的黏度 η 与熔化时间 t 的比值，如浇注 $w_{[Al]}>0.02\%$ 的铝钢，保护渣的 $\eta/t<2$，可以明显减轻纵裂纹和夹渣的产生。所以根据所浇钢种选用合适的保护渣，保持液渣层厚度在 10 mm 以上。

(4) 浸入式水口的参数要合理，插入深度要合适，并严格对中。结晶器内钢水保持正常流动，液面稳定，避免了注流对坯壳的不对称冲刷，使其能均匀生长，防止发生纵裂纹。

(5) 合适的浇注温度及拉坯速度。根据所浇钢种确定钢水的过热度。过热度每升高 10℃，结晶器内由于高温钢水的流动就会使凝固坯壳被熔融 2 mm。对于线收缩量大、导热性能差的钢种，除了控制合适的浇注温度和拉坯速度外，还要注意均匀冷却。

(6) 保持结晶器液面稳定。如果液面波动区间由 ±5 mm 增加到 ±20 mm 时，纵裂纹指数从 0 增加到 2.0。由此可见，结晶器液面波动区间应该控制在 ±5 mm 以内。

(7) 钢的化学成分应控制在合适的范围。对于钢中裂纹敏感的元素要严加控制,避免铸坯出现纵裂纹。

(8) 采用热顶结晶器。使结晶器弯月面处的热流密度减小50%~70%,延缓坯壳的收缩,减轻铸坯表面的凹陷,从而减少了纵裂纹发生几率。

(9) 板坯、大方坯二冷区用气－水喷嘴,利于铸坯的冷却均匀。表8-6是不同冷却方式对纵裂纹的影响。

表8-6 不同冷却方式对纵裂纹的影响

二冷区冷却方式	(小裂纹+中裂纹)指数	大裂纹指数
喷水强冷	18.48	0.30
喷水缓冷	5.97	0.09
气水喷雾冷却	1.00	0.03

注：裂纹指数=裂纹的长度/铸坯的总长度。

8.2.1.2 角部纵裂纹

角部纵裂纹常常发生在铸坯偏离棱角10~15 mm处,有的发生在棱角上。板坯常出现在宽面与窄面交界棱角附近部位。

铸坯的角部是二维传热,因而角部钢水凝固速度较其他部位要快,初生坯壳收缩较早,从凝固一开始就形成了不均匀气隙,热阻增加,影响坯壳均匀生长,其薄弱处承受不住应力作用而形成角部纵裂纹。

角部纵裂纹产生关键在结晶器的窄面,要有合适的锥度和形状。倘若将结晶器窄面铜板内壁加工成凹面,呈弧线状,这样在结晶器1/2高度上,角部坯壳被强制与结晶器壁密切接触,此时窄面中心热流变化不大,但角部热流却增加了70%,提高了坯壳生长均匀性,因而避免了铸坯凹陷和角部纵裂纹。从另一个侧面也证明了这一点,当板坯宽面出现鼓肚变形时,若铸坯窄面能随之呈微凹时,没有出现角部纵裂纹,这可能是由于窄面的凹下缓解了宽面凸起时对角部的拉应力。提高拉速会加剧裂纹的发生。

小方坯的脱方会引起角部纵裂纹。为此结晶器水缝内冷却水流分布要均匀，保持结晶器内腔的正规形状、正确尺寸、合理倒锥度和圆角半径及规范的操作工艺，可以避免发生角部裂纹。

8.2.1.3 横向裂纹

横向裂纹多出现在铸坯的内弧侧振痕波谷部位，通常不容易发现。经金相检验指出，裂纹深 7 mm、宽 0.2 mm，处于铁素体网状区，也正好是初生奥氏体的晶界。倘若晶界上还有 AlN 或 Nb(CN)质点的沉淀，降低了晶界的结合力，从而诱发了横裂纹的形成。奥氏体晶界沉淀质点粗大、分布稀疏，板坯由于横裂纹产生的废品减少。

铸坯矫直内弧侧受拉应力作用，由于振痕缺陷效应而产生应力集中，如果正值 700～900℃ 脆化温度区，促成了振痕波谷形成横裂纹。

铸坯表面若存在星状龟裂纹时，由于受矫直应力的作用，以这些细小的裂纹为缺口扩展成横裂纹；若细小龟裂纹位于角部，还会形成角部横裂纹。

浇注高碳钢或高磷硫钢种时，结晶器润滑不良，摩擦力稍有增加也会导致坯壳产生横裂纹。

可从以下几方面减少横裂纹：

(1) 选择合适的结晶器振动参数。正弦振动应采用高频率、小振幅振动。振动频率在 200～400 次/min，振幅 2～4 mm，负滑脱时间在 0.25 s 以下，利于减小振痕深度，可降低横裂纹的发生几率。结晶器最好选用非正弦振动，这样结晶器在一个振动周期内，正滑脱时间大于负滑脱时间，振痕变浅，不仅可以提高拉速还能避免板坯出现横裂纹。

(2) 根据所浇钢种确定二冷区的冷却制度，铸坯矫直时表面温度要高于质点沉淀温度，或高于 $\gamma \rightarrow \alpha$ 转变温度，避开低延性区。

(3) 降低钢中 S、O、N 等元素的含量，或加入适量的 Ti、Zr、Ca 等元素，抑制碳化物、氮化物和硫化物在晶界的析出，或使碳化物、C-N化物的质点变相，以改善奥氏体晶粒热延性，减少或消除裂纹。

(4) 选用性能良好的保护渣,保持结晶器液面的稳定。

(5) 气－水喷嘴参数要合理,板坯冷却均匀可降低裂纹的发生。

(6) 应用多点矫直技术、连续矫直技术或压缩浇注技术等,均可避免产生横裂纹。

(7) 横裂纹往往沿着铸坯表皮下粗大奥氏体晶界分布,因此可通过二次冷却使铸坯表面层奥氏体晶粒细化,降低对裂纹的敏感性,从而减少横裂纹的形成。

8.2.1.4 星状裂纹

星状裂纹也叫网状裂纹,是发生在晶间的细小裂纹,呈星状或网状,通常是隐藏在氧化铁皮之下表观难于发现,经酸洗或喷丸处理之后在铸坯表面才可显露出来。这是由于铜渗透于铸坯表面层的晶界,或者有 AlN、BN 或硫化物在晶界沉淀,降低晶界的强度,引起晶界的脆化,从而出现的裂纹。

减少铸坯表面星状裂纹的措施:

(1) 结晶器铜板表面最好有镀铬或镀镍,减少铜的渗透;

(2) 精选入炉原料,降低 Cu、Sn 等元素的原始含量,以控制钢中残余成分 $w_{[Cu]}<0.20\%$;

(3) 降低钢中硫含量,并控制 $w_{[Mn]}/w_{[S]}$ 比,有可能消除星状裂纹;

(4) 控制钢中的 Al、N 含量,选择合适的二次冷却制度。

8.2.1.5 纵向凹陷

在方坯角部附近,平行于角部,有连续的或断续的凹陷称为纵向凹陷。纵向凹陷通常伴有纵向裂纹,严重的会导致漏钢。产生原因有:

(1) 结晶器中冷却不均匀;

(2) 结晶器与二次冷却装置对弧不准;

(3) 二次冷却局部过冷(特别是二次冷却装置的上部);

(4) 拉矫辊上有金属异物粘附;

(5) 产生菱形变形。

可根据产生原因提出相应预防措施。

8.2.2 表面夹渣

表面夹渣是指在铸坯表皮下 2～10 mm 内镶嵌有大块的渣子，因而也称皮下夹渣。就其夹渣的组成来看，Mn-Si 酸盐系夹杂物的外观颗粒大而浅；Al_2O_3 系夹杂物细小而深。若不清除会造成成品钢材的表面缺陷，增加制品的废品率。夹渣的导热性低于钢，致使夹渣处坯壳生长缓慢，凝固壳薄弱，往往是拉漏的起因。

8.2.2.1 影响表面夹渣的因素

影响表面夹渣有以下几个因素：

(1) 浇注方式。敞开浇注钢水裸露，由于二次氧化严重，结晶器液面浮渣较多，操作不当容易造成铸坯表面夹渣。

(2) 浮渣的性质。一般而言，渣子的熔点高易形成表面夹渣。浮渣的熔点、流动性与钢水的浸润性，都与浮渣的组成有直接关系。

对硅镇静钢来说，浮渣的组成与钢中的 $w_{[Mn]}/w_{[Si]}$ 有关；当 $w_{[Mn]}/w_{[Si]}$ 低时，形成浮渣的熔点高，容易在弯月面处冷凝结壳，产生夹渣的几率较高，因此钢中的 $w_{[Mn]}/w_{[Si]} \geqslant 2.5$。对于铝镇静钢，铝线喂入数量也影响夹渣的性质，对每吨钢水加铝量若大于 200 g，浮渣中 Al_2O_3 增多，熔点升高，致使铸坯表面夹渣猛增，所以喂铝量应该是：

$w_{[C]}=0.15\%\sim0.30\%$ 的低锰钢，吨钢加铝量为 70～120 g；

$w_{[C]}<0.20\%$ 时，吨钢最佳加铝量为 50～100 g/t。

此外，可以加入能够软化和吸收浮渣的材料，改善浮渣的流动性，以减少铸坯的表面夹渣。

(3) 结晶器液面的稳定。保护渣浇注，夹渣的根本原因是由于结晶器液面不稳定所致。因此浸入式水口出孔的形状、尺寸、倾角、插入深度、吹入氩气流量、塞棒失控以及拉速突然变化等均会引起结晶器液面的波动，严重时导致夹渣；就其夹渣的内容来看，有未熔的粉状保护渣，也有保护渣的液渣，还有吸收溶解了过量

Al_2O_3 的保护渣等。结晶器液面波动对卷渣的影响是：

液面波动区间 ± 20 mm，皮下夹渣深度小于 2 mm；

液面波动区间 ± 40 mm；皮下夹渣深度小于 4 mm；

液面波动区间大于 40 mm，皮下夹渣深度小于 7 mm。

皮下夹渣深度小于 2 mm，铸坯在轧制前加热过程中可以消除；皮下夹杂深度在 2～5 mm 时，热加工前铸坯必须进行表面精整。

8.2.2.2　消除铸坯表面夹渣

消除铸坯表面夹渣，应该采取的措施：

(1) 减小结晶器液面波动，保持液面稳定，控制波动在 5 mm 以内，最好应用液面自动控制技术；

(2) 浸入式水口插入深度应控制在 125 ± 25 mm 的最佳范围；

(3) 浸入式水口出孔的倾角要选择得当，尤其是向上倾角不能过大，以出口流股不搅动弯月面渣层为原则；

(4) 中间包塞棒控制合适的吹氩气流量，防止气泡上浮对钢－渣界面产生强烈搅动和翻腾；

(5) 选用性能良好的保护渣，并且要降低原始 Al_2O_3 含量。浇铸一般钢种，$w_{(Al_2O_3)}<10\%$；浇铸铝镇静钢种保护渣的 $w_{(Al_2O_3)}<5\%$；液渣层厚度控制在合适的范围。

8.2.3　皮下气泡与气孔

在铸坯表皮以下存在有直径约 1 mm、长度为 10 mm 左右，沿柱状晶生长方向分布的气泡，称为皮下气泡。这些气泡若裸露于铸坯表面称为表面气泡；小而密集的小孔叫皮下气孔，也叫皮下针孔。

存在上述缺陷的铸坯，在加热炉内皮下气泡表面被氧化，轧制过程气泡不能焊合，成品钢材也会存在裂纹。如果气泡埋藏的较深，在轧后钢材上可能形成细小裂纹。钢水中氧、氢含量高是形成气泡的重要原因。敞开浇注润滑油用量过多，也会形成皮下气泡。为此要采取以下措施：

(1) 强化脱氧，如钢中溶解 $w_{[Al]}>0.008\%$，消除了生成 CO

气泡的可能，避免形成皮下气泡。

(2) 入炉的一切材料，与钢水直接接触所有耐火材料，如钢包、中间包、塞棒、水口等及保护渣、覆盖剂等必须干燥，以减少氢的来源。如不锈钢中含氢量大于 6×10^{-6}，铸坯的皮下气泡数量骤然大增。

(3) 全程保护浇注。若用油作润滑剂，应控制合适的给油量，以免润滑油裂解增加钢中氢含量。

(4) 选用合适的精炼方式降低钢中气体含量。

(5) 控制合适的中间包塞棒的吹氩气量，吹气量过大也会形成皮下气泡。

8.3 连铸坯内部质量

铸坯的内部质量是指铸坯是否具有正确的凝固结构、偏析程度、内部裂纹、夹杂物含量及分布状况等。

凝固结构是铸坯的低倍组织，即铸坯中等轴晶与柱状晶的比例。铸坯的内部质量与二冷区的冷却制度及支撑系统是密切相关的。铸坯的内部缺陷如图 8-9 所示。

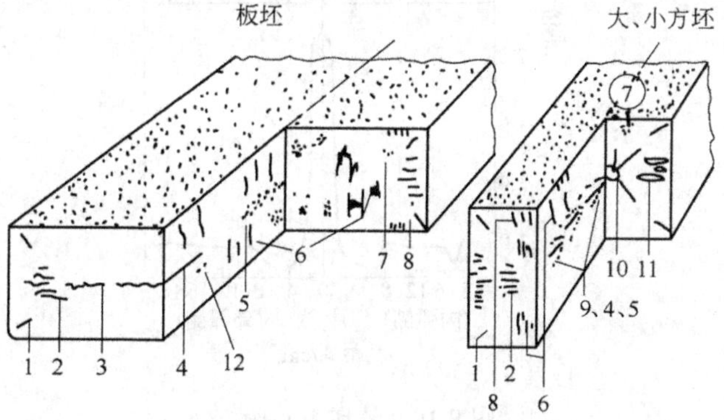

图 8-9　铸坯内部缺陷示意图

1—内部角裂；2—侧面中间裂纹；3—中心线裂纹；4—中心线偏析；5—疏松；
6—中间裂纹；7—非金属夹杂物；8—皮下鬼线；9—缩孔；
10—中心星状裂纹对角线裂纹；11—针孔；12—宏观偏析

8.3.1 中心偏析

钢水在凝固过程中,由于选择结晶形成了铸坯化学成分的不均匀性,就是偏析。偏析有显微偏析和宏观偏析。显微偏析限于1～3 μm范围内树枝晶的晶枝与晶干间的成分差异;中心偏析是宏观偏析,也称区域偏析;铸坯中心部位 $w_{[C]}$、$w_{[P]}$、$w_{[S]}$ 明显高于边缘等其他部位,如图8-10所示。中心碳的含量是原始含量的2.2倍,硫、磷是原始含量的5倍;中心偏析往往是与中心疏松和缩孔相伴存在的,从而恶化了钢的力学性能,降低了钢的韧性和耐蚀性,严重地影响产品质量。偏析的形成在第3章中已有讲述。

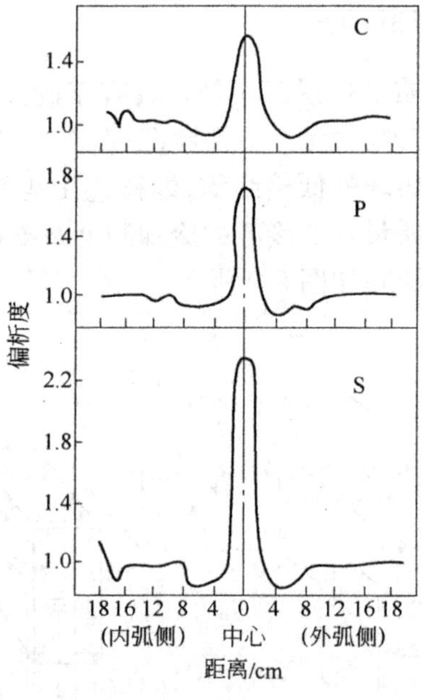

图8-10 铸坯中心偏析

A 中心偏析的形成原因

中心偏析的形成原因如下:

(1) 由于铸坯凝固末期收缩引起富集溶质元素的母液流动,

所以凝固结构中加大了成分的差异。

(2) 连铸坯的柱状晶比较发达,由于冷却的不均匀性,凝固过程常发生“搭桥”现象,见第3章图3-32。由于“搭桥”钢水补充收缩受阻,铸坯中心形成疏松、缩孔,从而加大了中心偏析。

(3) 板坯发生鼓肚变形,引起液相穴内富集溶质元素的钢水流动,使得铸坯中心部位的溶质元素含量与其他部位有了差别,从而形成中心偏析。铸坯纵向剖面的中心等轴区偏析呈V形分布,如图8-11所示。从表8-7所列数据可以看出,富集溶质元素母液的流动是加剧中心偏析的重要原因。

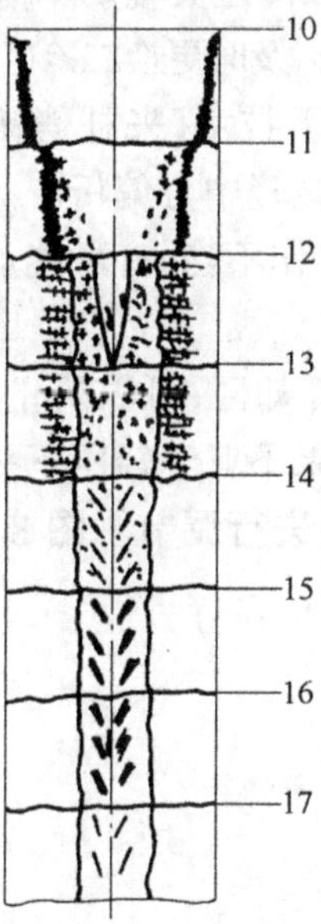

图8-11 V形偏析形成

表8-7 偏析与铸坯鼓肚变形和凝固搭桥的关系

取样位置	鼓肚偏析		凝固桥偏析	
	无鼓肚	有鼓肚	无凝固桥	有凝固桥
板坯边缘 $w_{[C]}/\%$	0.203	0.203	0.138	0.002
板坯中心 $w_{[C]}/\%$	0.194	0.269	0.138	0.013

B 铸坯中心偏析的减轻措施

减轻铸坯中心偏析的措施如下：

(1) 降低钢中易偏析元素磷、硫的含量。采用铁水预处理工艺，渣洗、精炼深脱硫，$w_{[S]}$可以降低到0.01%以下。

(2) 低过热度的浇注，减小柱状晶带的宽度，从而达到控制铸坯的凝固结构，并减轻中心偏析。

(3) 应用电磁搅拌技术，消除柱状晶“搭桥”，增大中心等轴晶区宽度，达到减轻中心偏析，改善铸坯质量。

(4) 避免铸坯发生鼓肚变形，为此二冷区夹辊要严格对弧；宽板坯的夹辊最好选用多节辊，避免夹辊变形，及时更换二冷区变形夹辊。

(5) 在铸坯的凝固末端采用轻压下技术，来补偿铸坯最后凝固的收缩，从而抑制残余钢水的流动，减轻中心偏析。

轻压下要适度，尤其是板坯如果操作不当，有可能加大角部区域的偏析。

(6) 在铸坯的凝固末端设置强制冷却区，可以防止鼓肚，增加中心等轴晶区，中心偏析大为减轻，效果不亚于轻压下技术。强制冷却区长度与供水量可根据浇注需要进行调节。图8-12是强制冷却连铸机示意图。

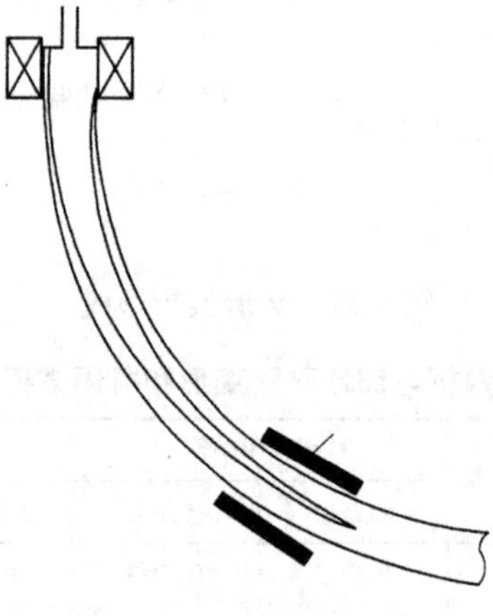

图8-12 强制冷却的连铸机

8.3.2 中心疏松

在铸坯的断面上分布有细微的孔隙，这些孔隙称为疏松。分散分布于整个断面的孔隙称为一般疏松；在树枝晶间的小孔隙称为枝晶疏松；铸坯中心线部位的疏松即中心疏松。

存在疏松的钢致密度差。疏松与柱状晶的比例有关，一般疏松和枝晶疏松在轧制过程中均能焊合，唯有中心疏松伴有明显的偏析，轧制后，完全不能焊合，还可能使板材产生分层，如不锈钢其断面压缩比虽已达 16:1，仍然不能消除中心疏松缺陷。若中心疏松和中心偏析严重还会导致中心线裂纹，在方坯上还会产生中心星状裂纹。中心疏松还影响着铸坯的致密度。

根据钢种的需要控制合适的过热度和拉坯速度。二冷区采用弱冷却制度和电磁搅拌技术，可以促进柱状晶向等轴晶转化，是减轻中心疏松和改善铸坯致密度的有效措施，从而提高铸坯质量。

8.3.3 内部裂纹

铸坯从表皮下到中心出现的裂纹都是内部裂纹，由于是在凝固过程中产生的裂纹，也叫凝固裂纹。从结晶器下口拉出带液心的铸坯，在弯曲、矫直和夹辊的压力作用下，凝固前沿于固、液相界面薄弱部位，沿一次树枝晶或等轴晶界裂开，富集溶质元素的母液流入裂缝中，因此这种裂纹往往伴有偏析线，也称其为“偏析条纹”。在热加工过程中“偏析条纹”是不能消除的，在最终产品上必然留下条状缺陷，尤其对横向性能危害最大。

8.3.3.1 内部裂纹特征

A 皮下裂纹

在板坯的宽面、窄面、角部都有可能产生细小的裂纹，距铸坯表皮的距离不等，宽面距表皮 3～10 mm，窄面在 20～30 mm，与表面相垂直的细小裂纹，都称其为皮下裂纹，主要是由于二冷水不均匀，导致坯壳生长不均匀，其厚薄不一；或者铸坯表面层温度反复回升而引起多次相变，细小裂纹是沿两相组织的交界面扩展而形成的。

B　矫直(弯曲)裂纹

带液心的铸坯进入弯曲区,铸坯的外弧侧受拉应力作用。在矫直区,铸坯的内弧表面也受拉应力作用,支撑辊压力过大,铸坯受压面垂直方向变形率超过了凝固前沿固、液相界面的临界允许值,从晶间裂开形成裂纹。裂纹多集中在内弧侧(外弧侧)柱状晶区。由于出现裂纹,富集溶质元素的母液充满于裂纹内。

C　压下裂纹

铸坯带液心矫直压下力过大,在凝固前沿与拉辊压下方向相平行形成的裂纹为压下裂纹,并伴有偏析线。拉速太快,或者矫直温度不当,容易产生压下裂纹。如果压下力过大,即使铸坯完全凝固也有可能形成裂纹。

D　中心星状裂纹

在方坯断面中心出现呈放射状的裂纹为中心星状裂纹,是由于凝固末期液相穴内残余钢水凝固收缩,而周围的固体阻碍其收缩产生的拉应力,中心钢水凝固放出潜热又加热周围的固体而使其膨胀,在这两者应力综合作用下,致使中心区受到破坏而导致放射性裂纹。

E　中间裂纹

中间裂纹是铸坯表面与中心之间部位所产生的裂纹。由于二冷区冷却不均匀,坯壳温度反复回升,且回升温度过大;或者是夹辊对弧不准,或夹辊变形,铸坯发生鼓肚变形,凝固前沿受到的张应力,超过了坯壳的高温强度极限,在固、液相界面出现裂纹,并沿柱状晶薄弱处扩展,直到坯壳的高温强度能够承受应力的作用为止。在裂纹中吸入了富集溶质元素 P、S 的母液,所以在低倍检验硫印图上出现黑线裂纹,黑线裂纹内有链状硫化物夹杂,这对钢材危害很大。

F　菱变裂纹

小方坯发生菱变,沿对角线形成的裂纹为菱变裂纹,也称对角线裂纹,主要是结晶器冷却不均匀;或者结晶器变形;或二冷区继续冷却不均匀,裂纹扩展加剧而成。

8.3.3.2　裂纹产生的条件

铸坯在凝固冷却过程是否产生裂纹取决于以下几个条件：

(1) 坯壳高温塑性。铸坯固、液相界面由于承受外部应力作用而引起塑性变形，其变形量若超过高温强度临界值和应变极限值，就形成了树枝晶间裂纹。如铁素体不锈钢比奥氏体不锈钢高温塑性低，铁素体不锈钢就容易产生裂纹。

(2) 铸坯凝固结构。铸坯的柱状晶粗而长会促进裂纹扩展，铬系不锈钢的柱状晶发达容易产生裂纹。

(3) 偏析元素含量。如钢中偏析元素磷、硫含量要低于0.02%，产生裂纹的几率减小。

8.3.3.3　铸坯内部裂纹的预防

预防铸坯内部裂纹的措施：

(1) 板坯连铸机可采用压缩浇铸技术，或者应用多点矫直技术、连续矫直技术等；或者建设带有直线段的多点弯曲、多点矫直连铸机，均能避免铸坯发生内部裂纹。

(2) 二冷区夹辊辊距要合适，对弧要准确，误差要小于0.5 mm；支撑辊间隙要符合技术要求，误差应小于1 mm。

(3) 二冷区冷却水分配要适当，保持铸坯表面温度分布均匀；

(4) 矫直温度要避开钢的"脆性口袋"区，拉辊的压下量要合适，最好用液压控制机构。

8.4　连铸坯形状缺陷

8.4.1　鼓肚变形

带液心的铸坯在运行过程中，高温坯壳在钢水静压力作用下，在两支撑辊之间发生鼓胀成凸面的现象，称为鼓肚变形，如图8-13所示。

大方坯、板坯宽面容易出现鼓肚变形，铸坯中心凸起的厚度与边缘厚度之差叫鼓肚量，用以衡量铸坯鼓肚变形程度。

高碳钢在浇注大、小方坯时，于结晶器下口侧面有时会出现鼓肚变形,同时还可能引起角部附近的皮下晶间裂纹。板坯鼓肚会引起液相穴内富集溶质元素钢水的流动,从而加重铸坯的中心偏析;也有可能形成内部裂纹,给铸坯质量带来危害。

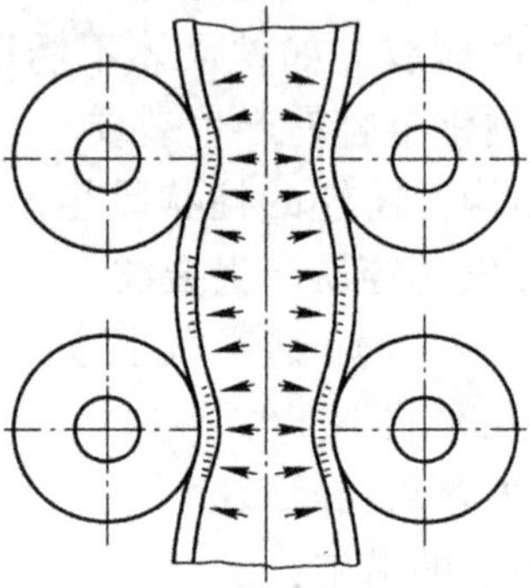

图 8-13　铸坯鼓肚变形示意图

鼓肚量的大小与钢水静压力、夹辊间距、冷却强度等因素有密切关系。铸坯液相穴高度越高,钢水的静压越大,出现鼓肚的可能性也越大。鼓肚量随辊间距的 4 次方而增加,随坯壳厚度的 3 次方而减小,即:

$$\text{鼓肚量} \propto \frac{(\text{辊间距})^4}{(\text{铸坯厚度})^3} \tag{8-1}$$

为减少鼓肚应采取以下措施:

(1) 降低连铸机的高度,也就是降低了液相穴高度,减小了钢水对坯壳的静压力;

(2) 二冷区采用小辊距密排列,铸机从上到下辊距应由密到疏布置;

(3) 支撑辊要严格对弧;

(4) 加大二冷区冷却强度,以增加坯壳厚度和坯壳的高温强度;

(5) 防止支撑辊的变形,板坯的支撑辊最好选用多节辊,并及时更换变形辊。

8.4.2 脱方

脱方也叫菱变,是小方坯特有的缺陷。脱方是指铸坯横断面的两条对角线不相等,即一对角为锐角,另一对角为钝角,如图 8-14 所示。

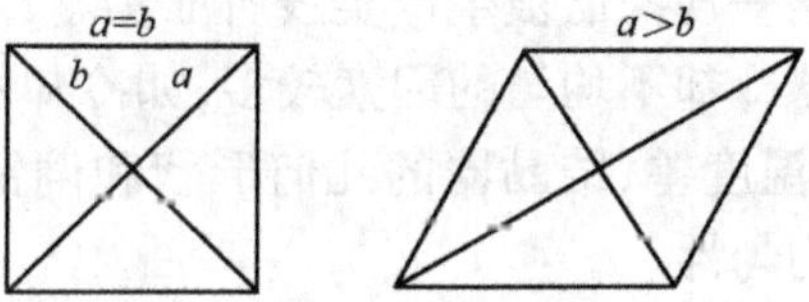

图 8-14　小方坯脱方示意图

脱方的程度可用两对角线长度之差 $a-b$,或用 R 来衡量。

$$R=\frac{a-b}{\left(\frac{a+b}{2}\right)}\times 100\% \tag{8-2}$$

式中　$a-b$——两对角线长度之差,mm;

$\frac{a+b}{2}$——对角线平均长度,mm。

小方坯的脱方是由于冷却不均匀,钝角处导出的热量少,角部温度高,坯壳较薄,在拉力的作用下可能会引起对角线裂纹。

8.4.2.1　影响脱方的因素

影响脱方有以下几个因素:

(1) 钢的化学成分。试验指出如 $w_{[C]}=0.08\%\sim0.12\%$ 的低碳钢管钢,如果 $R=2\%\sim4\%$,随碳含量的增加菱变趋于缓和,$w_{[Mn]}/w_{[S]}>30$,有利于减少菱变。若钢中 $w_{[C]}=1.0\%$,$w_{[Cr]}=1.5\%$时,即使很小的脱方也会形成对角线裂纹,即脱方与裂纹同时产生,是否产生裂纹还与钢的高温塑性有关。当 $R>6\%$时,铸坯在加热炉内推钢会发生堆钢现象,或者轧制时咬入困难,易产生折叠缺陷。因此根据钢种的不同控制铸坯的脱方量。

(2) 结晶器冷却。结晶器四壁冷却不均匀,因而形成的坯壳厚度不均匀，必然引起收缩的不均匀，这一系列的不均匀导致了铸坯的菱变。

实际上脱方在弯月面以下约 50 mm 处就开始形成。从结晶器到二冷区，铸坯的脱方还会定期轮换方向，即在一定周期内由原来的钝角转换成锐角，锐角转换成钝角，到距弯月面 2 m 处完成一个转换周期。这一现象已被生产实践所证实。

引起结晶器冷却不均匀的因素较多，如冷却水质的好坏、流速的大小、进出水温度差、结晶器的几何形状和倒锥度等，都影响着结晶器冷却的均匀性。

(3) 二冷的均匀性。在结晶器内已经形成了脱方，由于器壁的限制铸坯仍然能保持方形，可一旦出了结晶器，如果二次冷却仍然不够均匀，支撑又不够充分，那么铸坯的脱方会进一步地发展变得更严重。即便是二冷区能够均匀冷却，由于坯壳厚度的不均匀造成的温度不一致，坯壳的收缩仍然是不均匀的。菱变也会有所发展。

8.4.2.2 预防脱方的措施

脱方是在结晶器内就已形成，因此在生产上要注意以下问题：

(1) 选用多锥度的结晶器取代单锥度结晶器。最理想的是抛物线形或钻石形结晶器。目前许多厂家已经应用了钻石型结晶器。

(2) 结晶器最好用软水冷却。水质好没有水垢，导热均匀；结晶器采用窄水缝、高流速。

(3) 保持结晶器内腔正方尺寸，以使凝固坯壳为规规正正的形状。根据技术要求及时更换不合格的结晶器。

(4) 中间包注流圆滑，与结晶器对中，以减少液面起伏。润滑油的给油量要适量、均匀分布，保持坯壳的均匀冷却。

(5) 二冷区的冷却水要分布均匀。铸坯刚出结晶器下口要有足够的支撑，喷淋水要覆盖满铸坯表面，而后可只喷淋铸坯面部，这样铸坯的角部与面部坯壳厚度趋于一致，有利于减少脱方。

8.4.3 圆铸坯变形

圆坯变形成椭圆形,或变成不规则多边形,圆坯直径越大,变成椭圆的倾向越严重。形成椭圆变形的原因有:

(1) 圆形结晶器内腔变形,或冷却不均匀;

(2) 二冷区冷却不均匀,或支撑辊变形与圆形铸坯的弧度不相符;

(3) 连铸机下部对弧不准;

(4) 拉矫辊的夹紧力调整不当,过分压下。

针对以上形成变形的原因可采取相应措施,及时更换变形的结晶器、二冷支撑辊。连铸机要严格对弧,二冷区均匀冷却,也可适当降低拉速,以增加坯壳强度,避免变形。

9 钢的品种

9.1 钢的分类

根据国家标准规定，钢的定义是：以铁为主要元素，碳成分在2%以下，并含有其他元素材料的统称。由于工业用钢种类很多，有必要将成分、性能、用途等相同或相近的钢种归为一类，这就是钢的分类。钢的分类方法很多，根据国家标准钢的分类方法简述如下。

9.1.1 按化学成分分类

按化学成分划分，钢可分为非合金钢、低合金钢和合金钢。

9.1.1.1 非合金钢

除了普通碳素结构钢、优质碳素结构钢、碳素工具钢、易切削碳素结构钢外，还包括电工纯铁、原料工业纯铁以及专用的具有特殊性能的非合金钢种。

9.1.1.2 低合金钢

低合金钢也称低合金高强度钢。就化学成分而言，其合金元素总含量小于5%。高强度是指强度比碳素结构钢高，如典型碳素结构钢屈服强度为235 MPa，而低合金高强度钢的最小屈服强度为345 MPa，因此根据其屈服强度的比例关系，低合金高强度钢允许使用应力是碳素结构钢的1.4倍以上，所以规定屈服强度大于590 MPa的钢为高强度钢。与碳素结构钢相比，使用低合金高强度钢可以减小结构件的尺寸，减轻其重量。

屈服强度大于1000 MPa的钢称为超高强度钢。

国际上将低合金钢划入合金钢类。我国将低合金钢单独列为一类，与合金钢类并列，这是根据我国低合金钢生产的实际情况及国际上低合金钢发展情形而确定的。

9.1.1.3　合金钢

通常合金元素总含量大于10%的合金钢称为高合金钢，如不锈钢、耐热钢和部分合金工具钢等均属高合金钢。

合金元素总含量在5%～10%的钢称为中合金钢。

9.1.2　按钢的质量等级分类

按质量等级划分，钢可以分为普通级、优质级和高级优质级。对于非合金钢与低合金钢来讲，规定有上述三个质量等级标准。合金钢只有优质级、高级优质级两个等级标准。

9.1.3　按钢的用途分类

根据工业用钢，钢可以分为结构钢、工具钢和特殊性能用钢。

9.1.3.1　结构钢

结构钢包括工程结构用钢和机械零部件用钢。

(1) 工程结构用钢包括碳素结构钢、低合金结构钢；

(2) 机械零部件用钢包括渗碳钢、调质钢、滚动轴承钢、易切钢、低淬钢、冷冲压钢等。

9.1.3.2　工具钢

工具钢包括碳素工具钢、合金工具钢和高速钢三类。

9.1.3.3　特殊性能用钢

特殊性能用钢具有特殊物理、化学性能，包括不锈钢、耐热钢、耐磨钢、电工用钢、低温用钢；此外，还有特定用途钢，如桥梁用钢、锅炉用钢、船舶用钢、钢筋钢等。

9.1.4　按金相组织分类

根据金相组织，钢可以按以下几种方式划分：

(1) 按平衡状态或退火后的金相组织，钢可以分为亚共析钢、共析钢、过共析钢。

① 亚共析钢，$0.02 < w_{[C]} < 0.77\%$，金相组织为铁素体+珠光体；

② 共析钢，$w_{[C]} = 0.77\%$，金相组织是珠光体；

③ 过共析钢，$0.77\% < w_{[C]} < 2.11\%$，金相组织为珠光体+二次渗碳体。

(2) 按正火组织分为珠光体钢、贝氏体钢、马氏体钢、奥氏体钢等。

(3) 根据钢加热冷却过程有无相变和室温时的金相组织，可以分为：

① 铁素体钢，加热和冷却过程始终保持铁素体组织；

② 奥氏体钢，加热和冷却过程始终保持奥氏体组织；

③ 复相钢，如铁素体和奥氏体两相钢等。

9.2 我国钢种牌号的表示方法

根据国家标准 GB/T—221—2000 规定，钢种牌号的表示按照下列两个原则：

(1) 用汉语拼音字母-化学元素符号-阿拉伯数字相组合的方法表示。钢种牌号中的化学元素用汉字或化学元素符号表示。

(2) 用产品名称、用途、特性、工艺方法表示。

钢种牌号一般用汉字或汉语拼音缩写来表述。汉语拼音缩写原则上取第一个字母，若与另一产品所取字母重复时，改取第二个字母，或第三个字母，或同时选取两个汉字拼音的第一个字母。选用汉语拼音字母，原则上只取一个，最多不超过两个。

以上原则在某些情况下可以混合使用。

9.2.1 钢种牌号的代表符号

9.2.1.1 产品名称、用途、特性、工艺方法的代表符号

产品名称、用途、特性、工艺方法的代表符号见表 9-1。

表 9-1　产品名称、用途、特性、工艺方法的代表符号

名　称	汉字	代号	名　称	汉字	代号
碳素结构钢	屈	Q	铆螺钢	铆螺	ML
低合金高强度钢	屈	Q	锚链钢	锚	M
耐候钢	耐候	NH	地质钻探管用钢	地质	DZ
保证淬透性钢		H	船舶用钢		采用国际符号
易切非调质钢	易非	YF	汽车大梁用钢	梁	L
热锻非调质钢	非	F	矿用钢	矿	K
易切削钢	易	Y	压力容器用钢	容	R
电工热轧硅钢	电热	DR	桥梁用钢	桥	q
电工冷轧无取向硅钢	无	W	锅炉用钢	锅	g
电工冷轧取向硅钢	取	Q	焊接气瓶用钢	焊瓶	HP
电工冷轧取向高磁感硅钢	取高	QG	车辆车轴用钢	辆轴	LZ
			机车车轴用钢	机轴	JZ
(电讯用)高磁感硅钢	电高	DG	管线用钢		S
电磁纯铁	电铁	DT	沸腾钢	沸	F
碳素工具钢	碳	T	半镇静钢	半	b
塑料模具钢	塑模	SM	镇静钢	镇	Z
(滚珠)轴承钢	滚	G	特殊镇静钢	特镇	TZ
焊接用钢	焊	H	质量等级		A、B、C、D、E、F
钢轨钢	轨	U			

注：质量等级：

A 级：不要求做冲击试验的钢；

B、C、D 级：要求钢分别在 20℃、0℃、-20℃条件下的夏比冲击功值≥27 J；

E、F 级：要求钢符合-40℃、-60℃条件下规定的夏比冲击值。

9.2.1.2　常见的世界钢号标准的代表符号

常见的世界钢号标准的代表符号如下：

GB　中国国家技术监督局

ISO　国际标准化组织

IEC　国际电工委员会

ASTM　美国材料与试验协会

AWS　美国焊接协会

JIS　日本工业标准化协会

BS　英国标准化协会

LR　劳埃德船级社

DIN　德国标准化协会

NF　法国标准化协会

EN　欧洲标准化委员会

ГОСТ　前苏联国家质量管理和标准委员会

9.2.2　我国钢种牌号的表示方法

9.2.2.1　碳素结构钢和低合金结构钢

碳素结构钢和低合金结构钢包括通用钢和专用钢两部分。

A　通用结构钢

牌号:代表屈服强度的字母 Q + 屈服强度值(单位是 MPa) + 规定质量等级符号 + 脱氧方法。

例如:碳素结构钢牌号 Q235AF、Q235B;碳素结构钢牌号的组成中镇静钢符号 Z 和特殊镇静钢符号 TZ 可以省略。

低合金高强度钢牌号:如 Q345C、Q345D。

B　专用钢

牌号:代表屈服强度的字母 Q + 屈服强度值(单位是 MPa) + 产品用途符号。

例如:锅炉用钢 Q390g;耐候钢是耐大气腐蚀的低合金高强度结构钢,牌号为 Q340NH。

根据需要,通用低合金高强度钢的牌号也可以用两位阿拉伯数字 + 元素符号,如 16Mn。两位阿拉伯数字 16 是平均碳含量 0.16%,以万分之十六计算。专用低合金高强度钢,也可用两位阿拉伯数字 + 元素符号 + 用途的规定符号,如 16 Mnq。

9.2.2.2　优质碳素结构钢和优质碳素弹簧钢

牌号:用两位阿拉伯数字(是平均碳含量,以万分之几计),或

阿拉伯数字 + 元素符号 + 用途的规定符号表示。

A 沸腾钢、半镇静钢

在牌号的尾部分别加字母 F、b，如 08F、10b 等；镇静钢符号 Z 可以省略如 45。

B 锰含量高的优质碳素结构钢

牌号：用两位阿拉伯数字 + 锰的元素符号表示，如 50 Mn；

C 高级优质碳素结构钢

牌号：在牌号尾部 + 质量等级符号 A，如 20A；特级优质结构钢牌号尾部 + E，如 45E。

D 专用碳素结构钢

牌号：两位阿拉伯数字（是平均碳含量，以万分之几计）+ 用途的规定符号，如 20 g。

9.2.2.3 易切削钢

易切削钢用规定的符号 Y + 两位阿拉伯数字（是平均碳含量，以万分之几计）表示。

A 加硫或加硫、磷易切削钢

牌号：Y + 两位阿拉伯数字，如 Y15。

B 锰含量较高的硫、磷易切削钢

牌号：Y + 两位阿拉伯数字 + 锰元素符号，如 Y40Mn。

C 加钙、铅元素的易切削钢

牌号：Y + 两位阿拉伯数字 + 钙或铅元素符号，如 Y45Ca 、Y15Pb。

9.2.2.4 合金结构钢和合金弹簧钢

A 合金结构钢

其牌号用两位阿拉伯数字（是平均碳含量，以万分之几计）+ 合金元素符号。

合金元素含量表示方法：平均含量在 1.50% ～2.49%、2.50%～3.49%、3.50%～4.49%…在元素符号的后面分别标注 2、3、4…不足 1.50%，只标明元素符号，如 30CrMnSi、20CrNi3。

高级优质合金结构钢，在牌号尾部+A，如30CrMnSiA；特级优质合金结构钢，在牌号尾部+E，如30CrMnSiE。

B 专用合金结构钢

牌号：用代表用途的符号+两位阿拉伯数字+合金元素符号，如铆螺钢ML30CrMnSi。

C 合金弹簧钢

牌号的表示方法与合金结构钢相同，如60Si2Mn；高级优质弹簧钢，在尾部+A如60Si2MnA。

9.2.2.5 工具钢

工具钢包括碳素工具钢、合金工具钢、高速工具钢三大类。

A 碳素工具钢

用规定的符号+1位阿拉伯数字表示。阿拉伯数字是平均碳含量，以千分之几计：

(1) 普通锰含量的碳素工具钢：T+阿拉伯数字，如T9；

(2) 锰含量较高的碳素工具钢：T+阿拉伯数字+Mn，如T8Mn；

(3) 高级优质碳素工具钢：T+阿拉伯数字+A，如T10A。

B 合金工具钢和高速工具钢

这两类钢牌号的表示方法与合金结构钢相同。一般不标明表示碳含量的数字，如合金工具钢Cr12MoV、高速工具钢W6Mo5Cr4V2；有的也标出阿拉伯数字，如合金工具钢8MnSi。

铬平均含量小于1%的低铬合金工具钢，在表示铬含量数字前加0。数字为平均铬含量，以千分之几计，如Cr06。

9.2.2.6 轴承钢

轴承钢包括高碳铬轴承钢、渗碳轴承钢、高碳铬不锈轴承钢和高温轴承钢四大类。

A 高碳铬轴承钢

牌号：不标明碳含量，平均铬含量以千分之几标出，首位是代表滚珠轴承钢的符号G+元素符号+数字（以千分之几计），如GCr15。

B 渗碳轴承钢

牌号的表示方法与合金结构钢相同。高级优质渗碳轴承钢牌号首位 G,尾部+A,如 G20CrNiMoA。

C 高碳铬不锈轴承钢和高温轴承钢

牌号表示方法与不锈钢和耐热钢相同。

9.2.2.7 不锈钢和耐热钢

不锈钢和耐热钢牌号:阿拉伯数字(以平均碳含量,千分之几计)+合金元素符号+阿拉伯数字(合金元素平均含量,以百分之几计)表示;易切削不锈钢和耐热钢牌号为首位 Y+阿拉伯数字表示。

阿拉伯数字是以千分之几计平均碳含量,一般用 1 位数字表示,如果平均碳含量不小于 1.00%时,以两位数字表示;当碳含量的上限小于 0.1%时,用 0 表示;当碳含量的上限大于 0.01%而小于 0.03%时,以 03 表示;当碳含量的上限极低,不大于 0.01%时,以 01 表示;当碳含量没有规定下限时,以阿拉伯数字表示碳含量的上限。

合金元素以平均含量的百分之几来表示,如不锈钢 2Cr13;铬镍不锈钢 0Cr18Ni9;加硫易切削不锈钢 Y1Cr17;高碳铬不锈钢 11Cr17;超低碳不锈钢 03Cr19Ni10;极低碳不锈钢 01Cr19Ni11 等。

9.2.2.8 焊接用钢

焊接用钢包括焊接用碳素钢、焊接用合金钢和焊接用不锈钢。其牌号表示方法是在牌号首位加符号 H,如 H08、H08Mn2Si、H1Cr19Ni9;高级优质焊接用钢在牌号的尾部加 A 即可,如 H08A。

9.2.2.9 电工用硅钢

电工用硅钢包括热轧硅钢和冷轧硅钢。冷轧硅钢又分为取向硅钢和无取向硅钢。

硅钢牌号用规定的符号+阿拉伯数字表示;阿拉伯数字表示典型产品厚度数值和最大铁损值。

A　电工用热轧硅钢

牌号：DR＋阿拉伯数字（最大铁损数值的100倍，单位W/kg）＋“－”＋阿拉伯数字（产品钢板厚度数值的100倍，单位mm），如DR120－27。如果钢板是在高频率500 Hz磁场下检验的，牌号尾部加G；不加G的钢板是在频率50 Hz磁场下检验的，如DR440－50，DR1750G－35。

B　冷轧无取向硅钢

牌号：产品厚度数值×100＋W＋铁损数×100，如35W300。

C　冷轧取向硅钢

牌号：产品厚度数值×100＋Q＋铁损数值×100，如30Q130；再如高磁感取向硅钢27QG100。

D　电讯用取向高磁感硅钢

牌号用规定的符号＋阿拉伯数字表示；阿拉伯数字1～6为电磁性能从低到高的等级，如DG5。

9.2.2.10　电磁纯铁

牌号是用规定的符号DT＋阿拉伯数字＋质量等级标准表示；根据电磁性能规定质量等级标准A、C、E，如DT3、DT4或DT4A、DT4C、DT4E。

9.3　碳及其他元素在钢中的作用

工业用碳素钢除铁和碳外，还含有少量Si、Mn、P、S等元素。C、Si、Mn、P、S等元素也是碳钢中的常规元素，它们在钢中的含量及存在的形态对钢的性能有着重要影响。碳等元素的作用简述如下。

9.3.1　碳（C）

碳是决定碳钢力学性能的主要元素。前面已经讲过，室温条件下，碳几乎全部以渗碳体Fe_3C的形式存在于钢中。由于渗碳体的强度、硬度高，质脆，塑性和韧性差，所以钢中每增加0.1％的碳含量，就相应增加约1.5％的渗碳体，必然引起钢力学性能的变化。屈服强度上升约 28 MPa,抗拉强度增加约 70 MPa。

随碳含量的增加,钢的焊接性能变差,对于重要用途的焊接结构用钢板,如船板、桥梁板、管线钢板以及各级别的高强度低合金钢的钢板等,都是优先保证钢板的焊接性能和冲击韧性。为此降低碳含量,并通过微合金化、控轧控冷相结合工艺来满足钢强度的要求,如目前控制 $w_{[C]}<0.06\%$ 的低碳,甚至超低碳的贝氏体钢板。

降低碳含量,还可以降低连铸过程钢的热脆性。

钢的性能除受碳含量的影响外,与渗碳体的形态、分散度、分布情况有关。如果渗碳体呈颗粒状,均匀分布于晶粒内部,不是排列在晶界,就会改善钢的性能;因此,钢可以通过热处理工艺,来改变渗碳体在铁基体上的形态、分布状况,从而改变钢的性能。

9.3.2 硅(Si)

对于非合金钢来讲,硅是作为脱氧元素以铁合金形式加入钢中的,脱氧产物为 SiO_2,并与其他氧化物 FeO、MnO、Al_2O_3 等结合成硅酸盐,降低钢中氧含量,剩余的硅残留于钢中。一般镇静钢 $w_{[Si]}<0.40\%$,含量很低,对改变钢性能的作用不大。

硅与锰共同存在可提高钢的淬透性和冲击韧性。

硅是硅钢的主要合金元素,它能够降低硅钢的铁损,提高磁感应强度,还可以提高钢的抗氧化能力和抗腐蚀能力等。

9.3.3 锰(Mn)

对于非合金钢而言,锰也是作为脱氧元素加入钢中的,但其脱氧能力很弱。

硫使钢产生热脆性,锰可以与硫生成 MnS,消除硫对钢的危害。非合金钢一般 $w_{[Mn]}<0.80\%$,对钢的强化作用不明显;,但是在部分碳素钢中锰含量为 0.70%~1.00%,其强化作用不容忽视。锰作为合金元素加入钢中,能够提高钢的强度,在不降低塑性情况下韧性还有提高,若 $w_{[Mn]}>1.00\%$,在提高强度的同时,塑性和韧性有些降低。

锰能增加钢的淬透性、耐磨性，是耐磨钢的主要合金元素。为了避免钢材的脆性，提高锰含量的同时必须相应降低碳含量。

9.3.4 硫(S)

硫是随原料进入钢中的，除硫易切钢外，是要去除的有害元素。硫以 FeS 形式存在于钢中，FeS-Fe 共晶体熔点是 985℃，且呈网状分布于晶界，削弱了晶粒间的结合力。当加热到 800～1200℃进行轧制或锻压加工时，就会从晶界裂开而形成裂纹，即钢的热脆性。为此，除降低硫含量外，还要加入适量的锰，形成熔点较高的 MnS，可以消除热脆。

此外，硫对钢的抗腐蚀性、焊接性能也有不良影响。

硫对钢的影响主要表现在：(1)显著降低钢材的横向强度、延性、冲击韧性等，使钢材具有明显的各向异性；(2)大大降低钢材的抗氢致裂纹(HIC)的能力；硫还会降低连铸坯的塑性，增加铸坯内裂的倾向；(3)硫在铸坯中的偏析最严重。

在浇铸优质级非合金钢时，熔炼成分 $w_{[S]}<0.015\%$，且 $w_{[Mn]}/w_{[S]}>20$，铸坯才不致出现裂纹。对于管线钢，尤其是输送含有 H_2S 的油、气管线钢，钢中硫含量要求更低，一般在 0.005%以下。

对于硫易切削钢，硫是作为合金元素加入钢中，$w_S=0.08\%\sim0.20\%$，甚至达 0.30%，可以改善钢的切削性能。

9.3.5 磷(P)

磷是随原料进入钢中的。钢中磷以固溶体形态出现在 α-Fe 铁素体中，与其他元素相比，磷有更强的固溶强化作用，显著提高钢的硬度，急剧降低塑性。随磷含量的增加，钢的冲击韧性大大降低。在室温和更低的温度下呈现脆性，即钢的冷脆性。碳含量大于 0.15%的钢，冷脆现象更为显著。对于寒冷地带用钢，如桥梁、船舶、输油管线等用钢，应严格控制磷含量。

有些钢种磷作为合金元素加入，磷硫易切钢允许 $w_{[P]}=0.08\%\sim0.15\%$，可以改善钢的切削性能；热轧硅钢加入适量磷，可以降低硅钢的铁损，改善电磁性能。有的钢中有适量的磷，可提高钢的耐大气腐蚀能力。

9.3.6 氢(H)

氢主要来自锈蚀和潮湿的炉料、耐火材料和炉气中的水分，冶炼过程没有脱除干净残留于钢中。氢在钢中是以原子状态溶于铁中，在 γ-Fe 中的溶解度高于 α-Fe，随着温度的降低，氢在这两种铁晶体中的溶解度都会减少，钢中的氢含量一般为 0.0005%～0.0025%，其危害有：

(1) 产生“白点”。钢中氢气析出时，是由原子状态的氢转变为分子状态的氢，在钢的内部造成发纹或形成应力区。在进行锻、轧压力加工时，发纹扩展而成为裂纹，即在断口上出现“白点”，大大恶化了钢的力学性能。

(2) 氢脆。随钢中氢含量的增加，塑性、韧性恶化，特别是断面收缩率明显降低，引起钢的氢脆，还可能导致断裂。

此外，氢含量高还会造成钢的点状偏析，并形成焊缝热影响区的裂纹，所以要千方百计降低钢中氢含量。

9.3.7 氮(N)

氮是由空气、氧气或合金带入钢中的。氮是以固溶体的形式存在于铁中，氮在 α-Fe 中的溶解度 591℃时约为 0.1%，而室温条件下溶解度在 0.001%以下，因此氮能以固溶、化合物和气体形式出现于钢中。氮对钢性能的影响主要表现在：

(1) 时效性。时效性是金属材料性能随时间的延长而发生变化的现象。对于碳钢来说，时效性表现在随时间的延长，钢材的强度、硬度增加，塑性和韧性降低，也称为时效硬化。

室温下氮呈过饱和状态溶解于 α-Fe 中，其析出速度很慢，随时间延长逐渐地以 Fe_4N 微细弥散的质点析出，引起钢质变脆。

钢中氮含量高,导致钢材的时效性。

碳钢的时效有淬火时效和形变时效。淬火时效是钢自高温快速冷却后在放置过程中出现的时效;形变时效是钢经冷变形后在放置过程中产生的时效。时效降低钢的冷加工性能,尤其恶化钢板的弯曲、深冲性能,还会造成焊缝热影响区脆化。

(2) 强化作用。当钢中加入适量 V、Al、Ti、Nb 等元素时,与氮形成稳定的氮化物,不仅消除时效,还阻碍奥氏体晶粒长大,起到细化钢晶粒的作用,可提高钢的力学性能。

(3) 其他作用。对钢件进行表面渗氮处理,可以提高钢件表面硬度、耐磨性、疲劳强度等。在高合金钢中加入适量的氮,使钢呈奥氏体组织存在,并节约镍的用量,所以氮又是一种有益元素。

9.3.8 氧(O)

低碳钢在液体状态时,氧的溶解度为 0.03% ~ 0.08%,而固体状态下氧在 α-Fe 中的溶解度很小,在室温下氧的溶解度只有 0.0003%,当氧含量超过溶解度后就会以氧化物的形式存在于钢中。钢中非金属夹杂物除硫化物之外,就是氧化物,对钢的破坏性极大,FeO 与 FeS 形成共晶体,其熔点更低只有 940℃,加剧了钢的热脆性。除此之外,随钢中氧含量的增加钢材的疲劳强度、延性、韧性、焊接性能、加工性能、抗腐蚀性、抗 HIC 性等显著变坏。

钢中氧含量高,连铸坯还会生成皮下气泡等缺陷,严重恶化钢的质量,所以要想方设法降低钢中氧含量。

9.3.9 铝(Al)

铝是强脱氧剂,脱氧能力比锰、硅都强,几乎所有的钢种都要加入适量的铝终脱氧。除此之外,加铝的作用还可以细化晶粒,固定钢中氮,能够明显提高钢的冲击韧性,降低冷脆倾向和时效倾向性,如 D 级碳素结构钢要求 $w_{[\mathrm{Al}]_s} \geqslant 0.0015\%$,深冲冷轧薄钢板 08 Al 要求 $w_{[\mathrm{Al}]_s} = 0.02\% \sim 0.07\%$。

铝还可以提高钢的抗腐蚀性能,尤其是与钼、铜、铬、硅等元素配合使用效果更好。

9.3.10 铌(Nb)、钒(V)、钛(Ti)等元素

在低碳－锰钢中添加微量的V(钒)、Ti(钛)、Nb(铌)等元素，加入量一般不超过0.1%，使其形成V(钒)、Ti(钛)、Nb(铌)等元素的碳化物和氮化物，对钢的力学性能可以产生重要影响，对钢的耐蚀性、耐热性等也能够起到有利的作用。钢种不同，微量元素加入量也有差别，例如：根据国家标准规定Q295～Q460钢，需加入$w_{[Nb]}=0.02\%\sim0.06\%$，$w_{[V]}=0.02\%\sim0.15\%(0.20\%)$，$w_{[Ti]}=0.02\%\sim0.20\%$；耐酸钢、不锈钢加入量为0.5%左右；高温合金中加入量较高，为1%～3%。

铌(Nb)、钒(V)、钛(Ti)等元素加入很少量，就可以改善钢的性能，称其为微合金化。

铌、钒、钛是低合金高强度钢广泛使用的微合金化元素，这些元素能够细化铁素体晶粒，起到沉淀强化作用，在不降低韧性的情况下提高钢的强度。但对钢的焊接性有些负面影响，若在低碳或超低碳钢中加入微合金化元素，并与控轧控冷技术相结合，不仅可以大大改善钢的力学性能，还可以得到良好的焊接性能。

微合金化钢无论从技术上、用量上、经济上都是发展的重要方向。

9.4 合金钢凝固特性

所谓合金钢即钢中含有较高的合金元素，有的还含有贵重元素，是合金元素总量在10%以上的高合金钢。

由于合金钢的合金元素含量高，因此合金钢的凝固特性、凝固结构、物理性能、高温力学性能等与普通碳钢不同，再加上合金钢多用于制造重要零部件，质量要求极为严格苛刻。

9.4.1 合金钢的凝固特性

合金钢凝固特性与普通碳钢有所不同，所以在连铸工艺过程

中必须给予充分的注意。

A 钢中含有活泼元素

活泼元素与氧、氮有较大的亲和力，其产物可能成为夹杂，影响钢的纯净度和钢水的可浇性，如不锈钢中的 Cr、Al、Ti 等元素，极易与氧和氮化合生成 Cr_2O_3、Al_2O_3、TiO_2、TiN、Ti(CN)、$(CrAl)_2O_3$、$(MnTi)_2O_4$ 等高熔点复杂化合物，悬浮于钢水之中，既影响了钢水的可浇性，又给铸坯质量带来一些危害。合金钢一般是用铝脱氧的细晶粒钢，因而悬浮于钢水中的 Al_2O_3 不仅影响钢水的流动性，还容易使水口结瘤；此外形成的 AlN 沉淀于晶界，铸坯在弯曲、矫直等应力作用下还容易产生横向裂纹。

B 凝固温度区间的变化

钢中碳和合金元素含量较高，其固相线与液相线温度区间变化较大，例如 $w_{[Cr]}=18\%\sim20\%$、$w_{[Ni]}=8\%\sim10\%$ 的奥氏体不锈钢，其液相线温度为 $T_L=1449℃$，固相线温度 $T_S=1393℃$，液－固相线温度区间 $\Delta T=T_L-T_S=1449-1393=56℃$；再如 $w_{[Cr]}=10\%\sim11\%$ 的铁素体不锈钢，$T_L=1507℃$，$T_S=1482℃$，$\Delta T=25℃$；钢中碳含量由 0.20%增加到 0.50%时，ΔT 由 30℃增加到 60℃。随着钢中碳和合金元素含量的变化，其凝固温度区间有差异；因此，在确定出钢温度、选择钢水过热度、二冷区的给水量和水的分配时必须考虑这一特点。

C 凝固组织

铸坯的凝固组织对产品质量有直接影响，而钢中的合金元素及其含量的不同会形成不同的凝固组织。钢的凝固有 3 种类型：

(1) 钢水凝固形成 δ 相或 γ 相，初生树枝晶和二次晶晶界完全重合，如铁素体铬钢和奥氏体铬－镍钢就是这类单相组织；

(2) 钢水凝固首先形成 δ 相，然后转变为 γ 相，初生树枝晶与二次晶晶界分明，如含有 δ 相的铬镍奥氏体钢；

(3) 钢水首先凝固成 δ 相，然后发生 δ→γ→α 的转变，δ、γ、α 相之间的晶界分明，如 $w_{[C]}<0.53\%$ 的低合金钢等。

初生晶为 δ 相与 γ 相的铸坯，其显微偏析有很大的差别。溶质元素在δ相中的扩散速度比在γ相中快100倍，因而在γ相中显微偏析严重，如硫在γ相晶界的偏析，就加大了钢的裂纹敏感性。

树枝晶二次枝晶间的距离是显微偏析程度的量度，在冷却条件相同的情况下，随着钢中一些合金元素含量的增加，二次枝晶间距离有所减小，显微偏析也随之减轻。

D　热物理性能

一些合金钢的热导率λ、线膨胀系数α等热物理性能列于表9-2。

表9-2　钢的热物理性能

钢　种	收缩量/%	0～500℃线膨胀系数 α/℃$^{-1}$	热导率 λ/W·(m·K)$^{-1}$	
			800℃	1000℃
不锈钢(Cr、Ni)	7.5	1.836×10^{-5}	22.8	25.4
碳素钢	3～4	1.170×10^{-5}	39.2	30.0
纯　铁			43.3	32.8

由表9-2可知，不锈钢的热导率比碳素钢小，而凝固收缩量比碳素钢大。在二冷区内铸坯的凝固是通过坯壳散发热量，而坯壳的散热主要取决于钢的热导率。由于钢种不同，其热导率也有差别，所以钢的凝固速度也存在明显差异，如厚度在152 mm的碳素钢板坯，完全凝固大约需要6 min，而相同厚度的不锈钢板坯，则需18 min左右，可见钢的凝固速度与热导率是成正比的。为此浇铸合金钢其二冷区的冷却强度必须考虑这些特点。

由于钢的热导率不同，凝固结构也有区别，如铁素体不锈钢比奥氏体不锈钢热导率大20%～50%，因而铁素体不锈钢完全凝固后形成柱状晶+等轴晶的结构，而奥氏体不锈钢的凝固结构则是贯穿的柱状晶，在热加工过程中容易出现裂纹缺陷。

E　钢的高温性能

钢的高温力学性能好，裂纹敏感性就差些，例如奥氏体不锈钢的高温强度较高，1300℃时抗拉强度约为0.12 MPa，而 $w_{[Cr]}$ = 16%～18%的铁素体不锈钢和 $w_{[Cr]}$ = 12%～14%的马氏体不锈钢高温强度较低，同样在1300℃条件下其抗拉强度只有0.0245 MPa，极易产生裂纹，因此连铸工艺必须适应这一特点。

合金元素对钢的热延性曲线的脆性"口袋"温度有重要影响，为此必须根据所浇钢种实际脆性温度范围来确定二冷区的冷却强度及配水制度。

F 裂纹敏感性

从本质上讲，裂纹敏感性取决于所浇钢种，当然与钢水质量、冷却制度、凝固结构、铸坯承受的应力等因素也有关系。简言之，铸坯裂纹的形成是综合因素作用的结果，如镍铬不锈钢最终组织为奥氏体，显微偏析较为严重，裂纹敏感性就强些；而铬不锈钢的凝固组织为铁素体，显微偏析程度较奥氏体轻些，裂纹敏感性也就低些。

上述特性对不同钢种所表现的程度各有差别，在浇注合金钢时必须考虑这些特性，才能使得连铸工艺顺行，获得优质的铸坯。

9.4.2 对合金钢连铸工艺及设备的要求

9.4.2.1 合金钢连铸工艺的要求

合金钢连铸工艺的要求如下：

(1) 精确控制钢水成分、温度以达到目标管理值。根据所浇钢种的需要，选择相适应的精炼路线，以实现钢水温度、成分的精确控制，提高钢水的纯净度；精炼设施更是合金钢连浇工艺顺行和确保铸坯质量必不可少的环节。

(2) 合适的结晶器振动参数。

(3) 选用合适的、性能良好的保护渣。

(4) 合适的拉速和二冷制度。

(5) 使用大容量、深熔池的中间包。充分发挥中间包冶金的功能。

(6) 连铸系统选用优质适合于合金钢浇铸的耐火材料。

(7) 应用结晶器液面自动控制技术和漏钢预报技术等。

总而言之，为了合金钢连铸坯质量达到要求，严格工艺操作，使其标准化、规范化，必须应用自动化控制及铸坯质量的自动跟踪管理体系等。

9.4.2.2 合金钢对连铸设备的要求

合金钢对连铸设备的要求如下：

(1) 选择合适的连铸机机型。对于板坯、合金钢的浇铸，现在多用带直线段、多点弯曲、多点矫直的弧形连铸机，也有称为立弯式连铸机，并应用轻压下技术或压缩浇铸技术，这样能减少夹杂物的聚集，减轻中心疏松，避免产生内部裂纹的，有利于铸坯质量。

(2) 应用电磁搅拌技术(EMS)。根据钢种质量的需要，在连铸机的不同部位安装电磁搅拌装置，以改善铸坯质量。

研究表明，当搅拌作业区与铸坯液相穴中心钢水过热度消失区相重合时，等轴晶带厚度增加最多，搅拌效果最佳。关于电磁搅拌技术在本书第 2.11 节都有讲述。电磁搅拌前后铸坯凝固结构的不同可见图 3-33。

(3) 二冷区采用小辊径密排列的支撑辊。根据钢种选择二冷区的冷却方式，气－水冷却或干式冷却，并确定合理的参数，保证铸坯的均匀冷却，以防铸坯发生鼓肚变形和产生内裂。

(4) 实施连铸过程参数自动检测，以实现管理的自动化，达到优质、高产、高效、低耗。

(5) 根据所浇钢种的需要，设置必要的缓冷设施或配备热装直接轧制的设备。

9.5 合金钢钢种的连铸

9.5.1 不锈钢

所谓钢的不锈性是指钢抵抗大气和水蒸气腐蚀的能力。钢的耐酸性是指钢在某些化学介质(如酸、碱、盐溶液)中具有良好的抗腐蚀能力。不锈钢不一定具备耐酸侵蚀的能力，而耐酸钢却具有不锈的性能。

9.5.1.1 合金元素对钢性能的影响

合金元素对钢性能有以下几种影响：

(1) 铬(Cr)是不锈耐酸钢的主要合金成分。由于铬先于铁与氧化合，在钢件的表面形成一层与基体结合很牢固，致密的氧化物 $(Fe\cdot Cr)_2O_3$ 薄膜，可以遮挡外界介质对钢件进一步氧化腐蚀，起到保护作用。钢中铬含量高于 12% 才有耐腐蚀能力，否则铬的氧化膜不足以抵抗外界介质的侵入。铬含量越高，钢的耐腐蚀性越好。

(2) 镍(Ni)、钼(Mo)、锰(Mn)等元素能提高钢在某些酸中的耐蚀性，尤其是镍含量高可大大提高钢的耐蚀能力，所以镍也是不锈耐酸钢的重要元素之一。

(3) 碳是降低不锈耐酸钢耐蚀性的元素，因为碳与铬形成铬含量很高的铬碳化合物 Cr_2C_3，这样固溶于铁素体或奥氏体基体中的铬含量相应减少了，由此降低了钢的耐蚀性。但是碳可提高钢的力学性能，因此在某些不锈钢中碳仍然是必要的元素。

各牌号的不锈耐酸钢都属于高合金钢。合金元素对铁的同素异晶转变、钢的显微组织、使用性能有着重要影响。不锈耐酸钢就其显微组织可以分为马氏体铬不锈钢、铁素体铬不锈钢、奥氏体铬镍不锈钢和奥氏体－铁素体复相不锈钢等。

9.5.1.2 不锈钢的分类和用途

A 马氏体不锈钢

马氏体不锈钢中 $w_{[C]}=0.15\%\sim1.00\%$，$w_{[Cr]}=12.0\%\sim18.0\%$，并有少量的 Ni、Mo、V 等元素。这类钢的牌号有 1Cr13、2Cr13、3Cr13、4Cr13、9Cr18、9Cr18MoV 等。马氏体不锈钢中含有较高的铬和碳，起强化奥氏体的作用，有较大的变形抗力，因此必须缓冷，不然由于热应力及组织应力的共同作用会造成钢的裂纹。

马氏体不锈钢可以用来制造盐水溶液和浓度不高的有机酸介质中工作的零件，如热油泵的轴和阀门，测量工具、医疗工具以及耐蚀性要求较高的量具、刀具、滚珠轴承等。

B 铁素体铬不锈钢

铁素体铬不锈钢 $w_{[C]}<0.15\%$，$w_{[Cr]}=12\%\sim28\%$，还有少量的 Mo、Ti，其牌号有 0Cr13、Cr17Mo12Ti、Cr25Ti、Cr28 等。由于铬是封闭 γ 区的元素，所以该组钢可以完全抑制铁的 $\gamma\rightleftharpoons\alpha$ 同素异晶转变，钢的全部组织能够从室温到熔点由铁素体和少量的碳化物（$Cr_{23}C_6$）组成，所以这组钢称为铁素体铬不锈钢。

钼可提高钢的高温强度和耐蚀性，钛起固定碳的作用，钛与碳的亲和力大于铬与碳，因而形成稳定的碳化钛（TiC），相应提高了固溶体的铬含量，增强了钢的耐蚀性。铁素体铬不锈钢热加工时具有良好的塑性变形能力，即使在室温下也有很好的冷塑性变形能力，能够经受深冲和冷拔加工。

铁素体铬不锈钢广泛用于制造接触硝酸、磷酸工作条件下的设备，如酸泵、吸收塔、盛酸筒以及食品工业的设备等。

C 奥氏体铬镍不锈钢

奥氏体铬镍不锈钢比马氏体和铁素体钢有更强的不锈耐蚀性，它是在 $w_{[Cr]}=18\%$ 的基础上，加入一定量的镍或镍和锰，并含有少量的钼、铜或钛。镍和铬一样，是既可溶于 α-Fe 也可溶于 γ-Fe 的合金元素。镍与铬相反，是扩大 γ 区的元素，这两个元素对铁的同素异晶转变的影响是对立的，在 $w_{[Cr]}=18\%$、$w_{[Ni]}=8\%$ 的情况下，高温下钢呈单相奥氏体存在。快速冷却可以抑制铁素体的形成，奥氏体能够保持到室温，这类钢称为奥氏体铬镍不锈钢。1Cr18Ni9 就是这组钢的典型钢种。

碳是引起铬镍不锈钢晶间腐蚀的元素，要严格控制 $w_{[C]}<0.03\%$。超低碳铬镍不锈钢 00Cr18Ni10 就是无晶间腐蚀倾向钢种之一。

此外，向钢中加入 5 倍于碳含量的钛，或者 10 倍于碳含量的铌，是消除晶间腐蚀的有效措施。钛、铌可以固定碳，所以 1Cr18Ni9Ti、1Cr18Ni11Nb 也是铬镍不锈钢的牌号。

奥氏体铬镍不锈钢具有良好的焊接性，焊后无须进行热处理，有很好的高温强度，低温下的韧性较高，是无磁性材料，广泛用于化工机械、石油炼制、食品制造工业的容器、发酵罐、盛奶桶、餐具、仪表外壳等。

镍是稀缺贵重元素，可以用其他扩大 γ 区的元素锰和氮替代部分镍，以节约镍的资源，如 Cr18Mn8Ni5N、Cr18Mn10Ni5Mo3N、Cr17Mn14Mo2N 等。

D 奥氏体－铁素体复相不锈钢

在 1Cr18Ni9 成分基础上，适当提高扩大 α 区的元素铬、硅、钼的含量，或适当降低扩大 γ 区的元素镍、锰等，可获得奥氏体－铁素体复相钢，如 Cr21Ni5Ti、00Cr25Ni5Mo、00Cr18Ni5Mo2Si2 等。

奥氏体－铁素体复相不锈钢能进一步提高在应力作用下的抗腐蚀能力，大大改善钢的晶间腐蚀倾向，此类钢的强度也较高。

由于这类钢含有约 30%～50% 不等的铁素体，其高温韧性远比单一奥氏体或铁素体钢差，加工过程容易产生裂纹。

9.5.1.3 不锈钢的连铸

目前几乎所有不锈钢种均可用连铸工艺生产。不锈钢在凝固冷却过程中有三个脆性区域：

(1) 在钢水凝固温度附近的脆性区，主要是树枝晶的生长而使偏析元素及夹杂物向未凝的母液中推移、富集，致使晶界强度降低，形成晶界脆性。

奥氏体单相钢在凝固过程中，虽然没有第二相的析出，但是由于固－液相温度范围宽，晶粒粗大，促使低熔点夹杂物在晶界聚集，再加上本身导热性能较差，应力大，容易引发裂纹。

铁素体铬不锈钢 $w_{[C]} = 0.08\% \sim 0.58\%$，置于包晶反应区。包晶反应的体积收缩，铁素体不锈钢的抗拉强度仅为单相奥氏体不锈钢的 1/5，其裂纹敏感性比奥氏体不锈钢要强。

(2) 铸坯冷却到 1200～900℃ 的脆性区，主要是由于加工硬化来不及再结晶而产生的脆性。当铸坯变形速度小于再结晶速度时，脆性就缓和些。因此为控制铸坯鼓肚变形，当弯曲、矫直的变形速度在 $10^{-4} \sim 10^{-2}$ mm/s 时，即使在脆性区也不会引发裂纹。

(3) 铸坯冷却到 900～700℃ 的脆性区。在这个区域内如果奥氏体晶界有硫化物、碳化物和氮化物析出，以及奥氏体向珠光体或铁素体转变，则会引起铸坯表面和皮下裂纹。此外，奥氏体钢的导热系数小，线膨胀系数大，也是造成奥氏体不锈钢裂纹敏感的因素。

马氏体不锈钢冷却到300～200℃时，由于产生马氏体相变、体积膨胀引起组织应力而形成铸坯的脆性，因此铸坯在二冷区内要均匀冷却，尤其要避免角部过冷。铸坯输出后必须进行缓冷，防止发生纵裂纹。

不锈钢的凝固结构特点是具有比较发达的粗大柱状晶带，甚至形成穿晶结构，因而可能形成比较严重的中心偏析、中心疏松和中心裂纹等缺陷。倘若有铜渗入铸坯，铸坯表面有可能形成放射状(星状)裂纹。

含钛不锈钢，由于形成TiN和TiO_2等化合物，结晶器保护渣易结壳，严重影响了铸坯表面质量，几乎全部铸坯表面都需要进行修磨处理。根据以上特点，不锈钢的工艺路线：

(1)电炉冶炼→氩氧炉(AOD)→真空脱碳炉(VOD)→
连铸→缓冷→铸坯修磨
└→热送热装或直接轧制

(2) 转炉复合吹炼→氩氧炉冶炼→真空处理→
连铸→缓冷→铸坯修磨
└→热送热装或直接轧制

不锈钢连铸应该注意以下几点：

(1) 为连铸提供优质钢水。

(2) 钢水的过热度要高些，在35～40℃，以利于中间包内夹杂物上浮。

(3) 全程保护浇注，防止钢水从空气中吸入氮和氧。

(4) 选用低碱度、黏度稍高些的保护渣，可参考第6章表6-6保护渣的数据。

(5) 浸入式水口侧孔向上倾角最好在5°～10°，以免钢水液面保护渣结壳，有利于液渣吸收夹杂。

(6) 结晶器应采用弱冷却、选择合适的结晶器振动参数，防止铸坯表面产生凹坑缺陷。

(7) 由于奥氏体不锈钢的高温强度和延性较好，可采用稍高拉速。因为热膨胀系数和导热系数较大，二冷区冷却强度可以稍大些，比给水量可控制在 1.3 L/kg；而铁素体不锈钢的高温强度较低，铸坯易产生裂纹，拉速要低些；其导热系数较小，二冷区采用弱冷却制度，比给水量应小于 1 L/kg。

(8) 火焰切割需向火焰中喷射铁粉，以提高切割效率。切割所产生的烟尘，要有除尘净化设施给予处理，避免污染环境。

(9) 根据需要对铸坯进行缓冷或表面修磨。

9.5.2 硅钢

硅钢是电工用钢的一种，又称软磁钢，也是工业上应用广泛的软磁材料。

9.5.2.1 硅钢的用途和分类

硅钢片具有优异的电磁性能，用于制造电机和变压器的铁芯、磁开关、高能加速器的铁芯等，因此是电力电子工业、军事工业中不可缺少的软磁材料。钢中 $w_{[Si]}=0.5\%\sim6.5\%$。电工用钢的分类列于表 9-3。

表 9-3 电工用钢分类

类别			公称厚度/mm
热轧硅钢板(无取相)	热轧低硅钢，也称电机钢 $w_{[Si]}=1.0\%\sim2.5\%$		0.50
	热轧高硅钢，也称变压器钢 $w_{[Si]}=3.0\%\sim4.5\%$		0.35 和 0.50
冷轧电工钢板	无取向电工钢(冷轧电机用)	低碳电工钢 $w_{[Si]}\leqslant0.5\%$	0.50 和 0.65
		硅钢 $w_{[Si]}>0.5\%\sim3.5\%$	0.35 和 0.50
	取向电工钢(冷轧变压器用)	普通取向硅钢 $w_{[Si]}=2.9\%\sim3.3\%$	0.35 和 0.30
		高磁感取向硅钢 $w_{[Si]}=2.9\%\sim3.3\%$	0.27 和 0.23

9.5.2.2 硅的作用

硅能提高钢的磁导率、降低涡流损耗、矫顽力和磁滞损耗，从而降低铁损，同时也降低了磁感强度和饱和磁感。当 $w_{[C]}<$ 0.025%时，从 Fe－Si 相图中查到，在任何温度下都是单一的 α 铁素体相，这对于通过高温退火得到取向和无取向硅钢都是非常重要的，有利于(110)[001]取向的发展、晶粒的长大。硅也能减小磁的时效性，随硅含量的增加钢的屈服强度、抗张强度明显提高，当 $w_{[Si]}>3.50\%$时，屈服强度降低，当 $w_{[Si]}>4.0\%$时，抗张强度也迅速下降。随硅含量增加，硬度提高，延伸率显著降低，所以热轧硅钢 $w_{[Si]}$的上限规定在 4.5%；冷轧硅钢 $w_{[Si]}<3.5\%$。硅钢随硅含量的增加，钢的热导率下降，铸态晶粒粗大。

变压器硅钢又叫高磁感取向硅钢，钢中 Si、Al、P 等元素有利于降低铁损，而 C、Mn、S 等元素会增加铁损。硅钢钢水导热性较差，有吸收氢的倾向。

9.5.2.3　硅钢连铸

工艺路线为：铁水预处理→转炉复合吹炼→

→真空精炼→连铸→缓冷

　　　　　　　└→热装或直接轧制

应注意：

(1) 经真空处理后的钢水须尽快浇注，否则钢包内钢水温度会产生分层，影响温度的均匀性。

(2) 过热度要低，5～10℃较为合适。

(3) 硅含量高的钢导热性差些，拉坯速度适当低些。但武钢则采用“低温快注”，拉速由原来的 0.55 m/min 提高到 0.9 m/min，同时还解决了精炼与连铸周期协调的问题。二冷区采用弱冷却制度，有的厂比给水量为铝镇静钢的一半。凝固末端采用轻压下技术。

(4) 选用合适的保护渣。可参考本书第 6 章表 6-4 保护渣化学成分。碱度小于 1.0，$w_{(Al_2O_3)}\leqslant 5.0\%$，$w_{(C)}\leqslant 5.0\%$，熔点小于 1100℃。

(5) 使用熔融石英质浸入式水口。

(6) 应用电磁搅拌技术，抑制柱状晶的发展，并消除铸坯表面缺陷。

(7) 配备在线铸坯热检查技术。

(8) 铸坯需要缓冷或直接热送热装、直接轧制。

9.5.3 轴承钢

9.5.3.1 轴承钢用途及对其性能要求

滚动轴承钢主要用来制作各种机械上的滚动轴承件，如滚珠、滚柱、滚针、内外套圈等；也有少量用于制造油泵、油嘴及其他工具、模具等。

滚动轴承在运转过程中工作条件十分复杂，当轴承件高速运转时，滚动体与轴承套圈之间几乎是以点或线相接触，承受着集中的周期性的交变载荷，其应力的变化由零到最大，再由最大到零；接触面积越小，承受的应力就越大；据计算，轴承在高速转动中最大应力可达5000 MPa，同时还要承受由于离心力引起的负荷和滚动体与套圈之间产生的弹性变形。除此之外，轴承在工作过程中还受到水分、杂质、润滑油的腐蚀。

通过上述可知，在以上诸多因素的共同作用下，轴承接触面多为疲劳破坏和磨损破坏。

为此对轴承钢提出以下要求：

(1) 具有高疲劳强度，尤其是具有抗接触疲劳强度、高的耐磨性和弹性极限、一定的冲击韧性；

(2) 具有高而均匀的硬度，良好的尺寸稳定性和一定的耐腐蚀性。

9.5.3.2 主要合金元素的作用

轴承钢的碳含量较高，并含有以铬为主的合金元素。

(1) 碳。铬轴承钢的 $w_{[C]}=0.90\%\sim1.15\%$，碳与铬形成细小的碳化铬。如果 $w_{[C]}=0.5\%\sim0.6\%$ 的马氏体基体上，均匀的分布着6%～8%的过剩碳化物时，轴承的强度、硬度、抗疲劳性、耐磨性都很好。碳含量太少，过剩碳化物也少，轴承的耐磨性就差；碳含量太高，钢的脆性加大，还可能引起严重的碳化物偏析，甚至出现大块碳化物，影响轴承的使用寿命。

(2) 铬。铬是形成合金碳化物的元素之一，在过共析钢中碳形成的$(Fe,Cr)_3C$退火时比较稳定，不易聚集长大，颗粒细小均匀，能够确保钢的强度、硬度、耐磨性、抗疲劳性能。铬还能提高钢的淬透深度和耐腐蚀性。铬含量过高$w_{[Cr]}>1.65\%$，会增加淬火钢的残留奥氏体量，降低钢的硬度。

(3) 锰。锰可以进一步提高铬轴承钢的淬透性。锰能部分溶于铁素体，提高铁素体的强度和硬度。锰还能消除或减弱硫的危害。

(4) 硅。在铬、锰钢中加入适量的硅，可以提高钢的淬透性，也有利于提高钢的弹性极限、屈服强度和疲劳强度，所以制造大截面轴承时就用GCr15SiMn钢。

这类钢制成的轴承件，其金相组织最好是在回火马氏体基体上均匀地分布着细小碳化物颗粒。

轴承钢容易出现碳化物偏析，尤其在浇铸和轧制过程，采取必要措施以减轻或消除碳化物偏析。

轴承钢的化学成分列于表9-4。

表9-4 轴承钢的化学成分

牌号	化学成分(质量分数)/%							
	C	Mn	Si	Cr	S	P	Ni	Cu
GCr6	1.05~1.15	0.20~0.40	0.15~0.35	0.40~0.70	≤0.02	≤0.027	≤0.30	≤0.25
GCr9	1.00~1.10	0.20~0.40	0.15~0.35	0.90~1.20				
GCr15	0.95~1.05	0.20~0.40	0.15~0.35	1.30~1.65				
GCr15SiMn	0.95~1.05	0.90~1.20	0.45~0.65	1.30~1.65				
GCr9SiMn	1.00~1.10	0.90~1.20	0.40~0.70	0.90~1.20				

其中用量最多的是GCr15。外国相应标准牌号：美国为AISIE52100、日本JISSUJ2、德国DIN100Cr6。

9.5.3.3　轴承钢的连铸

目前连铸生产的GCr15轴承钢用于制作轴承圈和滚柱，钢质量完全符合要求；用于制造滚珠，钢质量有待进一步研究改进。

轴承钢铸坯的纯净度要高，成分要均匀。工艺路线：

铁水预处理→转炉复合吹炼→LF炉精炼→

→RH真空处理→连铸

电弧炉冶炼→ASEA－SKF炉精炼→连铸

轴承钢连铸应注意：

(1) 全程保护浇注，钢包－长水口、中间包－浸入式水口的接口要严格密封，防止吸入空气，造成钢水的二次氧化；

(2) 钢包、中间包内衬采用碱性耐火材料砌筑，中间包使用前要用氩气吹扫，以减少钢水的二次污染；

(3) 选择性能良好的保护渣；

(4) 应用液面自动控制技术，保持液面稳定，防止卷渣；

(5) 充分发挥中间包的冶金功能，图9-1是某厂浇注轴承钢使用的中间包结构，供参考；

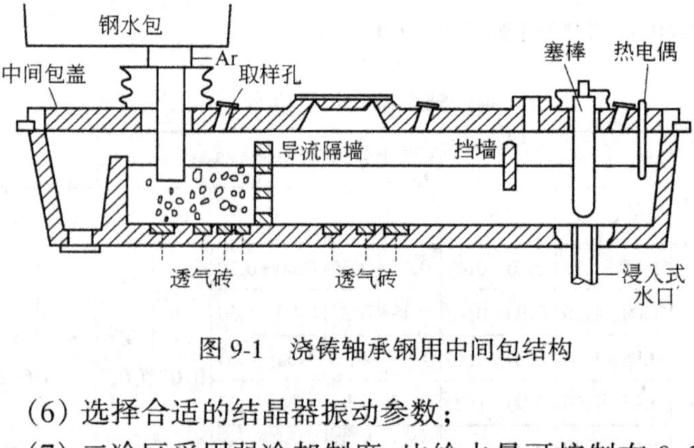

图9-1　浇铸轴承钢用中间包结构

(6) 选择合适的结晶器振动参数；

(7) 二冷区采用弱冷却制度，比给水量可控制在0.3L/kg左右，防止铸坯角部过冷；控制铸坯矫直温度，避免铸坯角部横裂纹；

(8)采用低过热度浇注，并应用电磁搅拌技术，减轻或消除中心疏松、中心偏析。

9.5.4 齿轮钢

20CrMnTi 是含钛合金结构钢的一种。铬锰钛钢经渗碳处理和适当热处理后,可以获得良好的力学性能。构件的表面硬度高、耐磨;其内部强度高、韧性好,并具有变形量小、加工性能好等优点,适合制造形状复杂的机械零件,如齿轮、齿轮轴、齿圈、十字轴、爪形离合器、蜗杆等。

9.5.4.1 化学成分

20CrMnTi 钢的化学成分列于表 9-5。

表 9-5 20CrMnTi 钢的化学成分(GB/T3077—1999)(质量分数/%)

C	Si	Mn	Cr	Ti	P	S
0.17~0.23	0.17~0.37	0.80~1.10	1.0~1.30	0. 06~0.12	≤0.040	≤0.040

9.5.4.2 合金元素的作用

20CrMnTi 钢中合金元素含量对钢的力学性能有直接影响,尤其元素碳和钛的含量。

随着碳含量的增加,提高了钢的强度极限 σ_b,但断面收缩率 ψ、伸长率 δ、冲击韧性 a_K 却有降低。随着钛含量的增加,钢的断面收缩率、伸长率、冲击韧性却有提高。为了得到良好的综合性能,须调整合适的碳、钛含量。

研究认为,碳与钛之差值 $w_{[C]} - w_{[Ti]} = 0.10\% \pm 0.020\%$ 时,可以获得较好的综合性能。

倘若 $w_{[C]} - w_{[Ti]} < 0.10\%$,即碳低钛高,容易形成较多钛的复合碳化物,导致淬火钢基体碳含量和合金元素含量的降低,引起钢强度的降低。钛含量过高,钢的塑性将会降低。

当 $w_{[C]} - w_{[Ti]} > 0.10\%$,碳高钛低时,钛的复合碳化物数量减少,其复合碳化物质点就少,淬火加热时晶粒容易长大,组织粗化,引起塑性和韧性的降低。

为此 20CrMnTi 钢中要控制合适的碳、钛含量,以得到良好的综合性能。

铬、锰也是 20CrMnTi 钢的主要元素,能够起到提高基体强度和增加淬透性的作用。

钛是微合金化元素，加入后可以细化晶粒，并提高了钢的强度和韧性。

为了获得良好的综合力学性能，20CrMnTi 钢的成分最好控制 $w_{[C]}=0.18\%\sim0.20\%$，$w_{[Ti]}=0.07\%\sim0.09\%$，锰的含量在中上限，铬的含量在中下限，$w_{[Cr]}=1.10\%\sim1.12\%$ 较为适宜。其工艺路线：

(1) 铁水预处理→转炉复合吹炼→渣洗→LF 炉精炼→RH(或 VD)真空处理→连铸

(2) 电炉冶炼→LF 炉精炼→RH(或 VD)真空处理→连铸
└→ASEA－SKF 炉精炼→连铸

9.5.4.3　连铸应注意问题

连铸应注意以下几个问题：

(1) 钢水过热度在 20～25℃，中间包使用碱性内衬，充分发挥中间包的冶金功能，降低夹杂物含量净化钢水。

(2) 应用液面自动控制技术，保持结晶器液面稳定。

(3) 选择性能良好的保护渣。某厂用保护渣碱度为 0.96～0.98，熔化温度为 1143～1145℃，1300℃ 黏度为 0.26～0.29Pa·s 时，使用效果不错。

(4) 应用电磁搅拌技术，轻压下技术，减小偏析。

(5) 二冷为弱冷却，保持均匀冷却，以防铸坯变形。

(6) 铸坯要缓冷。

9.6　其他钢种的连铸

还有一些钢种，如深冲薄板钢、管线钢、硬线钢、重轨钢等，虽然不是合金钢，但其质量要求也非常严格，因此在连铸生产中必须给予足够的重视。

9.6.1　IF 钢

IF 钢是深冲冷轧薄板钢，主要用于制作汽车面板、食品包装、搪瓷制品等，要求钢具有足够的强度，良好的深冲性能和表面质量以及抗时效性等。

9.6.1.1 对 IF 钢的要求

IF 钢也称无间隙原子钢，是深冲钢种。在 $w_{[C]}=0.001\%\sim0.005\%$ 的钢中加入适量的钛(Ti)、铌(Nb)等微量强化元素，与钢中残存的间隙原子碳和氮结合形成碳化物和氮化物、Nb(CN)、TiN 等的质点，代替了间隙原子碳和氮存在于钢的基体中，钢的基体中就没有间隙原子碳和氮了。因此 IF 钢的特点是：

(1) 深冲性能极好，可以代替铝镇静钢；取消了中间退火工序，缩短了工艺流程，节约能源；

(2) 可以冲制极薄的制品和零件，主要用于汽车面板；

(3) 无时效性，消除了屈服点延伸现象，钢板表面光洁质量好；

(4) 降低冲压废品率，例如汽车生产厂家使用铝镇静钢钢板时，冲压废品率有时达 40%～50%，使用 IF 钢钢板基本消除了冲压废品。

9.6.1.2 IF 钢的化学成分

IF 钢的化学成分列于表 9-6。

表 9-6 IF 钢的化学成分

化学成分(质量分数)/%							
C	Si	Mn	P	S	Al	Ti	N
<0.003	<0.02	0.10～0.15	<0.015	<0.010	0.020～0.040	0.060～0.080	<0.003

9.6.1.3 IF 钢连铸

IF 钢生产工艺路线：

铁水预脱硫→转炉复合吹炼→RH 真空处理→连铸

└→渣洗→VD 精炼→连铸

IF 钢连铸工艺生产应注意：

(1) 中间包钢水过热度可适当高些；

(2) 充分发挥中间包冶金功能，以利于夹杂物上浮，纯净钢水；

(3) 全程保护浇注,钢包→中间包、中间包→结晶器水口的接口要严格密封;钢包－中间包钢水吸氮量应控制在 1.5×10^{-6}以下;中间包→结晶器吸氮量应小于 1×10^{-6};

(4) 中间包内衬用碱性耐火材料砌筑,最好也用碱性覆盖渣剂;

(5) 使用无碳保护渣;

(6) 特别注意浇注过程中避免钢水增碳。

9.6.2 中厚板钢

厚度在 4 mm 以上的钢板称为中厚钢板,主要适于机械结构件、桥梁、船舶等用钢以及石油开采的海洋平台、石油和天然气管线用钢,容器等用钢,是低碳或超低碳并含有钛、铌等微量元素细晶粒的高强度钢。

9.6.2.1 管线钢

A 管线钢用途、性能、化学成分

管线钢用于制作输送石油、天然气的管道。目前我国具备管线钢生产条件的企业很多,按照通用 API 标准已生产了 A、B、X42、X50、X60、X65 等品种,正在开发 X70 以上牌号如 X80－X120 的管线钢,每年都有大量的新管线投入使用,为了适应这一发展形势的需要,将采用高工作压强的大口径厚壁管线。输送油、气管线,有的铺设在高寒地区,有的经过海底,这些管线日常是不便于维护的,因此管线钢应具有如下性能:

(1) 高强度、高韧性,尤其高的低温冲击韧性。

(2) 能够承受高寒的作用,具有高耐负温性。

(3) 耐腐蚀能力,除耐大气、海水的侵蚀外,还要能抵抗 H_2S 等有害成分的腐蚀。

(4) 良好的焊接性。焊接裂纹敏感性是评价钢焊接性能优劣的指标。根据钢的熔炼成分用下列公式来估算焊接性。C_{ep}是碳当量;P_{cm}是焊接裂纹敏感指数。

$$C_{ep}(\%)=\mathrm{C}+\frac{\mathrm{Mn}}{6}+\frac{\mathrm{Si}}{24}+\frac{\mathrm{Ni}}{40}+\frac{\mathrm{Cr}}{5}+\frac{\mathrm{Mo}}{4}+\frac{\mathrm{V}}{14} \qquad (9\text{-}1)$$

$$P_{cm}(\%)=C+\frac{Mn}{20}+\frac{Si}{30}+\frac{Cu}{20}+\frac{Ni}{60}+\frac{Cr}{20}+\frac{Mo}{15}+\frac{V}{10}+5B \quad (9\text{-}2)$$

经验表明，C_{ep}和 P_{cm}数值越低，钢材的淬硬倾向越小，焊接性能良好。

(5) 较高的疲劳强度。

(6) 高的抗氢致裂纹(HIC)的能力。

(7) 抗层状撕裂性能要好。

各牌号管线钢的化学成分列于表 9-7。

表 9-7 管线钢化学成分

牌 号	化学成分(质量分数)/%								
	C	Si	Mn	P	S	Nb	Ti	V	Al_s
X60RL	≤0.16	≤0.45	≤1.60	≤0.025	≤0.020	≥0.005	≥0.005		
X70RL	≤0.16	≤0.45	≤1.70	≤0.025	≤0.020	≥0.005	≥0.005		
X60-1	0.070	0.26	1.14	0.016	0.006	0.040			
X60-2	0.070	0.27	1.29	0.011	0.005	0.040	0.030		
X70-1	0.088	0.31	1.53	0.017	0.004	0.042		0.062	0.054
X70-2	0.096	0.30	1.60	0.014	0.001	0.054		0.049	

B 管线钢的连铸

管线钢生产工艺路线：

铁水预处理→转炉复合吹炼→RH 或 VD 精炼→钙处理→连铸

管线钢连铸要求：

(1) 应用多点弯曲、多点矫直立弯形连铸机；

(2) 使用碱性包衬的大容量、深熔池的中间包，利于夹杂物的排除；

(3) 控制较低的钢水过热度，在 15℃左右较为适宜；

(4) 全程保护渣浇注，尤其要特别注意各接口的密封，避免吸入空气污染钢水，有条件还可以应用中间包真空浇注，降低氧和夹杂物含量；

(5) 选用性能合适的保护渣；

(6) 应用结晶器液面自动控制技术,保持液面稳定;

(7) 控制低拉坯速度,二冷区铸坯冷却要均匀;

(8) 应用电磁制动技术、电磁搅拌技术和轻压下技术,以减轻中心疏松与中心偏析。

9.6.2.2 船板钢

A 船板钢的分类、化学成分

船体结构钢也称船板钢,是用来制作远洋、沿海、内河航运船舶的船体、甲板等。船舶的工作环境十分恶劣,船体的外表面要承受海水的化学腐蚀、电化学腐蚀和海洋生物腐蚀,还要承受特大风浪的冲击、交变载荷的作用,再加上船体成形复杂等原因,对船体结构用钢要求非常严格。船体结构用钢分两类,一般强度钢和高强度钢。一般强度钢有 A、B、D、E 4 个等级;高强度钢有 2 个强度级别,3 个质量等级,即 AH32、DH32、EH32、AH36、DH36、EH36。船板钢的化学成分列于表 9-8。

表 9-8 船板钢的化学成分(GB712)

类别	等级	化学成分(质量分数)/%								σ_s /MPa
		C	Mn	Si	P	S	Al	Nb	V	
一般强度钢	A	≤0.22	≥2.50	0.10~0.35	≤0.040	≤0.040				235
	B	≤0.21	0.60~1.00							
	D	≤0.21					≥0.015			
	E	≤0.18	0.70~1.20							
高强度钢	AH32	≤0.18	0.70~1.60	0.10~0.50	≤0.040	≤0.040	≥0.015			315
	DH32		0.90~1.60							
	EH32									
	AH36		0.70~1.60					0.015~0.050	0.030~0.100	355
	DH36		0.90~1.60							
	EH36									

注:1. 一般强度钢的残余元素含量要求:$w_{[Cu]}$≤0.35%,$w_{[Cr]}$≤0.30%,$w_{[Ni]}$≤0.30%;

2. 高强度钢残余元素含量要求:$w_{[Cu]}$≤0.35%,$w_{[Cr]}$≤0.20%,$w_{[Ni]}$≤0.40%,$w_{[Nb]}$≤0.080%。

根据船体的工作环境，船板钢应具有良好的韧性，较高的强度和抗腐蚀能力，良好的焊接性能，C_{ep}或P_{cm}数值低，$w_{[Mn]}/w_{[C]}>2.5$。

B　船板钢连铸

船板钢生产工艺路线：

铁水预处理→转炉复合吹炼→渣洗→LF炉→RH或VD精炼→连铸

C　船板钢连铸

船板钢连铸应注意以下几项：

（1）控制钢中氧含量和铝含量在规定数值范围内；

（2）中间包钢水过热度在30℃左右为宜；

（3）全程保护浇注，防止钢水二次氧化；

（4）选用低碳、具有充分吸收溶解Al_2O_3能力的保护渣。

9.6.3　重轨钢

9.6.3.1　重轨钢的分类

公称重量不小于38 kg/m的钢轨是重轨，用于铺设铁路。目前我国已建立了38、43、50、60、75 kg/m级的系列生产线。我国重轨钢共有6个牌号，其中2个为碳素重轨钢，4个是低合金重轨钢，其化学成分和力学性能列于表9-9。

表9-9　重轨钢的化学成分和力学性能

标准	种类	化学成分（质量分数）/%						力学性能（不小于）	
		C	Si	Mn	P	S	其他	抗拉强度/MPa	伸长率/%
					（不大于）				
GB 2565—81	U71	0.64~0.77	0.13~0.28	0.60~0.90	0.040	0.050		785	10
	U74	0.67~0.80	0.13~0.28	0.70~1.00			$w_{[Cu]}$ =0.1	785	9
	U71Cu	0.65~0.77	0.15~0.30	0.70~1.00			0.10~0.40	785	9

续表 9-9

标准	种类	化学成分(质量分数)/%						力学性能(不小于)	
		C	Si	Mn	P	S	Cu	抗拉强度/MPa	伸长率/%
					(不大于)				
GB 2565—81	U71 Mn	0.65~0.77	0.15~0.35	1.10~1.50	0.04	0.04		883	8
	U71 SiMn	0.65~0.77	0.85~1.10	0.85~1.15				883	8
	U71 MnCu	0.65~0.77	0.70~1.10	0.85~1.20			0.10~0.40	883	8

9.6.3.2 重轨钢对性能的要求

钢轨要承受机车、车辆运行时压力、冲击力、摩擦力等载荷的作用,车轮刹车的热负荷作用,承受自然环境的风吹、日晒、雨淋和高寒的作用,所以重轨钢要具有:高强韧性、耐磨性、抗压溃性、抗脆断性、抗大气腐蚀性和耐高寒的能力,以适应铁路重载、高速的需要。为此除了钢轨重型化之外,还要提高重轨钢的综合性能。重轨钢是高碳优质钢。对重轨钢质量的要求有:

(1) 高纯净度。如果在轨面皮下有集中的串簇状 Al_2O_3 夹杂物,或 Al_2O_3 条状夹杂物,是造成疲劳裂纹的根源。

(2) 硫含量在 0.004%以下。

(3) 钢中的氢含量小于 1.5×10^{-6},以免产生白点。

(4) 减小铸坯中心偏析。如果中心偏析严重,在成品钢轨轨身纵断面下留有偏析线,影响钢轨使用寿命。

(5) 良好的焊接性能,C_{ep}或 P_{cm}数值低。

9.6.3.3 重轨钢连铸

重轨钢生产工艺路线:

铁水预脱硫→转炉顶底复合吹炼→LF 炉→RH 真空处理→连铸

浇铸成大方坯,也可以用“H”异型铸机浇铸。为保证钢轨质量,大方坯连铸应注意:

(1) 钢水经 RH 真空处理,消除钢轨的氢脆敏感性。

(2) 选用带垂直线段、多点弯曲、多点矫直的铸机生产重轨钢,以减轻铸坯内弧侧夹杂物的聚集。

(3) 方铸坯的宽/厚比不小于1.3为好。因为铸坯增厚,两相区扩大,温度梯度减小,有利等轴晶生长。试验指出,铸坯的宽/厚比小于1.3时,中心偏析显著增加。

(4) 低过热度浇注,过热度在15℃为宜,同时应用轻压下技术、电磁搅拌技术等,以改善铸坯质量。

(5) 钢的导热性较低,二冷区用弱冷却制度,比给水量为0.4~0.6 L/kg较为合适。

实践表明,用连铸坯轧制的钢轨,其内部与表面质量良好,致密度、抗拉强度、冲击韧性等性能均符合钢轨的标准,得到铁道部门认可使用。

9.6.4 线材

线材是ϕ6~22 mm的热轧圆钢,或断面相当的异型钢材,以盘卷形式交货的称为盘条。线材按用途可以分为两大类:一类是直接使用的,主要用于建筑工程的钢筋;另一类是经深加工后使用。据资料统计,一个国家的线材用量约占钢材总量的5%~15%。我国处于发展时期,线材量超过18%。

9.6.4.1 线材的品种及用途

A 软线

通常$w_{[C]}<0.25\%$的普通低碳钢轧制的线材称为软线。线材中软线所占比例约为80%,主要牌号有Q195、Q215、Q235等及优质碳素结构钢10、15、20等,对冷拔线材强度要求不一定太高,但塑性、表面质量要好。钢的基体最好是铁素体,珠光体越少越好。

B 硬线

硬线通常是指$w_{[C]}>0.45\%$的中、高碳钢轧制的线材。与硬线相当的低合金钢、合金钢的某些专用钢线材也归入硬线品种中。

硬线主要用于加工低松弛预应力钢丝、钢绞绳、轮胎丝、琴丝等品种。

我国硬线生产量较少，仅占线材的10%左右。

C 焊线

焊线是用于加工制成电弧焊、气焊、埋弧自动焊、电渣焊、气体保护焊等焊接用焊条。

D 冷镦线材

冷镦线材钢的钢种一般为低、中碳的优质碳素结构钢，合金结构钢，主要制作螺钉、螺帽、螺栓、铆钉、自攻螺钉紧固件的各种冷镦成形零配件。冷镦线材应用范围十分广泛，需用量也很大。

此外还有低合金钢盘条、合金钢盘条、滚珠轴承钢盘条、不锈钢盘条、工具钢盘条等。

线材典型钢种牌号和用途见表9-10。

表9-10 线材典型钢种牌号和用途

序号	钢种牌号	规格/mm	一般用途
1	Q195、Q215、Q235	$\phi5.5,\phi6.5$	拉 丝
	Q235	$\phi6.5$	建 筑
2	BL2、BL3	$\phi6.5\sim10$	一般标准件
	G10180、G1010、G10220(美国标准)	$\phi5.5$、$\phi6.5$	标准件用自攻螺钉
3	ML10～ML45、ML25Mn～ML45Mn、ML15MnB、ML15MnVB、ML20MnTiB	$\phi8.0\sim16.0$	冷 镦
4	H08A、H08E、H15Mn、H08Mn2SiA、H08MnMoA、H10Mn2	$\phi5.5$、$\phi6.5$	焊 丝
5	H10Mn	$\phi5.5$、$\phi6.5$	钢 棉
6	60	$\phi6.5$	轮胎用胎圈钢丝
7	60、70、H57B、H67A、F58、F58V	$\phi5.5$、$\phi6.5$	金属针布钢丝
8	H72A、H72B	$\phi5.5$、$\phi6.5$	石油钢丝绳用高强度镀锌钢丝
9	70、STC(美国)	$\phi5.5$	子午轮胎线
10	70、80、77B、82B	$\phi8.0\sim14.0$	高强度低松弛预应力钢丝及钢绞绳

9.6.4.2 硬线钢

硬线钢是用来生产钢丝的高碳钢，主要用于制造低松弛预应力钢丝、钢丝绳、钢绞线、轮胎钢丝、弹簧钢丝、琴丝等，如轮胎钢丝，含碳范围 $w_{[C]}=0.80\%\sim0.85\%$，需要深拉冷拔到 $\phi0.15\sim0.25$ mm 的钢丝；弹簧钢丝，含碳量范围 $w_{[C]}=0.60\%\sim0.70\%$，要求具有良好的抗疲劳性能和耐磨强度。高强度轮胎钢丝的典型化学成分见表 9-11。

表 9-11　高强度轮胎钢丝的典型化学成分

化学成分(质量分数)/%											
C	Si	Mn	P	S	Cu	Cr	Ni	V	Mo	Sn	Al
0.82	0.20	0.52	0.004	0.006	0.04	0.02	0.03	0.001	0.005	0.003	0.0015

高质量的钢帘线、电力和电气化铁路用高耐蚀锌－铝合金镀层的钢绞线、高精度预张拉力钢丝绳、高应力气门簧用钢丝等，都是硬线钢铸坯经过高速线材轧机、热处理后拉拔而成的。

这类钢 Al_2O_3 不变形夹杂物含量要低，以免冷拔加工产生断裂，因此要控制脱氧产物的成分和形态，即 $\frac{w_{(Al_2O_3)}}{w_{(SiO_2+MnO+Al_2O_3)}}=0.15\sim0.30$，钢中 $w_{[Mn]}/w_{[Si]}\geqslant1.7$，可大大改善拉伸性能。铸坯的中心偏析要小，以免冷拔加工出现环状断裂。其生产工艺路线：

铁水预处理→转炉复合吹炼(无铝脱氧工艺)→钢水经合成渣处理→真空处理→连铸
└→LF 炉精炼→真空处理→连铸

电炉冶炼→LF 炉精炼→真空处理→连铸

硬线钢连铸生产注意事项：

(1) 钢的凝固组织为奥氏体，铸坯坯壳与结晶器壁接触良好，结晶器可强冷却，以增加坯壳厚度；

(2) 钢水过热度控制在 15～20℃为宜；

(3) 全程保护浇注，防止钢水二次氧化；

(4) 充分发挥中间包冶金功能，纯净钢水；

(5) 二冷区采用弱冷却制度，比给水量控制在 1 L/kg 以下较

为合适;保持铸坯的均匀冷却,防止铸坯回温过大;

(6) 铸坯矫直温度应大于900℃;

(7) 应用电磁搅拌技术和轻压下技术,以减轻或消除铸坯的中心偏析。

9.6.5 易切钢

大多数机械结构标准件需要切削加工。为了改善钢的切削性能,提高切削速度和刀具寿命,降低工件表面粗糙度,选择易切钢加工制造。

硫磷易切钢 $w_{[S]}=0.06\%\sim0.30\%$,$w_{[P]}=0.05\%\sim0.15\%$;同时加入铅(Pb)、钙(Ca)等元素,形成铅钙易切钢;还有硒(Se)、碲(Te)易切钢等,以上为碳素易切钢;还有易切不锈钢等。连铸可以生产易切钢。

硫磷易切钢硫含量高,硫化物的组织、形态和分布对钢的切削性能有直接影响。钢中含氧量高影响硫化物形态,同时还容易生成气泡,并使铸坯表面质量恶化。含硫易切钢连铸应注意:

(1) 钢中硫含量高,容易在晶界处析出低熔点的 FeS,发生晶界脆性而导致裂纹,因而控制 $w_{[Mn]}/w_{[S]}>9$。

(2) 控制钢中氧含量在 200×10^{-6} 以下,充分脱氧,否则在铸坯上会形成皮下气泡。如果 $w_{[Mn]}=0.90\%$,$w_{[S]}>0.10\%$ 时,钢中的氧含量小于 200×10^{-6},就不会生成气泡。

(3) 采用全保护浇注。

(4) 二冷区采用弱冷却制度,冷却强度为普通碳素钢的60%~70%较为适宜。

(5) 应用电磁搅拌技术减轻中心偏析。

9.6.6 圆坯连铸

圆形铸坯是用来生产不同口径的无缝钢管。无缝钢管的生产是圆铸坯边旋转边向棒芯端部顶头推进而穿孔,圆坯是依靠两个倾斜辊子转动进行旋转。被穿孔的内表面成为无缝钢管的内壁,

这是一种很苛刻的加工方法,因而对圆铸坯质量要求很严格:

(1) 铸坯应有良好的凝固结构和中心致密度。倘若圆铸坯中心有疏松、裂纹等缺陷,穿孔后钢管内壁会留下裂纹的痕迹。圆铸坯的中心疏松区的致密度与表面致密度的差别在 0.003～0.005 g/cm^3 时,穿孔就容易产生内裂折叠废品。

(2) 圆铸坯应有良好的表面质量,如果铸坯有皮下针孔或皮下夹渣缺陷,穿孔时容易产生撕裂,由此引起裂纹并扩展到表面。

(3) 圆铸坯的纯净度要高,圆铸坯皮下 13 mm 以内无论是有小夹杂物,还是内部有大颗粒的夹杂物,都是引起穿孔裂纹的主要原因。铸坯中夹杂物若控制在 0.035% 以下,穿孔废品则明显减少。

(4) 圆铸坯内部裂纹严重时,穿孔时裂纹不能焊合。

(5) 注意圆铸坯的椭圆度,由于冷却不均匀而引起坯壳收缩不均匀,导致圆铸坯的椭圆变形。与方铸坯相比,圆坯结晶器无角部先期凝固,必须保持结晶器和二冷区的均匀冷却,坯壳均匀收缩,防止产生表面裂纹和椭圆变形。圆铸坯结晶器比相应方铸坯散热面积要小。根据圆铸坯特点,其生产工艺路线:

电弧炉炼钢→LF 炉精炼→真空处理→连铸

或转炉复合吹炼→LF 炉精炼→真空处理→连铸

圆坯连铸注意事项:

(1) 圆铸坯的拉坯速度应适当低些;

(2) 充分发挥中间包的冶金功能;

(3) 全程保护浇注,选用合适的保护渣;

(4) 控制二冷区均匀冷却;

(5) 结晶器采用液面自动控制装置,保持液面稳定;

(6) 采用电磁搅拌技术,以减轻中心偏析,消除中心疏松和裂纹。

9.7 钢质量的检验方法

对钢进行检验有金属试验法和金相法。通过金属试验可以鉴定钢材的力学性能;通过金相检验观察钢的组织。钢的力学性能及其检验方法在第3.1.2节中已经讲过,现将金相检验方法简介如下。

9.7.1 钢的宏观检验

宏观检验是用肉眼或借助10倍以下放大镜观察金属表面缺陷或断面,以确定宏观组织,并发现宏观缺陷,此法也称为低倍检验。

9.7.1.1 酸浸

酸浸也称酸蚀。将制备好的试样,用一定浓度的盐酸或硝酸溶液进行酸蚀,在试样的表面就会显示宏观组织和缺陷。酸溶液可以用热酸溶液,也可以用冷酸溶液。热酸溶液是将酸溶液加热至70℃左右,根据钢种的不同,试样置于热酸中浸蚀20～30 min后观察;冷酸浸蚀是在试件抛光的表面上用棉纱蘸冷酸溶液擦拭后进行观察。

宏观缺陷可以观察到:

疏松,包括一般疏松、中心疏松;

凝固结构偏析,包括中心偏析、方形液析、点状偏析。

此外,还能观察到皮下气泡、皮下夹杂、残余缩孔、翻皮、轴心晶间裂纹、内部裂纹、发裂等;肉眼可见的非金属夹杂物、夹渣、异相金属夹杂、碳化物剥落、粗晶等。

9.7.1.2 断口检验

根据要求制备试样,在试样上刻槽,借助外力使之断裂,用肉眼或放大镜直接观察断口的情况。常见的组织缺陷有:

A 白点

断口上(或钢坯纵断面上),在细晶粒断口的基底上呈现有银白色的粗大晶状斑点,称为白点。形状有圆形、椭圆形或是伸长的雪片状。

B 层状断口

在纵向断口上出现的无光泽非晶质致密的木纹层状,“木纹”

实际上是由非金属夹杂物及显微空隙纵向变形延伸的结果。

9.7.1.3　塔形车削发裂检验

塔形试验是专门用来检验钢的发纹缺陷的。根据规定尺寸，将试样车削加工成三个阶梯的塔形结构，用酸蚀法或磁力探伤法显示发纹。发纹是钢中夹杂或气泡、疏松等缺陷沿热加工方向被延伸所形成的细小纹缕。发纹的存在严重影响钢的力学性能，尤其是疲劳强度等。

9.7.1.4　硫印

硫印是用来检验钢中硫分布情况比较简便的方法，也可以同时观察钢的凝固结构。

首先制备试件，试件表面要刨平磨光。将相纸浸于3%～5%硫酸水溶液中2 min左右取出，把相纸药面覆盖在试件表面并贴紧赶出气泡，停留2～3 min后取下，用流水冲洗相纸，然后放入定影液中定影，最后冲洗、烘干。此时相纸面上已显示出棕褐色的斑点，我们借助斑点的分布、斑点颜色的深浅，判断钢中硫的分布。

其试验原理是：相纸面上的硫酸与试件表面的硫化物发生反应形成硫化氢，硫化氢又与印相纸面上的溴化银作用，产生的硫化银沉淀在印相纸相应位置上形成棕褐色斑点。斑点越大，色泽越深，表明硫化物颗粒越大，硫含量也越高。

硫印试验周期较长。当前有的厂安装了一种设备，与连铸机相匹配，实现了在线检验，只需几个小时就可以得出铸坯中硫的分布和凝固结构的图像。

9.7.2　钢的显微检验

钢的显微检验是在放大100～2000以上的倍数下观察、辨认、分析金属和合金组织状态及缺陷，这种方法称为显微检验；在显微镜下观察到的金属内部结构称为金相组织。显微检验是金相研究最基本的方法，电子显微镜的分辨力可达10^{-8}～10^{-7}cm，能够观察到更精细的组织。

显微检验的项目有：非金属夹杂物、脱碳层、晶粒度、组织特征各种缺陷、淬硬层、渗碳层、奥氏体钢中α相的测定、不锈钢的晶界腐蚀、弹簧钢中石墨碳含量的测定等。

显微检验是在显微镜下观察，必须制备试样，观察面要经抛光处理之后才能使用。

9.7.2.1 非金属夹杂物的测定

在钢成分合格的条件下，钢质量的评定指标包括钢的纯净度和均匀度。钢的纯净度是指钢中氧化物、碳化物及其他夹杂物的含量。均匀度是指钢的组织、成分、晶粒、性能的均匀程度。

钢中非金属夹杂物割裂了钢基体的完整性，是形成发裂的根源之一。钢中非金属夹杂物的存在，对钢的力学性能也有影响，尤其是钢的塑性、韧性、疲劳强度都有不同程度的降低，其降低的程度与钢中夹杂物的形态、数量、分布等有关。

一般检验，只对非金属夹杂物的数量、大小、形状和分布进行评级，对非金属夹杂物的成分、来源不做追究；但是我们炼钢工作者，不仅要知道夹杂物的数量、形状，还要追究它的性质、来源以及对钢性能的影响，以便改进工艺，提高钢的纯净度。常见的夹杂物有氧化物、硫化物和硅酸盐等。按其形状有链状、条状、球状等。

9.7.2.2 碳化物液析

碳化物液析是滚珠轴承钢、合金工具钢需要检查的项目。

所谓碳化物液析是钢在冷凝过程中，由于选择结晶使局部产生了浓度很高的碳化物晶体，这些碳化物晶体在结晶过程中，是直接从液相中析出的，所以多呈粗大的碳化物颗粒存在。经过轧制，夹杂物就会延伸形成粗大的碳化物条。

出现液析的钢都是过共析钢类，但是有偏析不一定就会出现液析。当钢中合金元素含量不太高时，液析只是高碳钢碳化物严重偏析的结果，多数情况下是不容易出现液析的，只有高碳高合金钢才容易出现液析。

如果大颗粒的碳化物出现在轴承的工作面上，会使工作件产生零碎的脱落现象，碳化物颗粒越大，脱落和疲劳倾向也越严重。金相特征是碳化物沿轧制方向呈粗大的条状分布，由于碳化物质地坚实，受腐蚀程度较轻，所以是白色的条状。这种碳化物的亮道数量是从钢坯或钢材的边缘到中心逐渐增加，因此检查的试片必须包括从边缘到中心的范围，并且以最坏的情况进行评级。

9.7.2.3　带状碳化物

带状碳化物的形成有两种情况：

一是钢液结晶时，树枝状偏析发展的比较严重，在树枝晶轴间富集的碳化物经轧制就会沿轧制方向伸长而形成带状，其特征是小颗粒密集而成的较亮色条带状，树枝状偏析的发展是形成带状的主要原因。

二是钢在热加工时，从奥氏体中还会析出部分先共析碳化物，必然沿轧制方向变形呈带状分布。碳化物析出温度在 800～900℃内。

严重的带状碳化物，虽然经球化退火处理也很难获得均匀的球状珠光体组织，因而也就很难得到均匀的淬火组织，所以工件硬度不均匀，耐磨性降低，容易出现裂纹。

过共析钢(滚珠轴承钢、合金工具钢)带状碳化物评定标准有4级，在放大100倍下与有关标准图片对比评定。亚共析钢也有带状组织，但不是碳化物而是珠光体与铁素体的带状组织，分为6级评定，主要是珠光体条带的形状、大小、分布。

9.7.2.4　脱碳层

脱碳层是钢在加热过程中，受周围氧化气氛的作用而产生的一种表面缺陷。由于表面的氧化造成钢材表面层贫碳，从而导致表面层性能的变化，例如滚珠轴承钢、弹簧钢、工具钢、高速钢等都要求检验脱碳层。

脱碳层的总厚度包括全脱碳层和部分脱碳层的厚度。全脱碳层的特征是全部为铁素体组织；部分脱碳层是部分脱除碳素的区域，其特征是介于原组织与铁素体之间；厚度一般用毫米量度。

9.7.2.5　晶粒度

在显微镜下测定钢的奥氏体本质晶粒度和实际晶粒度。

本质晶粒度的大小是晶粒长大的倾向性。测定本质晶粒度是拟定钢的热处理和热加工工艺必不可少的基础。了解实际晶粒度对于初步判断钢的性能,尤其是冲击韧性也是必需的。

目前钢铁产品的晶粒度标准分为8个等级,评定的方法是与标准金相图片对比评级;1~3级为粗晶粒,4~6级为中等晶粒,7~8级为细晶粒。粗于1级的晶粒,是在过热的情况下才能遇到;细于8级的晶粒,多属于工具钢淬火后的实际晶粒度。

9.7.2.6 组织特征及组织缺陷

无论哪种钢,都有它相应的组织。钢的成分不同,其组织也不一样。既是同一成分的钢,若采取不同的加工方式、不同的加热温度、不同的冷却速度,其对应的组织状态也会有差别。

钢的性能是与其内部组织状态相联系的,所以许多钢种需要进行高倍检验评级。

例如滚珠轴承钢、碳素工具钢、合金工具钢等需对其退火后的球化组织评级;过共析钢需检查网状组织;对淬火钢有时需观察其马氏体程度;回火钢有时要检查它的回火组织到底是回火马氏体,还是回火托氏体,或者是回火索氏体。

亚共析钢需观察带状组织以及有无过热魏氏体组织存在;魏氏体组织是亚共析钢过热后的典型组织。当亚共析钢加热到1000℃时,奥氏体晶粒长得很粗大,在冷却过程中铁素体沿晶界先析出,有部分铁素体,沿一定晶面呈粗大针状伸向珠光体内,在显微镜下观察亮的针状析出物就是铁素体,黑色部分就是珠光体,这种组织冲击韧性最差。

10 其他连铸技术

连铸技术已成为当今世界冶金领域经济合理的生产工艺。为了进一步节能降耗,改善铸坯质量,扩大品种,提高经济效益,近30年来连铸技术又有新的发展。如连铸坯的热送热装技术、直接轧制技术、无缺陷铸坯生产技术、高温铸坯生产技术、铸坯质量在线判定技术、板坯结晶器在线调宽技术等的开发和应用,以及对接近成品断面尺寸——近终形连铸技术的研究开发,都取得成效。其中薄板、薄带连铸机在全世界已建和在建的达50余台之多,这也是钢铁工业技术革命的重要组成部分。

10.1 连铸坯热送热装和直接轧制技术

传统工艺是:铸坏切割(或剪切)成定尺→冷却至常温→经质量检验和表面精整→合格的冷坯→轧钢厂装入加热炉重新加热到轧制温度→轧制加工成各种钢材。热送热装或直接轧制工艺则是:铸坯切割(或剪切)成定尺,仍具有一定高温的铸坯→直接运往轧钢厂稍加补充热量便可达到轧制温度→轧制成各种钢材。

10.1.1 连铸坯热送热装和直接轧制技术类型

由于热铸坯的温度不同,直接轧制与热送热装类型也不同,共分为5种情况,其分类如图10-1所示。

10.1.1.1 直接轧制技术

由图10-1可知,根据温度不同铸坯的直接轧制分为两类。

第Ⅰ类直接轧制技术,也称为CC－DR。铸坯的温度在1100℃条件下,不需进入加热炉加热,只是在运输过程中对铸坯的边棱部位进行补热,直接送到轧机轧制,铸坯在轧制之前没有经过$\gamma \rightarrow \alpha \rightarrow \gamma$的相变再结晶过程,仍然保持原铸态粗大的奥氏体结构,通过轧制工艺得到细晶粒组织的钢材。

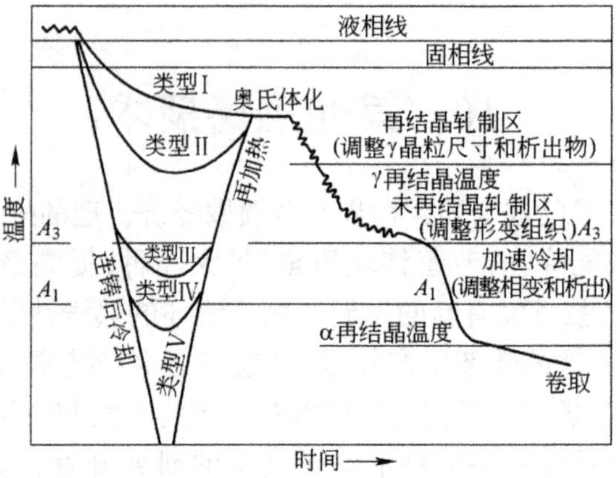

图 10-1　连铸坯热送热装和直接轧制分类示意图

第Ⅱ类直接轧制技术，也称为 CC-HDR。铸坯的温度在 1100℃以下，Fe-C 相图中 A_3 线以上，铸坯的温度比第Ⅰ类稍低些，同样不需加热，只是边棱部位补热或均热即可直接轧制；但是铸坯组织仅有少量微量元素的析出再溶解。

以上两类直接轧制技术要求铸坯的温度较高，一般连铸机与轧钢机的距离较远，铸坯很难保持 1100℃的高温，所以在生产中真正实施直接轧制是有难度的，实现热坯直接轧制的钢厂也有限。现在有些新建厂将连铸机脱离炼钢厂而布置在轧钢机的附近，铸坯出连铸机的温度较高，通过辊道输送，对铸坯的边棱稍加补热，可望实现直接轧制。

10.1.1.2　连铸坯的热送热装技术

第Ⅲ类为连铸坯的直接热装技术，也称为 CC-DHCR。铸坯的温度处于 Fe-C 相图中 A_3 线以下 A_1 线以上，可以直接送入加热炉内加热，达到轧制温度后进行轧制。铸坯的组织为 γ+α 的两相区，部分经过 γ→α→γ 的相变再结晶过程。铸坯既有原始粗大的奥氏体晶粒，又有经相变再结晶后细化了的奥氏体晶粒，因此也称为混晶组织。微量元素有程度不同的析出和溶解，所以需相应的轧制工艺来克服上述问题，以便获得质量优良的钢材。尤其要注意一些低合金钢种，中、高碳钢种，其氮含量较高，由于氮化物的析出，可能使铸坯形成表面裂纹，导致铸坯不能热装。

第Ⅳ类也是热送热装技术，称其为 CC－HCR。当铸坯的温度在 A_1 线以下 400℃以上时，送入保温设备中保温，然后再经加热炉加热后轧制。铸坯的组织与常规冷装状态基本相同。

保温设备有保温坑、保温车、保温箱等，保温设备在连铸机与加热炉之间还起到协调和缓冲作用。

以上两种铸坯的热装技术在比较多的工厂内得到应用。

400℃为铸坯热装的最低温度线，铸坯在400℃以下节能效果不明显，不再称其为热装。

10.1.1.3 铸坯冷装加热后轧制

铸坯冷装加热后轧制是第Ⅴ类，这是常规工艺，也称 CC－CCR。连铸坯冷却到室温再入加热炉加热后进行轧制。

10.1.2 连铸坯的热送热装和直接轧制技术的优势

由于连铸坯的热送热装和直接轧制技术的开发应用，使得冶炼－精炼－连铸－轧钢成为一体化优化生产体系，与冷装常规生产相比显示了极大的优越性。

10.1.2.1 节约能源

热送热装和直接轧制无疑是利用了铸坯冷却过程的显热，由于铸坯的入炉温度高，缩短了加热时间，节约了能源。

冷装工艺，从加热到轧成卷材，铸坯在加热炉内约150 min以上，吨钢能源消耗约为$(1.25\sim1.67)\times10^6$ kJ；一般热送工艺，吨钢能耗降低到$(0.84\sim1.05)\times10^6$ kJ；直接热装吨钢能耗降低到$(0.42\sim0.65)\times10^6$ kJ；直接轧制，吨钢能耗可降到$(0.33\sim0.42)\times10^6$ kJ。与冷装工艺相比能耗分别降低了35%、65%、75%～80%。铸坯的温度越高，节能也越多。

铸坯直接轧制（CC－HDR）吨钢能耗只有 0.42×10^6 kJ。据资料介绍，日本连铸坯的热能消耗（MJ/t 钢）是：

冷装	1134～1680
热装	630～1092

直接热装	420～630
直接轧制	160～210

10.1.2.2 缩短了生产周期

生产周期与铸坯从连铸机到轧机的运送方式有关。倘若连铸坯选择辊道输送，与冷装相比较，将各个工序之间的距离、时间、温度、铸坯厚度等参数列于表 10-1。

由表 10-1 可知，冷装工艺所有铸坯都要离线冷却、检查、精整，然后再运送到轧钢厂，就是顺利也要 15～30 h；若采用热送热装工艺，则简化了生产流程，生产周期缩短到 2～4 h 左右；若是直接轧制，从浇注到轧成板卷不到 1 h，大大缩短了整个生产周期。

10.1.2.3 提高金属收得率，降低金属损耗

向轧机提供无缺陷铸坯，钢材表面质量优于常规工艺生产的产品，改善了产品质量，由此降低了废品率，如镀锡板的平均缺陷率由常规工艺的 1%～3%降至 0.5%左右，轧制收得率提高 1%。

减少了氧化铁皮的损耗。以全铁计算，由于生产无缺陷铸坯，免去了精整工序，就这一项提高收得率约 2%。出坯传输过程氧化铁皮损耗约 0.2%～0.3%，加热和轧制过程损耗约 1.5%。在加热炉中氧化铁皮的损耗最多，约占 0.6%～1.0%。热装和直接轧制大大提高了金属收得率。

10.1.2.4 降低生产成本

热装方式不同，生产费用也不一样。据资料记载，1984 年欧洲某厂曾经对板坯轧成板卷生产费用进行计算，根据热装方式的不同进行比较，在设定条件下计算结果如图 10-2 所示。在这里我们不必探究其所设定的计算条件，通过计算结果的对比，从中了解生产成本降低的幅度。

由图 10-2 可见，传统冷装工艺轧制的生产费用为 100%，即图中 a；当热装率达 80%，如图中 b，生产费用降低 6%；直接轧制率 60%、冷装率 40%，如图中 c，生产费用降低 10%；直接轧制率 60%，冷装、热装各为 20%，如图中 d，生产费用降低 11%；显而易见经济效益相当可观。创造条件提高热装率和直接轧制率势在必行。

表 10-1　板坯连铸机－热带连轧机流程对比表

流程		连铸	切坯	送坯	精整堆坯	加热	粗轧	传送	精轧	成卷	合计/min
CCR	距离/m	22~40	10	50	100	50	150	130	35	150	715
	时间/min	20	3	1	600~1440	150~300	6	2	2	1	约 1775
	温度/℃	1560~1050	900	800	700~20	20~1200	1150	1050	900	200	
	厚度/mm	250	250	250	250	250	250~30	30	1.5	1.5	
HCR	距离/m	22~40	10	50	30	50	150	135	35	150	645
	时间/min	20	3	1	5	100~150	6	2	2	1	约 190
	温度/℃	1560~1050	900	800	700~450	400~1200	1150	1050	900	200	
	厚度/mm	250	250	250	250	250	250~30	30	1.5	1.5	
DHCR	距离/m	22~40	10	50		50	150	130	35	150	615
	时间/min	20	3	1		60~100	6	2	2	1	约 135
	温度/℃	1560~1050	1000	900		800~1200	1150	1050	900	200	
	厚度/mm	250	250	250		250	250~30	30	1.5	1.5	250~1.5
HDR	距离/m	22~40	10	50		8~35	150	130	35	150	600
	时间/min	10	3	1		3~15	6	2	2	1	50
	温度/℃	1560~1050	1050	1000		900~1200	1150	1100	1050	200	
	厚度/mm	250	250	250		250	250~30	30	1.5	1.5	250~1.5

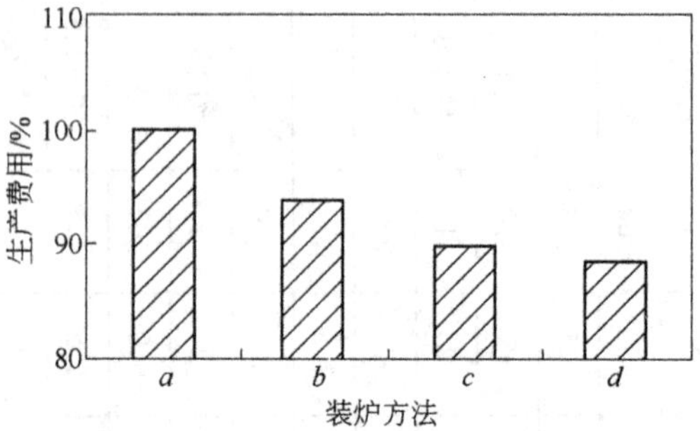

图 10-2 生产费用比较(3/4 宽带钢连轧机组年产 380 万 t)

a—100%CCR；*b*—80%HCR；*c*—60%DR+40%CCR；

d—60%DR+20%HCR+20%CCR

10.1.3 实现热送热装和直接轧制的保障技术

实现热送热装和直接轧制，炼钢－连铸－热轧一体化体系，这是一个系统工程，各个工序的技术和管理都要一体化，最终达到产品优质、高产、低耗、高效益的目标。

10.1.3.1 提供无缺陷铸坯

由于直接热装或直接轧制，铸坯只是稍加补热或均热，便直接送至热轧机轧制，为此必须实施铸坯无缺陷生产技术。

所谓无缺陷即铸坯的形状、表面质量与内部质量达到要求，铸坯表面不应有需要清理精整的缺陷，铸坯夹杂物、气体等含量低、偏析小，基本消除内部裂纹，这也是热送热装和直接轧制的前提。提供无缺陷铸坯的生产要常规化，稳定化。所以必须设有铸坯质量在线检验判定装置，剔除不合格的铸坯，确保钢材的质量。

10.1.3.2 高温出坯

直接热装和直接轧制的铸坯温度要高，必须控制连铸机内铸坯的冷却强度，在确保不出现缺陷的条件下，尽量提高出坯的温度。高温铸坯的生产技术。主要包括：

(1) 高拉速。提高浇铸速度，缩短铸坯在铸机内的停留时间，减少铸坯显热损失；

(2) 采取一切措施确保铸坯的均匀冷却；

(3) 二冷区采用弱冷却制度,保持铸坯的高温。

为此应采用结晶器液面自动控制技术、漏钢预报技术、电磁搅拌技术、选用性能良好的保护渣等相关技术,以确保提供高质量、高温铸坯。

10.1.3.3 铸坯在输送过程的保温技术

实现热送热装和直接轧制,铸坯在运输过程中的保温是非常重要的,运输方式不同保温设施也不一样。铸坯的运送途径有:

(1) 辊道输送→炼钢厂内冷铸坯码垛→车辆运送冷坯→热轧厂入加热炉→轧制。此路线无须保温。

(2) 辊道输送→车辆运送热铸坯→热轧厂码垛→入加热炉→轧制。

(3) 辊道输送→车辆运送热铸坯→热轧厂保温坑→入加热炉→轧制。

(4) 辊道运送→高温铸坯经边棱加热→直接轧制。

板坯热送热装和直接轧制,在运输过程的保温设施有以下几个方式。

A 连铸机内铸坯的保温

CC－HDR 工艺中,板坯连铸机上应用连铸机内保温技术。二冷区除采用弱冷却制度外,在其尾部降低冷却强度,减少供水量或停止喷水,通过铸坯的表面回温加热和均匀温度。具体方法:在上、下支撑辊之间,板坯侧面安装保温罩,减少降温,保持铸坯的高温;保温罩的结构如图 10-3 所示(可参考图 2-76)。

保温罩装在铸坯的两侧,将支撑辊之间的空隙封闭起来,更有效地阻止对流和辐射散热;据日本某厂实测数据得知,当板坯与保温罩内表面相距在 30 mm 以内,此时平均传热系数 $k=40.7\text{W/m}^2\cdot℃$,板坯两侧都不喷水只靠保温罩保温,板坯两侧边棱部位温度可升高 165℃。保温罩可以横向移动以适应铸坯宽度变化;板坯与保温罩之间所留间隙要考虑铸坯鼓肚变形量,以免由于铸坯的鼓肚将保温罩碰坏。

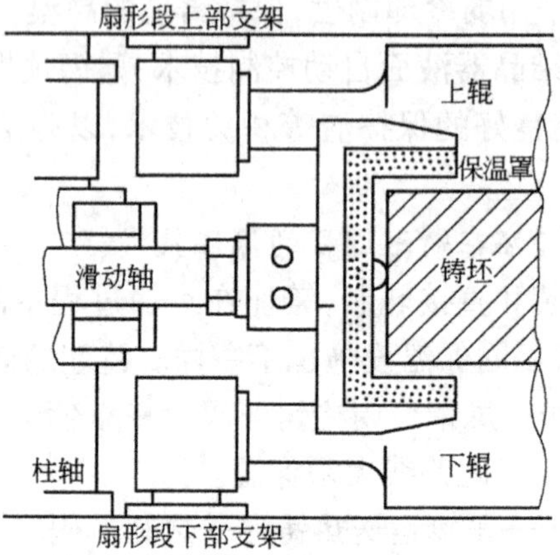

图 10-3　机内保温罩结构示意图

B　切割区域保温与加热

为了减少切割过程中铸坯的温降散热，在切割前的辊道和切割辊道上安装保温和加热装置，对铸坯保温、边棱加热，对于 CC-HDR 工艺更是需要；切割过程铸坯与切割装置同步运行，安装的保温装置也要与其同步，所以切割与保温两套装置要装在同一个台车上，通过液压动力夹紧铸坯，做到台车和铸坯同步运行。保温加热装置种类很多，图 10-4 为其中一种结构。

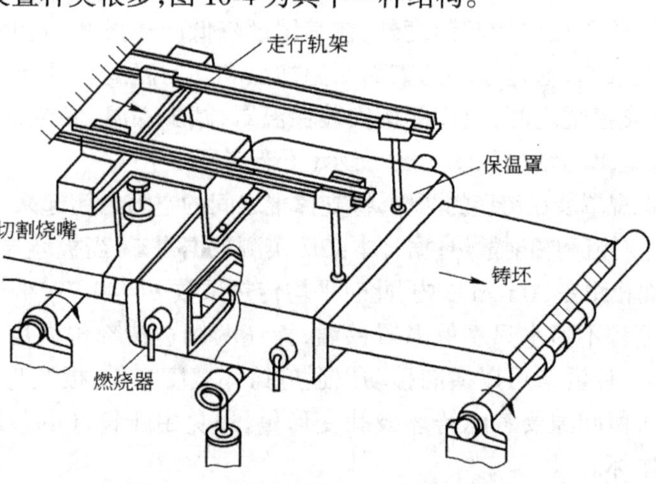

图 10-4　切割区保温加热装置示意图

保温罩内衬是隔热保温材料，在板坯的两侧各设有若干个燃烧器，在保温罩的内表面与铸坯之间空隙形成了燃烧加热室，对板坯边棱加热，如图 10-5 所示。

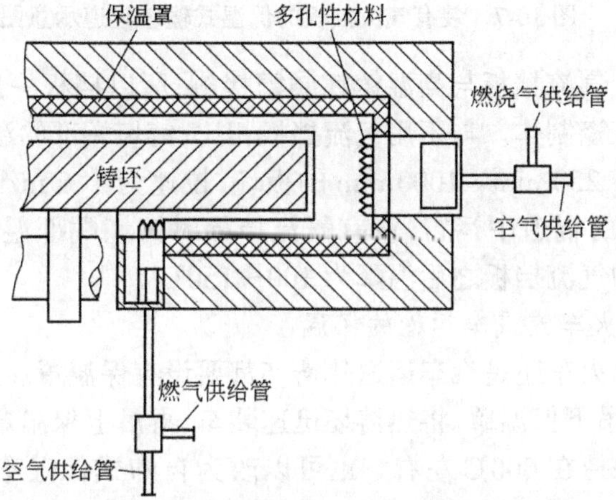

图 10-5　铸坯边棱加热保温装置示意图

C　输送辊道的保温

辊道输送铸坯需加保温罩保温。它是由上、下和两侧保温板组成，如图 10-6 所示。下保温板能够倾动，随时卸掉其上面的渣和氧化铁皮；两侧保温板可以移动，随铸坯的宽度变化而调整。这种保温设施对板坯的端面没有遮挡，铸坯有温降散热。为此沿辊道铸坯的出坯方向安装了气流挡板，也叫栅条，其结构见图 10-7。挡板的下端可以摆动，当铸坯通过时挡板下端与铸坯上表面接触，形成了一个个封闭的保温空间，从而提高了保温效果。

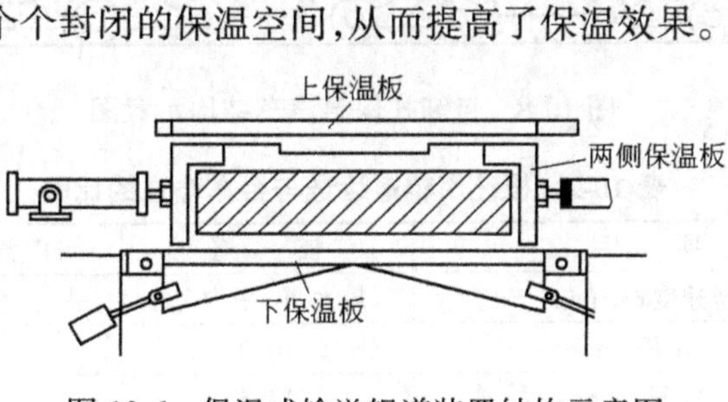

图 10-6　保温式输送辊道装置结构示意图

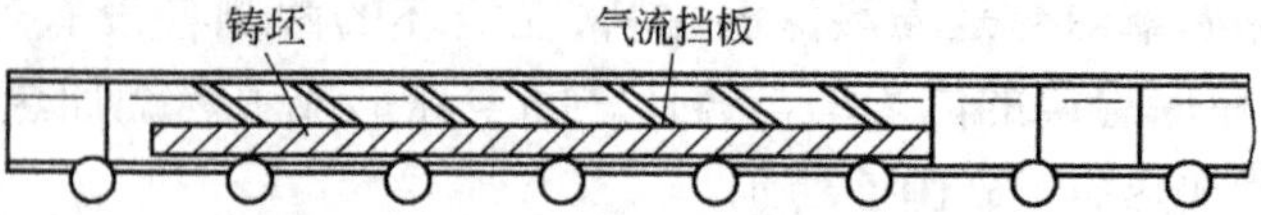

图 10-7　装有气流挡板的保温式输送辊道示意图

由于气流挡板与高温铸坯频繁接触，所以挡板一般用不锈钢或耐火陶瓷制作。与不用气流挡板相比，铸坯端部的温降减小了，例如浇铸 250 mm×1000 mm 的板坯，拉速为 1.6 m/min，在长度约 60 m 的辊道中运行，没有气流挡板时铸坯端部温降约 200～250℃，加气流挡板之后温降为 100～150℃。

D　火车或汽车运输的保温

无论火车还是汽车运送热铸坯都要设有保温罩。通常的做法是，首先吊下保温罩，将热铸坯迅速装车，再吊上保温罩；一般铸坯温度可保持在 600℃ 左右。也可以改为自卸式保温车，这能节省时间，有利于保温，图 10-8 是自卸式保温汽车结构示意图。新日铁八幡厂连铸机－热轧机相距 1000 m 以上，就是使用这种运输方式运送热铸坯，我国邯钢连铸机－中板厂是用火车运输热铸坯。台车与辊道输送相比较列于表 10-2 。

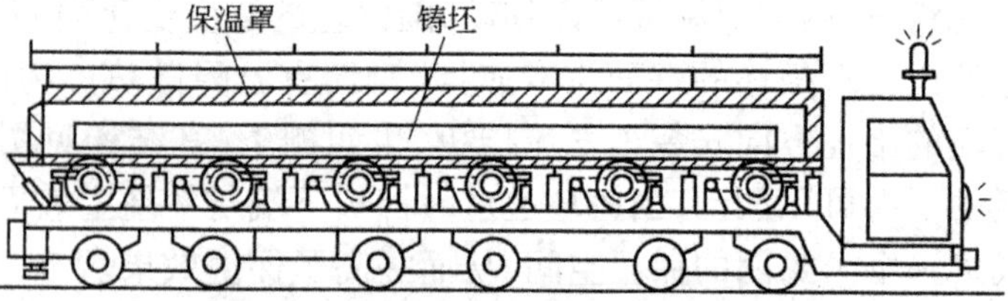

图 10-8　自卸式保温汽车结构示意图

表 10-2　板坯用辊道运送与台车输送的比较

项　　目	辊　　道	台车(汽车或火车)
输送速度/$m \cdot min^{-1}$	最大 90，平均 70	最大 250，平均 200
距离/m	1000	1000
时间/min	14.5	5

续表 10-2

项　　目	辊　　道	台车(汽车或火车)
保温效果/W·(m²·℃)⁻¹	平均 94.2	平均 11.63
离板坯边部 40 mm 板坯切割端面的温度变化/℃	平均 180(大)	平均 4(小)
AlN 析出	有	无

台车运送铸坯速度快,散热少,有一定的优势。

E　轧制前的铸坯边棱加热

虽然采用了各种保温措施减少铸坯的温降,对于 CC－HDR 工艺,即便连铸机－热轧机距离很近,轧制前对铸坯边棱仍需补热。其加热方式可以用感应加热或者燃气加热,图 10-9 为加热设施结构示意图。

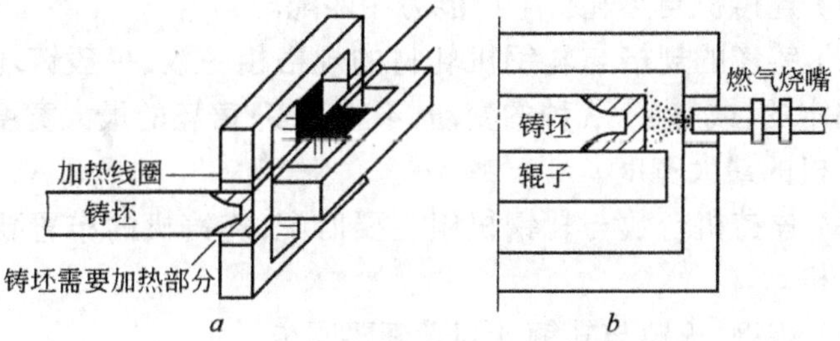

图 10-9　HDR 工艺轧前铸坯边棱加热装置结构示意图
a—感应加热装置;*b*—煤气加热装置

两种加热装置对比列于表 10-3。

表 10-3　感应加热与煤气加热比较表

项　　目	感应加热	煤气加热
设备费	高	低
加热时间	短时加热	高温加热时间稍长
加热控制方式	由铁芯排列,电力控制	燃气控制
板坯宽度变化的适应性	必须控制位置	不需控制位置
切割端面有无加热	无	有

续表 10-3

项　目	感应加热	煤气加热
维　修	线　圈	耐火材料
安全污染	无	使用低 NO_2 喷嘴无污染
均热程度	稍许不足	良好
自动停止简便程度	简单迅速	稍许复杂

从对比来看,煤气加热装置可以加热铸坯端面,设备费用低,对于远距离的 CC－HDR 工艺还是有利的。

10.1.3.4　实施炼钢－连铸－热轧生产一体化管理

建立炼钢－连铸－热轧生产一体化管理体系。炼钢-轧制一体化必须考虑:

(1) 连铸机与热轧机生产能力相匹配。

(2) 铸坯的规格与轧钢机轧材的规格相一致;一般铸坯的厚度是固定的,或有 2～3 种的变动,不宜过多;铸坯的最大宽度应略小于轧机的最大宽度。

(3) 连铸机台数与轧钢机组也要匹配,连铸机的布置要尽量靠近轧机。

(4) 炼钢、连铸与轧钢计划管理要同步。

(5) 应用计算机与信息网络技术。

(6) 炼钢－连铸－轧制生产计划的同步一体化。

10.1.4　连铸坯－棒线材热送热装技术模式

方坯热送热装或直接轧制成棒线材,与板坯的热送热装同样可以取得优质、高产、低能耗、高效益的效果。对于特殊钢厂优势更为显著,据承德钢厂的数据表明,由于热装轧制棒线材,金属收得率提高了约 2%。

小断面铸坯与板坯相比,铸坯的比表面积大于板坯,散热面积大,铸坯的保温更为重要;典型的连铸－轧机热送热装工艺布置,如图 10-10 所示。

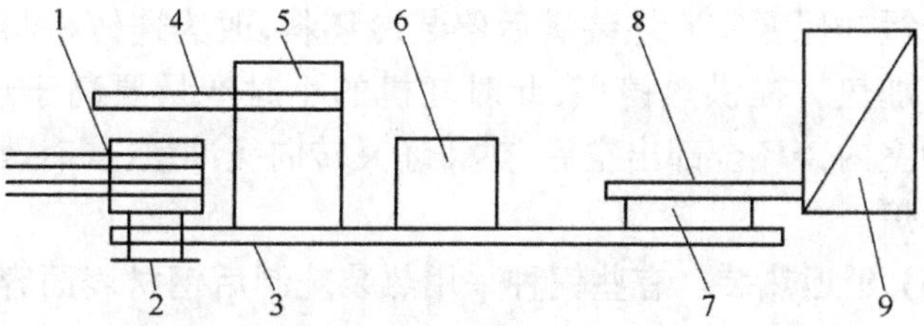

图 10-10　典型连铸－轧机热送热装工艺布置图

1—连铸机冷床;2—取料机;3—单根坯运输辊道;4—多根坯运输辊道;5—缓冲保温室;6—冷装台架;7—提升机;8—装料辊道;9—加热炉

热送热装工艺有:

(1) 正常热装。热铸坯经冷床由取料机逐根取出,送到单根铸坯输送辊道,输送到加热炉附近经测长、检验,剔除不合格的铸坯,合格的铸坯提升后落入装料辊道,称重后进入加热炉,加热后送入轧机轧制。

(2) 间接热装。由于轧机换辊等原因暂时停轧,连铸机仍在生产,此时热铸坯则从另一组多根坯输送辊道送到缓冲保温区暂存。由保温室的移送机将铸坯移向保温室的出口附近,当轧机再次运转时,暂存的热铸坯由辊道逐根输出,经测长、提升、称重后入加热炉;同时从连铸机冷床送来的热铸坯,沿同一辊道送入加热炉;此时加热炉与轧机以高于常规的小时产量生产,直到缓冲保温室内的热铸坯全部出空,轧机恢复常规轧制状态。由于铸坯不是直接由连铸机提供,而是经保温室进入加热炉的,称为间接热装。

(3) 冷装。连铸机甩下的冷坯及经清理的冷铸坯,由吊车从坯料场成排吊到冷装台架上。铸坯到达台架端部时,逐根被拨入运输辊道,然后测长、提升、称重入加热炉。

(4) 混合热装。有些规格,轧机小时生产能力大于连铸机,铸机不能提供原计划规格的铸坯,可以采用混合热装方式,其过程如下:

连铸机送来的热铸坯,沿多根坯输送辊道进入缓冲保温室暂存,同时将所需规格的冷铸坯装入加热炉,轧机按常规生产速度轧制。当缓冲保温室冷坯装满后停装冷坯料,改为连铸机与保温室共同向加热炉提供热铸坯,此时轧机的小时产量要高于连铸机。当缓冲室内铸坯全部出空后,热铸坯又转向缓冲室,同时改用冷坯装加热炉。

(5) 延迟热装。有些钢种采用热装轧制后钢材表面容易出现裂纹缺陷,为了避免发生裂纹,需要将铸坯从900℃以上的温度,快速冷却到550℃左右再装加热炉,这种方式称为迟缓热装。

10.1.5 应用连铸坯热送热装技术概况

热送热装和直接轧制技术始于20世纪70年代。钢铁工业是能源消耗大户,在世界两次石油危机之后,节约能源是摆在钢铁工业面前的重要课题,1973年日本钢管鹤见厂首先进行了连铸坯热装的尝试,随后住友鹿岛厂、川崎水岛厂、神户加古川厂、新日铁大分和堺厂相继开发了热送热装技术,其中堺厂于1981年7月成为世界上第一个实现直接轧制的钢厂。热送热装技术在日本得到迅速的发展,1983年日本全国连铸热送热装比例已达到58%,高的达到70%~85%;平均热装温度500~600℃,高的达800℃;到了1995年热装率和直接轧制率就超过了70%。

20世纪的70年代末80年代初世界许多国家也相继应用热送热装技术。如德国的克勒克纳公司不莱梅厂在1981年开始实践,1984年初热装量达到了200多万吨。法国索拉克厂两台板坯连铸机1981年开始热送,1983年热送率达到25%,1988年直接轧制率实现了80%。自20世纪80年代中期,热送热装技术在德国、法国、比利时、奥地利、美国等国家得到迅速的发展。

我国应用热送热装技术最早是武钢第二炼钢厂－热轧厂,用于硅钢的热送热装,到1984年热送率扩大到85%。

近十几年来,热送热装技术有不同程度的发展,如鞍钢公司热送率也较高,热送温度在600℃以上,宝钢公司、上海第三及第五钢铁厂、韶关钢厂、济南钢厂、三明钢铁厂、莱芜钢铁厂等,还有一些小的特殊钢厂也都应用了热送热装技术,总而言之我国的热送热装技术正在研究开发之中，存在于管理方面的问题也有待解决。以下介绍几个实例。

10.1.5.1 宝钢一炼钢板坯2050 mm热轧板的热送热装工艺

宝钢一炼钢厂有公称容量300 t×3顶底复吹转炉，并配有RH真空处理、钢包喷粉KIP和CAS－OB设备，两台双流宽板连铸机与2050 mm热轧板机组相匹配。通过辊道热送铸坯，其热装方式为CC－HCR和CC－DHCR两种。热轧厂有4座步进梁式加热炉加热板坯。

CC－HCR工艺是通过保温坑热装，热铸坯的温度平均在400℃左右，最高约600℃。铸坯温度较低，节能效果不够明显。

CC－DHCR工艺是直接热装，平均热装温度为800℃左右，最高约为1000℃，节能比较明显。由于热轧机的小时生产能力高于连铸机20%，因此直接热装铸坯供应不足，还要用保温坑的铸坯来补充，以确保装炉的连续性，所以直接热装率有所降低。热装比约为60%，热装温度在600℃左右。

10.1.5.2 韶关钢厂连铸方坯－线材热送热装工艺

韶钢有公称容量12 t×4的小转炉，3台7流小方坯铸机和1台板坯铸机，与(550 mm×3)+(450 mm×4)七连轧机组的复二重半连续式线材轧机一套相匹配，线材的规格为ϕ6.5 mm和ϕ8 mm。

汽车保温运送热铸坯；切割后铸坯的表面温度在850～1000℃，平均温度900～950℃，送入加热炉铸坯的温度一般可达550～700℃，最高能到800℃。到1999年热装率已将近94%。

10.1.5.3 三明钢厂连铸－棒材热送热轧工艺

三明钢厂有容量15 t×3的小转炉，平均出钢量为25 t，4台12流小方坯连铸机，其规格是120 mm×120 mm～150 mm×150 mm；与320 mm小型连轧机组匹配，产品规格是ϕ12～40 mm的光面圆钢和螺纹钢筋。连铸热坯通过辊道输送。

连铸机转盘离加热炉140 m，其流程是，铸机出坯线与棒材轧制线相垂直，热铸坯经单根铸坯辊道—转盘—热送地坑辊道以2 m/s速度送至棒材车间，提升、计数、称量—步进式加热炉均热；也可送入保温炉存贮。

10.1.5.4 武钢第二炼钢厂硅钢热送热装工艺

生产工艺流程：

铁水预处理→转炉炼钢→精炼→连铸机→热轧成卷→冷轧硅钢片

热铸坯→保温车→热轧保温坑→加热炉→热连轧

武钢二、三炼钢厂板坯供给第一热轧带钢厂，热送率达98%，热送温度在800℃以上，但热装率并不高，目前正在进行技术准备，届时将提高到一个新水平。

此外，还有一些小型特殊钢厂实施热送热装技术。流程是超高功率电炉→钢包精炼炉→真空脱气装置→小方坯连铸→中型轧钢厂。轧制棒材、圆钢、六角钢、扁钢、T型钢、H型钢等，钢种有优质碳素结构钢、合金结构钢、轴承钢、弹簧钢等。

总之，连铸坯热送热装要做到四高一直：即高速、高温、高质量、高生产率，直接热送；对于造船用结构钢WDYA、WGYA、WDYB、WGYB，铁路用耐大气腐蚀钢W09CuPTiRE（A）、W09CuPCrNi，焊接气瓶用钢W15，石油输送管用钢X42、X46、X52、X56，搪瓷浴缸用钢06YT，200 L钢桶用钢GT295，还有军用野战管线用钢X60JY，由于钢材质量要求，目前尚不能热装。

10.2 薄板坯连铸连轧技术

薄板坯连铸连轧属于近终形连铸技术。薄板坯连铸连轧技术自20世纪80年代开发，并于1989年在美国纽柯钢厂和1992年在意大利阿维迪钢厂投入生产以来，引起世界各国的特别关注，至今仅仅经过10多年，薄板坯连铸连轧技术得到了迅猛发展，经历了4代技术改进，在设备、工艺技术、控制系统等方面更加完备，趋于成熟。截止到2001年底，薄板坯连铸连轧工艺在全球已有36条生产线54流投入运行，生产能力约为5500 t/a；其中26条为CSP生产线(其中包括ISP生产线5条)，共42流(包括ISP工艺7流)，生产能力达4200万t/a(包括ISP生产能力765万t/a)；FTSRQ(FTSC)生产线4条5流，生产能力约500万t/a；QSP生产线3条4流，生产能力约500万t/a；CONROLL生产线3条3流，生产能力为315万t/a。

我国薄板坯连铸连轧的生产线情况见表10-4。

表 10-4　我国薄板坯连铸连轧的生产线情况

序号	钢厂	炼钢炉	连铸机	薄板坯尺寸/mm×mm	连铸机生产能力/万 $t \cdot a^{-1}$	轧　机	最终产品尺寸/mm	均(加)热炉	投产日期
1	珠江钢铁公司	电炉 1×150 t	1 流立弯型 CSP 铸机	50×(950～1350)	80	6 机架 CSP 轧机	1.27(最小)	辊底式均热炉 191.8 m	1998 年 11 月
2	邯郸钢铁公司	转炉 2×100 t，实际出钢量 120 t	1 流立弯型 CSP 铸机	(50～70)×(980～1560)	123	1+6 机架 CSP 轧机	1.2(最小)	辊底式均热炉 191.8m	1999 年 12 月
3	包头钢铁公司	转炉 2×210 t	2 流立弯型 CSP 铸机	70×(900～1680)	200	6 机架 CSP 轧机	1.2(最小)	辊底式均热炉 200.8 m×2 摆动式连接	2001 年 4 月
4	唐山钢铁公司	转炉 2×150 t	1 流直弧型 FTSC 铸机	(90～70,65)×(850～1680)	130	2+5 机架达涅利+三菱	0.8～6	辊底式均热炉 187 m	2002 年 12 月
5	马鞍山钢铁公司	转炉 2×90 t，实际出钢量 105 t	2 流立弯型 CSP 铸机	(90～70,65)×(900～1600)	220	7 机架	0.8～8	辊底式均热炉 270 m×2 摆动式连接	2003 年 12 月
6	涟源钢铁公司	转炉 2×90 t，实际出钢量 105 t	1 流立弯型 CSP 铸机	(70，55)×(900～1600)	130	7 机架	0.3～12.7	辊底式均热炉 291 m	2004 年 3 月
7	鞍山钢铁公司	转炉 2×90 t，实际出钢量 110 t	1 流直弧型 CONROLL 铸机	135(100～150)×(900～1620)	100	1+6 机架 ASP 轧机	1.0(最小)	步进梁式加热炉	2000 年 7 月

鞍钢 ASP 生产线是仿 CONROLL 技术自行设计制造的;此外,本溪钢铁集团公司、新丰钢铁有限公司、济南钢铁集团公司等计划于 2005 年建成投产。

10.2.1 薄板坯连铸技术的优点

普通连铸工艺与薄板坯连铸连轧工艺流程如图 10-11 所示。

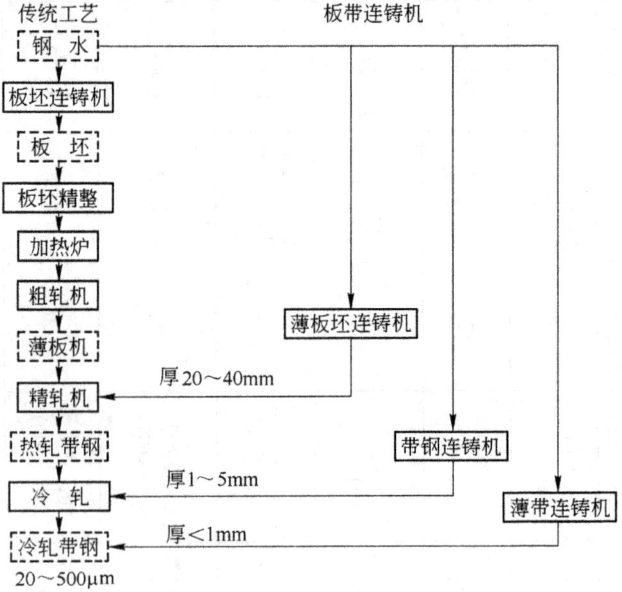

图 10-11 传统工艺与薄板带坯连铸机工艺对比

通过对比,可以看出:

(1) 简化了板材的生产工序,取消了传统工艺中的再加热、粗轧和部分精轧机架,减少了设备;缩短了生产线,一般只有 200 m 左右,也相应减少了厂房占地面积,降低单位造价;缩短了建设工期,能较快的投产并发挥投资效益。

(2) 生产周期短。从钢水冶炼到热轧板卷的输出仅用 1.5 h,从而节约了流动资金,降低了生产成本。

(3) 节约能源,提高成材率。由于实现了连铸连轧,可直接节能(标准煤)66 kg/t,间接节能(标准煤)145 kg/t;成材率提高约

11%～13%。

(4) 由于铸坯厚度薄，凝固速度快，铸坯的组织细而致密，产品质量好。

预计到2010年全球可能将有75条薄板坯连铸连轧生产线建成投产，生产能力约达1.9亿t，即全球约50%的热轧卷板，将由薄板坯连铸连轧机组来完成。

10.2.2 薄板坯连铸连轧生产流程

生产流程主要分两大类。

10.2.2.1 电炉流程

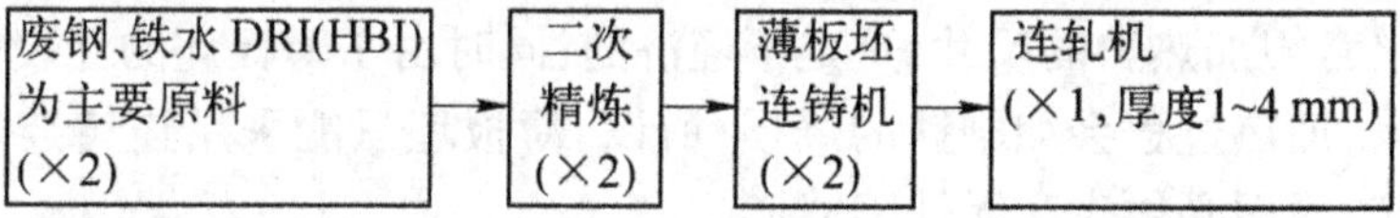

合理规模为：160万～220万t/a。

延伸钢种：冷轧板、镀锌板、焊管等。

10.2.2.2 大型联合企业

分为两种情况

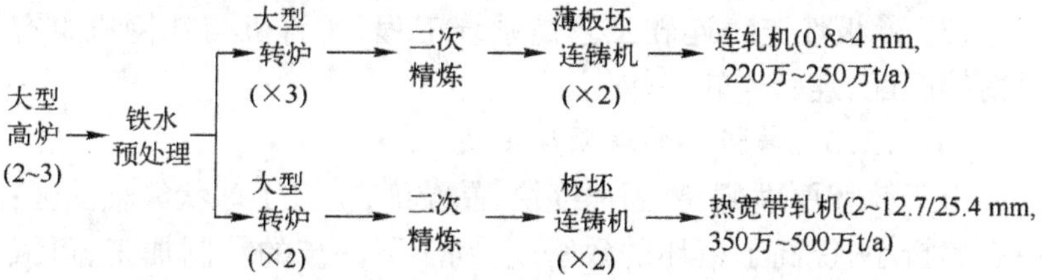

合理规模：600万~800万 t/a

延伸产品：冷轧板、镀锌板、镀锡板、彩涂板、电工板、焊管等

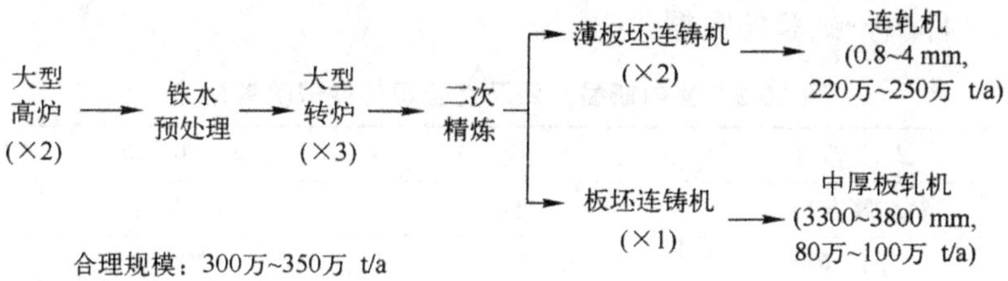

合理规模：300万~350万 t/a

延伸产品：焊管、冷轧板、镀锌板

10.2.3 薄板坯连铸连轧技术的特点

10.2.3.1 板坯的厚度薄

薄板坯的厚度一般在 40～70 mm 之间，因此需注意下面两点：

（1）钢水的浇注不能用传统的结晶器、浸入式水口，必须对其进行改造以适应钢水注入薄结晶器。由于拉坯速度快，出结晶器下口坯壳厚度薄，二冷区必须安装小辊径、密排列的导向支撑辊，以防铸坯出现鼓肚，确保铸坯质量。

（2）薄板坯的长度很长，如果在加热炉中加热，势必会大大超出常规加热炉的尺寸，这是不经济的；同时由于薄板坯的比表面积大，加热过程会加剧铁的烧损；所以，薄板坯只能采用连铸连轧工艺，因而必须生产无缺陷铸坯。

10.2.3.2 生产过程的连续性

薄板坯只能采用连铸－连轧工艺，使得整个生产连续化，由此：

（1）出坯温度高，温度的分布要均匀，以满足直接轧制的需要。

（2）由于是直接轧制，必须生产无缺陷铸坯。

（3）薄板坯连铸连轧工艺是系统工程，连铸机与轧钢机组有机衔接匹配，连铸连轧一体化。

10.2.3.3 薄板坯的凝固速度快

由于铸坯厚度薄，凝固速度快，晶粒细，扩大了球状等轴晶区；中心偏析小，提高了板坯的致密度，利于下一步的轧制加工，可减少压缩比。

细晶粒可改善产品性能。表 10-5 是曼内斯曼－西马克公司对轧件进行试验的数据。

表 10-5 曼内斯曼－西马克公司轧件试验数据

试验项目	厚板坯	薄板坯
铸坯厚度/mm	250	50
钢种	X70	X70

续表 10-5

试验项目	厚板坯	薄板坯
轧成板材的厚度/mm	15.9	15.9
压缩比	115.7	4.4
屈服强度 σ_s/MPa	482	510
抗拉强度 σ_b/MPa	565.50	590

由于铸坯薄，轧制道次少，压缩比小，残余组织粗化，对热处理后的产品力学性能和表面质量有些影响。

10.2.3.4　薄板坯的比表面积大

单位质量铸坯的表面积称为比表面积。薄铸坯比表面积大，需注意以下三个方面。

(1) 生产相同吨位的铸坯，由于比表面积大，与结晶器铜板的接触面积增加了若干倍，加大了对结晶器壁的磨损，所以要提高结晶器铜板的耐磨性。

(2) 对于薄板坯来讲，保持液面的稳定、控制结晶器内钢水的流场、结晶器的振动参数、保护渣的选择等更为重要，这是生产无缺陷薄板坯的基础。

(3) 由于比表面积大，热量容易散失，所以生产高温铸坯的保温尤为重要。

10.2.3.5　薄板坯连铸的冶金长度短

由于薄板坯的凝固时间短，连铸机的冶金长度大约在 5～6 m，由此大大缩短了连铸机的长度，设备紧凑。

10.2.4　薄板坯连铸连轧的关键技术

10.2.4.1　薄板坯厚度的选择

连铸坯的厚度是各类连铸工艺特征的参数，对薄、中、厚板坯的厚度分别界定为：40～60 mm、90～150 mm、200～300 mm。三种连铸坯的主要特征列于表 10-6。

表 10-6　三种连铸坯的主要特征

连铸工艺	薄板坯连铸	中板坯连铸	厚板坯连铸
铸坯厚度/mm	40～70	90～150	200～300
结晶器形状	漏斗形	平行板形	平行板形
拉速/$m \cdot min^{-1}$	高,最大 6.0	中,最大 5.0	低,最大 2.5
轧制线主要设备	精轧机(4～6 机架)	粗轧机(1～2 机架)+卷取箱+精轧机(4～6 机架)	粗轧机(1～3 机架)+精轧机(7 机架)
品　种	以低碳钢为主	与传统工艺相当	多
质　量	较低(特别是表面)	与传统工艺相当	高
投　资	小	中	大

薄板坯厚度选择在多少合适,一直是争论的焦点,工艺不同,铸坯厚度也有区别。综合来讲,要与后道轧制产品的规格尺寸相适应,与整个生产过程所采用的相关技术有关,此外还要考虑市场销售情况。

10.2.4.2　结晶器的形状

薄板坯连铸机的结晶器虽然早期有区别,发展到今天其结构逐渐趋向接近。加大结晶器上口的面积,以利于浸入式水口的插入,保护渣的熔化,更有利于改善连铸坯的质量。图 10-12 为 4 种类型薄板坯连铸机结晶器的结构示意图。

从图 10-12 可知,结晶器基本为漏斗形和平行板形。

(1) 图 10-12*a* 为德马克公司 ISP 工艺第一代结晶器。立弯式,上部为垂直段,下部是弧形段;上口断面为矩形,侧板可调;其断面尺寸为(60～80)mm×(650～1330)mm。

生产实践表明,这种结晶器只能使用薄壁浸入式水口,插入结晶器后与结晶器壁只有 10～15 mm 的间隙,因而在水口插入处的宽面侧,保护渣的熔化欠佳,保护渣很难得到要求的液渣层,影响了薄板坯的表面质量;为此,意大利阿维迪厂于 1993 年对结晶器进行了改进,由原来的平行板形改为小漏斗形,也称小橄榄球形,即结晶器上口宽边最大厚度为 60+(10×2)mm,直到结晶器下口仍保持有(1.5×2)mm 小鼓肚。近些年来,结晶器的鼓肚越改越大，目前使用的结晶器宽边最大厚度为 60 + (25×2)mm，结晶器的下口为 60 + (5.0×2)mm；虽然还是使用薄壁浸入式水口，相比之下还是大大增加了水口与器壁的间隙，从而改善了保护渣层状结构的状况，薄板坯的表面质量有了很大的提高。

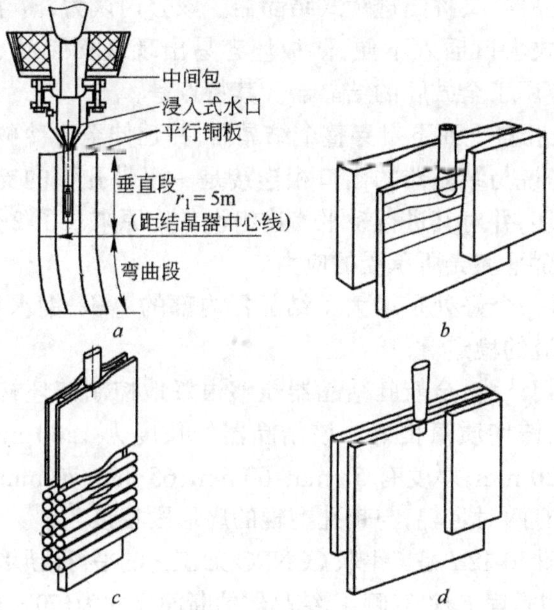

图 10-12　4 种类型薄板坯连铸机结晶器的结构示意图

a—立弯式结晶器，德马克公司用于 ISP 工艺；*b*—漏斗形结晶器，西马克公司用于 CSP 工艺；*c*—凸透镜式结晶器，达涅利公司用于 FTSRQ(FTSC)工艺；*d*—平行板形结晶器，奥钢联用于 CONROLL 工艺

(2) 图 10-12*b* 是西马克公司 CSP 工艺使用的漏斗形结晶器，上口宽边两侧有一平行段，而后与一圆弧相连接，上口断面较大。漏斗形状在结晶器内保持 700 mm 长，结晶器出口相当于铸坯的厚度为 50～70 mm，结晶器长度是 1120 mm。上口的漏斗形状有利于浸入式水口的插入，结晶器两宽壁之间在垂直方向可以形成带锥度的空间，漏斗区以外的侧壁仍然是平行的，其距离相当于铸坯的厚度。这种结晶器满足了浸入式水口的插入、保护渣的熔化

及薄板坯厚度的要求，经多条生产线实践均收到良好效果。这种漏斗形结晶器的关键是漏斗区向平行段过度圆弧的最佳半径。通过CSP生产线多年实践证实，此类结晶器技术已经成熟。

(3) 图10-12*c*是达涅利公司FTSRQ(FTSC)工艺开发的全鼓肚形结晶器，又称凸透镜式结晶器。该公司认为，漏斗形结晶器存在浸入式水口插入不便，薄板坯容易出现表面裂纹、结疤等缺陷，为此应用了全鼓肚的结晶器。其特点是：

1) 鼓肚自上而下贯穿整个结晶器，并延伸至二冷的第Ⅰ段中部；也就是说与结晶器的出口相连接是一组带孔型的支撑辊以适应鼓肚铸坯，并对其进行矫平。这组设备比原来长了2倍，大大减轻了由于矫平坯壳所承受的应力。

2) 另一个好处是增大了结晶器内部的容积，钢水量增多，更利于钢水流的稳定。

该公司认为，全鼓肚结晶器能够很好地控制铸坯初生坯壳的形成过程，铸坯质量良好。该结晶器的长度为1200 mm；宽度为1220～1620 mm；厚度有55 mm、60 mm、65 mm、70 mm等。结晶器下口配有两对足辊，与带孔型辊的扇形段相接。

(4) 图10-12*d*是奥钢联CONROLL工艺的平行板形结晶器。浸入式水口也是扁平状，双侧孔，结晶器的断面尺寸为(70～125) mm×1500 mm，这个尺寸实际上是属中板坯之类。奥钢联认为，铸坯的厚度在70～90 mm，生产能耗最省，加工成本较低，不必过分追求薄铸坯；奥钢联还认为，这种结晶器钢水凝固时不变形，保持液面平稳，利于夹杂的上浮和保护渣的熔化，避免了铸坯表面夹渣、裂纹等缺陷，确保铸坯的质量。

10.2.4.3 浸入式水口

基于结晶器的形状不同，各工艺所用浸入式水口也不一样。CSP工艺漏斗形结晶器用浸入式水口，其结构及在结晶器内位置示意图见图10-13。

漏斗形结晶器上口的开口度较大，水口有足够插入空间，便于使用厚壁浸入式水口。水口的外部形状，决定了结晶器内上部钢水流动通道；水口的内部形状特别是开孔的形状，决定了钢水在结晶器内的流场，直接影响着温度的分布，坯壳的生长，夹杂的上浮。CSP 工艺用浸入式水口，经过了数代的改进，目前使用的是大十字出口的水口；它可以增大钢水流量，稳定拉速，尤其在高拉速情况下其优越性更为明显；使用寿命可达 11～12 炉。

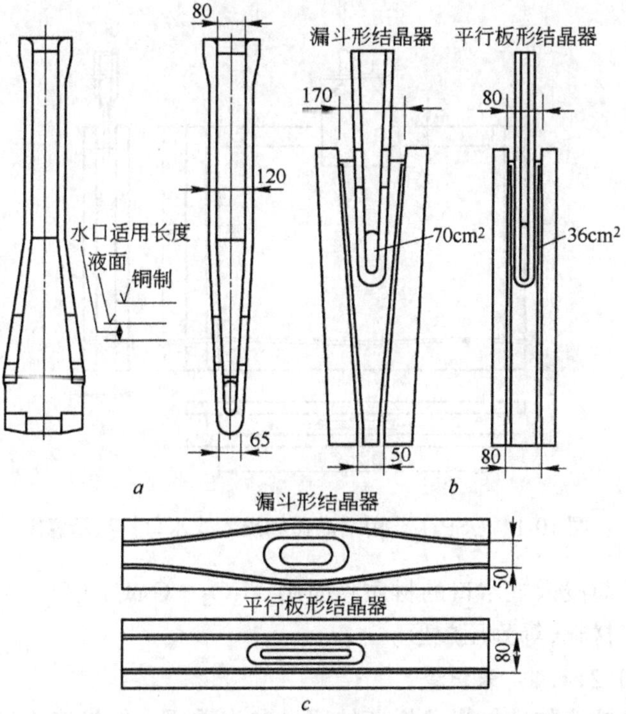

图 10-13　CSP 工艺用浸入式水口及其在结晶器中的位置示意图
a—浸入式水口形状；*b*—浸入式水口在漏斗形结晶器内位置纵向剖视图；
c—浸入式水口在漏斗形和平行板形结晶器内的俯视图

平行板形结晶器只能用薄壁扁形浸入式水口。ISP 和 CONROLL 工艺所用水口就属此类。CONROLL 工艺是用双侧孔薄壁扁形浸入式水口，钢水从两侧孔注入结晶器。

ISP 工艺的薄壁扁形水口是单孔直筒式的，钢水从下口注入，下口的总厚度仅 30～35 mm，其中钢水通道为 10～15 mm，水口壁厚是 10 mm，水口外形宽度是 250 mm。图 10-14 为 ISP 工艺用浸入式水口模型示意图，此种水口寿命很低，迫使 ISP 工艺改进结晶器结构，在结晶器上口宽边加厚，演变为现在的橄榄形结晶器。虽然仍用扁形浸入式水口，但其壁厚已增至 20 mm，使用寿命有所提高。

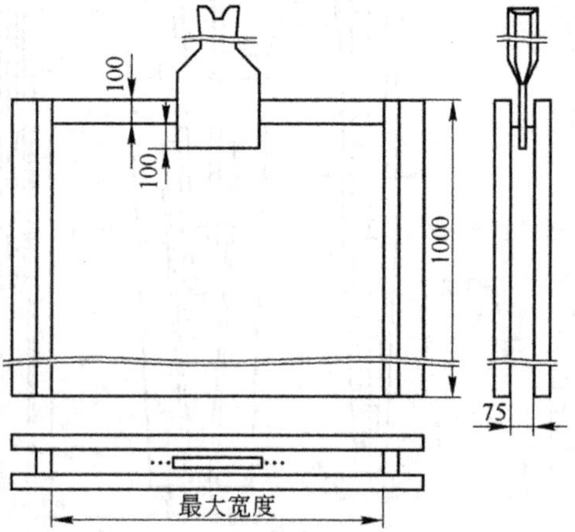

图 10-14　ISP 工艺用结晶器和浸入式水口模型示意图

目前浸入式水口的材质趋向用 Al_2O_3-C 或 $Al_2O_3-ZrO_2-C$ 质耐火材料，等静压成形。

10.2.4.4　保护渣

保护渣的性能对薄板坯的质量尤为重要。保护渣不仅有隔热保温、防止钢水二次氧化、润滑、改善铸坯传热、吸附上浮夹杂等作用，还须适应薄板坯连铸高拉速、凝固速度快、散热面积相应增大、润滑表面积大的特点，所以用于薄板坯连铸的保护渣要具有熔点低、黏度小、熔化速度快、绝热性能和润滑性能好等特点。西马克公司开发了多种保护渣，并成功地用于 CSP 薄板坯连铸工艺。在传统保护渣的基础上，研制出可以满足 6 m/min 的拉速薄板坯连铸特殊需要的、圆柱状保护渣。它具有极佳的化学稳定性，良好的流动性，环保性，其两种保护渣的化学成分与理化指标参考表6-10。

我国钢铁研究总院也开发了适用于薄板坯连铸的保护渣。大连重型机械集团公司研究开发了4号粉状保护渣，用于弧形板坯连铸，其铺展性良好；对于2.0～3.5 m/min拉速下，熔化速度和黏度适中；液渣层厚度为10～15 mm，烧结层厚度约2～4 mm；用后铸坯表面光滑，没有发现表面夹渣等缺陷。

10.2.4.5　铸轧技术

铸轧技术的内涵包括液心轻压下（也称软压下）和固液相轧制两个方面。

液心轻压下是指带液心的铸坯出结晶器下口后，通过支撑辊对坯壳实施挤压，铸坯内仍然是液心。经二冷区铸坯液心逐渐减小，直至铸坯完全凝固。轻压下原理如图10-15所示。

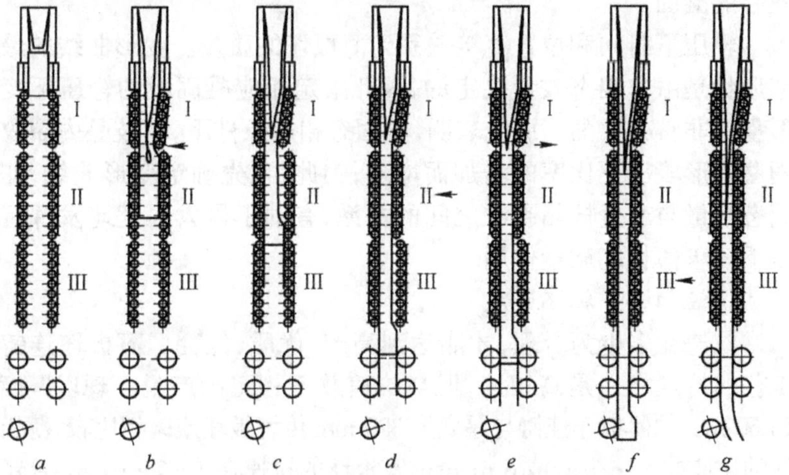

图10-15　液心轻压下原理

德马克公司首先在ISP生产线上应用了带液心轻压下和液-固相铸轧技术。带液心轻压下段的变形量不超过20%，固相铸轧段可将铸坯的厚度减薄60%。

液心铸轧细化晶粒效果明显，产品的韧性良好，固相轧制技术也为连铸机直接生产一般中板提供了条件，此外，应用铸轧技术减薄铸坯厚度，也可以减少精轧机架数。

当前，薄板坯连铸机普遍应用了铸轧技术，各工艺都有改进，如达涅利公司 FTSRQ 工艺，在二冷扇形段有轻压下装置，铸坯带液心铸轧，最大压下减薄厚度为 20 mm，它与动态液心长度控制系统配合操作，效果极佳，所生产的钢种中心偏析、疏松都达到了一级标准。

由于轻压下液心内钢水产生流动，其好处是：

(1) 轻压下引起钢水流动会使凝固前沿晶枝被冲刷、重熔，液心偏析高的将与偏析低的钢水混合而被稀释，减轻偏析的程度。

(2) 由于轻压下枝晶的端部碎裂，钢水流动被冲刷下来的晶枝，经流动钢水带到铸坯的中心，增加了晶核，有助于加快薄板坯液心的凝固。

轻压下时间和位置直接关系到薄板坯的质量。变形曲线的最佳形状是由非固态数量决定的，因此限定相应凝固段的轻压下变形量是非常必要的。研究表明，非固态相同条件下，树枝晶内裂纹随着扇形段压下比率的增加而增多；为此，预先确定变形曲线，非固态数量与产生枝晶裂纹之间的关系，有助于最大限度地发挥轻压下改善薄板坯质量作用。

10.2.4.6 拉坯速度

拉速在多少为合理，才能达到高产、优质、低耗。薄板坯连铸工艺的特点之一是高拉速，但高拉速并不一定高产量。现以厚度为 60 mm 的薄板坯连铸与厚度为 300 mm 传统板坯连铸相比较，薄板坯的拉速在 5 m/min 或 6 m/min，厚板坯的拉速在 1～2 m/min，后者产量是前者的 2 倍。因此，薄板坯连铸连轧技术的发展有两个问题需要考虑：一是薄铸坯的厚度在多少合适；二是如何继续提高拉坯速度。

例如 CONROLL 工艺主张浇铸中型板坯合算。从已投产的生产线来看，实际拉速多数在 4.0～4.5～5.5 m/min，没有一台铸机能达到 6 m/min。如果铸坯厚度为 200 mm,拉坯速度在 4 m/min,那么 1 台连铸机的年产量是 280 万 t;铸坯的厚度为 100 mm,薄板坯连铸机的拉速必须保持在 6.5 m/min 才能完成相同的产量;倘若生产厚度为 50 mm 的薄板坯,拉速只有达到 8~9 m/min 时,其产量才能与前两者相比。

此外,薄板坯的连铸-连轧生产线还要考虑连铸机与连轧机的匹配,所以在铸坯合适厚度情况下,尽量提高连铸机的拉速势在必行。为此可采取以下方法。

(1) 改进结晶器的传热。薄板坯的凝固时间大大短于传统铸坯,单位时间产生的凝固表面积又大于传统铸坯,热流密度是传统铸坯的 4 倍;所以减薄结晶器铜板的厚度,加大冷却强度,控制保护渣呈薄膜状。

(2) 二冷的支撑辊一定要小辊径密排列,在高拉速时铸坯不致发生鼓肚变形。

据报道西马克公司为泰国设计的 CSP 生产线,连铸机的拉速是 7~8 m/min,希克曼厂拟将扇形段加长 8 m,再附加相应技术,拉速有望达到 7~8 m/min。

10.2.4.7 冷却制度

要根据钢种、铸坯的温度、薄板坯的宽度、厚度、拉速,综合确定冷却方式和冷却强度,实施自动调节控制利于合理优化,确保薄板坯质量。

10.2.4.8 薄板坯的加热方式

薄板坯连铸除 ISP 工艺之外,其他工艺都沿用了均热炉的加热方式。

均热炉的长度为 160~200 m,用天然气加热,炉内各段的温度差很小,比较均衡。通过计算机控制,要尽量减小均热炉自身的热损失,尽量提高均热炉的使用寿命。若两条生产线共用 1 组精轧机,均热炉可以建成平移式或摆动式,大大方便了铸坯的加热和运输。

ISP 生产线采用了感应加热和克日莫那炉，感应加热区只有 18 m，后接克日莫那炉，天然气加热保温。

10.2.4.9 精轧机组

薄板坯连铸连轧生产线由连铸机和连轧机组组合而成，连铸机向连轧机提供一定高温，厚度在 15～25 mm 的铸坯。由于采用了液心轻压下技术，铸轧减薄 20 mm，又有固相铸轧机组铸坯再次轧薄，所以精轧机架数目就相应减少了。

10.2.5 典型薄板坯连铸连轧工艺

10.2.5.1 CSP 工艺

CSP 工艺也称紧凑式热带生产线。是由德国施罗曼-西马克(SMS)公司于 1982 年开发的，后移植美国纽柯公司克劳福维尔厂，并于 1989 年经技术改造建成第一台 CSP 连铸轧短流程。连铸设备为立弯型连铸机，CSP 工艺具有流程短、生产简便稳定、产品质量好、市场竞争力强等一系列突出优点，其典型工艺立面纵向布置见图 10-16。

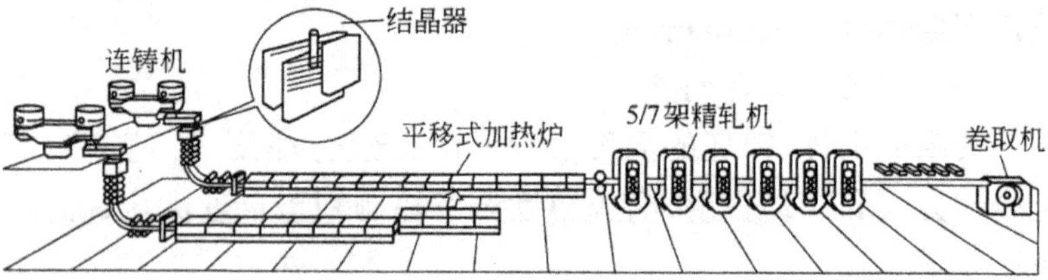

图 10-16 CSP 典型工艺布置图

A CSP 工艺流程

转炉或电炉(AC 或 DC)→钢包精炼炉→薄板坯连铸机→均热炉保温→热连轧机→层流冷却→地下卷取。

薄板坯从连铸机拉出时厚度为 50 mm，剪切后的长度为 160 m，经均热炉加热、保温，再由高压水除鳞后，通过 4～6 架精轧机轧成厚度为 1～1.25 mm 的热轧带钢，冷却后成卷，卷重约 20 t；此工艺流程从冶炼钢水到成品成卷输出离线仅需 1.5 h。

B　CSP 工艺特点

CSP 工艺具有以下特点：

（1）不断完善的漏斗形结晶器。

漏斗形结晶器比第一代有很大的改进，加大了结晶器上口的厚度（70～130 mm），便于浸入式水口的插入，水口外壁与结晶器壁之间距不小于 25 mm，利于保护渣的熔化，确保钢水注入后不产生涡流，明显地改善了铸坯的表面质量。结晶器的长度加长到 1100 mm，结晶器能在线调宽。

结晶器的水冷系统加强了自动控制，使其上部传热合理、效果好；冷却水压在 0.6 MPa 以上，水缝冷却水的流速大于 10 m/s；结晶器的使用寿命得到提高，一般可浇 200～500 炉，最高可达 800 炉。

（2）浸入式水口的改进。

浸入式水口的形状、结构，经不断改进也日趋完善。当前使用的水口为大十字出口（图中 A），起到了增加钢水流量，稳定拉速的作用；其寿命也得到提高，可浇注 11～12 炉。CSP 工艺用浸入式水口结构见图 10-17。

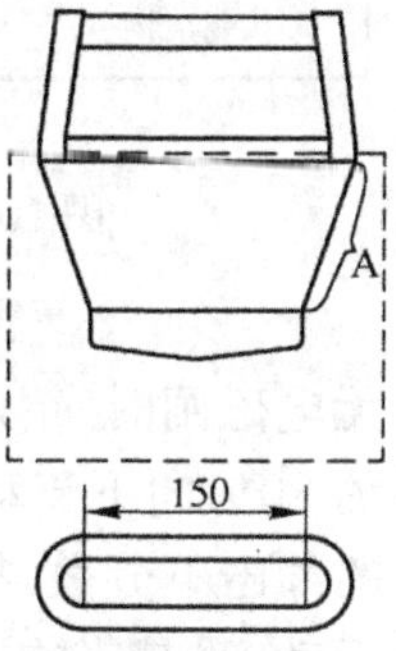

图 10-17　CSP 工艺改进后的浸入式水口

（3）应用铸轧技术。

早期的 CSP 工艺，出结晶器下口板坯厚度为 50 mm，没有实施液心轻压下技术。当今由于应用了液心轻压下技术，结晶器下口加大到 70 mm，上口必然也相应增大，使得整个结晶器的容量加大。出结晶器带液心的铸坯进入二冷段，逐步连续压下至 65～60～55 mm，液心压下量不超过 20 mm，效果良好。

（4）结晶器振动装置应用液压驱动。

选择非正弦波振动，可快速调整结晶器振动频率和振幅，缩短负滑脱时间，改善薄板坯的表面质量，还有利于提高拉坯速度。

（5）在结晶器安装电磁闸。

电磁闸也是电磁制动器。在结晶器上安装电磁闸后，形成的电磁力可以抑制钢水的流动，降低钢水面的波动；由此热中心上移，能够使钢水温度上升约10℃；利于保护渣的熔化，改善铸坯的润滑和传热；也利于上浮夹杂的吸附，避免了表面夹渣；从而提高了铸坯表面质量。电磁闸对钢水流动的影响见图10-18。

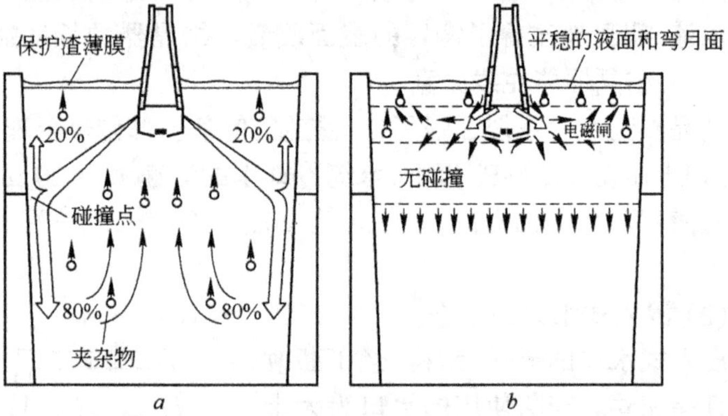

图10-18　钢水在结晶器内的流动状况

a—未装电磁闸；*b*—装有电磁闸

无电磁闸时，钢水从浸入式水口两侧孔射出，冲击到结晶器窄面后约80％向下流动，20％向上流动。这两个流股均在来自器壁回流的冲击下分散，靠近下部窄边区域的钢水受静压力作用难以向上运动，受其影响夹杂无法上浮。

安装电磁闸抑制钢水的流动，注流的流速降低了约1/4，钢流均匀分布，液面稳定，利于夹杂物的上浮，净化了钢水。

(6) 新的高压水除鳞装置。

从加热炉输出的薄板坯温度在950～1050℃，其表面氧化铁皮厚度有1～2 mm，通过除鳞装置迅速除鳞，新除鳞机缩短了除鳞喷嘴与铸坯表面的距离，除鳞水压由20 MPa提高到40 MPa，从而达到良好的除鳞效果；同时还有防止污水流到铸坯表面的设施。

(7) 辊底式均热炉。

CSP生产线采用辊底式均热炉，薄板坯进入均热炉后只需停留 15~20 min,铸坯无论在宽度、厚度和长度方向,温度都可以达到绝对的均匀、稳定,因而轧制等其他生产作业均可采用恒速操作,带钢产品可以得到均匀的组织。

C CSP 工艺的产品质量

由于以上的设施,生产线还设有 4 机架或 5 机架热精轧机,并采用了一系列先进技术,轧制成 2.8 mm 的钢带。生产实践表明,CSP 的产品质量好,显微偏析小,无裂纹,优于传统工艺的产品。现已系统地生产 AISI/1005~1030 mm 热轧带钢、硅钢、合金钢、含铜和含硫易切钢及微合金化的碳钢等,热轧带钢厚度有望达到 1.0 mm 以下。

10.2.5.2 ISP 工艺

ISP 薄板坯连铸轧工艺,即在线热带钢生产工艺,也称 ISP 技术。是由德国曼内斯曼-德马克(MDS)公司于 1989 年开发的,以后在意大利、韩国、马来西亚等国相继建设了 ISP 生产线。

A ISP 工艺流程

ISP 工艺流程为:

钢包车→中间包→薄壁浸入式水口→结晶器→铸轧段大压下量→粗轧机→剪切机→感应加热炉→克日莫那炉→精轧机→层流冷却→地下卷取。图 10-19 为 1 流 ISP 工艺立面纵向布置图。

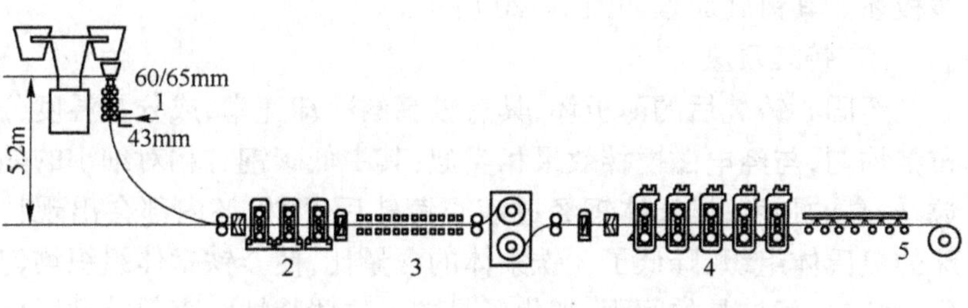

图 10-19 1 流 ISP 工艺生产线布置图

1—ISP 连铸机;2—压下装置;3—克日莫那炉;4—精轧机;5—地下卷取机

ISP 工艺具有以下特点:

(1) 小鼓肚形结晶器。早期是用平行板式结晶器,见图

10-12a，现已改为带小鼓肚的橄榄球形，扁形浸入式水口壁厚也有所增加，水口为底部出钢，显著提高了寿命。

(2) ISP 生产线布置紧凑，从钢水到卷板只需 20～30 min。

(3) 二冷区用气雾冷却或干式冷却，有助于生产断面较薄、质量要求高的产品。

(4) 感应加热炉长度短，铸坯在此区段加热和均热，操作灵活，升温有效。克日莫那炉实际是一个双卷取机，通过气体燃料加热板坯，同时将板坯卷取送至精轧机，克日莫那炉可提供 9 min 的缓冲时间，但是其设备复杂，维修困难。

(5) 铸轧技术。ISP 工艺是当今世界诸多薄板坯连铸连轧工艺中第一个在工业条件下应用液心轻压下固相铸轧技术，生产厚度为 15～25 mm，宽度为 650～1330 mm 的铸坯，如果不进精轧机，可以作为中板出售。

薄板坯在出连铸机、除鳞之后，以浇注速度进入粗轧机组的第一个机架。液心和固心铸轧连续进行，其过程是：

薄板坯出结晶器下口厚度为 50 mm，经二冷扇形段各支撑夹辊的辊缝逐渐变小，带液心铸坯逐渐减薄，变形量不超过 20%，铸坯厚由 50 mm 变为 40 mm 左右；薄板坯完全凝固后经 3 机架(或 2 机架)粗轧机组再行轧制，铸坯厚度减薄 60%，得到 15 mm 厚的薄板坯。其铸轧原理如图 10-20 所示。

B 铸坯质量

经固心铸轧后的薄板坯，具有较高的冷却速率，成分及温度分布都均匀，与经电磁搅拌效果相类似；其中低碳钢有相对细小的晶粒，较高的强度；奥氏体钢经过液心铸轧后，薄板坯内部会出现特殊的奥氏体组织，降低了 δ-铁素体的含量比，使 δ-铁素体组织均匀化，并减小了枝晶的间距，细化了晶粒。这些特性一直保持到以后的热处理中。

生产不锈钢，还需配备 MRP 精炼炉；MRP 炉与 AOD 炉相似，可以完成脱碳、保铬、净化钢水的任务。综上所述，ISP 工艺能耗低。

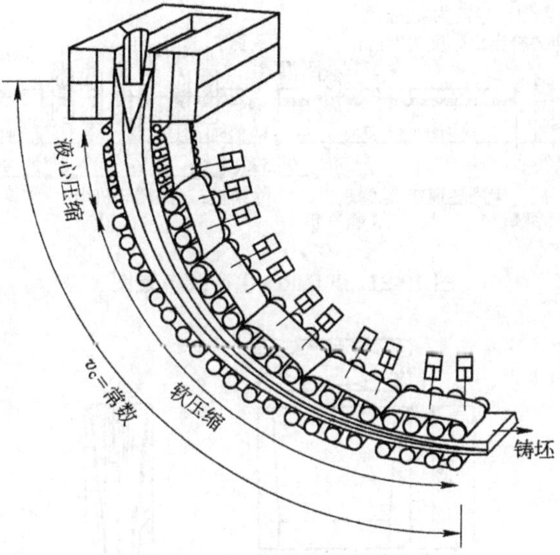

图 10-20　铸轧原理示意图

10.2.5.3　FTSRQ(FTSC)工艺

FTSRQ 工艺被称为生产高质量产品的灵活性薄板坯轧制工艺，是由意大利达涅利公司开发的薄板坯连铸连轧工艺。FTSRQ 技术可以提供表面和内部质量、力学性能、化学成分均优的汽车工业用热轧带卷。该技术具有相当的灵活性，它浇铸的钢种范围很宽，包括包晶钢；板坯的厚度、宽度的可调范围也较宽；直接轧制，操作灵活；出现故障调整速度容易。

FTSRQ 工艺流程如下所述。

炼钢炉→精炼炉→薄板坯连铸机→旋转式除鳞机→隧道式加热炉→二次除鳞机→立辊轧机→粗轧机→保温辊道→三次除鳞装置→精轧机→输出辊道和带钢冷却段→地下卷取机。图 10-21 为 FTSRQ 生产线立面纵向布置图。

FTSRQ 工艺特点有以下几个方面。

(1) H^2 结晶器。H^2 结晶器是 1990 年开发研制的，其结构见图 10-22。

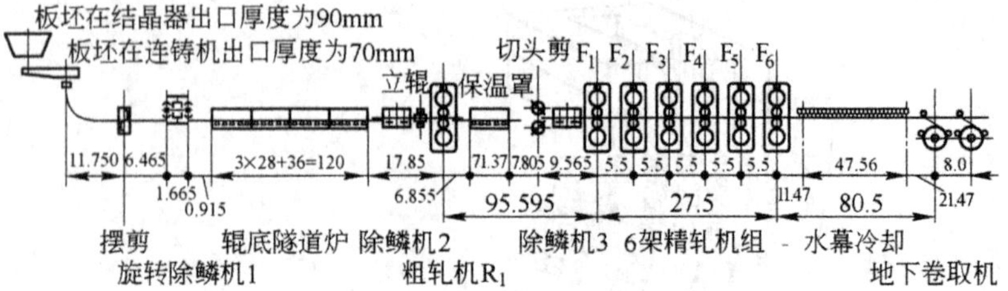

图 10-21　FTSRQ 生产线布置图

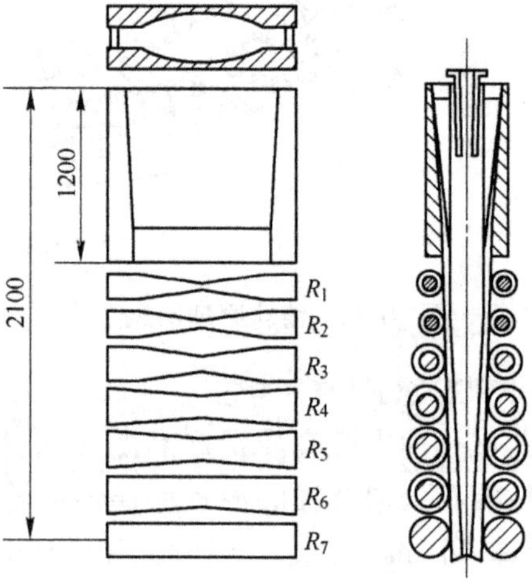

图 10-22　H^2 结晶器结构示意图

H^2 结晶器是漏斗形，长度为 1200 mm。铸坯在结晶器内由凸透镜形逐步过渡为矩形，从表皮到内部的张力也逐渐减小至零。铸坯断面尺寸 90 mm×(800～2300)mm，浸入式水口插入后，结晶器上口器壁与水口壁相距 50～60 mm，水口的出口与器壁相距 35～40 mm。结晶器的容量增大有很多好处：1)利于使用厚壁浸入式水口，提高了水口寿命；2)注入的钢水流动易于控制，液面平稳；3)利于夹杂的上浮；4)有利于保护渣的熔化；由此确保了铸坯的质量。

此外结晶器还装有漏钢预报和预防粘连的装置、液面自动控制系统。

(2) SEN浸入式水口。SEN水口结构如图10-23所示。此水口的特点是增加了壁厚，钢水的通过流量大，在1.0～5.1 t/min，并且可以避免钢水散流，缓慢流向弯月面，从而结晶器液面波动最小。由于浸入式水口的特殊形状，可以保证在任何拉速下，保护渣均能提供与其相适应的润滑，消除了坯壳重熔、搭桥的可能，也避免了铸坯的夹渣现象。水口连通管的作用是通过调整插入深度，使水口保持最佳工作状态，可以连续浇注12 h。

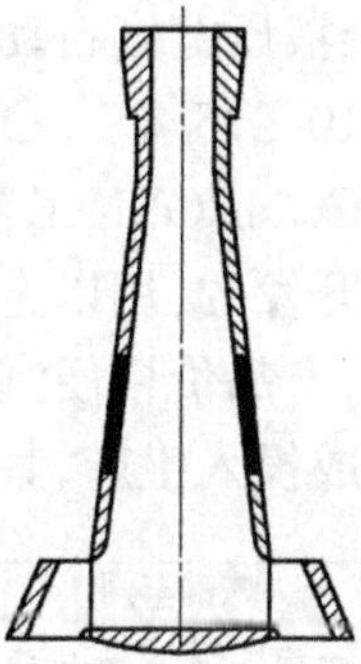

图10-23 SEN浸入式水口结构简图

(3) 动态轻压下(DSR)装置。结晶器下口铸坯厚度为90 mm，经连续轻压下后铸坯厚度是70 mm。在结晶器断面较厚的情况下，能够获得晶粒细小、中心偏析和疏松都小的铸坯。所谓动态轻压下就是依据不同拉速、不同温度来调整轻压下量。

轻压下分为4段，每段可以单独压下。第1段只能转动压下，其余各段可平行，也可旋转压下。轻压下终止点的位置是根据钢的碳含量而定，同一钢种由于操作条件的变化，终止点的位置也有移动，例如：拉速由6 m/min改为4 m/min时，终止点上移。冷却条件变化，液心长度改变，那么终止点也会移动。

(4) 三次除鳞。在二冷段出口处设有旋转式除鳞机，它是高压、低水量、闭式喷嘴的新式除鳞机，能够干净地清除原始氧化铁皮，并有效地控制二次氧化铁皮的形成。此外在隧道炉的出口和进入精轧机之前还各设有1台除鳞机除鳞。

(5) 辊道式隧道加热炉。辊道式隧道加热炉可以有效地控制炉内铸坯表面的氧化。由于隧道加热炉有一定长度，加大了整条生产线的缓冲能力；如果将加热炉的第二段改为横移式，将更增大缓冲能力。

除以上特点之外，二冷段铸坯与设备是各自独立的冷却系统，拉速 2.5～6.0m/min 时，设备仍能正常工作。保温辊道设有保温罩，全液压宽度自动控制的轧机等设施保证产品的质量。

10.2.5.4 CONROLL 工艺

CONROLL 工艺与 CSP 工艺有相似之处，是奥钢联工程技术公司开发的，用以生产不同钢种高质量的热轧带卷。它具有生产率高，产品价格便宜的优势，美国阿姆科·曼斯菲尔德钢厂于 1995 年建成投入生产，其流程见图 10-24。部分技术参数列于表 10-7。

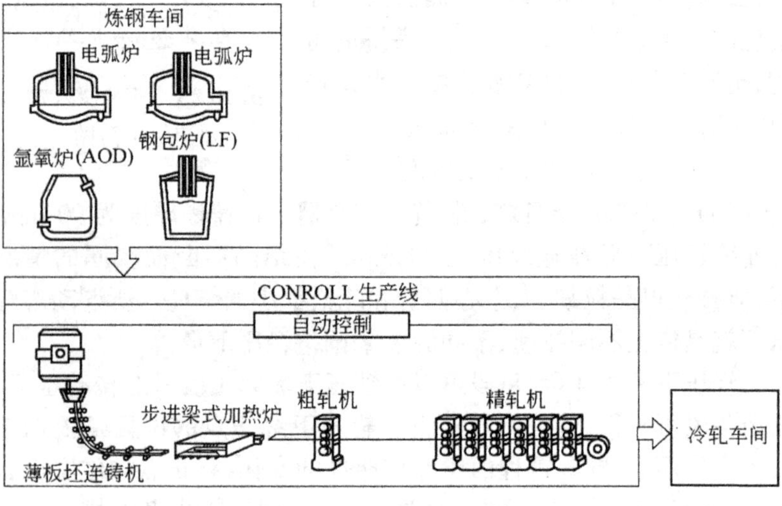

图 10-24　奥钢联 CONROLL 生产流程立面纵向布置图

表 10-7　CONROLL 生产流程主要参数

铸坯厚度	75～130 mm
铸坯宽度	635～1283 mm
直接装炉/轧制	100%
钢　种	低、中、高碳钢，高强度钢 铁素体不锈钢(409、430、434、435) 马氏体不锈钢(410、420) 硅钢(无晶粒取向)
生产能力	热轧卷 70 万 t/a

CONROLL 工艺具有以下特点。

(1) 采用平板型结晶器。他们认为只有这种结晶器对初生坯壳才不会产生应力，避免了任何变形；结晶器的冷却水缝形状，确保了铸坯在长度和宽度方向的均匀散热，坯壳均匀生长；结晶器可以自动调宽。结晶器采用带无磨损叶簧导向系统的液压驱动装置，能在线调节结晶器振动频率和振幅，进而控制保护渣的耗量，还设有摩擦力的测定装置等。

(2) 使用了与 FTSRQ 工艺相同的 SEN 新型浸入式水口(见图 10-23)，可根据铸速和板坯的宽度来控制水口的插入深度，从而保持液面的稳定。

(3) 超低头弧形连铸机。其高度比立弯式连铸机低，圆弧半径 $R=5$ m；可以降低厂房高度，尤其是提高拉速后和浇铸高强度钢优势就更为明显。

(4) 二冷区冷却系统应用了动态冷却模型，计算浇铸过程铸坯温度的变化，由此来决定冷却强度，可减轻鼓肚，控制坯壳的生长，提高表面质量。在二冷段不同位置安装了比色高温计，用以测量进入二冷区后铸坯各段表面的温度。在二冷区的横梁上安有 6 个应力测量仪，通过铸坯内部受力情况得出液心的终止位置。

(5) 连铸机备有液心轻压下 SLR 系统。

(6) 设置了旋转除鳞机，避免铸坯温降过大。

(7) 可以生产包晶钢热轧带卷。

10.2.5.5 CPR 工艺

CPR 工艺由德国西马克公司、蒂森公司和法国尤希诺尔·沙西落尔公司共同开发，用于生产厚度小于 25 mm 的合金钢和普碳钢热轧带材。

CPR 工艺是利用浇注后的大压下量(极限压下量是 60%)，仅使用一组轧机，最终生产 6.0 mm 的薄带卷。

此工艺采用西马克的漏斗形结晶器，出结晶器下口铸坯厚度为 50 mm，直接进行液心压铸和粗轧。共两对辊，第一对辊挤压，压制力是 500 kN，可将铸坯减薄至 25～30 mm；再进入第二对辊，通过 2500 kN 的轧制力，粗轧铸坯为 13～20 mm。该生产线包括 1 台连铸机、1 台感应炉、除鳞区、1 台四辊轧机，试验工艺线见图 10-25。

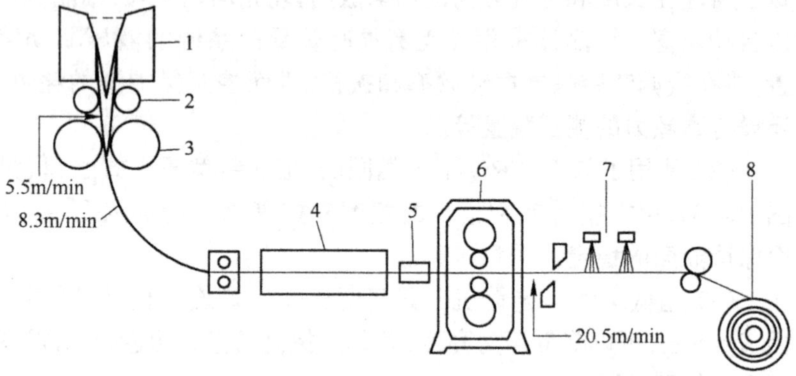

图 10-25　蒂森公司 CPR 试验工艺线立面纵向布置示意图

1—结晶器；2—挤压辊；3—轧制辊；4—感应炉；5—除鳞区；6—轧机；7—冷却区；8—卷取机

关于 CPR 工艺有以下几点说明：

(1) 铸坯从铸机到轧机有较大的温降，用感应加热炉对其加热升温，保证在宽度方向温度的均匀。

(2) 通过调整拉坯速度和轧制力，可以获得不同厚度的带钢。如拉速为 5 m/min，轧制力为 2500 kN，可以得到厚度为 15 mm 的带钢；若拉坯速度提高到 6 m/min，带钢的厚度为 13 mm。

(3) 由于只有 1 组轧机，它所允许的最大压下量限制了带钢最终产品的厚度。

现在 CPR 工艺已能生产 St14 带钢，厚度最薄为 6.0 mm，力学性能符合要求，冷轧后性能均匀；也能生产其他钢种，如低碳钢、管线钢、铁素体和奥氏体不锈钢、高硅电工钢等。

10.3　薄带钢连铸技术

钢水直接浇铸成厚度为 10 mm 以下薄带作为成品的工艺称

为薄带钢连铸工艺。

经铸轧机生产的产品可以直接作为热轧带材使用，或者作为冷轧带的坯料，进冷轧机轧成厚度为1 mm的冷轧带钢材。

带钢连铸又进一步简化了生产工序，传统板坯连铸和薄板坯连铸工艺，铸坯经热轧、再冷轧，均可以生产出厚度小于0.5 mm的带材；相比之下，薄带钢连铸工艺的设备投资费可省40%～50%，生产成本降低10%～20%，吨钢节能约0.628GJ。因此薄带钢连铸技术得到世界各国冶金工作者的重视、研究和开发，并取得了突破性的进展。从事这一技术研究开发的国家有日本、美国、德国、意大利、法国、英国、韩国、中国等，当前共有20多台薄带钢连铸机在进行研究试验、半工业规模的生产试验。

薄带连铸机的类型有单辊式、双辊式、辊带式及履带式等。这些都属于移动结晶器的连铸机。

10.3.1 单辊薄带连铸机

单辊薄带连铸机的结构如图10-26所示。钢水浇注到高速旋转水冷辊面上，使其凝固成薄带。水冷旋转的辊子就是移动式结晶器。单辊式薄带连铸机有两种形式：钢水平面流浇铸，用此法已生产出2 mm×300 mm不锈钢薄带坯、1.5 mm×75 mm的低碳钢薄带坯。另一种是转动轮子从熔池拖带钢水成型法。调整轮子的转速和冷却强度可生产厚度0.25～1.4 mm，宽度600 mm的薄带坯。

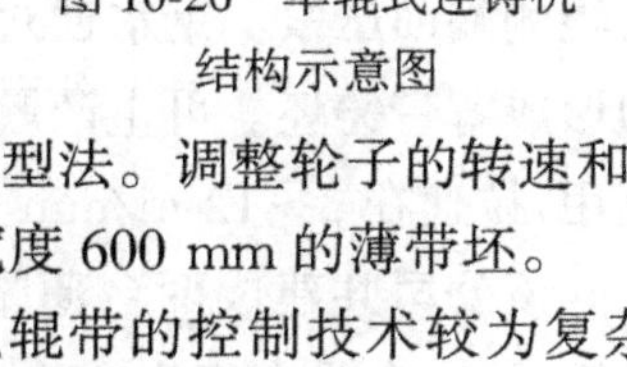

图10-26 单辊式连铸机结构示意图

单辊薄带连铸工艺：钢水的注入、辊带的控制技术较为复杂，虽然铸态组织得到改善，但表面质量不够稳定。

10.3.2 双辊薄带连铸机

双辊式薄带连铸技术比较成熟。其结构有3种形式，即水平双辊式、倾斜双辊式和异径双辊式。

10.3.2.1 水平双辊式

水平双辊式薄带连铸机是使用最多的形式,图 10-27 是意大利 CSM 公司开发的水平双辊式试验薄带连铸机。

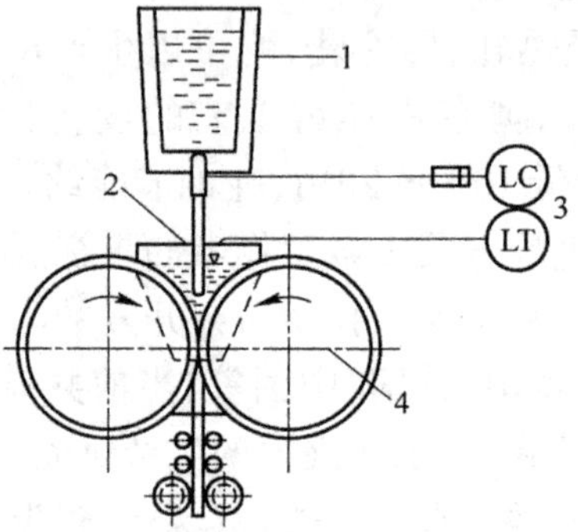

图 10-27 水平双辊式薄带连铸机结构示意图

1—中间包;2—水口;3—液位自动控制;4—辊式结晶器中心线

结晶器是由两个相向转动的水冷辊和两个辊端侧面挡板组成的。由两辊之间隙与挡板所围成的空间为结晶器的内腔,两辊之间距为铸坯的可浇厚度,两侧挡板间的辊身长度为铸坯的宽度。旋转辊辊径在 ϕ400~450 mm,也有的为 ϕ1500 mm。辊内通高压软化水冷却,侧面挡板是用耐火材料或高温陶瓷制成,用弹簧将其与辊侧端面压紧。钢水通过浸入式水口注入结晶器,两辊旋转冷却形成薄带铸坯。可生产厚度为 1~10 mm 的带钢坯料提供给冷轧用,拉速在 3~12 m/min。

该公司共建成两台薄带连铸机,1 台是宽度为 140 mm 的试验机,另一台是宽度为 400 mm 的工业用薄带连铸机。

水平双辊薄带连铸机具有结构简单、易于控制、双面结晶、铸坯内部质量良好等优点,但仍存在着液面稳定性较差、二次氧化比较严重、容易卷入浮渣影响质量、薄带边缘有飞刺等问题,有待解决。

10.3.2.2 倾斜双辊式

倾斜双辊式薄带连铸机，目前应用较为典型的是日本早稻田大学和神户制钢公司共同开发的试验机组，其结构见图 10-28。

神户制钢公司用该种连铸机浇铸了厚度为 1～2 mm、宽度为 300 mm 的铸铁和高碳钢带，改善了材料的性能。浇铸的成分为 $w_{[C]}=3.4\%$、$w_{[Si]}=2.4\%$、$w_{[Mn]}=0.12\%$ 的带坯，经 850℃ 短时间退火处理，渗碳体转化为铁素体＋石墨碳的结构，可塑性良好，可以直接轧制成 0.5 mm 的带材。早稻田大学用同样的方法生产出可供冷轧用坯料，冷轧成厚 1.5 mm、宽 100 mm 的不锈钢薄带。

我国上海钢研所在“七五”期间开发了倾斜式双辊薄带连铸技术，并成功地浇铸了厚度 2.5 mm、宽度 200 mm 的不锈钢薄带坯，冷轧成 0.6 mm×220 mm 的薄钢带。

10.3.2.3 异径双辊式

异径双辊式薄带连铸机与以上两种铸机相比，是用两个直径不等的辊子做结晶器，其结构如图 10-29 所示。此工艺是日本金属工业公司研究开发的。上辊辊径 ϕ200 mm，材质为低碳钢；下辊辊径 ϕ1020 mm，为不锈钢质。上辊与下辊倾斜大约 20°，辊内通水冷却，水口是刚玉-石墨材质，表面附以陶瓷涂层，其端部作成与下辊的曲面相一致的形状，并紧贴辊面浇注。

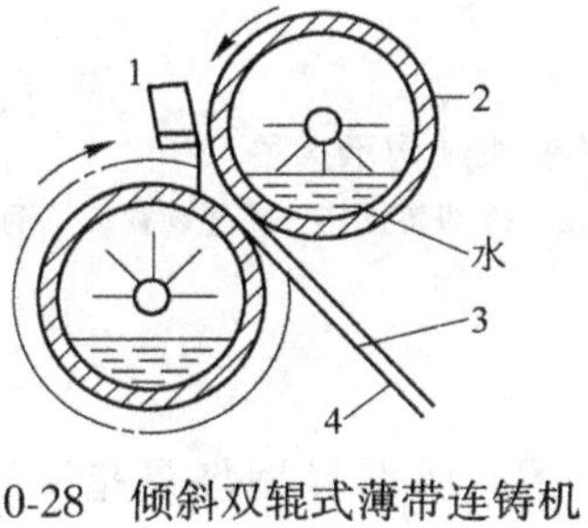

图 10-28 倾斜双辊式薄带连铸机结构示意图

1—钢包；2—水冷钢辊；3—薄带坯；4—支撑板

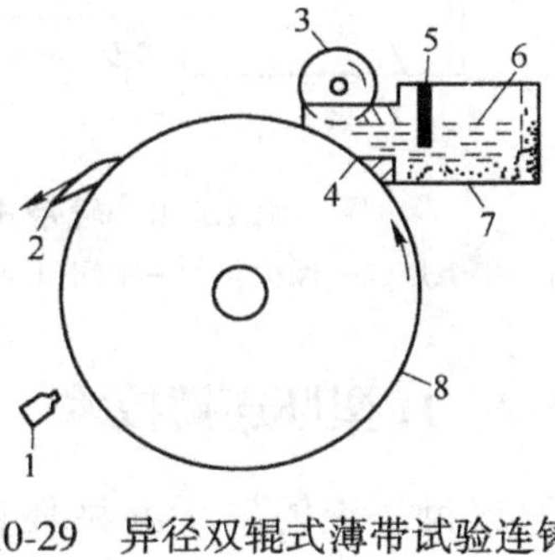

图 10-29 异径双辊式薄带试验连铸机

1—辐射式温度计；2—刮刀；3—上辊；4—水口；5—热电偶；6—钢液面；7—中间包；8—下辊

钢水浇注在上、下两个旋转辊之间的辊面上冷却凝固，以 10～40 m/min 的速度连续浇注。钢带厚度为 1～4 mm、宽度为 300 mm，铸态钢带经刮刀从下辊辊面剔下，送入卷取机，钢带头无须牵引自动成卷。在这种连铸机上浇铸 304 不锈钢已经获得成功，正在进行其他钢种的浇铸试验。

这种工艺的设备简单；整个浇铸系统封闭性好，无二次氧化；进入铸机钢液平稳；中间包有挡渣设施；结晶器侧封容易解决；中间包可以连续使用。但是，钢带是单面结晶，质量不够稳定。

10.3.3 辊带式薄带连铸机

辊带式薄带连铸机结构见图 10-30。它集中了辊式与带式连铸机的优点，在水平单带上固定了一个旋转辊，曾于 1989 年成功地浇铸了厚度为 5～10mm、宽度为 150 mm 的薄钢带，表面质量良好。

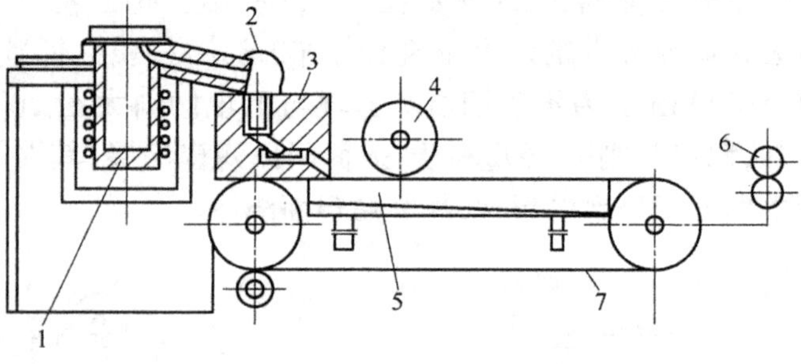

图 10-30 辊带式薄带连铸机结构示意图

1—熔炼炉；2—保护盖；3—中间包；4—上辊；5—冷却装置；6—拉坯装置；7—钢带

10.4 H 型坯连铸技术

H 型坯连铸属于异型坯连铸技术。所谓异型坯是指除了板坯、方坯、矩形坯、圆坯之外，断面形状复杂的连铸坯，如 H 型钢（工字钢）、正六边形、正八边形、中空圆坯等断面的连铸坯。直接浇铸出所需钢材断面形状或接近成品钢材形状和尺寸的铸坯为异型坯连铸,异型坯连铸也属于近终形连铸技术。

早在 1961 年前苏联曾报道过异型钢连铸试验的信息。1964 年加拿大阿尔戈玛公司与英国钢铁研究协会签订了协议,共同研究开发 H 型(工字钢)坯连铸技术;随后,英国钢铁研究协会在舍菲尔德研究所的立式连铸机上试验浇铸 H 型铸坯获得成功,其断面尺寸为 467 mm×254 mm×76 mm,并将铸坯送往轧钢车间,以 6:1 断面压缩比轧制成工字钢或宽翼工字钢。经过对钢材力学性能检验表明,可以作为结构用钢材。据此,阿尔戈玛公司委托瑞士康卡斯特公司设计并提供设备,与 100 t 转炉匹配,于 1968 年 5 月建成投产了世界第一台 H 型(工字钢)坯连铸机,各国都在密切关注这台铸机的生产情况。随后于 1973 年、1979 年、1981 年在日本相继新建和改造成 H 型钢双流和 4 流方坯/H 型坯兼用连铸机投入生产。兼用型连铸机既能浇铸大方坯,也能浇铸 H 型铸坯。随着炼钢技术的进步、炉外精炼技术的广泛应用、连铸技术的完善,异型钢连铸也得到了发展,目前全球已有 20 多台异型坯连铸机。我国马鞍山钢铁公司引进建成了 H 型连铸机和轧钢机,已于 1998 年投入生产。

H 型铸坯各部名称如图 10-31 所示。其断面尺寸的标注方法是腹高×翼缘宽×腹厚,即 460mm×400 mm×120 mm,根据需要断面尺寸可以变化。

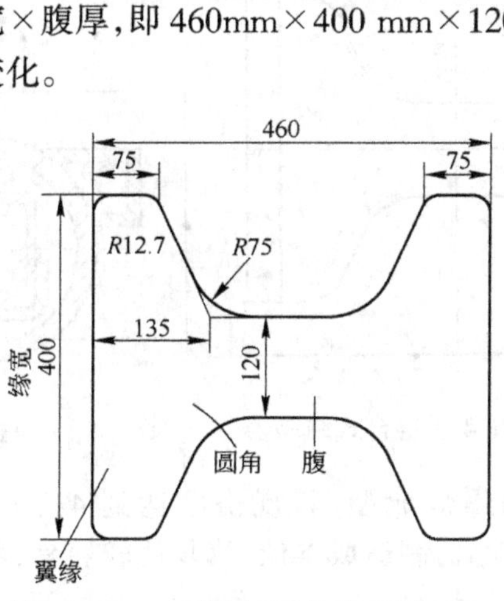

图 10-31　H 型铸坯形状及各部名称

H 型坯连铸机是全弧形连铸机,几乎都是大方坯/H 型坯兼用型铸机。H 型坯断面规格尺寸最小为 230 mm×150 mm×(<100)mm,最大为 1119 mm×500 mm×132 mm,腹板厚度最薄在 50 mm。与电炉炼钢匹配者居多,这说明 H 型坯连铸以小钢厂短流程生产为最佳方案。

目前世界从事异型坯连铸研究的公司和企业有:瑞士康卡斯特公司-COCAST、日本住友重型机械工业公司-SHI、意大利达涅利公司-DANIELI、日本三菱重工业公司-MDH、奥钢联设备工业公司-VAI 等。

以下简单介绍 H 型(工字钢)坯连铸主要特点。

10.4.1 H 型结晶器

结晶器经过多次改进,由 4 块铜板组成,如图 10-32 所示。使用这种结晶器可以消除 H 型铸坯翼缘中央部位和翼缘端部的纵裂纹,使用寿命可达 800~1000 次。近些年又有改进,改为管式 H 型坯结晶器,其结构如图 10-33 所示。

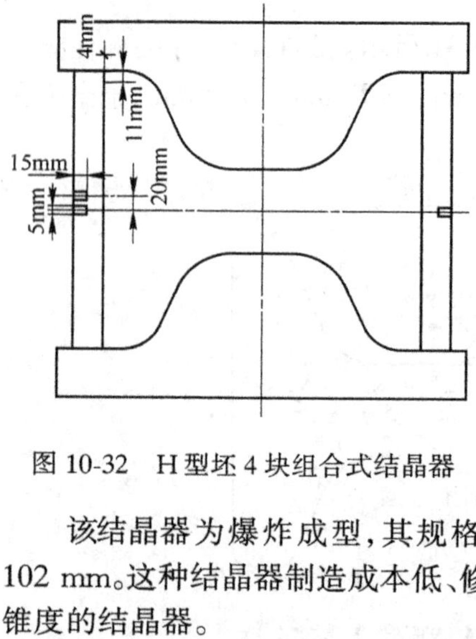

图 10-32 H 型坯 4 块组合式结晶器

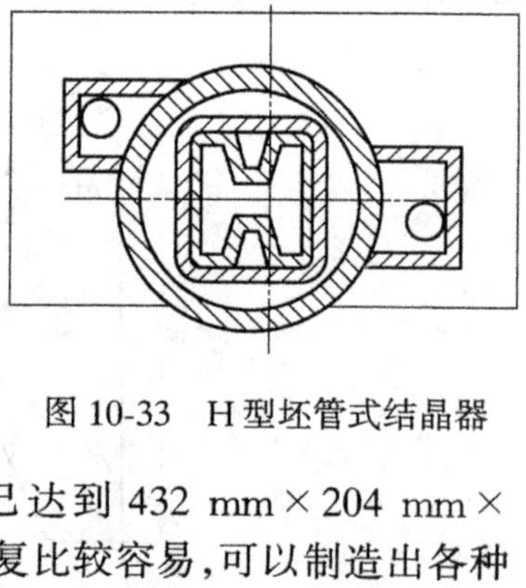

图 10-33 H 型坯管式结晶器

该结晶器为爆炸成型,其规格已达到 432 mm×204 mm×102 mm。这种结晶器制造成本低、修复比较容易,可以制造出各种锥度的结晶器。

结晶器的内壁是用含磷脱氧铜板，表面覆以 Cr + Ni 的复合镀层；先镀镍，加工到 0.3mm 厚，再在镍镀层上面均匀镀铬，厚度为 0.05～0.1 mm。

由于断面形状较复杂，结晶器的倒锥度真正完全符合铸坯的凝固收缩规律是非常困难的。结晶器的倒锥度可以是单锥度，也可以为多锥度，当然是多锥度好。两窄边侧翼的倒锥度最大为 0.8～1.2%/m，其他各部位为 0.8%/m，腹板与翼板相交的圆弧面几乎没有锥度。

结晶器冷却水量不能过大，水温不能过低。结晶器用缓冷却，有利于坯壳均匀生长，减少应力，避免产生纵裂纹。

10.4.2 钢水注入结晶器的方式

H 型铸坯的浇注，每流可以用 1 个水口，也可以用两个水口；可以是浸入式水口 + 保护渣保护浇注，或者半敞开式 + 保护渣保护浇注。半敞开式浇铸如图 10-34 所示。

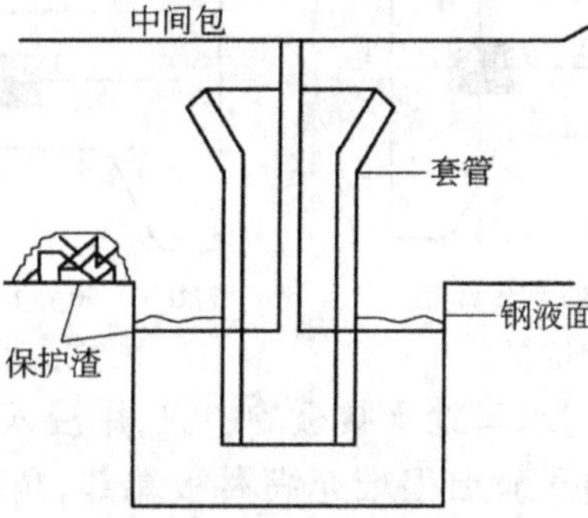

图 10-34　半敞开式浇铸示意图

半敞开式浇注为浸入式水口 + 保护渣保护浇注，但是水口相当于 1 个漏斗，与中间包包底有一定的距离。钢水通过漏斗注入结晶器，这样既能保证注流对中、减小注流对液面的冲击，又能使用保护渣。

有的研究认为，浸入式水口可有 3 个开孔。其中两个为侧孔，孔径较小并带有倾角,向上不大于30°,向下不大于60°,钢流流向两翼缘侧面;中心开孔,孔径较两侧孔要大,钢水垂直向下流动。大、小孔径之比率和侧孔的倾角要根据中间包熔池的深度、铸坯坯壳实际生长测定结果来调整。

10.4.2.1 两个水口浇注

H型铸坯每流用两个水口浇注时,两个水口在结晶器的位置如图10-35所示。采用半敞开式浇注,用单孔直筒形浸入式水口,注流流股容易充满翼缘端部,角部流动较强,改善了角部的凝固,但是注流向下的冲击动量较大,不利于夹杂物的上浮。

与单水口浇注相比,两个水口浇注钢水的流场还是比较均匀的。

10.4.2.2 1个水口浇注

水口位置在腹板的中央,见图10-36。

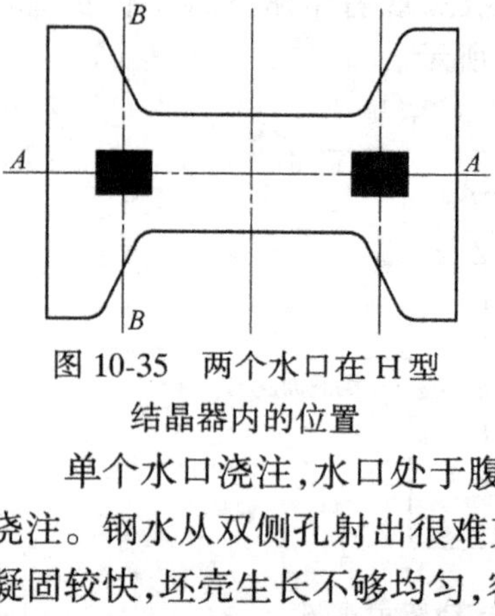

图10-35 两个水口在H型结晶器内的位置

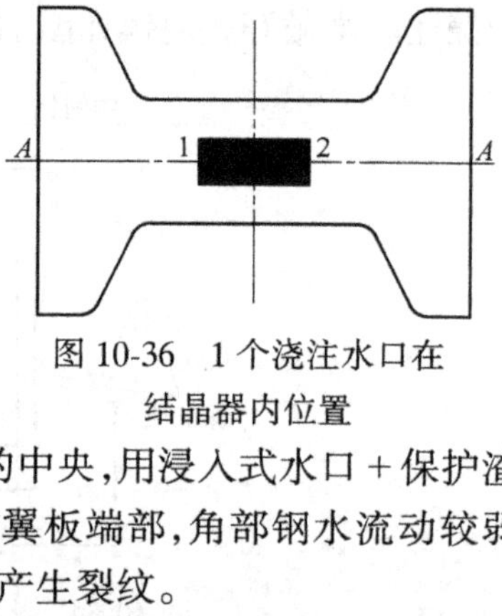

图10-36 1个浇注水口在结晶器内位置

单个水口浇注,水口处于腹板的中央,用浸入式水口+保护渣浇注。钢水从双侧孔射出很难充满翼板端部,角部钢水流动较弱凝固较快,坯壳生长不够均匀,容易产生裂纹。

水口双侧孔倾角、插入深度影响结晶器内钢水的流动状态,从而也影响着夹杂物的去除、保护渣的熔化、坯壳的均匀生长及铸坯的质量。

10.4.3 铸坯在二冷区冷却

由于H型铸坯形状复杂,实现二冷动态控制关系到铸坯的质量、产量，也是铸机生产的关键所在。采用闭环控制为最佳方案，连铸生产实际很难做到准确测定铸坯的表面温度，所以用模型计算代替实测进行闭环控制。

10.4.3.1 目标温度曲线的确定

A 冶金准则

实现动态控制是要确定铸坯的二冷目标温度曲线，因此要遵循以下冶金准则：

(1) 冶金长度限制准则。控制铸坯在矫直前完全凝固，不能过早或过晚，以免凝固前沿产生裂纹和拉速过慢，例如马钢 H 型坯连铸机的冶金长度为 7.1 m。

(2) 结晶器出口铸坯表面温度限制准则。铸坯出结晶器下口限制其表面温度小于 1150℃。

(3) 矫直点表面温度限制准则。矫直区铸坯的表面温度应在 900℃以上，避开脆性区，以确保铸坯质量。

(4) 铸坯长度方向表面温度回升与冷却速度限制准则。铸坯表面温度回升应小于 100℃/m；冷却速度应小于 200℃/m。

(5) 二冷区铸坯表面温度限制准则。为了避免铸坯表面温度过高、过低、波动过大，二冷区铸坯表面温度限制在 850～1150℃。

B 影响因素

影响铸坯表面温度的因素有：

(1)拉坯速度。拉坯速度是影响铸坯表面温度的主要因素；在其他条件不变的情况下，拉坯速度加快铸坯表面温度明显升高，拉速每增加 0.1 m/min，铸坯表面温度升高约 20～30℃。

(2) 钢水过热度。钢水过热度对铸坯表面温度的影响并不明显。计算表明，拉速和比给水量不变的情况下，过热度每增加 10℃，铸坯矫直点表面温度升高 2～5℃。过热度对铸坯的凝固结构有影响，过热度增加坯壳会被重熔，坯壳厚度减薄，有拉漏的危险，为此限制钢水过热度。

(3) 比给水量。比给水量每增加 0.11 L/kg，矫直点铸坯表面温度降低 15～20℃。

根据以上准则，将钢种、铸坯断面、拉速、比给水量的数据，输入铸坯凝固传热数值模型中，计算出沿拉坯方向铸坯表面各点温度值。选择几个有代表特征点的温度值，作为动态控制的目标温度曲线。马钢计算的结果表明完全符合冶金准则。

10.4.3.2 二次冷却导向支撑装置

为了预防铸坯出结晶器下口发生鼓肚变形，在铸坯的翼缘端部和两侧面及腹部都装有支撑辊，其排列情况如图 10-37*a* 所示。二冷区导辊的排列不同对铸坯变形程度和减少内裂有重要的影响，见图 10-37*b*。由图可见支撑方式 C，当第 3 扇形段侧翼端部加长支撑辊长度，到第 4 段的侧翼加以限制，即使是在高拉速的条件下铸坯的变形量也很小。

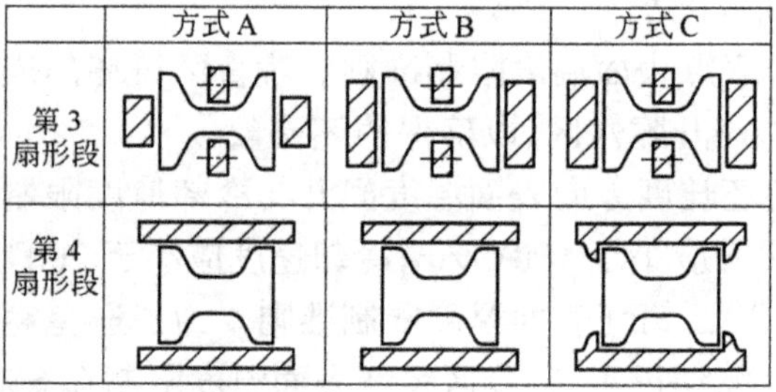

a

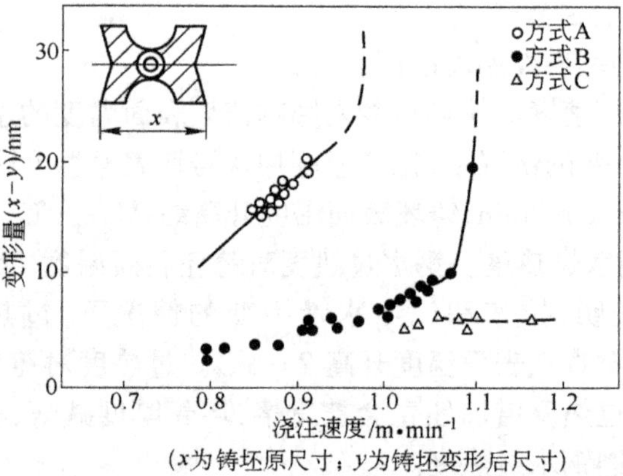

(*x*为铸坯原尺寸；*y*为铸坯变形后尺寸)

b

图 10-37 H 型铸坯的导向支撑装置及其与铸坯变形量的关系

a—铸坯导向支撑装置；*b*—二冷区导辊的排列对铸坯变形程度的影响

二冷区一般采用气水喷雾冷却，为了铸坯快速冷却，防止鼓肚，出结晶器的足辊喷水强冷却，给水量约占总量的20%以上。第1扇形段喷嘴的排列如图10-38所示。

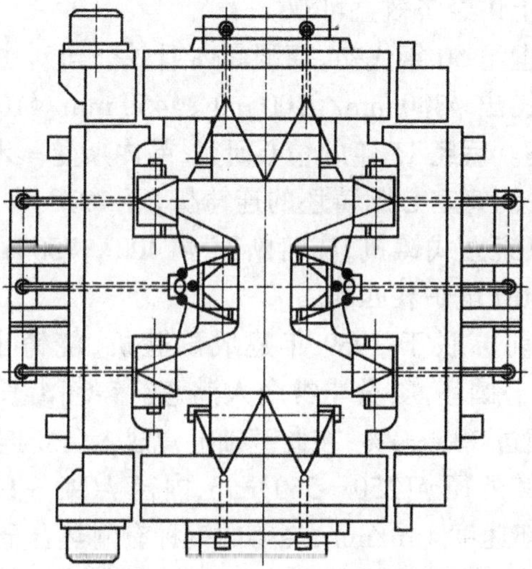

图10-38　二冷区第一扇形段剖面图

铸坯四周安装的喷嘴应使铸坯各表面得到均匀冷却，以控制铸坯冷却收缩应力的不均匀性。H型铸坯的腰部呈凹槽状，喷淋的雾化水未完全蒸发，残留部分沿铸坯腰部凹槽的内弧表面滚动下流，造成铸坯表面的局部过冷，恶化铸坯冷却的均匀性，从而影响铸坯质量。为此内弧侧的给水量应低于外弧侧，同时安装了吹水装置，保持铸坯各表面的均匀冷却。二冷比给水量为0.6～1.1 L/kg。

10.4.4　保护渣

选择适合于H型钢连铸用保护渣。与一般方坯用保护渣相比黏度稍高些，以便能均匀地流入铸坯的各个冷却面，起到良好的润滑和传热作用。日本水岛厂用保护渣碱度 $w_{(CaO)}/w_{(SiO_2)}=0.9$，认为1300℃时液渣黏度为1.0～1.5 Pa·s比较合适。

10.5 中空圆铸坯的连铸技术

用中空圆铸坯生产厚壁无缝钢管可以简化工序，提高金属收得率，从道理上讲经济效益可观。

早在20世纪50年代初，德国曼内斯曼公司对中空圆管连铸做过试浇，浇铸出 ϕ300 mm/ϕ100 mm、ϕ450 mm/ϕ100 mm 长 7 m 的中空圆管坯。后经15年的精心研究，曼内斯曼－米尔公司建成了世界第1台浇铸空心圆铸坯的连铸机，于1970年10月投入生产。这台为双流立式铸机，浇铸断面 ϕ(400～750)mm/ϕ(100～350)mm，与 50 t 电炉相匹配。

据报道，前苏联于1969年建成试验机，浇铸出 ϕ265 mm/ϕ90 mm 的空心圆坯，质量非常令人满意。铸坯沿长度方向横断面壁厚差不超过2%～4%，在此基础上建成1台新连铸机，与 80 t 电炉匹配，浇铸外径 ϕ(250～560)mm、内径 ϕ(90～140)mm、壁厚为60 mm，拉坯速度 4 m/min，浇铸的钢种有耐热合金、低合金高强度钢、不锈钢等。除此之外，还曾与平炉相配合，共试验了23炉，并进行了稀土微合金化处理，应用浸入式水口＋保护渣保护浇注，拉坯速度在0.35～0.40 m/min，浇铸的中空铸坯制成外径 ϕ114 mm、壁厚 10 mm 的油井管和蒸汽导管。

奥地利也进行过中空圆坯的连铸研究，在弧形连铸机上，拉坯方向改为在180°的位置将铸坯向上拉起，使中心尚未凝固的钢水留下，而获得中空的圆坯。通过调整拉坯速度而形成不同壁厚的中空圆铸坯。图10-39为中空圆坯浇铸示意图。

20世纪70年代初我国首钢试验厂、天津冶金试验厂、唐山钢铁公司等单位均做过这方面的试验研究工作。在立式连铸机上，用内外两个水冷结晶器进行浇铸，铸坯外径为 ϕ150 mm，内径为 ϕ60～80 mm 的中空圆坯，如图10-40所示。

中空圆坯浇铸难度较大，在结晶器内成型、出结晶器后铸坯的支撑冷却等，无论在设备还是工艺操作上都存在着许多困难和问题，因而至今还无法应用于实际生产。但对于浇铸高质量实心圆铸坯还是取得明显的成效,并已广泛应用于工业生产。

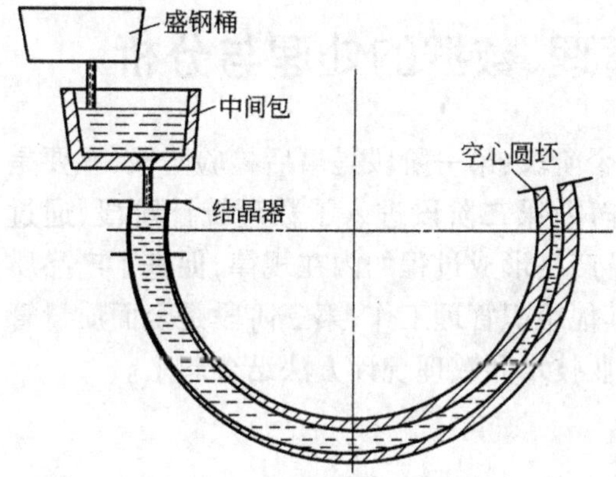

图 10-39　中空圆坯浇铸示意图

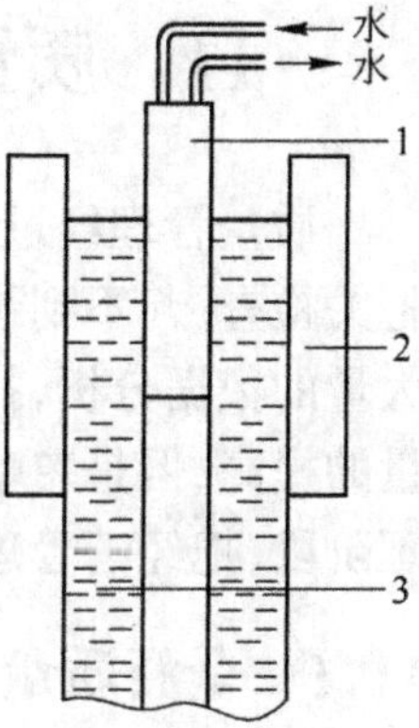

图 10-40　我国浇铸中空圆坯示意图

1—内结晶器;2—外结晶器;
3—中空圆坯

11 质量管理、数据的处理与分析

质量管理经过了三个阶段:第一阶段是事后检验阶段,主要是把关检查,起不到预防作用;第二阶段进入了数理统计阶段,通过大量的数据分析,找出了产品形成过程的内在规律,促进了产品质量的提高,但是忽略了其他组织管理工作;第三阶段是全面质量管理阶段,把经营管理、专业技术和数理统计方法结合起来。

11.1 全面质量管理

全面质量管理是先进的科学管理方法。全面质量管理贯彻预防为主的方针,质量工作分解落实到设计、制造、辅助生产、用户服务的全过程中。

11.1.1 全面质量管理的特点

全面质量管理具有如下特点:

(1) 根据产品质量是逐步形成的规律,全面质量管理必须坚持预防第一的方针。

实践证明,要真正控制废品的产生,就要从消极的检查转移到积极的预防上来,从管理结果发展到管理原因,从管理废品发展到管理生产过程、管理工艺、工具设备、计量器具的完好。当然,检查工作也是质量管理的重要组成部分,我们在讲全面质量管理时不能忽视对原材料、半成品、成品的检查。

(2) 根据产品质量决定于工作质量的规律,全面质量管理必须以提高工作质量为重点,牢固树立质量意识。

工作质量是反映企业保证产品质量达到用户要求所进行的生产管理组织工作的完善程度。因此,工作质量好坏是通过产品质量来体现的。一般来说凡是工作质量好的,产品质量一定是好的,即工作质量是产品质量的保证。

(3) 根据产品质量反映企业综合水平的规律,全面质量管理是全员的管理。

由于全面质量管理是对产品形成全过程进行的管理,即从设计-生产-辅助生产-用户服务的全过程加强管理。因此,全面质量管理是全员的管理,即从企业的领导到每个岗位的操作人员都参与质量管理。实践证明,生产组织的好坏、材料管理好坏、设备管理好坏、人员培训好坏、作业环境好坏等都将直接影响产品质量,全面质量管理要求每个岗位、每名操作人员都要牢固树立质量意识,做好本职工作,确保产品质量。

(4) 根据质量永远是分散波动的规律,因此全面质量管理必须重视数据的搜集、分析,并运用数理统计方法来分析质量波动的规律。

11.1.2 质量管理小组

全面质量管理的一个重要特点是全员参加管理。因此,开展群众性质量管理活动(又称 QC 小组活动)非常必要,它是提高各级生产骨干的管理水平,充分发挥全体职工的聪明才智,培养大家分析问题、解决问题能力的好方法。

QC 小组主要由生产班组人员组成,必要时请技术人员和管理人员参加,人数 5~10 人为宜。

QC 小组具有以下 5 个特点:

(1) 鲜明的自主性(自愿参加、自主管理、自我学习、自我提高),不受行政的制约。

(2) 明确的目的性(确定具体的质量目标)。

(3) 严密的科学性(依靠科学技术、管理技术)。

(4) 广泛的群众性(通过集体活动,发挥每名人员的智慧)。

(5) 高度的民主性(依靠大家出主意,想办法,充分发扬民主,组长可以轮流担任)。

QC 小组开展活动应根据工厂的方针目标、生产中的关键、薄弱环节、用户的需要选择活动的课题,课题的类型可以是现场型、攻关型、管理型、服务型等，选题范围可以是质量、成本、效率、节能、环保、安全、管理、班组建设等方面。

QC小组的任务有：

(1) 抓教育，提高质量意识。

(2) 抓活动，不断提高成才率。

(3) 抓基础，强化班组管理。

(4) 抓自身建设，不断巩固提高。

QC小组的意义有：

(1) 有利于改变旧的管理习惯。

(2) 有利于开拓全员管理的途径，提高全员质量意识。

(3) 有利于产品升级、技术创新、管理创新。

(4) 有利于传播现代管理思想和方法。

(5) 有利于提高经济效益。

(6) 有利于促进精神文明建设。

11.2 ISO9000族贯标工作

产品的生产过程都要按照规定进行，否则就会造成生产混乱，很难生产出合格产品。这种规定就是标准。所谓标准是对在经济技术活动中具有多样性、相关特征的重复事物，在总结科学技术和实践经验综合成果的基础上，经有关方面充分协商，并以特定程序和特定形式颁发的，在一定范围内共同遵守的，具有法令性或具有指导性的统一规定。标准具有约束力，必须执行。标准化是以制定和贯彻标准为主要内容的全部过程。

11.2.1 ISO9000族标准

“ISO9000族”是国际标准化组织(简称ISO)在1994年提出的概念，是指“由国际标准化组织质量管理和质量保证技术委员会制定的所有国际标准”。该标准族可帮助组织实施并有效运行质量管理体系，是质量管理体系通用的要求或指南。它并不受具体的行业或经济部门的限制，可广泛适用于各种类型和规模的组织，在国内和国际贸易中促进相互理解。

ISO9000系列是国际上通用的标准,在经营生产中也必须贯彻此标准。目前的贯标工作,就是按ISO9000系列标准要求制定和贯彻标准的过程,通过贯标工作,提高经营生产水平,提高产品质量,不断提高经济效益的过程。贯彻标准的意义在于:

(1) 适应国际化大趋势。世界各国按照ISO9000标准进行生产和贸易,我国加入世界贸易组织,要清除贸易壁垒,打入国际市场,就必须执行ISO9000族标准。

(2) 提高企业的管理水平。标准化是质量管理的基础,质量管理是标准化的支柱。贯彻ISO9000标准可使企业提高质量管理水平。

(3) 提高企业的产品质量水平。由于技术规程的局限性,贯标中要求建立质量保证体系作为技术规程的补充。

(4) 提高企业市场竞争能力。贯彻ISO9000标准,能保证产品质量,取得用户的信任。

贯彻ISO9000标准有两部分内容,一是按ISO9000系列标准制定本厂的相应标准,二是在经营生产过程中坚决执行标准,作为生产一线的人员贯标的主要责任在于一切按规定办,即:坚决执行标准,不走样。

11.2.2 PDCA循环

PDCA循环是提高产品质量,改进企业经营管理的重要工作方法。它分四个阶段,即:计划[P]、实施[D]、检查[C]、处理[A],简称PDCA循环。

在这四个循环阶段中,大体上可分八个步骤,即:

计划阶段(P阶段)

第一步:找出存在的主要问题。

第二步:找出存在问题的原因。

第三步:找出各种原因中最关键的原因。

第四步:制定计划和措施。

实施阶段(D 阶段)

第五步:执行计划和措施。

检查阶段(C 阶段)

第六步:检查效果。

处理阶段(A 阶段)

第七步:巩固措施,把效果好的标准化;失败的拿出预防的意见。

第八步:遗留问题转入下一个循环解决。

按上述循环不断改进,就可不断提高产品质量。

PDCA 循环首先应该确定目标,计划阶段的第二步可通过因果分析图分析存在问题的所有原因;第三步可用帕累托图得出关键原因;然后用质量分布图具体分析。

11.3 质量问题的分析统计方法

质量波动的现象有两种:

(1) 由于偶然性原因造成的波动称为偶然性差异(随机的)。如原材料的微小变化,操作的微小变化等。这种波动量是经常起作用的,但它对质量影响不太大,平时也不易识别,技术上难以消除,经济上不值得消除。如果某一工序中,只有正常波动,就认为此工序是处于被控制和被管理状态。

(2) 系统原因造成的波动称为系统性差异。例如:同一批原材料中混入了不同材质的原材料,工艺未经验证就大批量生产等,由于这些原因造成的差异,一般是可以在波动的产品中检测出来,一经发现是能够避免的。所以这种波动是质量管理要研究、控制的主要内容。

因此,根据质量波动规律,认真做好数据的搜集、分析工作,从中找出规律性的要素加以管理,从而保证质量。所以加强全面质量管理就要从过去凭经验办事转到用数据说话上来。

11.3.1 搜集数据

搜集数据时要注意以下几点:

(1) 搜集数据应明确目的性。搜集数据的目的是为了掌握质量动态,分析存在问题,确定控制的管理点,研究各种因素之间的关系,做出判断。因此,一定要有计划,何处取数、如何取等。

(2) 搜集数据必须要正确可靠,必须经过认真整理分析。切忌用假数据,因为数据不真实会导致判断失误。

(3) 要分析两种类型数据。根据目的、方法不同,数据可分为计量值数据和计数值数据两大类。

计量值数据是具有连续性的数据,它是可以用各种计量仪器、量具测量的数据,如长度、质量、化学成分等,它们可以取小数。

计数值数据是非连续性的数据,它是不能用计量仪器测得的数据,一般只取整数。如合格板坯块数,铸坯表面的气孔个数都只能取整数,不能有小数。

(4) 要掌握数据和统计判断的关系。统计只是思考方法,它是从客观事实中抽出一小部分数据,进行观察分析,然后用数理统计方法来判断整个客观规律。

11.3.2 统计分析方法

质量问题的常见统计分析方法主要有因果分析图、帕累托图和直方图。除此以外,还有以下统计分析方法。

(1) 分层法:这也是分析影响质量原因的一种好方法。这个方法就是把搜集来的数据按照不同的目的加以分类,把性质相同的、在同一生产条件下搜集到的数据归纳在一起。它可以按时间、设备、操作方法等进行分类,这样数据反映出的事实暴露更突出,便于找出问题。

(2) 控制图(管理图):它是判断生产过程是否稳定,有无异常原因的好方法。

(3) 分布图(相关图):这是一种常用的分析方法。它是将搜集到的两种数据列出用点填在坐标上,观察两因素之间的关系,这种图称为分布图(或相关图),对它进行的分析称为相关分析。

(4) 调查表法:是用来进行数据调整和粗略原因分析的一种

工具。

11.4 几种分析方法

11.4.1 因果分析图

因果分析图又叫鱼刺图，是寻找造成质量事故原因的有效方法。具体做法是根据反映出来的问题(最终结果)来找出影响它的大原因、中原因、小原因，然后采取措施解决问题。如图 11-1 是分析铸坯中夹杂物的来源的因果分析图。

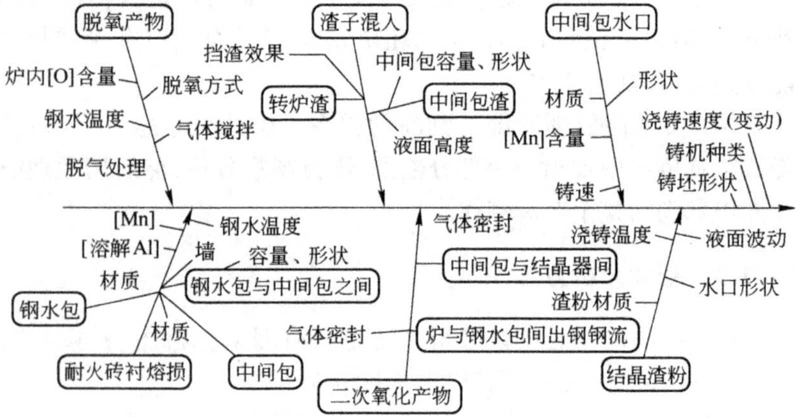

图 11-1 铸坯中夹杂物的来源因果分析图

画因果图须注意以下几个问题：

(1) 集思广益，因为影响质量的因素很多，1 人的认识有局限性，可以在 QC 小组中请有经验的工人、技术人员共同讨论，记录下不同意见。

(2) 大原因一般按影响质量的人、设备、材料、工艺(方法)、环境五大因素来做。大原因不一定是主要原因，找原因一定要找到有了措施为止。

(3) 对关键的重要的原因分别标记出来。制定工艺制度一定要纳入进去。

(4) 对分析出的原因一定要放到实际生产中去验证,采取措施后,看主要问题是否好转以及好转程度。

11.4.2 帕累托图

帕累托图又叫排列图或主次因素排列图,是帮助我们找到影响质量关键因素的科学统计方法。

以某钢厂2003年3月份板坯品种钢质量废品为例作排列图。3月份板坏品种钢共产生质量废品1304 t,其中纵裂纹628 t,占48.2%;超差384 t,占29.4%;豁口138 t,占10.6%;夹杂90 t,占6.9%;角裂64 t,占4.9%,其帕累托图如图11-2所示。

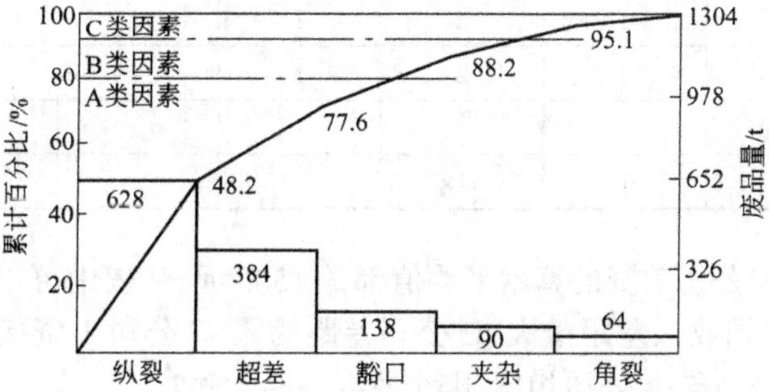

图11-2 某钢厂三月份板坯品种钢废品帕累托图

应用帕累托图应注意以下几个问题。

首先,要抓住"关键的少数"。因素分类不要过多,尽可能根据原因分类。主要因素最好是1~2个。一般将累计百分比占80%的因素称为A类因素,也是关键因素;从80%~90%的因素(10%的幅度)称B类因素;从90%~100%的因素(10%的幅度)称C类因素,也是次要因素。首先要解决的是A类因素。本例中A类因素就是纵裂、超差。

其次,所选的单位、内容,其目的是突出关键矛盾。绘图时,横坐标不要拖得很长,可把不重要的项目合并入其他栏内。

第三,选定了关键因素,采取措施后,为了检验实际效果还要重作帕累托图,看关键因素是否有明显好转。

11.4.3 质量分布图及作法

在质量管理过程中,需要对大量的数据进行分析处理,找出内在的规律,从而判断预测质量。现举 1 个生活实例,试作质量分布图。

例如,5 家公司各有五名职工,工资见表 11-1。

表 11-1 5 家公司工资表

月工资	A公司	B公司	C公司	D公司	E公司
2500	1				1
2000	1	2	1		
1500	1	2	3	5	3
1000	1		1		
500	1	1			1

5 家公司工资的算术平均值都是 1500 元,从表中可以直观看出,A 公司收入差距最大,D 公司差距为零,C 公司工资接近平均值, E 公司与 A 公司相比,哪个收入差距大呢?

首先可以用每个公司最高、最低工资差值来确定收入差距。

把最大值与最小值的差称为极差,则各公司工资的级差为:

A 公司 2000, B 公司 1500, C 公司 1000, D 公司 0, E 公司 2000,但是 E 公司多数人(5 人中的 3 人)都是平均值 1500,所以极差方法不能反映全部的问题。

其次用每人工资值与平均值的差值确定收入差距。

每个数值与平均值的差称为偏差,则 A 公司 5 人的偏差为:

$$2500-1500=1000$$
$$2000-1500=500$$
$$1500-1500=0$$
$$1000-1500=-500$$
$$500-1500=-1000$$

由于正负值抵消，所有偏差的总和为零，除以人数 5 后仍然为零。其他公司也是如此，所以算术平均值仍然看不出 A、E 公司的收入差距。

最后，从数学上求几何平均数解决了正负抵消问题，就可以分析所有公司的收入差距了。

用偏差的平方相加后除以人数可以解决正负抵消问题，为了去除计算平方的偏差，相加后再开平方，叫作均方差。

A 公司的均方差为

$$\sigma=\sqrt{[1000^2+500^2+0^2+(-500)^2+(-1000)^2]/5}=707$$

B 公司的均方差为

$$\sigma=\sqrt{[500^2+500^2+0^2+0^2+(-1000)^2]/5}=548$$

C 公司的均方差为

$$\sigma=\sqrt{[500^2+0^2+0^2+0^2+(-500)^2]/5}=316$$

D 公司的均方差为

$$\sigma=\sqrt{[0^2+0^2+0^2+0^2+0^2]/5}=0$$

E 公司的均方差为

$$\sigma=\sqrt{[1000^2+0^2+0^2+0^2+(-1000)^2]/5}=632$$

均方差越大，数值之间的差距也越大，可见 A 公司比 E 公司收入差距大。

把 A、B、C、D 4 个公司同一工资等级的人数作一个统计还能发现一些规律：

2500 级 1 人，2000 级 4 人，1500 级 11 人，1000 级 2 人，500 级 2 人。

以工资等级为横坐标，相应等级的人数为纵坐标，得出图 11-3*a*，将纵坐标横移到人数最多的 1500 工资等级处，得图 11-3*b*，称为直方图或质量分布图，质量分布图（直方图）是整理数据、判断和预测生产过程质量的一个常用工具。将图 11-3*b* 中各点用平滑的曲线连接起来很像钟形，称为高斯曲线（见图 11-4）。统计的数值越多，统计结果越接近高斯曲线。

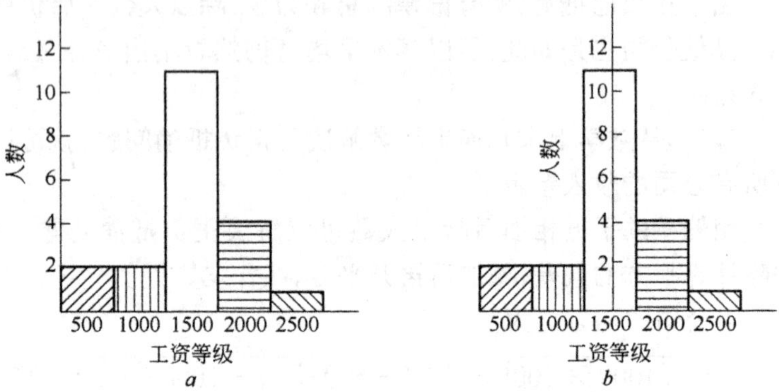

图 11-3　A～D 4 公司职员工资分布图

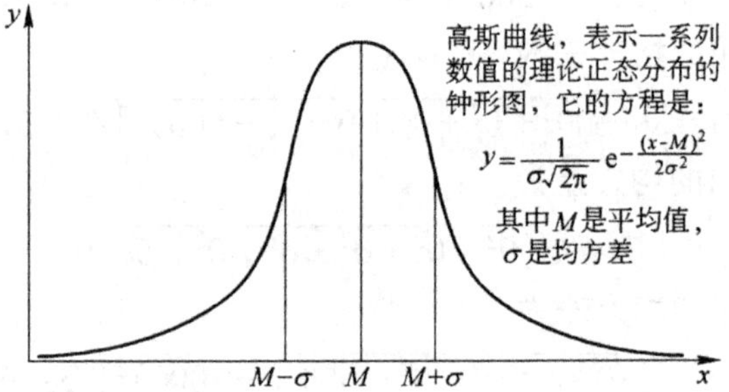

图 11-4　高斯曲线

下面是生产实例，某钢厂 2003 年 4 月，2 号铸机浇注 Q235 钢，中间包钢水温度差（$T_{最大}-T_{最小}$）的 60 个数据列于表 11-2，画出直方图。

表 11-2　温度差数据

12	16	17	15	15	16	19	16	20	13
11	13	9	17	15	18	7	10	7	5_S
11	8	13	15	18	17	12	10	14	10
9	9	15	13	11	13	16	11	16	15
12	15	12	14	23	9	23_L	15	10	13
16	16	15	17	10	10	9	16	16	10

前面工资统计是每隔500元1个台阶。本实例需要自己设计台阶。设计步骤如下：

步骤一：找出温度差中的最大值 L、最小值 S。

最大值 $L=23$，最小值 $S=5$。

步骤二：把温度差分成若干组。

根据表11-3经验值确定，按抽取数据量分 K 组。

表11-3　数据量与组数经验值

数　据　量	组　　数
50～100	6～10
100～250	7～12
>250	10～12

本例为60个数据，确定6组，即 $K=6$。

步骤三：计算组距 h，即组与组之间的间隔，也就是台阶。

$$h=(L-S)/K=(23-5)/6=3$$

步骤四：计算第一组的上、下限界值，用公式 $S\pm(h/2)$ 计算。

下界 $S-(h/2)=5-3/2=3.5$；

上界 $S+(h/2)=5+3/2=6.5$。

步骤五：计算其他各组的上、下限界值。

第一组的上限就是第二组的下限，第二组的上限就是第三组的下限，…，依此类推；

第二组的下、上限界值为6.5～9.5，第三组的下、上限界值为9.5～12.5，…，计算数据，见表11-4第二列。

步骤六：计算各组的中心值 μ。其计算公式为：$\mu=$(某组上界+某组下界)/2。

如第一组的中心值为 $(3.5+6.5)/2=5$，第二组的中心值为 $(6.5+9.5)/2=8$，…，依此类推，计算数据见表11-4第三列。

步骤七：将60个数据分别记入相应的各组中，统计各组温差出现的总次数，即频数 f，见表11-4第四、第五列。

步骤八：计算各组的 x 值。

令频数值最大的那一栏的中心值为 a(此例中 $a=14$),则 x 用下式求得:$x=$(每组中心值 $\mu_i-a)/h$。

第一组:$(5-14)/3=-3$,第二组:$(8-14)/3=-2$,…,依此类推,见表 11-4 第六列。

步骤九:计算 fx,fx^2。

第一组,$fx=1\times(-3)=-3$,$fx^2=1\times(-3)^2=9$;

第二组,$fx=8\times(-2)=-16$,$fx^2=8\times(-2)^2=32$;

第三组,$fx=15\times(-1)=-15$,$fx^2=15\times(-1)^2=15$。

依此类推,见表 11-4 第七、八列。

表 11-4　温度差数据统计结果

组号	上下界	中心值 μ	频数统计	f	x	fx	fx^2
1	3.5~6.5	5	1	1	−3	−3	9
2	6.5~9.5	8	8	8	−2	−16	32
3	9.5~12.5	11	15	15	−1	−15	15
4	12.5~15.5	14	17	17	0	0	0
5	15.5~18.5	17	15	15	1	15	15
6	18.5~21.5	20	2	2	2	4	8
7	21.5~24.5	23	2	2	3	6	18
				$\sum f=60$		$\sum fx=-9$	$\sum fx^2=97$

步骤十:计算平均值 $\bar{x}$,按 $\bar{x}=a+h(\sum fx/\sum f)$。

$$\bar{x}=14+3\times(-9/60)=13.55$$

计算标准偏差 σ。

$$\sigma=h\times\sqrt{\frac{\sum fx^2}{\sum f}-\left(\frac{\sum fx}{\sum f}\right)^2}=3\times\sqrt{\frac{97}{60}-\left(\frac{-9}{60}\right)^2}=3.788$$

步骤十一:画直方图。

直方图的纵坐标为频数(频率/组距);横坐标为组号或代表值。以频率/组距为高,以组距为底,画出一系列的矩形,每个矩形的面积等于数据落在该长条所对应组距内的频率。故所有面积和等于频率的总和,即等于1。本例直方图如图11-5所示。

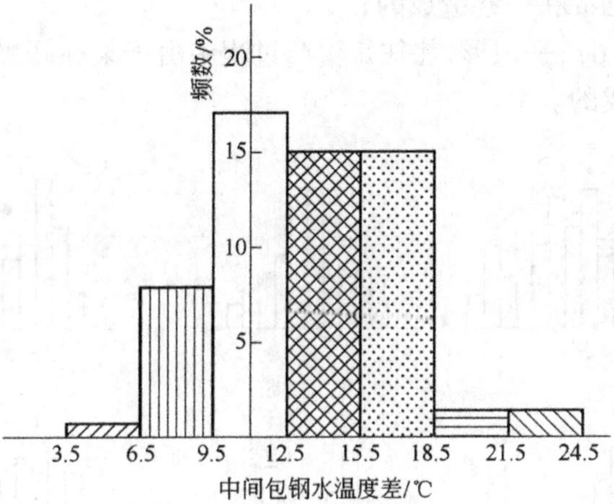

图11-5 中间包钢水温度差直方图

将所作直方图和目标值比较,就可以找出质量变动原因,采取措施,提高产品质量。

步骤十三:直方图的分析。

与高斯曲线相比,图11-5中间包钢水温度差偏向右边,原因在下面进行分析。

11.4.4 质量分布图的分析

质量分布图从以下方面进行分析。

(1) 图形。重点是图的总体形状,常见的几种直方图形状如图11-6所示。

图11-6*a*:锯齿形,这是由于测量方法或读数有问题,以及分组不当引起的;

图11-6*b*:对称形状,表明工序正常状态下的数据分布;

图11-6*c*:偏向形,图形峰点偏向一侧,通常是由于操作者的习惯造成;

图11-6*d*:孤岛形,表明工序有异常,可能生产条件发生了变化;

图 11-6e:双峰形,一般是由于数据分层不当,使得两个不同分布的数据混在一起造成的;

图 11-6f:平顶形,往往是生产过程中由于某种缓慢变化的系统原因造成的。

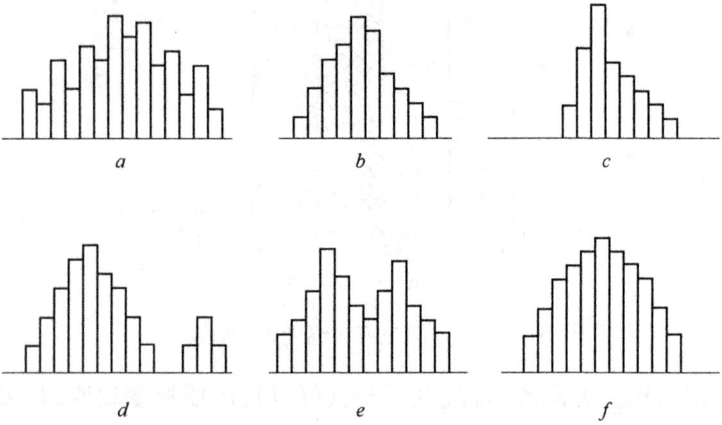

图 11-6　常见的几种直方图

(2) 图形分布与质量标准对比。用直方图实际分布尺寸(T)与公差范围($B=6\sigma$)相比较,推断生产过程情况,通常有 6 种结果(见图 11-7)。

图 11-7a:理想的工序质量;

图 11-7b:B 在 T 内,但偏向一侧,说明有单向超差的可能;

图 11-7c:B 等于 T,说明存在双向超差的危险;

图 11-7d:B 过于集中,两边余地过大,应考虑经济性;

图 11-7e:B 虽然小于 T,但实际工艺参数分布中心过于偏离公差中心,造成单向超差,应及时纠正;

图 11-7f:B 大于 T,说明已有废品出现,必须采取措施。

将所作直方图和目标值比较,就可以找出质量变动原因,采取措施,提高产品质量。

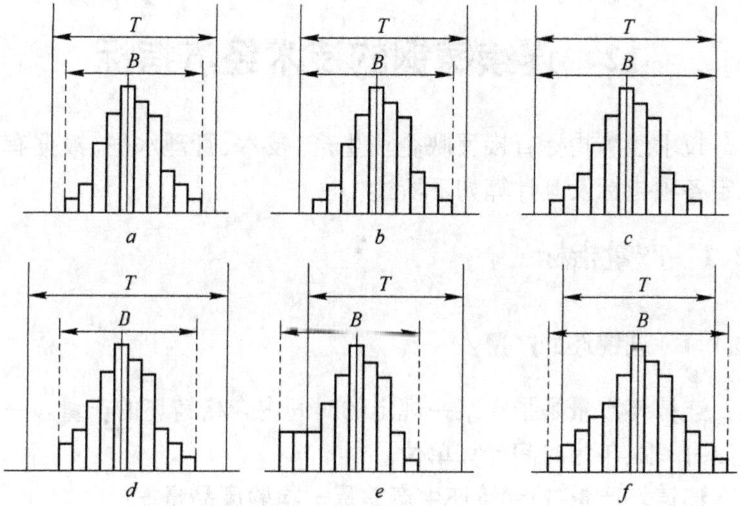

图 11-7　工序质量状况分析

12 连续铸钢的技术经济指标

技术经济指标直接反映企业生产、技术、管理水平，根据有关规定各项指标及其计算如下所述。

12.1 产量指标

12.1.1 连铸坯的产量

连铸坯产量是指在某一规定的时间内合格铸坯的产量。一般是以月、季、年为时间计算单位。

$$\text{连铸坯产量(t)}=\text{铸坯生产总量}-\text{检验废品量}-\text{轧后或用户退回废品量} \tag{12-1}$$

连铸坯必须按照国家标准或行业标准或按供货合同规定标准生产。

12.1.2 连铸比

连铸比是炼钢生产工艺水平和效益的重要标志之一，也反映了企业连铸生产状况。

$$\text{连铸比(\%)}=\frac{\text{合格连铸坯产量(t)}}{\text{合格连铸坯产量(t)}+\text{合格钢锭产量(t)}}\times 100\% \tag{12-2}$$

上式中合格连铸坯产量与合格钢锭产量之和也是总合格钢产量，是按入库合格量计算。

12.1.3 连铸机作业率

连铸机作业率反映连铸机实际生产能力。一般可以按月、季、年统计计算。

$$\text{铸机作业率(\%)}=\frac{\text{铸机实际作业时间(h)}}{\text{日历时间(h)}}\times 100\% \tag{12-3}$$

连铸机的实际作业时间 = 钢包开浇起至切割(剪切)完毕的时间 + 浇铸准备时间 + 正常开浇等待的时间(≤10 min)

浇铸准备时间一般在 35~40 min。

未拉成铸坯的上引锭杆时间计算为作业时间,设备只要开动一天,作业率即按全月考核。

提高连浇炉数,开发快速更换中间包技术、快速更换中间包水口技术和异钢种的连浇技术,缩短准备时间,提高设备诊断技术,减少连铸事故尤其要防止水和结瘤,缩短排除故障时间,加强备品备件供应等均可提高连铸机作业率。

12.1.4 连浇炉数

连浇炉数是指同浇次中的炉数,或者用装一次引锭杆所浇钢水的炉数。平均连浇炉数是指浇注钢水的炉数与连铸机开浇次数之比,它反映了连铸机作业能力。

$$\text{平均连浇炉数(炉/次)} = \frac{\text{浇注钢水的炉数(炉)}}{\text{铸机开浇次数(次)}} \tag{12-4}$$

平均连浇时间体现连铸机连续作业的状况:

$$\text{平均连浇时间(小时/次)} = \frac{\text{连铸机实际作业时间(h)}}{\text{连铸机开浇次数(次)}} \tag{12-5}$$

连浇炉数是个综合指标,提高连浇炉数可减少准备工作和连铸机的停歇时间,从而增加了连铸机的产量,提高连铸机作业率,降低消耗,提高经济效益。

12.2 质量指标

12.2.1 连铸坯合格率

连铸坯合格率是产品质量标准。一般是以月、年为时间统计单位。

$$\text{连铸坯合格率(\%)} = \frac{\text{合格连铸坯产量(t)}}{\text{连铸坯检验总量(t)}} \times 100\% \tag{12-6}$$

连铸坯总检验量=连铸坯合格产量+冶炼废品量+浇铸废品量+退废量

注:连铸坯切头切尾、中间包更换接头量、中间包 300 mm 以下高度的余钢量不计在废品之内。

12.2.2 连铸坯成材率

$$连铸坯成材率(\%)=\frac{合格钢材产量(t)}{连铸坯消耗总量(t)}\times 100\% \qquad (12\text{-}7)$$

如果铸坯是两火成材时,可用分步成材率乘积作为全过程的成材率。根据我国 16 个厂家统计,连铸比模铸成材率平均提高 9.6%~12.42%。因而吨材成本也相应有所降低。

12.3 效益指标

12.3.1 连铸坯收得率

连铸坯收得率也称连铸坯的金属收得率。它比较精确地反映了连铸生产消耗和钢水收得情况。

$$连铸坯收得率(\%)=\frac{合格连铸坯产量(t)}{浇铸连铸坯钢水总量(t)}\times 100\% \qquad (12\text{-}8)$$

浇铸连铸坯钢水量=连铸坯合格产量+废品量+中间包更换接头总量+中间包余钢总量+盛钢桶开浇后回炉钢水总量+盛钢桶注余钢水总量+引流溢出钢水总量+中间包粘钢总量+切头切尾总量+浇铸过程及火焰切割时铸坯氧化损失的总量+氧化铁皮总量

铸坯收得率与断面大小有关。铸坯断面小收得率低些。一般连铸工艺较模铸开坯工艺的收得率高 8%~14%,见表 12-1。

表 12-1 国外连铸工艺与模铸开坯工艺收得率的比较(1975 年数据)

项　目	板坯收得率/%	大方坯收得率/%	小方坯收得率/%
连铸工艺	94.74	95.87	95.57
钢锭开坯	84.28	82.93	81.29
两工艺相差百分点	10.46	12.94	14.28

12.3.2 合格坯钢水消耗

$$合格坯钢水消耗=\frac{浇铸连铸坯钢水总量(kg)}{合格连铸坯产量(t)}\quad(kg/t)\tag{12-9}$$

$$合格坯钢水消耗=\frac{1000}{铸坯收得率}\tag{12-10}$$

12.3.3 溢漏率

溢钢和漏钢是连铸生产过程的恶性事故，它不仅会损坏连铸机，打乱正常生产秩序，影响产量，还会降低铸机作业率、达产率和连浇炉数。因此溢漏率是衡量连铸机效益的关键性指标之一。溢漏率是指在某一时间内连铸机发生溢漏钢的流数占该段时间内该铸机浇铸总流数的百分比。

$$溢漏率(\%)=\frac{溢漏钢流数的总和}{浇铸总炉数\times连铸机流数}\times100\%\tag{12-11}$$

时间可以用月、季、年为统计计算单位。

计算溢漏率、溢钢流数、漏钢流数与连浇炉数无关，例如 8 流小方坯连铸机，连浇 8 炉，第 4 炉第 2 流溢钢停浇，第 6 炉第 8 流漏钢停浇，第 8 炉第 3 流漏钢停浇。则溢钢流数为 1，漏钢流数为 2，浇铸总炉数 × 连铸机流数 = 8 × 8 = 64，溢漏率应按 $\frac{1+2}{64}\times$ 100%计算。

12.3.4 浇成率

浇成率是表示连铸机浇铸成功的指标。与作业率、溢漏率、达产率等有直接关系。

$$浇成率(\%)=\frac{连铸机完成浇铸流数}{连铸机开浇炉数\times连铸机的流数}\times100\%\tag{12-12}$$

我国许多钢厂的浇成率达到 98%以上。

浇成率也有用浇铸炉数来表示的。

$$浇成率(\%)=\frac{浇铸成功的炉数}{浇铸的总炉数}\times 100\% \quad (12\text{-}13)$$

注:确定浇铸成功的炉数时,一般1炉钢水至少有2/3浇成铸坯才能算作该炉浇铸成功。

12.3.5 连铸机断流率

$$断流率(\%)=\frac{断流流数的总和}{浇铸总炉数\times连铸机流数}\times 100\% \quad (12\text{-}14)$$

如果连浇第一炉的某流断流,连浇炉次的该流不得计入浇注流数。如12.3.3例,断流流数应为5+3+1=9流,断流率应按$\frac{9}{64}\times 100\%$计算。

12.3.6 连铸机达产率

连铸机的达产率是反映连铸机生产管理水平和经济效益的综合指标。达产率与作业率、连浇炉数、拉漏率等密切相关。

$$连铸机达产率(\%)=\frac{连铸机实际产量(万\ t)}{连铸机设计产量(万\ t)}\times 100\% \quad (12\text{-}15)$$

连铸机从投产到达产大约需要1年的时间。

12.3.7 连铸坯的吨坯成本

冶金企业属于大批量,多工序生产。通常上一工序半成品的成本(或价格)随着半成品实物的转移,计入下一工序相应产品的原料费用中。

$$连铸坯吨坯成本(元/t)=\frac{原料费+辅助费+燃料动力费+人工费+维修费+其他费用(元)}{合格连铸坯产量(t)} \quad (12\text{-}16)$$

连铸坯的成本除受原材料涨价等外部因素外,还受钢种、钢水精炼处理方式、收得率、合格率、连浇炉数、管理水平等因素的影响。普通碳钢与高合金钢相比,成本就可能相差几倍甚至十几倍。

有些因素是可以通过提高管理水平，主观努力得到改善，从而降低成本的。

12.3.8　吨钢利润

连铸坯的吨钢利润是连铸工序的吨坯利润，也是企业内部考核连铸工序经济效益的指标。计算公式为：

连铸坯吨坯利润(元/t)＝连铸坯单价－连铸坯单位成本　　(12-17)

各企业连铸坯价格不完全一致，因而吨坯利润是不太好比较的。

12.4　其他指标的计算

除了以上技术经济指标外，还有对连铸正常浇铸的一些重要的生产、工艺及设备备件寿命等参数作单独统计。

12.4.1　钢水的镇静时间

钢包自离开精炼位置至开浇之间的等待时间为钢水镇静时间。应根据钢包运行路线，钢包散热情况等因素确定合适的镇静时间。

12.4.2　钢水的供应间隔时间

钢水供应间隔时间是指供应连铸用两包钢水的间隔时间。可以用上包钢水浇毕，关闭水口，至下一包钢水水口开浇之间的间隔时间；或者按相邻两钢包到达连铸平台的间隔时间的统计数据计算。与冶炼、精炼周期、铸机拉速等因素有关。间隔时间最好在5min以内，有利于稳定生产。

12.4.3　中间包的平均包龄

中间包平均包龄也是中间包使用寿命。根据中间包内衬耐火材料的性质、质量、修砌方式、中间包容量、所浇钢种等因素确定安全使用最长寿命,即中间包允许浇铸的最长时间。一般正常生产中不能随意超出规定的使用次数。

$$中间包平均包龄(炉/个)=\frac{浇铸的总炉数}{使用中间包的总个数} \quad (12\text{-}18)$$

可以按月、季、年为单位统计计算。

中间包包龄多少也从另一方面反映了连铸机的作业水平和管理水平。

12.4.4 结晶器的使用寿命

结晶器使用寿命实际上是指结晶器保持原设计参数的时间。一般而言,结晶器在浇钢过程中均有磨损变形,因而改变了原设计参数,影响铸坯质量,需要更换。结晶器从开始使用到更换时的工作时间为结晶器使用寿命,可用在这段时间内浇铸的炉数或钢水总量来表示。按月、季、年统计计算。还可以用月、季、年为单位统计计算结晶器的平均使用寿命,即通过结晶器铜管或铜板的钢水量与使用结晶器个数之比来表示。

12.4.5 连铸坯热送率和热装率

连铸坯热送率和热装率的计算公式为:

$$热送率(\%)=\frac{热送铸坯量(t)}{炼钢厂合格连铸坯产量(t)}\times 100\% \quad (12\text{-}19)$$

$$热装率(\%)=\frac{装入加热炉的热坯量(t)}{装入加热炉的总坯量(t)}\times 100\% \quad (12\text{-}20)$$

热送率、热装率也是衡量节能环保的指标,连铸-轧钢匹配合理,因此要求炼钢-连铸-轧钢生产能力相近,且三者实现标准化操作,计划、调度、管理达到一体化,确保生产稳定进行。为此,应做到:

(1) 轧钢车间应有热坯的暂存设施,在轧钢加热炉前或加热炉中设热坯保温和缓存设施,以提高热装率。

(2) 铸机、轧机的检修同步进行。轧机换辊尽量安排在轧机小修时间进行,一般换辊、换轧槽也应安排在连铸机不供热坯或连铸的间隙时间内进行。

(3) 适应钢材小批量、多品种和多规格的生产情况，协调好各车间工艺、设备。

(4) 连铸坯热装率还应考虑炼钢、连铸两车间的作业率配合，炼钢-连铸车间作业率可达 85% 以上，线、棒材车间作业率为 65%～75%。

实际生产中影响生产的因素很多，如果两个车间产量匹配较好、热送热装方案合理、企业管理水平高，连铸坯热装率一般可达到 60%～80%。

13 连铸有关计算

连铸计算题可归结为以下几种类型。

13.1 凝固定律的计算

凝固定律 $\delta = K_{凝}\sqrt{t}$。不同坯型、不同连铸机、不同冷却制度凝固系数不同,同一铸机、同一坯型结晶器,二冷区及整个连铸机凝固系数也不同。

13.1.1 坯壳厚度

分析漏钢事故时,需要考虑出结晶器下口坯壳厚度的厚薄。

例 1:小方坯断面为 150 mm×150 mm,拉坯速度 $v_c = 2.5$ m/min,结晶器长度 $L_m = 750$ mm,若浇注过程中结晶器液面稳定在离上口 50 mm,结晶器凝固系数 $K_{凝} = 20$ mm/min$^{1/2}$。求:出结晶器下口的坯壳厚度 δ(计算保留两位小数)。

解: 结晶器有效长度 $L_{有效} = L_m - 50 = 750 - 50 = 700$ mm $= 0.7$ m

根据式 $$\delta = K_{凝}\sqrt{\frac{L}{v_c}}$$

出结晶器下口的坯壳厚度

$$\delta = K_{凝}\sqrt{\frac{L_{有效}}{v_c}} = 20 \times \sqrt{\frac{0.7}{2.5}} = 10.58 \text{ mm}$$

答:出结晶器下口的坯壳厚度为 10.58 mm。

若计算二冷区某处坯壳厚度,其方法与上题相同,只是凝固距离和凝固系数不同。

13.1.2 凝固距离

经硫印检验发现铸坯表皮以下有裂纹,也可以用凝固定律计算出裂纹距离结晶器液面的位置,进而找出二冷区的问题。

例 2: 在铸坯表面以下 90 mm 处出现裂纹。当时的拉速是 1.2 m/min,凝固系数为 26.0 mm/min$^{1/2}$,那么计算发生裂纹的位置。

解: $v_c=1.2$ m/min, $\delta=90$ mm, $K_{凝}=26$ mm/min$^{1/2}$

由于 $$\delta=K_{凝}\sqrt{\frac{L}{v_c}}$$

所以 $$L=\left(\frac{\delta}{K_{凝}}\right)^2 v_c=\left(\frac{90}{26}\right)^2\times1.2=14.38\ \text{m}$$

答:发生缺陷的位置在距结晶器液面 14.38 m 处。

13.1.3 液心长度

需要确定凝固末端的位置,实际就是计算铸坯的液心长度,根据最大拉速下的液心长度,还可以确定冶金长度。

例 3: 断面为 210 mm×1250 mm 板坯,拉速 $v_c=0.95$ m/min 均衡不变,凝固系数 $K_{凝}=27$ mm/min$^{1/2}$,求液心长度。

解: 根据式 2-11, $L_{液}=\left(\frac{D}{2K_{凝}}\right)^2\times v_c$。

到完全凝固,坯壳厚度等于坯厚的一半,即:$\delta=D/2$;代入 $L=\left(\frac{\delta}{K_{凝}}\right)^2 v_c$, $L_{液}=\left(\frac{D}{2K_{凝}}\right)^2\times v_c=\left(\frac{210}{2\times27}\right)^2\times0.95=14.37$ m

答:铸坯长 14.37 m 才能完全凝固。

13.1.4 平均拉坯速度

根据安全坯壳厚度,可以推出提高拉速的潜力。

例 4: 已知:铸坯断面 150 mm×150 mm, $K_{凝}=20$ mm/min$^{1/2}$,铸坯出结晶器下口安全厚度 $\delta=12$ mm,结晶器有效长度为 700 mm,求拉坯速度 v_c。

解: $$L_{有效}=700\ \text{mm}=0.7\ \text{m}$$

根据 $$\delta=K_{凝}\sqrt{t}=K_{凝}\sqrt{\frac{L}{v_c}}$$

可推出 $$v_c=\left(\frac{K_{凝}}{\delta}\right)^2 L_{有效}=\left(\frac{20}{12}\right)^2\times0.7=1.94\ \text{m/min}$$

答：拉坯速度是 1.94 m/min。

13.2 拉坯速度与浇注速度的换算

若拉坯速度大于浇注速度，会造成漏钢；而拉坯速度小于浇注速度，会溢钢。

若铸坯断面尺寸如图 13-1 所示，宽为 B(m)，厚为 D(m)，其断面积为 $B\times D$(m^2)，1 m 长铸坯体积为 $B\times D\times 1$(m^3)，若冷态铸坯密度为 ρ(t/m^3)，则 1 m 长铸坯单重为：$M=\rho\times B\times D$ (t/m)；若拉坯速度为 v_c(m/min)，1 min 拉出铸坯重量为：$\rho\times B\times D\times v_c$(t/min)，就是浇注速度 G。

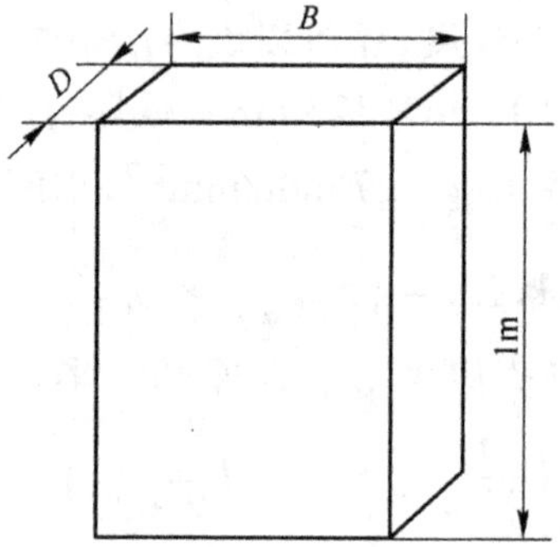

图 13-1　铸坯尺寸

$G=Mv_c$，即：浇注速度＝铸坯单重×拉速。

13.2.1 浇注时间

确定钢包钢水总量，根据浇注速度，可求出浇注时间，进而合理组织生产。

例 5：300 t 钢水，浇铸两流断面 250 mm×1500 mm 板坯，拉速 1.2 m/min，当浇铸完 200 t 铸坯时，二流水口发生堵塞，一流以拉速 1.3 m/min 继续浇注，当钢包浇注结束后，中间包有钢水 25 t，拉速降至 0.8 m/min，求：该炉钢水浇铸时间（钢密度 7.6 t/m^3，钢包、中间包各留 10 t 残钢）。

解题思路：连铸浇钢分为三个阶段（见表 13-1），先求出每个阶段的浇注时间 t_1、t_2、t_3，相加后得出该炉钢水的浇注时间。

表 13-1　连铸浇钢的三个阶段

阶　段	第一阶段	第二阶段	第三阶段
钢水吨位/t	200	300 − 200 − 10 − 25 = 65	25 − 10 = 15
流　数	2	1	1
拉速/$m \cdot min^{-1}$	1.2	1.3	0.8

浇注时间 = 钢包浇注钢水量/(浇注速度 × 流数)

解：$t = t_1 + t_2 + t_3$

$$= \frac{200}{0.25 \times 1.5 \times 2 \times 7.6 \times 1.2} + \frac{65}{0.25 \times 1.5 \times 7.6 \times 1.3} + \frac{15}{0.25 \times 1.5 \times 7.6 \times 0.8}$$

$$\approx 53.4\ \text{min}$$

答：浇注时间为 53.4 min。

同理，可以计算铸坯断面变化时钢包浇注时间，或者计算中间包剩余钢水的浇注时间。

13.2.2　冷却水流量、比水量

比水量又称为冷却比、冷却强度，用 W 表示，是二冷区每千克铸坯消耗冷却水量，单位是 L/kg。若二冷水流量为 Q，浇注速度为 G，则：$W = Q/G$，就是比水量 = 二冷区水流量/浇注速度。

例 6：已知：四流铸机，铸坯断面 175 mm × 225 mm，v_c = 3 m/min，若铸坯比水量为 1.0 L/kg，求四流铸坯二冷总水量（铸坯密度 ρ 为 7.6 t/m^3）？

解：由 $W = Q/G$ 可推得：$Q = WG$

$$Q = W\rho BD v_c n = 1.0 \times 7.6 \times 0.225 \times 0.175 \times 3 \times 4$$

$$= 3.591\ \text{m}^3/\text{min}$$

$$= 215.46\ \text{m}^3/\text{h}$$

答：四流铸坯二冷总水量为 215.46 m^3/h。

根据比水量计算二冷水量是冷却制度参数确定的一个重要环

节；也可以根据拉速和铸坯断面、二冷水量计算比水量。

13.2.3 年产量或平均拉速计算

可以根据铸机参数，通过拉速－注速换算，确定平均拉速。

例 7：某厂 3 号机 4 机 4 流断面 150 mm×150 mm 方坯，1997 年产坯 34.63 万 t，铸机作业率 85.38%。若铸坯密度为 7.6 t/m^3，试求该机的年平均拉速（保留两位小数）。

解：可以根据浇注速度换算拉速，$v_c = G/(\rho BD)$

$$34.63\text{万 t/a} = \frac{34.63\times 10000}{4} = 86575\ \text{t/(a·流)}$$

浇注速度（每分钟每流产量）

$$G = 86575/(365\times 85.38\%\times 24\times 60) = 0.1929\ \text{t/(min·流)}$$

$$v_c = \frac{G}{\rho BD} = 0.1929/(7.6\times 0.15\times 0.15) = 1.13\ \text{m/min}$$

答：该铸机的年平均拉速为 1.13 m/min。

按照本题的解题思路，也可根据铸坯断面、平均拉速、铸机作业率计算出年产量。

13.2.4 结晶器喂线速度计算

微合金化可以选择中间包或结晶器喂线。

例 8：已知钢中 $w_{[S]} = 0.020\%$，要求稀硫比 $w_{[RE]}/w_{[S]} = 2$，铸坯单重 $M = 2.12$ t/m，稀土线单重 $g = 58$ g/m，拉速 $v_c = 1.0$ m/min，假定稀土收得率 $\eta = 78\%$，求：向结晶器喂稀土丝速度 $v_{[RE]}$（保留两位小数）。

解：$w_{[RE]} = 2w_{[S]} = 2\times 0.020\% = 0.040\%$

喂稀土丝速度 $$v_{RE} = \frac{Mw_{RE}\times 10^6}{g\eta} = 2.12\times 0.040\%\times 10^6/(58\times 78\%) = 18.74\ \text{m/min}$$

答：喂稀土丝速度为 18.74 m/min。

13.2.5 连铸机流数计算

例 9: 已知钢包容量为 120 t,实际浇注时间为 45 min,铸坯断面为 150 mm×150 mm,拉坯速度为 2.6 m/min,铸坯密度为 7.6 t/m³,求连铸机浇铸流数 n 是多少?

解: 根据拉速可以计算浇注速度,$t=\frac{G_{钢}}{Gn}$,即:浇注时间 = 钢包浇注钢水量/(浇注速度×流数),可见,$n=\frac{G_{钢}}{Gt}$

$$n=\frac{G_{钢}}{\rho BDv_{c}t}=\frac{120}{7.6\times0.15\times0.15\times2.6\times45}=6(\text{流})$$

答:连铸机流数为 6 流。

13.2.6 中间包水口直径计算

例 10: 某连铸机浇铸铸坯断面为 150 mm×280 mm,最大拉速为 1.2 m/min,中间包内钢液面深度为 450 mm,钢液密度取 7.6 t/m³,计算水口直径。

解: 浇注速度

$$G=\rho BDv_{c}=7.6\times0.28\times0.15\times1.2=0.38304\ \text{t/min}$$
$$=22.98\ \text{t/h}$$

根据公式 2-17 $$d^{2}=\frac{375G}{\sqrt{H}}=\frac{375\times22.98}{\sqrt{450}}=406\ \text{mm}^{2}$$

$$d=\sqrt{406}=20.16\ \text{mm}$$

答:取水口直径为 20 mm。

13.3 有关结晶器的计算

13.3.1 结晶器倒锥度

结晶器倒锥度是结晶器最重要的参数之一,其计算公式为:$\varepsilon_{1}=\frac{B_{上}-B_{下}}{B_{上}l_{m}}\times100\%$,方坯宽面、窄面各有倒锥度,板坯主要指宽面倒锥度，窄面倒锥度很小或者没有锥度。

例 11：某厂弧形连铸机，结晶器分为两段，上口断面为 252 mm×167 mm，中口断面 252 mm×166.5 mm，下口断面为 250 mm×166 mm，结晶器上段长 0.4 m，下段长 0.5 m，结晶器总长为 0.9 m，求：这个结晶器的倒锥度。

解：从铸坯断面看，属于方坯结晶器，倒锥度

$$\varepsilon_l = \frac{B_{上} - B_{下}}{B_{上} l_m} \times 100\%$$

上段厚度方向倒锥度：$\varepsilon_{l上} = \frac{167 - 166.5}{167 \times 0.4} \times 100\% = 0.75\%/m$

上段宽度方向倒锥度为零。

下段厚度方向倒锥度：$\varepsilon_{l下} = \frac{166.5 - 166}{166.5 \times 0.5} \times 100\% = 0.60\%/m$

下段宽度方向倒锥度：$\varepsilon'_{l下} = \frac{252 - 250}{252 \times 0.5} \times 100\% = 1.59\%/m$

答：结晶器倒锥度上段为 0.75%/m、0；下段为 0.60%/m、1.59%/m。

13.3.2 结晶器水缝面积

例 12：浇铸 220 mm×1400 mm 的板坯，水流量 100 m^3/h，结晶器水流速要求不小于 5 m/s，求结晶器水缝总面积，若每条水缝为 5 mm×20 mm，求：应有多少条水缝？

解：$Q = Fv$，即：水流量 = 水缝面积 × 水流速度，进行单位换算，得出：

$$F = \frac{10000 Q_{结}}{36 v} = \frac{10000 \times 100}{36 \times 5} = 5556\ mm^2$$

$$水缝条数 = \frac{5556}{5 \times 20} \approx 56\ 条$$

答：水缝面积为 5556 mm^2，应有 56 条水缝。

例 13：浇铸 140 mm×160 mm 铸坯，结晶器铜管外壁与水套内壁间隙 4 mm，结晶器冷却水流速为 9 m/s，若定位块所占面积忽略不计，问：结晶器水流量最低是多少？

解:冷却水缝面积

$$F=(140+8)\times(160+8)-140\times160=2464\ \mathrm{mm^2}$$

$$Q_{结}=\frac{36Fv}{10000}=\frac{36\times2464\times9}{10000}=79.83\ \mathrm{m^3/h}$$

答:结晶器水流量不小于 79.83 m³/h。

13.3.3 结晶器热流密度

若 S 是结晶器上部导热面积,Q 为结晶器水流量,c 是水的比热容,T_1、T_2 分别是结晶器进出水温度,则结晶器热流密度为

$$q=Qc(T_2-T_1)/S$$

例 14:结晶器入水温度40℃,出水温度50℃,宽面水流量 280 t/h,结晶器水流速为 5 m/s,水的比热容 4.18 MJ/(t·℃),浇铸 1400 mm ×180 mm 的板坯,结晶器有效长度 800 mm,求结晶器宽面平均热流密度。

解:
$$S=2\times1.4\times0.8=2.24\ \mathrm{m^2}$$

$$q=Qc(T_2-T_1)/S=\frac{280\times4.18\times(50-40)}{3600\times2.24}=1.451\ \mathrm{MW/m^2}$$

答:结晶器上部热流密度是 1.451 MW/m²。

13.3.4 负滑脱率、负滑脱时间、振痕间距计算

控制合适的结晶器振动的负滑脱,对防止漏钢和防止表面横裂纹有重要的作用。

例 15:小方坯连铸机,平均拉速为 2.6 m/min,正弦振动频率 100 次/min,振幅 16 mm,求负滑脱率 NS、负滑脱时间 t_N 和振痕间距 h。

解:
$$v_m=2fA=2\times100\times0.016=3.2\ \mathrm{m/min}$$

$$NS=\frac{v_m-v_c}{v_c}\times100\%=\frac{3.2-2.6}{2.6}\times100\%=23\%$$

$$t_N=\frac{60}{\pi f}\arccos\left[\frac{v_c}{2\pi fA}\right]=\frac{60}{3.14\times100}\arccos\left[\frac{2.6}{2\times3.14\times100\times0.016}\right]$$
$$=0.250\ \mathrm{s}$$

$$h = v_c/f = 2.6/100 = 0.026\ \text{m} = 26\ \text{mm}$$

答:负滑脱率为23%,负滑脱时间是0.250 s,振痕间距为26 mm。对于正弦振动来说,这个负滑脱率偏低。

13.4 夹杂物上浮时间计算

例16:若钢液密度为7000 kg/m^3,夹杂密度为3500 kg/m^3,钢液黏度为2.5×10^{-3}Pa·s,$g=9.8$ N/kg,分别计算并比较:在中间包熔池深800 mm,钢液在中间包停留8 min;铸机有2.5 m直线段,拉速为1 m/min液心中的上浮夹杂的最小颗粒。

解:中间包内夹杂物最小上浮速度 $u=\dfrac{0.8}{8\times60}$ m/s。

根据斯托克斯公式夹杂物上浮 $u=\dfrac{2r^2(\rho_{钢}-\rho_{夹})g}{9\eta}$,按照题意可以计算出结晶器、中间包内夹杂物上浮时间,上浮速度。可以推出夹杂半径 $r=\sqrt{\dfrac{9\eta u}{2(\rho_{钢}-\rho_{夹})g}}$。

$$r=\sqrt{\frac{9\eta u}{2(\rho_{钢}-\rho_{夹})g}}=\sqrt{\frac{9\times2.5\times10^{-3}\times\dfrac{0.8}{8\times60}}{2\times(7000-3500)\times9.8}}$$

$$=23.38\times10^{-6}\ \text{m}=23.38\ \mu\text{m}$$

$$D=2r=2\times23.38\approx47\ \mu\text{m}$$

结晶器以下二冷区直线段2.5 m,拉速1 m/min,铸坯在这段直线段运行时间是2.5 min;直线段内夹杂物最小上浮速度为 $u'=\dfrac{2.5}{2.5\times60}$ m/s。

同理 $$r'=\sqrt{\frac{9\eta u'}{2(\rho_{钢}-\rho_{夹})g}}=\sqrt{\frac{9\times2.5\times10^{-3}\times\dfrac{2.5}{2.5\times60}}{2\times(7000-3500)\times9.8}}$$

$$=73.94\times10^{-6}\ \text{m}=73.94\ \mu\text{m}$$

$$D'=2r'=2\times73.94\approx148\ \mu\text{m}$$

答:在静态钢液中,中间包内大于47 μm,直线段内大于148 μm的夹杂,理论上都可以上浮,夹杂物在中间包内上浮效果更好。

实际钢液在流动，合适的流动场可以加速夹杂物上浮，不适宜的流动场可能造成卷渣。所以在中间包内砌筑挡坝、挡墙、导流板和吹氩改善流动场，结晶器内靠浸入式水口侧孔的倾角变化、插入深度以及电磁搅拌改善流动场。

13.5 钢液温度计算

例 17：某厂 200 t 转炉冶炼 Q235A 采用连铸工艺，过热度取 20℃；出钢过程温降 51℃；钢水镇静 10 min，吹氩完毕到钢包回转台间隔 10 min，温降为 0.4℃/min；钢水精炼温降为 37℃；钢水包到中间包钢水温度降为 25℃。钢种规格成分如表 13-2 所示。

表 13-2 钢种规格成分

w/%	C	Si	Mn	P	S	Al
Q345A	0.12～0.20	0.20～0.55	1.20～1.60	0.015～0.045	0.015～0.045	0.003～0.006
中限值	0.16	0.375	1.40	0.030	0.030	0.0045

计算该钢种的液相线温度、浇注温度、出进精炼站温度和出钢温度范围。

解：钢水液相线温度中限：

$$
\begin{aligned}
T_{凝} &= 1536-(78w_{[C]}+7.6w_{[Si]}+4.9w_{[Mn]}+34w_{[P]}+30w_{[S]}\\
&\quad +3.6w_{[Al]})\\
&= 1536-(78\times0.16+7.6\times0.375+4.9\times1.40+\\
&\quad 34\times0.030+30\times0.030+3.6\times0.0045)\\
&= 1512℃
\end{aligned}
$$

由于 $\alpha=20℃$

$$T_{注}=T_{凝}+\alpha=1512+20=1532℃$$

由于钢水包到中间包钢水温度降为 25℃，$\Delta T_5=25℃$；吹氩完毕到钢包回转台间隔 10 min，温降为 0.4℃/min，$\Delta T_4=10\times0.4=4℃$。

出精炼站温度为：

$$T_{出站} = T_{注} + \Delta T_4 + \Delta T_5 = 1532 + 4 + 25 = 1561℃$$

钢水精炼温降为 37℃，$\Delta T_3 = 37℃$，进精炼站温度为：

$$T_{进站} = T_{出站} + \Delta T_3 = 1561 + 37 = 1598℃$$

出钢过程温降 51℃，钢水镇静 10 min，温降为 0.4℃/min。

$$\Delta T_1 = 51℃$$

$$\Delta T_2 = 10 \times 0.4 = 4℃$$

出钢温度为：

$$T_{出站} = T_{进站} + \Delta T_1 + \Delta T_2 = 1598 + 51 + 4 = 1653℃$$

答：Q345A 液相线温度是 1512℃；浇注温度是 1532℃；精炼出站温度是 1561℃；精炼进站温度是 1598℃；出钢温度是 1653℃。

为便于控制浇注温度，将几个有代表性钢种的液相线温度列于表 13-3。

表 13-3 几个有代表性钢种的液相线温度

钢种	计算凝固温度所用成分(质量分数)/%					液相线温度/℃	
	C	Si	Mn	P	S	下限	上限
YT1F	≤0.04	≤0.03	≤0.10	≤0.015	≤0.025	1531	1536
H08A	≤0.10	≤0.03	0.30~0.55	≤0.030	≤0.030	1523	1531
P1①	≤0.06	≤0.04	≤0.35	0.05~0.08	≤0.020	1526	1531
DW3	≤0.005	1.55~1.70	0.20~0.35	0.015~0.035	≤0.005	1520	1523
Q235A	0.14~0.22	≤0.30	0.30~0.65	≤0.045	≤0.050	1510	1522
HRB335	0.17~0.25	0.40~0.80	1.20~1.60	≤0.045	≤0.045	1500	1513
Q345A	≤0.20	≤0.55	1.00~1.60	≤0.045	≤0.045	1506	1519
ML25	0.22~0.30	≤0.20	0.30~0.60	≤0.035	≤0.035	1506	1516
45	0.42~0.50	0.17~0.37	0.50~0.80	≤0.035	≤0.035	1488	1499

续表 13-3

钢种	计算凝固温度所用成分(质量分数)/%					液相线温度/℃	
	C	Si	Mn	P	S	下限	上限
65	0.62～0.70	0.17～0.37	0.50～0.80	≤0.035	≤0.035	1472	1484
U71	0.64～0.77	0.13～0.28	0.60～0.90	≤0.040	≤0.050	1467	1482
80	0.77～0.85	0.17～0.37	0.50～0.80	≤0.035	≤0.035	1461	1472
GCr15	0.95～1.05	0.15～0.35	0.25～0.45	≤0.025	≤0.025	1526	1536

①考虑了 $w_{[Al]_s}=0.02\%\sim0.07\%$。

13.6 二冷区配水计算

二冷区配水对连铸正常生产和铸坯质量影响极大。

例 18:若铸坯断面为 220 mm×1800 mm,拉速为 1.2 m/min,连铸比水量为 1.00 L/kg,计算表 13-4 中二冷区各段的水流量(钢坯密度取 7.6 t/m³)。

表 13-4 二冷区各段水流量计算表

二冷段	距离结晶器液面坐标/m	二冷水量/L·min⁻¹
0	1.01	
1	1.55	
2	2.46	
3	4.77	
4	7.50	
5	11.32	
6	15.13	
7	21.18	
8	28.10	

解题思路:对于不同钢种冷却制度的重要工艺参数是比水量,根据比水量和浇铸速度可以计算出二冷水总的水流量,见

13.2.2。

从理论上说，二冷区每段给水量应随着坯壳厚度的增加而减少，但坯壳厚度与凝固时间的平方根成正比，所以二冷水量与凝固时间的平方根成反比。

$$Q=\frac{K}{\sqrt{t}}=K\sqrt{\frac{v_c}{H}}$$

式中 t——凝固时间，min；

Q——二冷某段水流量，L/min；

H——结晶器液面到二冷区某段的距离，m；

K——配水系数，$L/min^{1/2}$，注意不要与凝固系数相混。

有：

$$Q_0=K\sqrt{\frac{v_c}{H_0}}$$

$$Q_1=K\sqrt{\frac{v_c}{H_1}}$$

$$\vdots$$

$$Q_n=K\sqrt{\frac{v_c}{H_n}}$$

二冷各段给水量的总和为：

$Q=Q_0+Q_1+\cdots+Q_n$

解联立方程组就可求出 K、Q_0、Q_1、…、Q_n。

解：二冷区总水量：

$$Q=W\rho BDv_c=1.0\times7.6\times1.8\times0.22\times1.2$$
$$=3.61152\ m^3/min=3611.52\ L/min$$

表 13-5 二冷区各段配水量计算结果

二冷段	距离结晶器液面坐标/m	$\frac{1}{\sqrt{t_n}}=\sqrt{\frac{v_c}{H_n}}$	理论二冷水量/$L\cdot min^{-1}$	A_1	A_2	A_3	实际二冷水量/$L\cdot min^{-1}$
0	1.01	1.090009	851.7467	−0.13	31	182	219.0128
1	1.55	0.879883	687.5516	−0.33	80	351	446.5248

续表 13-5

二冷段	距离结晶器液面坐标/m	$\frac{1}{\sqrt{t_n}}=\sqrt{\frac{v_c}{H_n}}$	理论二冷水量/L·min^{-1}	A_1	A_2	A_3	实际二冷水量/L·min^{-1}
2	2.46	0.698430	545.7624	−0.43	103	319	441.9808
3	4.77	0.501570	391.9331	−0.58	140	240	407.1648
4	7.50	0.400000	312.5651	−1.37	329	331	73.8272
5	11.32	0.325587	254.4181	−1.39	335	160	559.9984
6	15.13	0.281625	220.0654	−1.5	360	62	491.84
7	21.18	0.238028	185.9980	−1.95	469	−62	497.992
8	28.10	0.206651	161.4797				
	Σ	4.621782	3611.52	−7.68	1847	1583	3788.341
	K	781.4128					

有：$Q_0=K\sqrt{\frac{1.2}{1.01}}=1.090009K$

$$Q_1=K\sqrt{\frac{1.2}{1.55}}=0.879883K$$

$$Q_2=K\sqrt{\frac{1.2}{2.46}}=0.698430K$$

$$Q_3=K\sqrt{\frac{1.2}{4.77}}=0.501570K$$

$$\vdots$$

$$Q_8=K\sqrt{\frac{1.2}{28.1}}=0.206651K,$$

具体数据见表 13-5 第三列。

$$3611.52=Q_0+Q_1+\cdots+Q_n$$

$$3611.52=1.090009K+0.879883K+0.698430K+0.501570K+0.400000K+0.325587K+0.281625K+0.238028K+0.206651K$$

$$3611.52=4.621782K$$

$$K=\frac{3611.52}{4.621782}=781.4128\ \mathrm{L/min^{1/2}}$$

将 K 值代入表 13-5,可求出各段理论二冷水流量。

考虑铸坯质量,凝固末端强制冷却等因素,实际二冷配水按传热,凝固模型和二冷冶金准则,理论计算出不同钢种在不同拉速的不同水量,是按照二元参数控制模型进行配水计算,即每段水流量为:

$$Q = A_1 v_c^2 + A_2 v_c + A_3$$

实际二冷区各段 A_1、A_2、A_3 值见表 13-5 五、六、七列,可计算出实际二冷配水如表 13-5 第八列。

附录　元素周期表

原子序数 — 1　　H — 元素符号

元素名称 — 氢 qīng

相对原子质量 — 1.00794(7)

1A	2A	3B	4B	5B	6B	7B	8B			1B	2B	3A	4A	5A	6A	7A	0
1 氢 qīng H 1.00794(7)																	2 氦 hài He 4.002602(2)
3 锂 lǐ Li 6.941(2)	4 铍 pí Be 9.012182(3)											5 硼 péng B 10.811(5)	6 碳 tàn C 12.011(1)	7 氮 dàn N 14.00674(7)	8 氧 yǎng O 15.9994(3)	9 氟 fú F 18.9984032(9)	10 氖 nǎi Ne 20.1797(6)
11 钠 nà Na 22.989768(6)	12 镁 měi Mg 24.3050(6)											13 铝 lǚ Al 26.981539(5)	14 硅 guī Si 28.0855(3)	15 磷 lín P 30.973762(3)	16 硫 liú S 32.066(6)	17 氯 lǜ Cl 35.4527(9)	18 氩 yà Ar 39.948(1)
19 钾 jiǎ K 39.0983(1)	20 钙 gài Ca 40.078(4)	21 钪 kàng Sc 44.955910(9)	22 钛 tài Ti 47.887(1)	23 钒 fán V 50.9415(1)	24 铬 gè Cr 51.9961(6)	25 锰 měng Mn 54.93805(1)	26 铁 tiě Fe 55.845(2)	27 钴 gǔ Co 58.93320(1)	28 镍 niè Ni 58.6934(2)	29 铜 tóng Cu 63.546(3)	30 锌 xīn Zn 65.39(2)	31 镓 jiā Ga 69.723(1)	32 锗 zhě Ge 72.61(2)	33 砷 shēn As 74.92159(2)	34 硒 xī Se 78.96(3)	35 溴 xiù Br 79.904(1)	36 氪 kè Kr 83.80(1)
37 铷 rú Rb 85.4678(3)	38 锶 sī Sr 87.62(1)	39 钇 yǐ Y 88.90585(2)	40 锆 gào Zr 91.224(2)	41 铌 ní Nb 92.90638(2)	42 钼 mù Mo 95.94(1)	43 锝 dé Tc	44 钌 liǎo Ru 101.07(2)	45 铑 lǎo Rh 102.90550(3)	46 钯 bǎ Pd 106.42(1)	47 银 yín Ag 107.8682(2)	48 镉 gé Cd 112.411(8)	49 铟 yīn In 114.818(3)	50 锡 xī Sn 118.71[illegible](7)	51 锑 tī Sb 121.760(1)	52 碲 dì Te 127.60(3)	53 碘 diǎn I 126.90447(3)	54 氙 xiān Xe 131.29(2)
55 铯 sè Cs 132.90543(5)	56 钡 bèi Ba 137.327(7)		72 铪 hā Hf 178.49(2)	73 钽 tǎn Ta 180.9479(1)	74 钨 wū W 183.84(1)	75 铼 lái Re 186.207(1)	76 锇 é Os 190.23(3)	77 铱 yī Ir 192.217(3)	78 铂 bó Pt 195.08(3)	79 金 jīn Au 196.96654(3)	80 汞 gǒng Hg 200.59(2)	81 铊 tā Tl 204.3833(2)	82 铅 qiān Pb 207.2(1)	83 铋 bì Bi 208.98037(3)	84 钋 pō Po	85 砹 ài At	86 氡 dōng Rn
87 钫 fāng Fr	88 镭 léi Ra		104 Rf* 铲 lú 178.49(2)	105 Db*	106 Sg*	107 Bh*	108 Hs*	109 Mt*	110 Uun*	111 Uuu*	112 Uub*						

57 镧 lán La 138.9055(2)	58 铈 shì Ce 140.115(4)	59 镨 pǔ Pr 140.90765(3)	60 钕 nǚ Nd 144.24(3)	61 钷 pǒ Pm *人造元素	62 钐 shān Sm 150.36(3)	63 铕 yǒu Eu 151.965(9)	64 钆 gá Gd 157.25([illegible])	65 铽 tè Tb 158.92534(3)	66 镝 dī Dy 162.50(3)	67 钬 huǒ Ho 164.93032(3)	68 铒 ěr Er 167.26([illegible])	69 铥 diū Tm 168.93421(3)	70 镱 yì Yb 173.04(3)	71 镥 lǔ Lu 174.967(1)
89 锕 ā Ac *人造元素	90 钍 tǔ Th 232.0381(1)	91 镤 pú Pa 231.03588(2)	92 铀 yóu U 238.0289(1)	93 镎 ná Np	94 钚 bù Pu	95 镅 méi Am*	96 锔 jú Cm*	97 锫 péi Bk*	98 锎 kāi Cf*	99 锿 āi Es*	100 镄 fèi Fm*	101 钔 mén Md*	102 锘 nuò No*	103 铹 láo Lr*

参考文献

1 蔡开科等.连续铸钢原理与工艺.北京:冶金工业出版社,1994

2 蔡开科.连续铸钢500问.北京:科学出版社,1994

3 陈家祥等.连续铸钢手册.北京:冶金工业出版社,1991

4 卢盛意.连铸坯质量.北京:冶金工业出版社,2000

5 王建军.中间包冶金.北京:冶金工业出版社,2001

6 余志祥.连铸坯热送热装技术.北京:冶金工业出版社,2002

7 田乃媛.薄板坯连铸连轧.北京:冶金工业出版社,2004

8 曲英.炼钢学原理.北京:冶金工业出版社,1980

9 李惠忠.金属学.北京:冶金工业出版社,1978

10 劳动部培训司.金属材料与热处理(第三版).北京:中国劳动出版社,1993

11 张小平等.近终形连铸技术.北京:冶金工业出版社,2001

12 沈才芳等.电弧炉炼钢工艺与设备.北京:冶金工业出版社,2005

13 王雅贞等.转炉炼钢问答.北京:冶金工业出版社,2003

14 王雅贞等.转炉炼钢工艺与设备.北京:冶金工业出版社,2003

15 史宸兴等.实用连铸冶金技术.北京:冶金工业出版社,1998

16 炼钢-连铸新技术800问编委会.炼钢-连铸新技术800问.北京:冶金工业出版社,2003

17 中国冶金百科全书编委会.中国冶金百科全书(钢铁冶金).北京:冶金工业出版社,2001

18 (日)萬谷志郎.钢铁冶炼.北京:冶金工业出版社,2001

19 李宪奎.连铸结晶器振动技术.北京:冶金工业出版社,2000

20 马竹梧等.钢铁工业自动化——炼钢卷.北京:冶金工业出版社,2003

21 劳动和社会保障部教材办公室.工业企业管理(第四版).北京:劳动和社会保障出版社

22 蔡锡年等.连铸钢坯凝固组织(树枝晶)显示方法——铸坯内部质量监控系列.沈阳:东北大学出版社,2003

23 周汉香.高拉速连铸用管式结晶器及其在武钢的应用.炼钢,2001(4):16~19

24 朱苗勇,林启勇.连铸坯的轻压下技术.鞍钢技术,2004(1):1~6

25 王言好等.连铸用快速更换浸入式水口.耐火材料,2001(6):368

26 李学良.连铸用耐火材料的技术发展.宽厚板,2003(10):7~8

27 张庆奇等.连铸中间包不断流快速更换定径水口技术.炼钢,2002(6):27~30

28 张洪波,张耕齐.结晶器非正弦振动参数的选择.连铸,2001(3)

29 席约强.线棒材生产实现连铸坯热送热装的若干问题(二).轧钢,2001(2):41~45

30 蔡开科.连铸技术发展.山东冶金,2004(1):1~9

冶金工业出版社部分图书推荐

书　　名	定价(元)
洁净钢	65.00
冶金流程工程学	65.00
连续铸钢原理与工艺	25.00
连续铸钢过程数学物理模拟	45.00
连续铸钢	25.00
连续铸钢实训	25.00
常规板坯连铸技术	20.00
连铸过程控制理论与技术	15.00
炼钢—连铸新技术 800 问	46.00
连续铸钢 500 问	28.00
连铸坯质量(第 2 版)	24.50
连铸结晶器振动技术	11.00
连铸坯热送热装技术	20.00
现代电炉—薄板坯连铸连轧	98.00
薄板坯连铸连轧(第 2 版)	45.00
近终形连铸技术	16.00
连铸连轧理论与实践	32.00
连铸—连轧生产物流管理	16.80
炉外精炼及铁水预处理实用技术手册	146.00
炉外精炼的理论与实践	48.00
炉外精炼	22.50
中间包冶金学	35.00
电磁冶金学	35.00
冶炼基础知识	36.00
氧气顶吹转炉炼钢工艺与设备(第 2 版)	29.80
转炉炼钢实训	35.00
转炉炼钢问答	29.00
电炉炼钢 500 问(第 2 版)	20.00
电弧炉炼钢工艺与设备(第 2 版)	35.00
电炉炼钢原理及工艺	40.00
电炉炼钢学	30.00
电炉炼钢除尘	45.00
轧制工程学	32.00
轧钢生产新技术 600 问	62.00
板带轧制工艺学	79.00
高精度板带材轧制理论与实践	70.00
小型型钢连轧生产工艺与设备	75.00